U0228096

教育部高等学校电子信息类专业教学指导委员会规划教材
高等学校电子信息类专业系列教材

STM32单片机
原理与应用实验教程

游志宇　陈　昊　陈亦鲜　主编
汪华章　李　奇　韩　莹　向培素　杜　诚　黄何平　编著

清華大學出版社
北京

内 容 简 介

本书是 STM32 单片机实验课程的配套教材，既可以与理论教材配套使用，也可以单独针对实验课程使用，内容包括实验硬件、实验基础、实验实战三篇。本书以 STM32 单片机实验程序开发认知过程为导向，循序渐进地组织教程内容。首先，从 STM32 单片机概述和实验开发板硬件构成讲起，为实验铺垫硬件平台。随后，对开发环境创建、开发工具使用、编程基础与固件库、工程模板与应用项目创建、程序仿真调试与编程进行详细讲解，为实验铺垫软件开发平台。最后，针对 STM32 单片机的系统时钟、GPIO、外部中断 EXTI、USART 串行通信、通用定时器、I^2C 串行通信、DMA 数据传输和模/数转换等功能单元精心设计实验内容，为实验铺垫应用实例。

本书适合作为高等院校电子信息类、自动化类、计算机类、电气类等专业本科生 STM32 单片机课程的实验教材，也可作为嵌入式开发初学者或技术开发人员的参考用书。

图书在版编目(CIP)数据

STM32 单片机原理与应用实验教程/游志宇，陈昊，陈亦鲜主编. —北京：清华大学出版社，2022.8 (2025.2重印)

高等学校电子信息类专业系列教材

ISBN 978-7-302-60657-4

Ⅰ. ①S… Ⅱ. ①游… ②陈… ③陈… Ⅲ. ①微控制器－高等学校－教材 Ⅳ. ①TP368.1

中国版本图书馆 CIP 数据核字(2022)第 068291 号

责任编辑：文　怡
封面设计：李召霞
责任校对：韩天竹
责任印制：宋　林

出版发行：清华大学出版社
　　网　　址：https://www.tup.com.cn，https://www.wqxuetang.com
　　地　　址：北京清华大学学研大厦 A 座　　**邮　　编**：100084
　　社 总 机：010-83470000　　**邮　　购**：010-62786544
　　投稿与读者服务：010-62776969，c-service@tup.tsinghua.edu.cn
　　质量反馈：010-62772015，zhiliang@tup.tsinghua.edu.cn
　　课件下载：https://www.tup.com.cn，010-83470236
印 装 者：三河市铭诚印务有限公司
经　　销：全国新华书店
开　　本：185mm×260mm　　**印　张**：23.25　　**字　　数**：567 千字
版　　次：2022 年 8 月第 1 版　　**印　　次**：2025 年 2 月第 4 次印刷
印　　数：3301～4300
定　　价：69.00 元

产品编号：097163-01

前言

PREFACE

随着计算机技术、电子技术、通信技术、大规模集成电路技术的快速发展，对嵌入式应用系统的功能、可靠性、运算速度、功耗等提出了更高的要求，迫切需要功能强大、资源丰富、功耗低、性能好的单片机投入到嵌入式应用系统中。经典8位MCS-51单片机功能简单、片上资源少、性能相对较低，在面对复杂高性能嵌入式应用时难以胜任，导致众多嵌入式应用系统广泛采用功能强大、资源丰富、性能好的32位单片机进行产品开发，推动着嵌入式硬件及软件开发的改变。

自Cortex-M处理器诞生以来，基于Cortex-M内核的32位单片机如雨后春笋般不断涌现，使得嵌入式开发人员逐步转型到32位Cortex-M单片机的学习与开发中。意法半导体(STMicroelectronics，ST)公司推出的基于Cortex-M的STM32单片机拥有更高性能、更高代码密度、更低成本和功耗，已经成为业界广泛使用的32位单片机。STM32单片机凭借技术资料全面、市场占有率高、产品系列丰富等优势，逐步成为32位单片机初学者的首选。与MCS-51单片机相比，STM32单片机功能强大、内部寄存器多、片上资源丰富，教学与学习难度较大，因此编者组织具有多年STM32单片机应用开发与教学经验的一线教师编写了此实验教程，为开展"STM32单片机"课程实验教学提供教学指导。

本书是STM32单片机实验课程的配套教材，既可以与理论教材配套使用，也可以单独针对实验课程使用，内容包括实验硬件、实验基础、实验实战三篇。本书以STM32单片机实验程序开发认知过程为导向，循序渐进组织教程内容。首先，从STM32单片机概述和实验开发板硬件构成讲起，为实验铺垫硬件平台；随后，对开发环境创建、开发工具使用、编程基础与固件库、工程模板与应用项目创建、程序仿真调试与编程进行详细讲解，为实验铺垫软件开发平台。最后，针对STM32单片机的系统时钟、GPIO、外部中断EXTI、USART串行通信、通用定时器、I^2C串行通信、DMA数据传输和模/数转换等功能单元精心设计实验内容，为实验铺垫应用实例。每个实验包括实验背景(实验目的、实验要求、实验内容、实验设备)、实验原理、实验分析与实验步骤，通过对实验内容的详细分析，阐述实验内容程序流程图和调试方法，给出实验全部源代码与详细注释，便于教师实验教学与学生实践操作学习。

本书语言通俗易懂，实验内容丰富、覆盖面广、图文并茂，突出以实验内容为中心的特点，并根据多年STM32单片机应用开发与教学经验，从硬件平台构建、开发环境创建、实验内容编排等方面，将STM32单片机片上功能单元的具体实验过程及调试验证方法展现给读者。

本书由游志宇、陈昊、陈亦鲜主编。全书包括三篇共19章，其中第1、2、17、18、19章由西南民族大学游志宇编写，第3、4章由西南民族大学向培素编写，第5、6章由西南民族大学汪华章编写，第7、8章由西南民族大学陈昊编写，第9、10章由西南交通大学韩莹编写，第11、12章由西南交通大学李奇编写，第13章由西南民族大学杜诚编写，第14、15章由西南民族大学陈亦鲜编写，第16章由西南民族大学黄何平编写。

本书的编写和出版得到了清华大学出版社的大力支持和帮助，在此表示衷心感谢。书中引用了一些网络资源、文献，无法一一注明出处，在此向原作者表示感谢！

本书的出版得到了西南民族大学教育教学研究与改革项目(2021YB56)、教育部产学合作协同育人项目(202002302031)的资助，在此表示感谢。

由于撰写时间仓促，编者水平有限，书中难免存在疏漏和不足之处，敬请读者批评指正。

编　者

2022年5月于成都

教学资源

目录

CONTENTS

第一篇　实验硬件

第二篇 实验基础

第三篇 实验实战

第一篇　实验硬件

第1章 STM32单片机概述

CHAPTER 1

STM32单片机应用系统一般由硬件和软件两部分构成，硬件是实现的实体，软件是应用的关键，两者是相辅相成、紧密关联的。本章简要概述STM32单片机的总体特性，并对STM32F103C8T6单片机资源、引脚定义进行详细介绍。

1.1 STM32单片机

单片机实际上是单片微型计算机，又称为微控制单元（MCU）或微控制器。STM32单片机是由意法半导体（STMicroelectronics，ST）公司在2007年6月基于ARM Cortex-M内核研发的32位单片机产品系列，经过长达15年的发展，已经成为业界广泛使用的单片机，发展历程如图1.1所示。STM32单片机包括一系列产品，集高性能、实时功能、数字信号处理、低功耗、低电压等特性于一身，同时还保持了集成度高、易开发的特点。

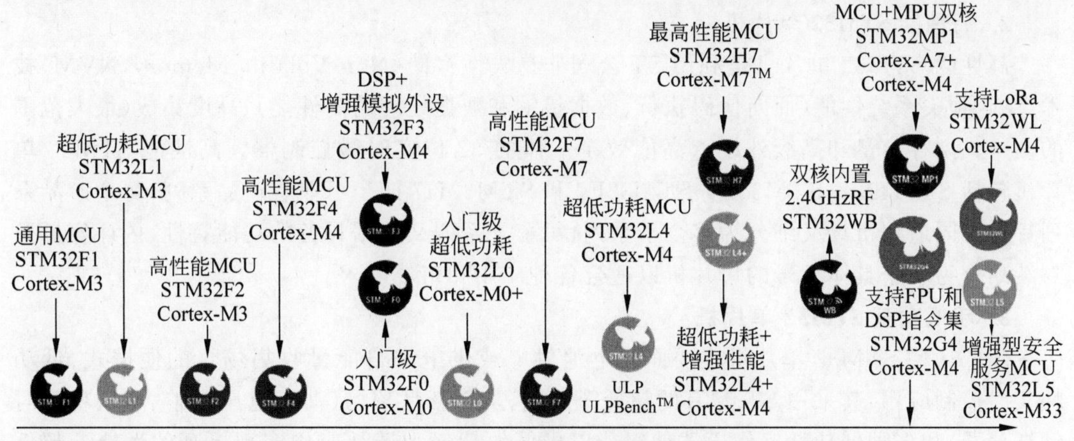

图1.1 STM32单片机发展历程

为满足汽车、工业、个人电子、通信设备、计算机及外设等应用场合的应用需求，ST公司开发了基于ARM Cortex-M内核的多个STM32单片机产品系列，如图1.2所示。

根据STM32单片机性能及适用场景不同，STM32单片机分为主流MCU、高性能MCU、超低功耗MCU、无线MCU。针对高级嵌入式应用，ST公司开发了STM32微处理

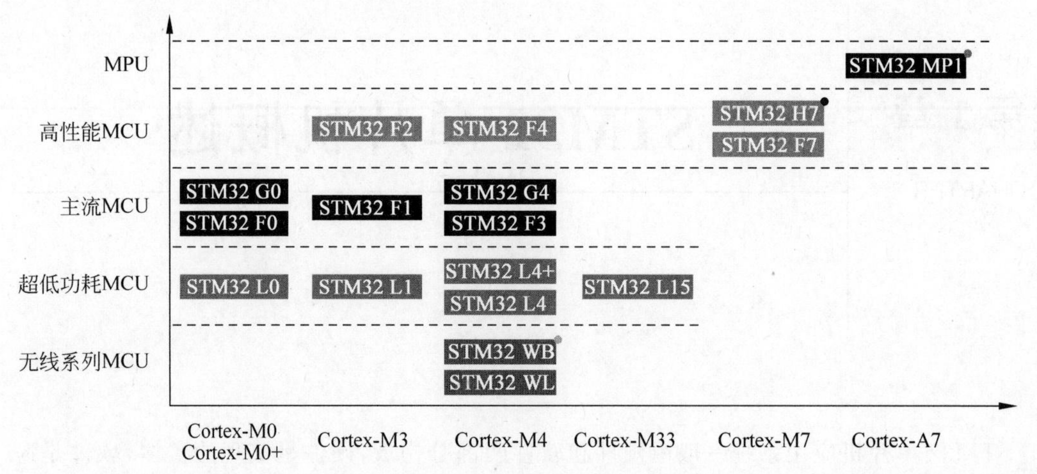

图 1.2　STM32 单片机产品系列

器(MPU)。

1. 主流 STM32 单片机

主流 STM32 单片机主要面向广范围的实时控制应用,以满足不同领域和应用场合的大多数融合需求,并适应工程应用中对成本、开发周期、稳定性等的需要。主流 STM32 单片机包括 STM32F0、STM32G0、STM32F1、STM32F3 和 STM32G4 五个产品系列,每个产品系列针对不同适用市场又细分为多个子系列,每个子系列根据具备的功能特性及封装划分为多个具体型号的单片机供开发人员选择。主流 STM32 单片机各系列之间高度兼容,可最大程度实现代码重用,以确保衍生工程具有较短的开发周期。

2. 高性能 STM32 单片机

高性能 STM32 单片机是利用 ST 公司非易失性存储(Non-Volatile Memory,NVM)技术,结合顶尖系统性能(面向代码执行、数据传输和数据处理的高性能)、高度集成(最大范围的嵌入式内存容量和高级外设)、高能效于一体的 32 位实时微控制器。高性能 STM32 单片机包括 STM32F2、STM32F4、STM32F7 和 STM32H7 四个可兼容产品系列,每个产品系列针对不同适用市场又细分为多个子系列,每个子系列又根据具备的功能特性、内存容量及封装划分为多个具体型号的单片机以适合各种应用和市场需求。

3. 超低功耗 STM32 单片机

超低功耗 STM32 单片机主要面向电池供电或供电来自能量收集场合的便携式、低功耗实时控制应用,其采用 ST 专有的超低泄漏制程、创新型架构(动态电压调整、超低功耗时钟振荡器)和多种低功耗工作模式使得能以极低的功耗为产品应用实现更高的性能。超低功耗 STM32 单片机包括 STM32L0、STM32L1、STM32L4、STM32L4+和 STM32L5 五个产品系列,每个产品系列针对不同适用市场又细分为多个子系列,每个子系列又根据具备的功能特性及封装划分为多个具体型号供开发人员选择。超低功耗 STM32L 系列与 STM32F 系列引脚高度兼容,可最大程度实现代码重用,确保衍生工程具有较短的开发周期。

4. 无线 STM32 单片机

无线 STM32 单片机采用二合一架构,在同一芯片上集成了通用微控制器和无线电收发控制单元,主要面向工业和消费物联网（IoT）领域中各种低功耗无线通信应用。无线 STM32 单片机包括 STM32WL 和 STM32WB 两个产品系列,分别采用不同的无线电协议,具有出色的低电流消耗和内置安全特性,适用于 Sub-GHz 频段和 2.4GHz 频段的无线通信应用。

5. STM32 微处理器

STM32MP1 是基于 ARM Cortex-A7 和 ARM Cortex-M4 双内核架构的 STM32 微处理器,在实现高性能且灵活的多核架构、图像处理能力的基础上,还能保证低功耗的实时控制和高功能集成度。微处理器内的 Cortex-A7 内核支持开源操作系统（Linux/Android）,Cortex-M4 内核完美沿用现有的 STM32 单片机生态系统,有助于开发者轻松实现各类开发应用。

1.2 STM32 单片机命名规则

STM32 单片机为满足不同场景的应用需要,开发出了汽车级、基础级、超低功耗、标准型、无线、高性能、主流型、微处理器等系列产品,每个系列又根据具体应用需要开发出了性能特性、引脚、存储器容量、封装、温度适用范围等存在差异的一系列单片机供用户选择。不同性能特性的 STM32 单片机芯片命名规则如图 1.3 所示。

图 1.3(a)是 STM32 单片机的命名规则,其型号命名分为 9 个字段,以 STM32F103C8T6XXX 为例进行说明:

- 第 1 个字段: STM32——标明芯片所属的家族系列。STM32 表明芯片是基于 ARM Cortex 内核的 32 位单片机或微处理器。
- 第 2 个字段: F——标明单片机所属的产品类别,分为 A 汽车级、F 基础级、L 超低功耗、S 标准型、W 无线、H 高性能、G 主流型等。
- 第 3 个字段: 103——标明所属产品类别的特定性能编码。例如,103 表明芯片属于基础型单片机,051 表明芯片属于入门级单片机,407 表明芯片是带 DSP、FPU 单元的高性能单片机。
- 第 4 个字段: C——标明芯片封装引出的功能引脚数量,可根据具体应用需要选择不同引脚数量的单片机。
- 第 5 个字段: 8——标明芯片内部闪存(Flash)存储器的容量,可根据具体应用需要选择不同闪存容量的单片机。注意: 不同闪存容量的芯片其内部可用资源不同,在选择闪存容量时,需要根据具体应用需要的功能资源、所需应用程序代码空间大小等进行选择。
- 第 6 个字段: T——标明芯片的具体封装形式。如 T 为 QFP 封装(薄塑封四角扁平封装)。
- 第 7 个字段: 6——标明芯片适用的温度范围。可根据不同应用场景选择所需温度范围的芯片,如商业级 0～70℃,工业级 −40～85℃或 −40～105℃,汽车级 −40～125℃,军用级 −55～150℃。

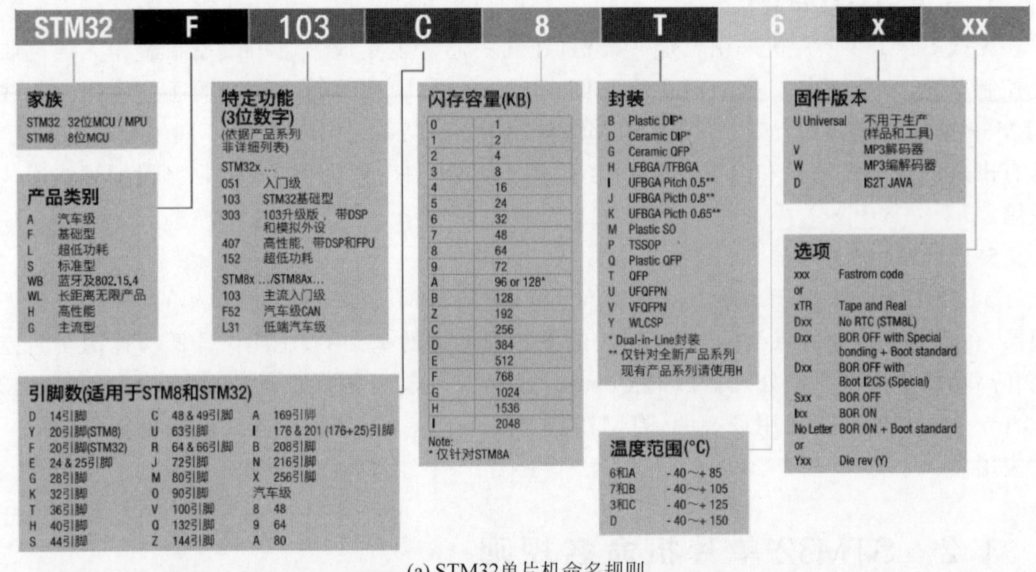

(a) STM32单片机命名规则

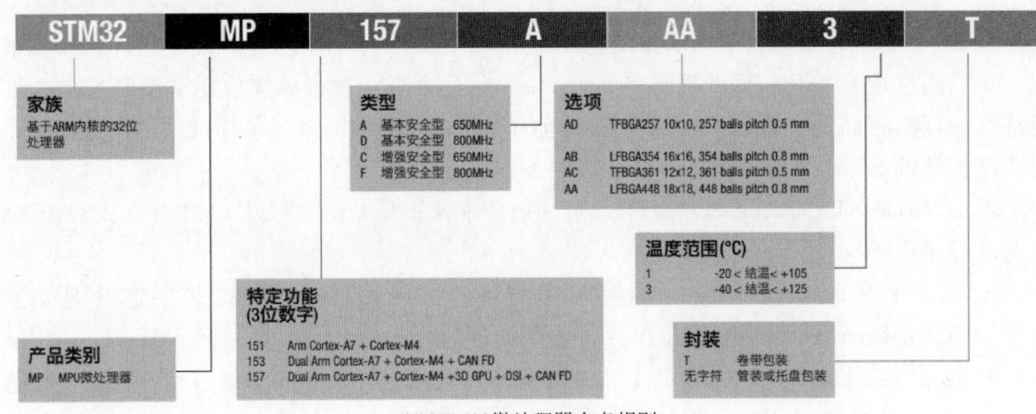

(b) STM32微处理器命名规则

图 1.3 STM32 系列芯片命名规则

- 第 8 个字段：X——标明芯片的固件版本。
- 第 9 个字段：XX——标明芯片额外信息，如生芯片包装、生产年月等。

图 1.3(b) 是 STM32 微处理器命名规则，可参考 STM32 单片机的命名规则进行解析。

1.3 STM32F1 系列单片机

STM32F1 系统单片机是基于 ARM Cortex-M3 内核、可运行于 72MHz 的基础型 32 位单片机，满足工业、医疗和消费类市场的各种应用需求。该系列单片机利用一流的外设和低功耗、低压操作实现了高性能，并利用简单的架构和简便易用的工具实现了高集成度。STM32F1 系列单片机分为超值型 STM32F100(24MHz CPU，具有电机控制和 CEC 功能)、基本型 STM32F101(36MHz CPU，具有 1MB 的 Flash)、连接型 STM32F102(48MHz CPU 具备 USB FS device 接口)、增强型 STM32F103(72MHz CPU，具有 1MB 的 Flash、电机控制、USB 和 CAN)、互联型 STM32F105/107(72MHz CPU,具有以太网 MAC、CAN 和 USB 2.0 OTG)五个子系列,各子系列资源差异如表 1.1 所示。STM32F1 单片机工作电压为 2.0～3.6V、工作温度为－40～105℃,各子系列单片机的外设、引脚和软件均兼容。

表 1.1　STM32F1 系列单片机资源差异

子　系　列	f_{CPU} /MHz	Flash /KB	RAM /KB	USB 2.0 FS	USB 2.0 FS OTG	FSMC	CAN 2.0B	3-phase MC Timer	I^2S	SDIO	Ethernet IEEE1588	HDMI CEC
STM32F100	24	16～512	4～32			•		•				•
STM32F101	36	16～1M	4～80			•						
STM32F102	38	16～128	4～16	•								
STM32F103	72	16～1M	4～96	•		•	•	•	•	•		
STM32F105 STM32F107	72	64～256	64		•	•	•	•	•		•	

增强型 STM32F103 子系列单片机 CPU 主频高达 72MHz,片内 Flash 容量高达 1MB,在众多领域得到广泛使用,属于通用型 MCU。该子系列芯片引脚数量多达 144 个,有 QFN、LQFP、CSP、BGA 等多种芯片封装形式,具有多种片内外设、USB 接口和 CAN 接口。根据 STM32F103 单片机片内 Flash 容量的不同,ST 公司将其分为小容量(16～32KB)、中等容量(64～128KB)、大容量(256KB～1MB)三种类别。由于芯片片内 Flash 容量的不同,能实现的片内外设、内部资源也存在一定的差异,如表 1.2 所示。

表 1.2　STM32F103 子系列 MCU 容量划分及片内资源

<table>
<tr><th rowspan="3">引 脚 数 目</th><th colspan="2">小容量 MCU/KB</th><th colspan="2">中等容量 MCU/KB</th><th colspan="3">大容量 MCU/KB</th></tr>
<tr><th>16 Flash</th><th>32 Flash</th><th>64 Flash</th><th>128 Flash</th><th>256 Flash</th><th>384 Flash</th><th>512 Flash</th></tr>
<tr><th>6 RAM</th><th>10 RAM</th><th>20 RAM</th><th>20 RAM</th><th>48 RAM</th><th>64 RAM</th><th>64 RAM</th></tr>
<tr><td>144</td><td>—</td><td>—</td><td>—</td><td>—</td><td colspan="3" rowspan="3">5 个 USART＋2 个 UART、4 个 16 位定时器、2 个基本定时器、3 个 SPI、2 个 I^2S、2 个 I^2C 、USB、CAN、2 个 PWM 定时器、3 个 ADC、1 个 SDIO、FSMC(100 和 144 引脚封装)</td></tr>
<tr><td>100</td><td>—</td><td>—</td><td colspan="2" rowspan="3">3 个 USART、3 个 16 位定时器、2 个 SPI、2 个 I^2C、USB、CAN、1 个 PWM 定时器、1 个 ADC</td></tr>
<tr><td>64</td><td colspan="2" rowspan="3">2 个 USART、2 个 16 位定时器、1 个 SPI、1 个 I^2C、USB、CAN、1 个 PWM 定时器、2 个 ADC</td></tr>
<tr><td>48</td><td>—</td><td>—</td><td>—</td></tr>
<tr><td>36</td><td>—</td><td>—</td><td>—</td><td>—</td><td>—</td></tr>
</table>

小容量和大容量 MCU 是中等容量 MCU 的延伸,小容量 MCU 具有较小的 Flash 存储空间、RAM 存储空间,较少的定时器和片内外设,而大容量 MCU 则具有较大的 Flash 存储空间、RAM 空间和更多的片上外设,如 SDIO、FSMC、I^2S 和 DAC 等。不同容量的 STM32F03 单片机根据片上外设及内部资源,提供包括从 36～144 引脚的不同封装形式,同时保持与其他同系列 MCU 兼容。根据 MCU 片内 Flash 容量、RAM 容量、引脚数、芯片封装的不同,STM32F103 单片机又细分为 29 个型号,如图 1.4 所示。

STM32F103 子系列单片机之间引脚是完全兼容的,其软件和功能也是兼容的,为应用开发 MCU 选择提供了更大的自由度。丰富的外设配置使得增强型 STM32F103 系列单片机适用于电机驱动、应用控制、医疗与手持设备、PC 游戏外设、变频器、打印机、扫描仪、警报系统、视频对讲和暖气通风空调系统等多种应用场合。

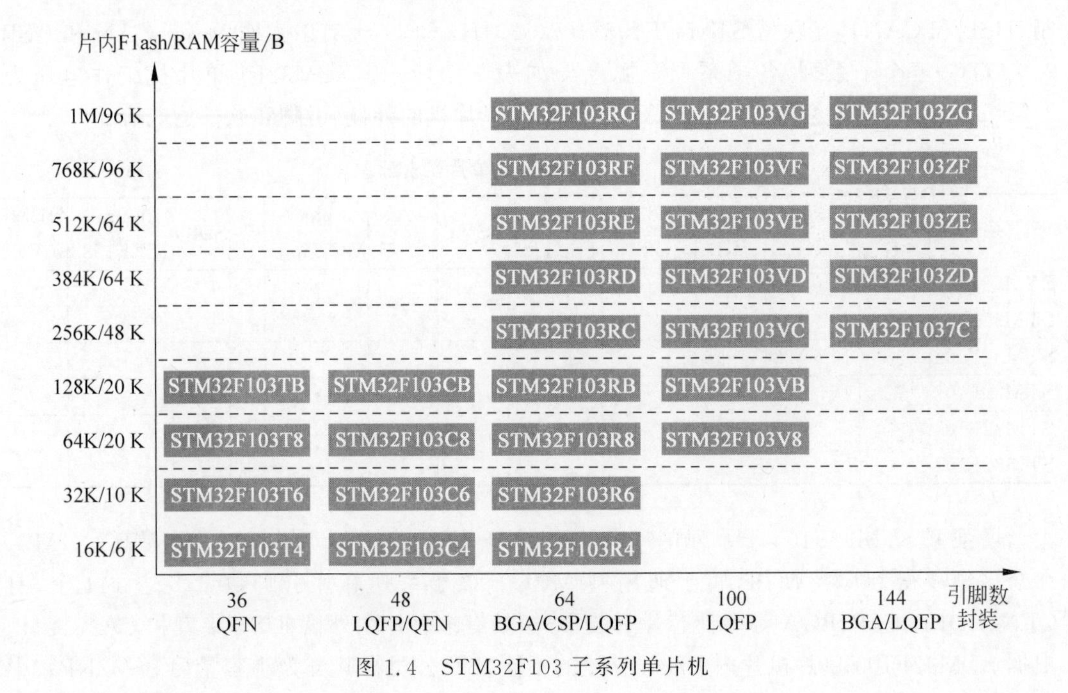

图 1.4 STM32F103 子系列单片机

1.4 STM32F103C8T6 单片机

STM32F1 单片机每个子系列有不同性能特性的型号以适应不同应用选择，不同型号的 STM32F1 单片机内部资源存在差异，但相同功能单元的使用方法是相同的。本书以 STM32F103C8T6 单片机为应用对象，对 STM32F1 单片机各功能单元的具体使用与编程控制展开讲解与实验。为便于后续章节知识点的学习，本节对 STM32F103C8T6 单片机引脚定义、复位、启动模式等进行概述，使读者能掌握 STM32F103C8T6 单片机的具体细节。

1.4.1 引脚定义

STM32F103C8T6 是基于 ARM Cortex-M3 内核的 32 位增强型单片机，片内 Flash 为 64KB、RAM 为 20KB，引脚数为 48 个，采用 LQFP 封装，工作温度为－40～＋85℃。芯片封装外形如图 1.5(a)所示，各引脚定义如图 1.5(b)所示。

STM32F103C8T6 单片机最高主频为 72MHz，总线宽度为 32 位，输入/输出端口为 37 个，供电电源电压为 2.0～3.6V，各引脚具体定义如表 1.3 所示，48 个功能引脚大致可以分为三类。

1. 电源引脚

STM32F103C8T6 单片机共有 9 个电源引脚，分别是第 1、8、9、23、24、35、36、47、48 引脚，如表 1.3 中浅色阴影部分引脚所示，其中：

VBAT：备用电源引脚，接 1.8～3.6V 电池电源，为 RTC 时钟提供电源。

VDDA：接模拟电源，为芯片中模拟电路部分提供电源。

VSSA：接模拟电源地，为芯片中模拟电路部分提供参考地。

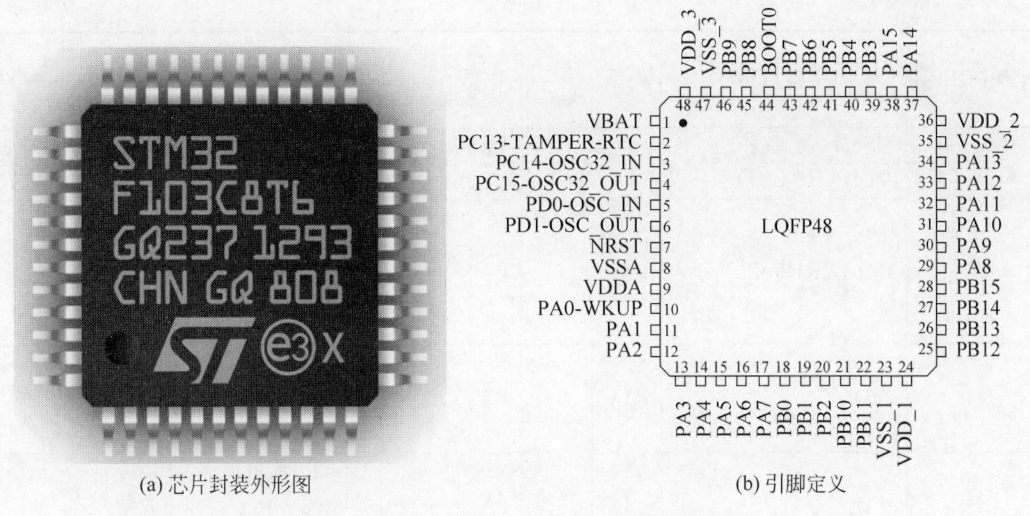

(a) 芯片封装外形图　　(b) 引脚定义

图 1.5　STM32F103C8T6 封装及引脚定义

VSS_x(x=1,2,3)：接芯片供电电源地，为芯片中数字电路部分提供参考地。

VDD_x(x=1,2,3)：接 2.0～3.6V 电源，一般接 3.3V 电源，为芯片中数字电路部分提供电源。

2. 特殊功能引脚

STM32F103C8T6 单片机有 2 个特殊功能引脚，分别是第 7 引脚 NRST 和第 44 引脚 BOOT0，如表 1.3 中深色阴影部分引脚所示，其中：

NRST：芯片复位引脚，低电平有效(该引脚为低电平时将使芯片复位)。

BOOT0：芯片启动模式选择功能引脚。在复位时，该引脚与 BOOT1 功能引脚(第 20 引脚)共同决定系统的启动模式。有关系统启动模式将在后续章节进行讲解，在此不再赘述。

3. 输入/输出端口引脚

剩余 37 个引脚为 STM32F103C8T6 的 I/O 端口引脚，其默认主功能可以分为时钟功能引脚、编程功能引脚和通用输入/输出(GPIO)引脚。时钟功能引脚为第 5(OSC_IN)和第 6(OSC_OUT)引脚，用于外接有源时钟或时钟晶振。编程功能引脚为第 34、37、38、39、40 引脚，支持标准 JTAG 编程或 SWD 串行编程。

表 1.3　STM32F103C8T6 单片机引脚具体定义

引脚 LQFP48	引脚名称	类型	I/O 电平	主功能(复位后)	可选复用功能	
					默认复用功能	重定义功能
1	VBAT	S	—	VBAT	—	—
2	PC13-TAMPER-RTC	I/O	—	PC13	TAMPER-RTC	—
3	PC14-OSC32_IN	I/O	—	PC14	OSC32_IN	—
4	PC15-OSC32_OUT	I/O	—	PC15	OSC32_OUT	—
5	PD0-OSC_IN	I	—	OSC_IN	—	PD0
6	PD1-OSC_OUT	O	—	OSC_OUT	—	PD0
7	NRST	I/O	—	NRST	—	—

续表

引脚 LQFP48	引脚名称	类型	I/O 电平	主功能（复位后）	可选复用功能	
					默认复用功能	重定义功能
8	VSSA	S	—	VSSA	—	—
9	VDDA	S	—	VDDA	—	—
10	PA0-WKUP	I/O	—	PA0	WKUP /USART2_CTS /ADC12_IN0 /TIM2_CH1_ETR	—
11	PA1	I/O	—	PA1	USART2_RTS /ADC12_IN1 /TIM2_CH2	—
12	PA2	I/O	—	PA2	USART2_TX /ADC12_IN2 /TIM2_CH3	—
13	PA3	I/O	—	PA3	USART2_RX /ADC12_IN3 /TIM2_CH4	—
14	PA4	I/O	—	PA4	SPI1_NSS /USART2_CK /ADC12_IN4	—
15	PA5	I/O	—	PA5	SPI1_SCK /ADC12_IN5	—
16	PA6	I/O	—	PA6	SPI1_MISO /ADC12_IN6 /TIM3_CH1	TIM1_BKIN
17	PA7	I/O	—	PA7	SPI1_MOSI /ADC12_IN7 /TIM3_CH2	TIM1_CH1N
18	PB0	I/O	—	PB0	ADC12_IN8 /TIM3_CH3	TIM1_CH2N
19	PB1	I/O	—	PB1	ADC12_IN9 /TIM3_CH4	TIM1_CH3N
20	PB2	I/O	FT	PB2/ BOOT1	—	—
21	PB10	I/O	FT	PB10	I^2C2_SCL /USART3_TX	TIM2_CH3
22	PB11	I/O	FT	PB11	I^2C2_SDA /USART3_RX	TIM2_CH4
23	VSS_1	S	—	VSS_1	—	—
24	VDD_1	S	—	VDD_1	—	—

续表

引脚 LQFP48	引脚名称	类型	I/O 电平	主功能（复位后）	可选复用功能	
					默认复用功能	重定义功能
25	PB12	I/O	FT	PB12	SPI2_NSS /I^2C2_SMBAI /USART3_CK /TIM1_BKIN	—
26	PB13	I/O	FT	PB13	SPI2_SCK /USART3_CTS /TIM1_CH1N	—
27	PB14	I/O	FT	PB14	SPI2_MISO /USART3_RTS /TIM1_CH2N	—
28	PB15	I/O	FT	PB15	SPI2_MOSI /TIM1_CH3N	—
29	PA8	I/O	FT	PA8	USART1_CK /TIM1_CH1 /MCO	—
30	PA9	I/O	FT	PA9	USART1_TX /TIM1_CH2	—
31	PA10	I/O	FT	PA10	USART1_RX /TIM1_CH3	—
32	PA11	I/O	FT	PA11	USART1_CTS /USBDM /CAN_RX /TIM1_CH4	—
33	PA12	I/O	FT	PA12	USART1_RTS /USBDP /CAN_TX /TIM1_ETR	—
34	PA13	I/O	FT	JTMS /SWDIO	—	PA13
35	VSS_2	S	—	VSS_2	—	—
36	VDD_2	S	—	VDD_2	—	—
37	PA14	I/O	FT	JTCK /SWCLK		PA14
38	PA15	I/O	FT	JTDI		TIM2_CH1_ETR /PA15 /SPI1_NSS
39	PB3	I/O	FT	JTDO		PB3 /TRACESWO /TIM2_CH2 /SPI1_SCK

续表

引脚 LQFP48	引脚名称	类型	I/O 电平	主功能（复位后）	可选复用功能	
					默认复用功能	重定义功能
40	PB4	I/O	FT	NJTRST		PB4 /TIM3_CH1 /SPI1_MISO
41	PB5	I/O	—	PB5	I2C1_SMBAI	TIM3_CH2 /SPI1_MOSI
42	PB6	I/O	FT	PB6	I2C1_SCL /TIM4_CH1	USART1_TX
43	PB7	—	—	PB7	I2C1_SDA /TIM4_CH2	USART1_RX
44	BOOT0	I	—	BOOT0	—	—
45	PB8	I/O	FT	PB8	TIM4_CH3	I2C1_SCL /CAN_RX
46	PB9	I/O	FT	PB9	TIM4_CH4	I2C1_SDA /CAN_TX
47	VSS_3	S	—	VSS_3	—	—
48	VDD_3	S	—	VDD_3	—	—

注：1. I 表示输入，O 表示输出，S 表示电源。

2. FT 表示引脚兼容 5V 电平。

3. 表中“主功能(复位后)”列的标识符表明芯片复位完成后引脚的默认功能，“默认复用功能”列的标识符表明该引脚可以复用为片内外设的引脚功能(注意多个复用功能在同一时刻仅可使能一个复用功能)，“重定义功能”列的标识符表明该引脚可以通过软件重新定义该引脚功能为重定义标识符的功能。

4. PC13、PC14 和 PC15 引脚通过片内的电源开关进行供电，且只能够吸收有限的电流(3mA)。因此这 3 个引脚作为输出引脚时有以下限制：在同一时间只有一个引脚能作为输出，作为输出引脚时只能工作在 2MHz 模式下，最大驱动负载为 30pF，且不能作为电流源(如驱动 LED)。

5. PC13、PC14 和 PC15 引脚在备份区域第一次上电时处于“主功能(复位后)”状态下，之后即使复位，这些引脚的状态均由备份区域寄存器控制(这些寄存器不会被主复位系统所复位)。

6. 在芯片复位后第 5 和第 6 引脚默认配置为 OSC_IN 和 OSC_OUT 功能引脚，可以在软件中重新定义这两个引脚为 PD0 和 PD1 功能引脚。在输出模式下，PD0 和 PD1 只能配置为 50MHz 输出模式。

7. 第 20 引脚在系统复位后的前 4 个系统时钟(SYSCLK)周期内作为 BOOT1 功能引脚，用于确定系统的启动模式。在复位完成后该引脚作为 PB2 功能引脚。

8. 第 34、37、38、39、40 引脚在上电复位时默认作为 JTAG/SWD 编程功能引脚，可以在软件中重新定义这些引脚作为其他功能引脚。

9. 默认复用功能引脚名称标注中出现的 ADC12_INx(x 表示 0～15 的整数)，表示这个引脚可以是 ADC1_INx 或 ADC2_INx。例如，ADC12_IN9 表示这个引脚可以配置为 ADC1_IN9，也可以配置为 ADC2_IN9。

10. 第 10 引脚 PA0 对应的“默认复用功能”中的 TIM2_CH1_ETR，表示可以配置该功能为 TIM2_CH1 或 TIM2_ETR。同理，表中第 38 引脚 PA15 可重定义为“重定义功能 TIM2_CH1_ETR”，与原第 10 引脚 PA0 对应的默认复用功能具有相同的功能作用，但不能同时将第 10 引脚和第 38 引脚都定义为 TIM2_CH1_ETR 功能引脚。

1.4.2 片内资源

STM32F103C8T6 单片机内部集成了多个片上功能单元，为实时控制应用设计提供了灵和性。片上集成内部资源如下：

(1) 内嵌 8MHz 高速 RC 振荡器、40KHz 低速 RC 振荡器，可为芯片提供高速时钟（为芯片提供系统时钟）、低速时钟（为实时时钟 RTC、独立看门狗 IWDG 提供时钟）；

(2) 内嵌 4～16MHz 晶体振荡器，可外接 4～16MHz 无源晶振，为芯片提供外部高速时钟；

(3) 内嵌 32kHz RTC 振荡器，可外接 32.768kHz 无源晶振，为芯片实时时钟 RTC 单元提供时钟；

(4) 集成了 PLL 时钟倍频单元，可对低速时钟进行倍频，产生所需的高速倍频时钟；

(5) 集成了上电/断电复位（POR/PDR）功能单元，可对供电进行监测复位；

(6) 集成了 7 个定时器，1 个 16 位带死区控制及紧急刹车的高级定时器，3 个 16 位的通用定时器，1 个 24 位自减型系统滴答定时器，2 个看门狗定时器（独立看门狗和窗口看门狗）；

(7) 集成了 2 个 12 位模/数转换器，最快 1μs 转换时间，多达 16 个模拟输入通道；

(8) 集成了片上温度传感器和实时时钟 RTC；

(9) 集成了 9 个外部通信接口，3 个 USART、2 个 I^2C、2 个 SPI（18Mb/s）、1 个 CAN（2.0B）、1 个 USB 2.0 全速接口；

(10) 集成了 CRC（循环冗余校验）计算单元，可进行硬件 CRC 计算；

(11) 集成了嵌套向量中断控制器（NVIC），支持 16 级中断优先级、60 个中断和 10 个异常处理；

(12) 集成了带 7 个通道的 DMA1 控制器，支持定时器、ADC、I^2C、SPI 和 USART 进行 DMA 数据传输；

(13) 具有 37 个高速通用输入/输出（GPIO）端口，可从其中任选 16 个作为外部中断/事件输入端口，几乎全部 GPIO 可兼容 5V 输入；

(14) 具有睡眠、停止、待机三种低功耗工作模式；

(15) 具有串行单线调试 SWD 接口和标准 JTAG 接口；

(16) 具有 96 位全球唯一编号。

1.4.3　启动模式

STM32F103 系列单片机存储空间为 4GB，划分为 8 个区块，每个区块为 512MB。存储空间可以用于运行程序代码的区块有代码区（0x0000 0000～0x1FFF FFFF）和 SRAM 区（0x2000 0000～0x3FFF FFFF（64KB），不同容量的 STM32F103 单片机的 SRAM 存储区大小不一致）。代码区 0x0000 0000～0x1FFF FFFF 可分为 Flash 存储区 0x0800 0000～0x0807 FFFF（512KB，不同容量的 STM32F103 单片机的 Flash 存储区大小不一致）和系统存储区 0x1FFF F000～0x1FFF F7FF（2KB）。Flash 存储区一般用于存放用户应用程序代码；系统存储区在单片机出厂时已固化为厂家提供的 ISP Bootloader 程序（用户不能修改），用于芯片在系统编程（ISP）；SRAM 存储区只能带电存储程序代码（掉电会丢失），一般用于程序代码的调试。

STM32F103 单片机的存储空间为固定的存储器映像，代码执行始终从代码区的 0x0000 0000 地址开始，并从 ICode 总线获取复位向量（启动只能从代码区开始）。因此 STM32F103 单片机启动后，CPU 首先从地址 0x0000 0000 单元获取堆栈栈顶地址，并初始化主堆栈指针 MSP；随后从地址 0x0000 0004 单元取出复位向量，初始化程序指针 PC，并开始执行程序代码。STM32F103 单片机启动时代码执行过程如图 1.6 所示。

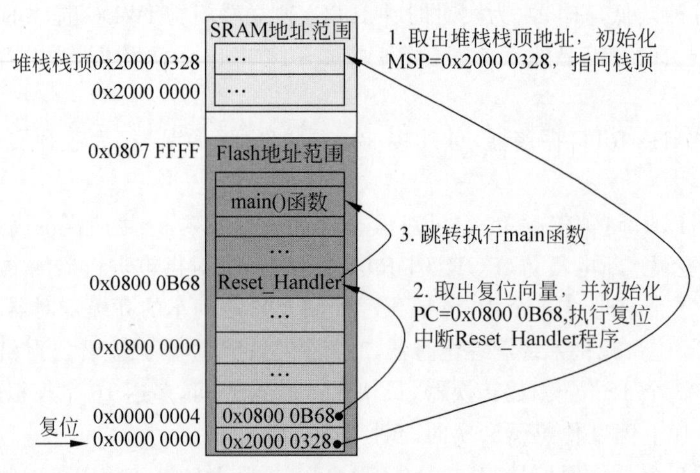

图 1.6　启动时代码执行过程

STM32F103 系列单片机设置了一个特殊的启动机制，使得启动时系统可以从三个代码存储区（Flash 存储区、系统存储区和 SRAM 存储区）中的任意一个存储区启动运行程序代码，随后进入相应的存储空间执行程序代码。该特殊启动机制是通过单片机的功能引脚 BOOT0 和 BOOT1 实现选择的。在系统复位后的第 4 个系统时钟上升沿锁存 BOOT0 和 BOOT1 引脚电平状态，并根据引脚电平状态设置 MCU 上电复位后的启动模式（Flash 存储区启动模式，或系统存储区启动模式，或内置 SRAM 存储区启动模式），随后进入相应存储区空间执行程序代码，具体模式选择如表 1.4 所示。根据选定的启动模式，代码存储区可以按照以下方式访问：

（1）从 Flash 存储区启动：Flash 存储区被映射到以 0x0000 0000 为首地址的代码启动空间，此时程序代码可从 0x0000 0000 地址开始执行，也可以从闪存存储器物理地址 0x0800 0000 访问，即 Flash 存储区的内容可以在两个地址（首地址为 0x0000 0000 或 0x0800 0000）区域进行访问。

（2）从系统存储区启动：系统存储区被映射到以 0x0000 0000 为首地址的代码启动空间，此时程序代码可从 0x0000 0000 地址开始执行，也可以从系统存储器物理地址 0x1FFF F000（互联型 MCU 系统存储器物理地址为 0x1FFF B000，其他 MCU 系统存储器物理地址为 0x1FFF F000）访问，即系统存储区的内容可以在两个地址（首地址为 0x0000 0000 或 0x1FFF F000）区域访问。

（3）从内置 SRAM 存储区启动：程序只能从 0x2000 0000 开始的地址区域启动运行，一般情况 SRAM 存储区启动模式仅用于调试。

注意：当从内置 SRAM 启动时，在应用程序的初始化代码中必须使用 NVIC 的异常表和偏移寄存器，重新映射向量表到 SRAM 中。

STM32 系列单片机启动时还需要一段启动代码（Bootloader），类似于计算机启动时的 BIOS，用于完成单片机的初始化设置和自检工作。STM32 系列单片机的启动代码一般在 ST 公司提供的 startup_stm32f10x_xx.s（xx 根据 MCU 所带闪存存储器大、中、小容量分别为 hd、md、ld 等)文件中,其功能主要包括初始化堆栈、定义程序启动地址、中断向量表、中断服务程序入口地址,以及系统复位启动时从启动代码跳转到用户 main()函数的复位中断服务程序实现代码。

表 1.4　启动模式选择设置(表中 x 为任意状态,其值为 0 或 1)

启动模式选择引脚		启动模式	说明
BOOT1	BOOT0		
x	0	Flash 存储区	1：用户模式,从内置 Flash 代码存储区启动,用于正常程序运行(常用模式)。 2：应用程序从 Flash 代码存储区 0x0800 0000～0x0807 FFFF(512KB)启动运行,该区域实际上被映射到以 0x0000 0000 为首地址的代码启动区域
0	1	系统存储区	1：ISP 模式,从内置 Flash 系统存储区启动,用于 ISP 编程。 2：应用程序从系统存储区 0x1FFF F000～0x1FFF F7FF(2KB)启动运行,该区域实际上被映射到以 0x0000 0000 为首地址的代码启动区域(注意互联型 STM32 单片机从 0x1FFF B000 开始启动)。 3：该区域固化了厂家 ISP Bootloader 程序,用于通过 USART1 对 Flash 代码存储区进行重新编程
1	1	SRAM 存储区	1：从内置 SRAM 存储区启动,一般用于程序调试。 2：应用程序从 SRAM 存储区 0x2000 0000～0x2000 FFFF(64KB)启动运行,该区域不映射到以 0x0000 0000 为首地址的代码启动区域,直接从 SRAM 存储区启动运行

注意：当从系统存储区启动运行程序时,实际是进入 ISP 模式应用程序,用于对芯片的 Flash 代码存储区域进行编程。在 Flash 编程成功后,若要启动用户自己的应用程序,需要切换到 Flash 存储区模式重新启动应用程序。

1.5　STM32 单片机最小系统构成

单片机最小系统就是让单片机能正常运行并发挥其功能所必需的硬件组成部分,也可理解为单片机正常运行的最小环境。STM32 单片机硬件一般由功能应用电路和最小系统电路构成。功能应用电路是实现具体应用所需的功能电路,与具体应用相关。不同应用涉及的功能应用电路存在差异,一般涉及输入/输出控制电路、信号采集电路、存储电路、人机接口电路、显示电路等。最小系统电路是 STM32 单片机正常运行的必要电路,是 STM32 单片机应用系统硬件的核心单元,包括电源电路、复位电路、时钟电路、启动模式设置电路和编程接口电路。最小系统电路在任何应用系统硬件电路中都存在,本节以 STM32F103C8T6 单片机为对象,对其最小系统电路构成单元进行详细的讲解。

1.5.1 电源电路

电源对电子设备的重要性不言而喻，它是保证系统稳定运行的基础，而保证系统能稳定运行后，又有低功耗的要求。很多应用场合都对电子设备的功耗要求非常苛刻，STM32 单片机有专门的电源管理单元监控内部电源并管理片上外设的运行，以确保系统正常运行，并尽量降低功耗。为了方便进行电源管理，STM32 单片机根据功能将内部电源区域划分为数字、模拟、后备域、内核等供电区域，其内部电源结构如图 1.7 所示。

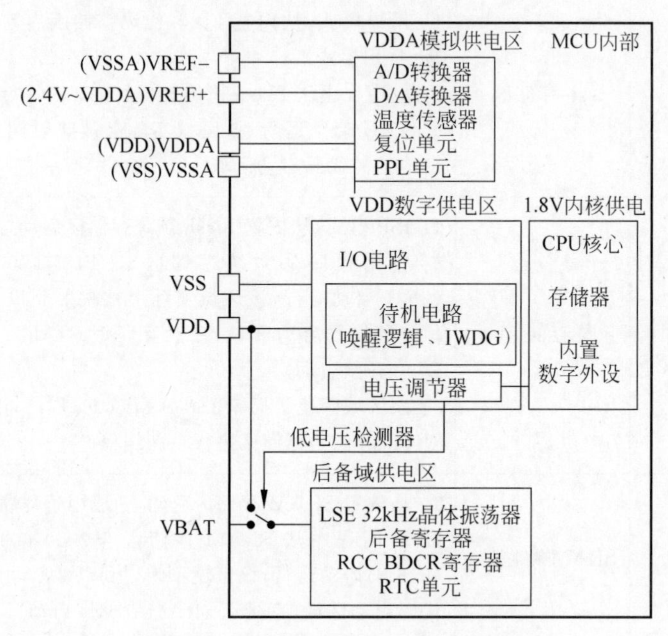

图 1.7　STM32 单片机内部电源结构

图 1.7 中，VBAT 是后备域供电引脚，为 32kHz 外部低速时钟振荡器 LSE、实时时钟 RTC 和后备寄存器供电。VDD 和 VSS 是数字部分供电引脚。VDDA 和 VSSA 是模拟部分供电引脚，且必须分别连接到 VDD 和 VSS；VREF＋和 VREF－是 A/D 转换器(Analog-to-Digital Converter，ADC)外部参考电压供电引脚，为其提供精确参考电压。如果芯片存在 VREF－引脚(根据封装而定)，那么它必须连接到 VSSA 引脚。

注意：100 引脚和 144 引脚封装的 MCU 有 VREF＋和 VREF－引脚，64 引脚或更少引脚封装的 MCU 没有 VREF＋和 VREF－引脚，它们在芯片内部与 ADC 的电源引脚 VDDA 和地引脚 VSSA 相连。

STM32 单片机的工作电压 VDD 为 2.0～3.6V，通过内置的电压调节器提供内核所需的 1.8V 电源。当主电源 VDD 掉电后，通过 VBAT 为 32kHz 外部低速时钟振荡器 LSE、实时时钟 RTC 和后备寄存器提供电源。为了提高 ADC 转换的精确度，ADC 使用一个独立的电源 VDDA 供电，过滤和屏蔽来自电路板上的毛刺干扰。STM32 单片机的供电方案如图 1.8 所示，其中的 4.7μF 电容必须连接到 VDD3。VREF＋引脚电压为 2.4V～VDDA，可以直接连接到 VDDA 引脚。如果 VREF＋采用单独的外部参考电源供电，则必须在 VREF＋引脚上连接一个 10nF 和一个 1μF 的电容。

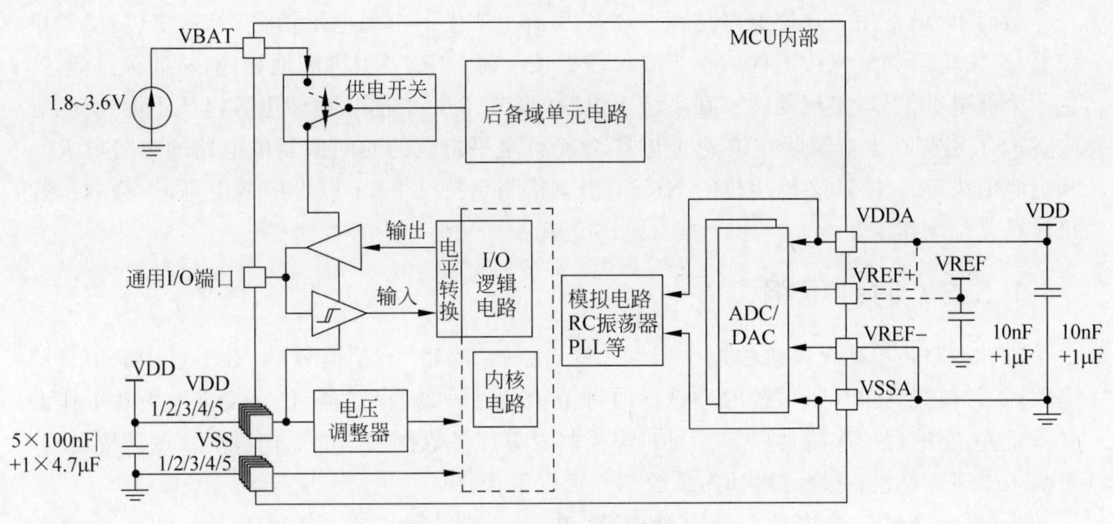

图 1.8　STM32 单片机供电方案

1.5.2　复位电路

当单片机正常运行时，由于外界干扰等因素可能会使单片机程序陷入死循环状态或“跑飞”，导致单片机系统出现故障。要使进入死循环或“跑飞”的程序恢复正常运行，唯一的办法是将单片机复位，重新启动系统运行。单片机复位就是把单片机当前的运行状态恢复到起始状态的操作，其作用是复位单片机的程序计数器 PC，使单片机从代码存储器的 0x0000 0000 单元重新开始执行程序，并将相关寄存器复位到默认初始值。复位后 STM32 单片机的程序计数器初始值为 00000004H，存储器 00000000H 单元存储的是主堆栈指针 MSP。STM32 单片机支持三种形式的复位，分别是系统复位、电源复位和备份区域复位，其复位电路结构如图 1.9 所示。

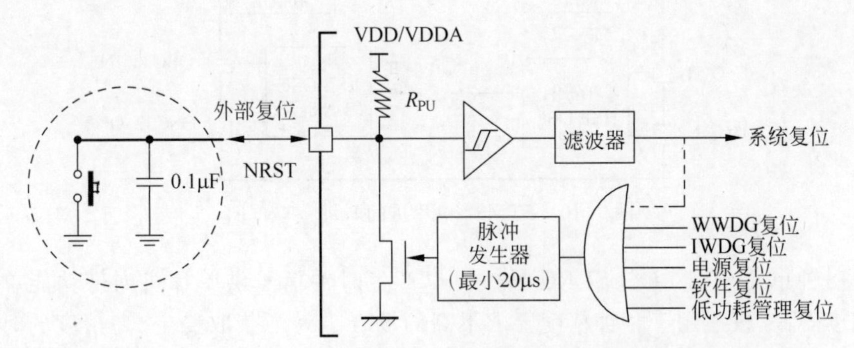

图 1.9　STM32 单片机复位电路结构

图 1.9 中任意一个复位源发生复位时，脉冲发生器将输出有效，最终作用于 NRST 引脚，使其变为低电平。在复位过程中保持 NRST 低电平，使复位入口向量被固定在地址 0x0000 0004。芯片内部的复位信号会在 NRST 引脚上输出，且脉冲发生器保证每一个(外部或内部)复位源都能有至少 20μs 的脉冲延时。当 NRST 引脚被拉低产生外部复位时，它也将产生复位脉冲。

最简单、最常用的复位电路是在NRST引脚上产生一个低电平信号(外部复位)引发系统复位,由电容和复位按键构成。当复位按键按下时,NRST引脚和地相连,从而被拉低,产生一个低电平信号,实现复位。在系统上电瞬间,电容开始充电,由于电容电压不能突变,导致NRST引脚在上电瞬间被拉成低电平,这个低电平持续的时间由复位电路的电阻值R_{PU}和电容值决定。STM32单片机的NRST引脚检测到持续20μs以上的低电平后,会对单片机进行复位操作。

1.5.3 时钟电路

时钟电路是单片机系统中用于产生并发出原始“嘀嗒”节拍信号的、必不可少的信号源电路,常常被视为单片机系统的心脏。时钟节拍是处理器、存储器、I/O接口等正常工作的必备条件,它的每一次跳动(振荡节拍)都控制着单片机执行代码的工作节奏。振荡得慢时,系统工作速度就慢;振荡得快时,系统工作速度就快。

为简化STM32单片机系统时钟电路,在单片机内部集成了8MHz高速RC振荡器(HSI RC)、40kHz低速RC振荡器(LSI RC)、4～16MHz晶体振荡器(HSE OSC)和32.768kHz RTC晶体振荡器(LSE OSC),其时钟单元及接口示意框图如图1.10所示。当利用STM32单片机内部集成的HSI RC、LSI RC(又称为内部时钟)作为单片机内部功能单元的时钟信号源时,HSE OSC和LSE OSC被禁用,外部OSC_OUT、OSC_IN、OSC32_IN和OSC32_OUT引脚可以作为其他功能引脚使用。当使用HSE OSC、LSE OSC(又称为外部时钟)作为单片机内部功能单元的时钟信号源时,HIS RC和LSI RC被禁用,可从OSC_OUT、OSC_IN、OSC32_IN和OSC32_OUT引脚输入外部时钟信号或外接石英晶体产生所需的时钟信号。

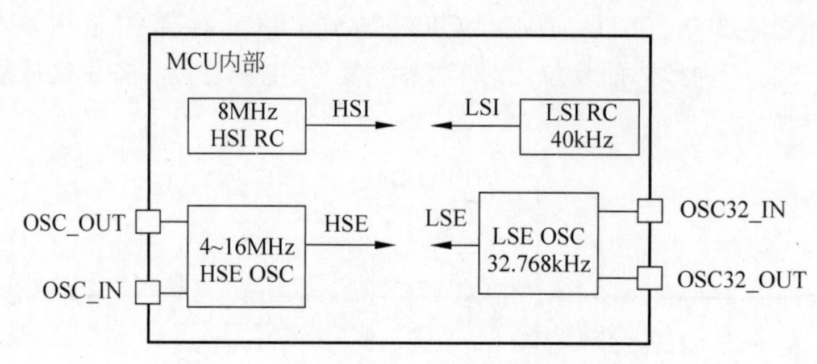

图1.10 STM32单片机的时钟接口框图

内部时钟单元HSI RC、LSI RC虽然可以产生时钟信号供单片机内部功能单元使用,但时钟精度不高,仅适用于时钟精度要求不高的场合。为了获取稳定、高精度的时钟信号,可以从单片机外部直接输入有源时钟信号作为单片机的时钟信号,也可以使用外部无源石英晶体配合单片机内部振荡电路(HSE OSC或LSE OSC)来产生时钟信号。外部时钟电路连接示意图如图1.11所示。

当外接外部时钟源时,必须连到SOC_IN和OSC32_IN引脚,同时保证OSC_OUT和OSC32_OUT引脚悬空,如图1.11(a)所示。当外接石英晶体或陶瓷谐振器时,为了减少时钟输出的失真和缩短启动稳定时间,石英晶体或陶瓷谐振器和负载电容器必须尽可能地靠近振荡器引脚,且负载电容值须根据所选择的振荡器来调整,取值范围为10～40pF。

(a) 外接有源时钟源

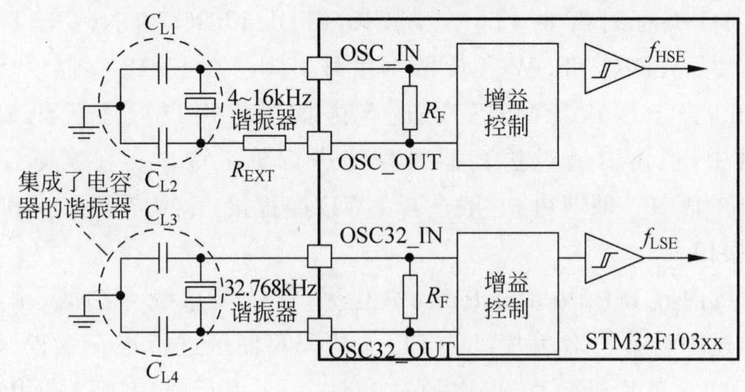

(b) 外接无源石英晶体

图 1.11　外部时钟电路连接示意图

内嵌的 HSI RC 或 HSE OSC 可为单片机提供高速系统时钟。内嵌的 LSI RC 或 LSE OSC 可为单片机提供低速时钟，同时可为单片机的实时时钟（RTC）、独立看门狗（IWDG）提供时钟。当不使用 LSI RC 或 LSE OSC 时，可以禁用，此时 OSC32_IN 和 OSC32_OUT 引脚可以作为其他功能引脚使用。

1.5.4 启动模式电路

STM32 单片机启动时需要根据 BOOT0 和 BOOT1 引脚的状态来确定系统的启动模式，启动模式设置见表 1.4。一般通过外部上拉电阻或下拉电阻对 BOOT0 和 BOOT1 的电平状态进行设置即可。STM32 单片机一般工作在 Flash 存储区启动模式，上电启动后即从 Flash 代码存储区中保存的用户程序开始运行。

1.5.5 编程接口电路

1. JTAG/SWD 编程接口

STM32 单片机支持标准 JTAG 协议编程和串行调试 SWD（Serial Wire Debug）编程，不同芯片对应的编程引脚具体定义需要查询芯片数据手册的引脚定义。STM32F103C8T6 芯片的编程引脚如表 1.5 所示。PA13 和 PA14 引脚既作为 JTAG 编程引脚，又作为 SWD 编程引脚。

表 1.5　JTAG /SWD 编程引脚

引脚（LQFP48）	引脚名称	类　型	I/O 电平	主功能（复位后）
34	PA13	I/O	FT	JTMS/SWDIO
37	PA14	I/O	FT	JTCK/SWCLK

续表

引脚(LQFP48)	引脚名称	类　型	I/O电平	主功能(复位后)
38	PA15	I/O	FT	JTDI
39	PB3	I/O	FT	JTDO
40	PB4	I/O	FT	NJTRST

STM32F103C8T6单片机上电复位时,引脚34、37、38、39、40默认作为JTAG/SWD编程功能引脚。JTAG编程时需要JTMS、JTCK、JTDI、JTDO和NJTRST五个信号引脚,SWD编程时仅需要SWDIO和SWCLK两个信号引脚。在Flash存储区启动模型下,可以通过J-Link、ULink、ST-Link、CMSIS-DAP等仿真器将用户程序代码编程到单片机的Flash代码存储区中,也可以通过仿真器对程序进行单步调试。在实际应用时,JTAG和SWD编程接口选择其中一种即可,一般选择SWD编程接口,以节约引脚和减小接口面积。

2. ISP编程接口

STM32单片机内嵌ISP Bootloader自举程序,存放在系统存储区,由ST公司在生产线上写入,用于通过串行接口对单片机的Flash代码存储区进行重新编程。对于小容量、中容量和大容量STM32单片机而言,可以通过USART1串行通信接口启用自举程序进行编程;对于互联型STM32单片机而言,可以通过USART1、USART2(重映射的)、CAN2(重映射的)或USB OTG全速接口设备模式(通过设备固件更新DFU协议)启用自举程序进行编程。

使用内嵌ISP Bootloader自举程序进行Flash代码存储区重新编程时,STM32单片机需要工作在系统存储区启动模式,随后通过USART1进行编程。编程成功后若需要让单片机运行在Flash代码存储器区的用户程序,则需要将启动模式重新设置为Flash代码存储区启动模式,然后重新上电启动,才能运行Flash代码存储区中保存的用户应用程序。

1.6 本章小结

本章简要介绍了STM32单片机的基本概况及命名规则,并对基于ARM Cortex-M3内核的STM32F103C8T6单片机引脚定义、内部资源、启动模式、最小系统构成等进行了概述,使读者能轻松利用STM32单片机的某个具体型号构建最小单片机系统,开展具体应用的开发。

第 2 章 STM32 单片机实验硬件平台

CHAPTER 2

STM32 单片机功能强大、资源丰富，若要掌握 STM32 单片机的原理与应用，离不开对单片机的系统资源进行应用程序开发实验。为了后续实验内容的讲解与应用程序开发实验，本书配套设计了可以完成本书所列实验内容的 STM32 单片机实验硬件平台。虽然 STM32 单片机系列、型号众多，但不同型号单片机的基本功能单元使用与应用程序开发基本相同。因此本书配套实验硬件平台采用 STM32 单片机中的 STM32F103C8T6 为主控芯片展开设计，硬件功能单元电路主要包括最小系统电路和具体功能应用电路两部分。本章将对配套设计的实验硬件平台各单元电路原理图进行详细介绍，为后续应用程序开发实验奠定硬件基础，同时也方便读者根据电路原理图构建自己的实验硬件平台。

2.1 实验硬件平台概述

目前有关 STM32 单片机的实验开发板众多，功能各有千秋，但任何一款实验开发板都不可能包含所有功能电路。对于实验教学而言，如何选择一款满足教学需要的实验开发板至关重要。功能强大的实验开发板硬件系统过于复杂、功能强大，但对初学者而言有难度，很容易造成学生学习困难而丧失学习兴趣。功能简单的核心实验板硬件系统过于简单，功能电路少，不利于对系统资源实验教学的需要。因此，设计一款能够包括 STM32 单片机最小系统硬件电路和经典实验项目硬件电路（如流水灯、按键输入、串行通信、ADC 模拟采样等）的实验开发板将非常符合实验教学需要，既不造成资源浪费，又能满足实验教学需求。

本书配套设计的实验硬件平台硬件电路主要包括最小系统硬件电路和经典实验项目硬件电路两大部分，设计的实验开发板和功能单元布局如图 2.1 所示。

实验硬件平台最小系统电路主要有电源电路、复位电路、时钟电路、启动模式设置电路、编程接口电路等。经典实验项目硬件电路主要有 LED 指示灯电路、按键电路、UART 串行通信电路、I^2C 接口 E^2PROM 电路、SPI 接口 E^2PROM 电路、DS18B20 单总线温度采集电路、红外传感器接收电路、ADC 采样与热敏电阻测温电路、nRF24L01 无线通信接口电路、I/O 引脚外接扩展接口电路、外扩电源接口电路等。开发板采用直插和贴片元器件进行设计，最终设计完成的 PCB 布线如图 2.2 所示。

(a) 实验开发板

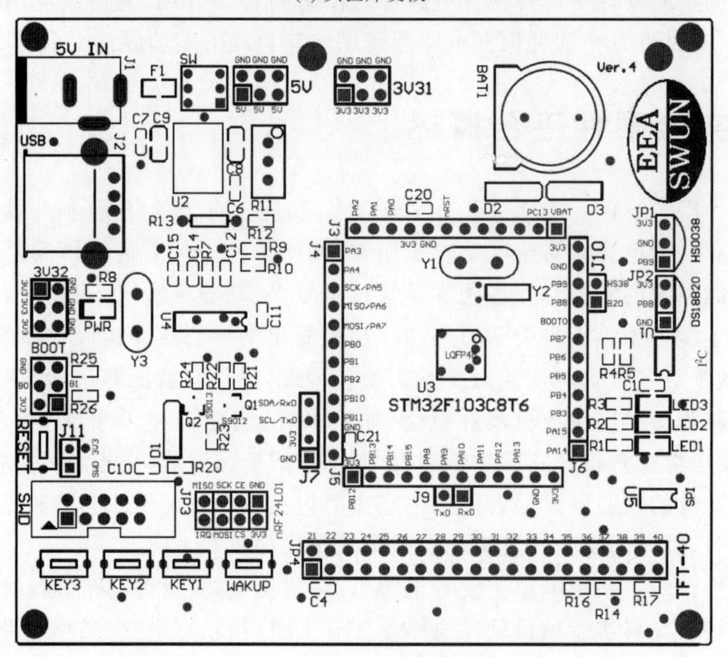

(b) 功能单元布局

图 2.1　STM32 单片机实验开发板及功能单元布局

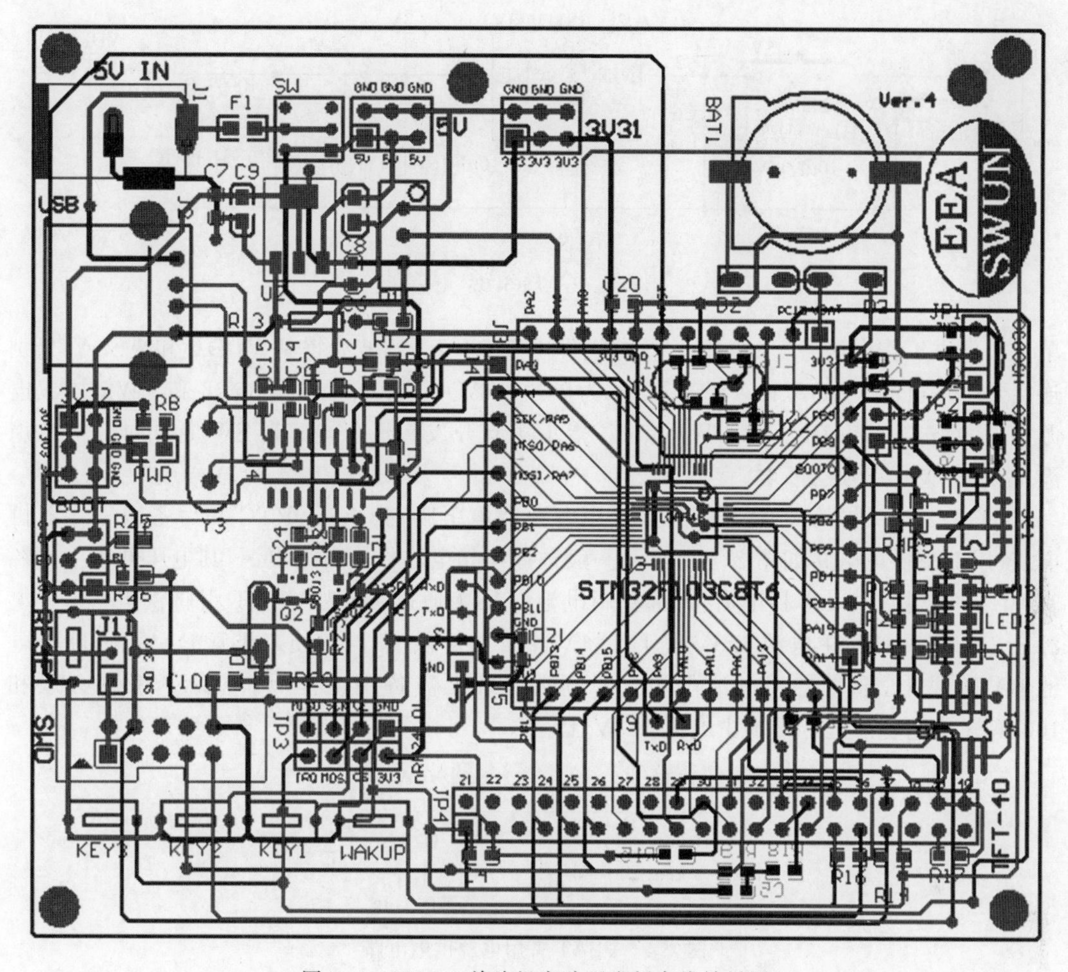

图 2.2　STM32 单片机实验开发板布线效果图

2.2　最小系统硬件电路

最小系统电路是 STM32 单片机正常运行的必要电路，是 STM32 单片机应用系统硬件的核心单元，主要包括电源电路、复位电路、时钟电路、启动模式设置电路和编程接口电路。

2.2.1　电源电路

STM32F103 系列单片机工作电压为 2.0～3.6V，一般采用 3.3V 供电。由于常用电源一般为 5V，因此需要采用电源转换电路将 5V 电压转换为 2.0～3.6V 的电压为单片机供电。电源转换芯片 ASM1117-3V3 是一款正电压输出的低压降三端线性稳压电路，输入 5V 电压，输出固定的 3.3V 电压，正好可以将 5V 转换为 3.3V 给单片机供电，其电路原理图如图 2.3 所示。

图中：J1 为 5V 电源输入接口，F1 为 5V、500mA 熔丝（起保护作用），SW 是电源开关。经 U2（ASM1117-3V3）转换得到的 3.3V 电源直接与 STM32 单片机的 VDD 引脚连接，为

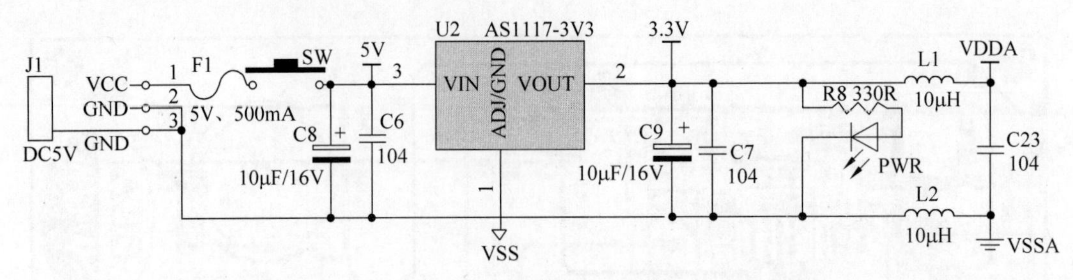

图 2.3　5V 转 3.3V 电路

单片机提供工作电源。3.3V 和 VSS 分别经电感 L1、L2 滤波后得到 VDDA 和 VSSA，分别连接到单片机的 VDDA 和 VSSA 引脚，为单片机 ADC 模拟单元供电。R8 和 PWR 构成电源指示电路，当 SW 闭合时，PWR 点亮，指示实验开发板已供电；当 SW 断开时，PWR 熄灭，指示实验开发板已断电。

STM32 单片机的 VBAT 引脚是备用电源供电引脚，为 LSE、RTC 和后备域寄存器供电，备用电源供电电路如图 2.4 所示。一般选择纽扣电池作为备用电源，其电压低于主电源 3.3V。当主电源 3.3V 掉电后，外部备用电池 BAT1 通过 D1 为 VBAT 引脚供电；当主电源 3.3V 未掉电时，主电源 3.3V 经 D2 为 VBAT 引脚供电，同时使二极管 D1 截止，断开电池 BAT1 供电，节省备用电池电源。若应用系统无需备用电池，则 VBAT 引脚必须和 100nF 瓷片电容一起连接到主电源 3.3V 上。

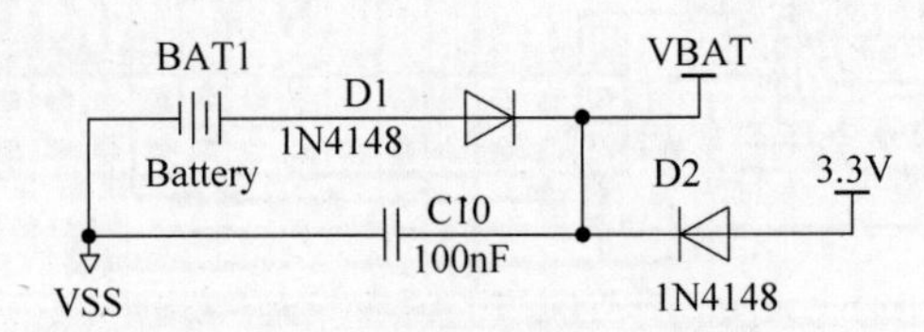

图 2.4　VBAT 备用电源供电电路

2.2.2　复位电路

在单片机正常运行中，由于外界干扰等因素可能会使单片机程序陷入死循环状态或“跑飞”而出现故障。要使其进入正常运行状态，唯一的办法是将单片机复位，以重新启动。复位就是把单片机当前的运行状态恢复到起始状态的操作，其作用是复位单片机的程序计数器 PC，使单片机从代码存储器 0x0000 0000 单元重新开始执行程序，并将相关寄存器复位到默认初始值。最简单、常用的复位电路是由电容串联电阻构成的 RC 复位电路，如图 2.5 所示。由于单片机的 NRST 引脚内部带有一个上拉电阻 R_{PU}，因此外部也可以省略 R20 这个 10K 的电阻。

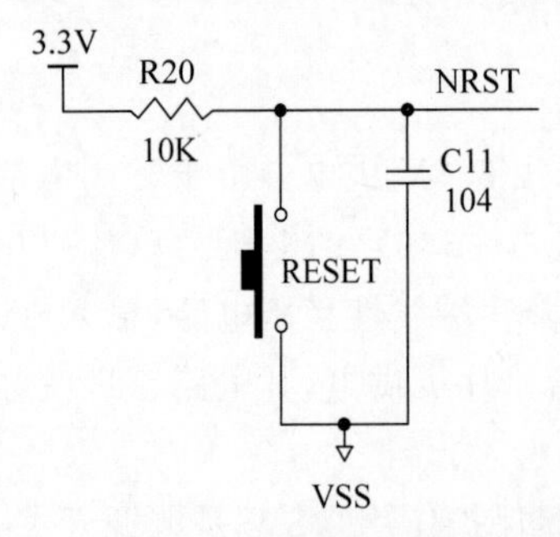

图 2.5　外部复位电路

在系统上电瞬间，电容开始充电，由于电容电压不能突变，导致 NRST 引脚在上电瞬间保持低电平。这个低电平持续的时间由复位电路的电阻 R20、电容 C11 共同决定（$t=1.1RC=1.1\times10000\Omega\times0.0000001\text{F}=0.011\text{s}=11000\mu\text{s}$）。STM32 单片机 NRST 引脚检测到持续 20μs 以上的低电平后,会对单片机进行复位操作。所以,适当选择 *RC* 的值就可以保证可靠的复位。当按键 RESET 按下时,NRST 引脚和地相接,从而被拉低产生一个低电平信号,实现手动复位。

2.2.3 时钟电路

时钟电路是单片机正常工作的必备条件,它为单片机应用程序运行提供时钟基准。STM32 单片机内部集成了 8MHz 高速 RC 振荡器和 40kHz 低速 RC 振荡器,可以产生时钟信号供单片机内部功能单元使用,但时钟精度不高,仅适用于时钟精度要求不高的应用场合。为了获取稳定、高精度的时钟信号,可以使用外部无源石英晶体配合单片机内部的振荡电路(HSE OSC 或 LSE OSC)来产生时钟信号,也可以从单片机外部直接输入有源时钟信号作为单片机的时钟信号。实验开发板采用外部无源石英晶体作为外部时钟产生电路。当外接石英晶体或陶瓷谐振器产生时钟时,为了减少时钟输出的失真和缩短启动稳定时间,石英晶体或陶瓷谐振器和负载电容器必须尽可能地靠近振荡器引脚,且负载电容值须根据所选择的振荡器来调整。实验开发板设计的外部时钟电路原理图如图 2.6 所示。

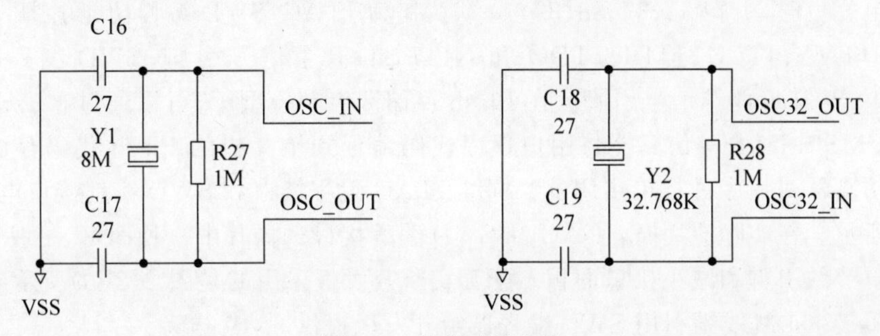

图 2.6 外部时钟电路

无源晶振 Y1 与单片机内部振荡电路 HSE OSC 构成外部高速时钟产生电路,为单片机提供高速时钟,用于产生系统时钟、外设时钟等。无源晶振 Y2 与单片机内部振荡电路 LSE OSC 构成外部低速时钟产生电路,为单片机提供低速时钟,用于对 RTC、IWDG 提供时钟。当不使用 LSI RC 或 LSE OSC 时可以禁用,OSC32_IN 和 OSC32_OUT 引脚可以作为其他功能引脚使用。为稳定外部时钟频率,快速起振,在晶振的两端分别连接两个 27pF 的电容。

2.2.4 启动模式电路

STM32 单片机启动时需要根据 BOOT0 和 BOOT1 引脚的电平状态来确定系统启动模式,启动模式设置见表 1.4 启动模式选择设置的详细描述,此处不再赘述。为方便根据实验需要调整 STM32 单片机的启动模式,模式设置电路如图 2.7 所示。

若需要从 Flash 存储区启动,需要设置 BOOT1=X(X 代表任意电平),BOOT0=0,因此可以用跳线帽同时短接 BOOT 接口的 3-5 和 4-6;若需要从系统存储区启动,需要设置 BOOT1=0,BOOT0=1,因此可以用跳线帽同时短接 BOOT 接口的 3-5 和 4-2;若需要从片内 SRAM 存储区启动,需要设置 BOOT1=1,BOOT0=1,因此可以用跳线帽同时短接 BOOT 接口的 3-1 和 4-2。STM32 单片机应用程序运行时一般工作在 Flash 存储区启动模

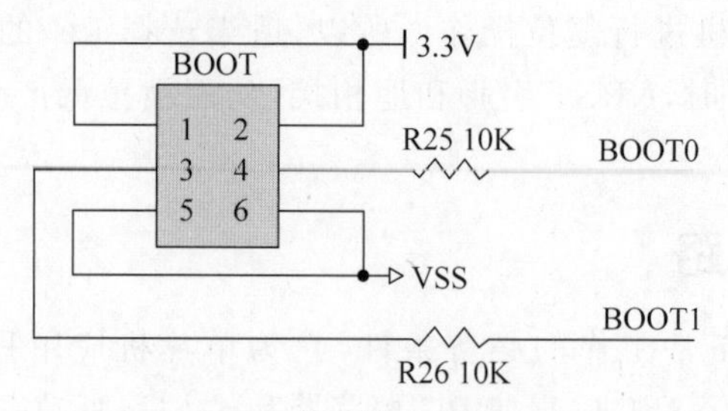

图 2.7　启动模式设置电路

式,上电启动时直接运行 Flash 中保存的用户应用程序,执行用户功能。

2.2.5　编程接口电路

根据 1.5.5 节编程接口介绍,STM32 单片机支持标准 JTAG 协议编程、串行调试 SWD (Serial Wire Debug)编程和 ISP 编程。不同芯片对应的编程引脚具体定义需要查询芯片数据手册的引脚定义,STM32F103C8T6 芯片的编程引脚如表 1.5 所示。STM32F103C8T6 单片机上电复位时,引脚 34、37、38、39、40 默认作为 JTAG/SWD 编程功能引脚。JTAG 编程时需要 JTMS、JTCK、JTDI、JTDO 和 NJTRST 五个信号引脚,SWD 编程时仅需要 SWDIO 和 SWCLK 两个信号引脚。在 Flash 存储区启动模型下,可以通过 J-Link、ULink、ST-Link、CMSIS-DAP 等仿真器将用户程序代码编程到单片机的 Flash 代码存储区中,也可以通过仿真器对程序进行单步调试。标准 JTAG 编程接口和 SWD 编程接口电路原理图如图 2.8 所示。在实际应用时,JTAG 和 SWD 编程接口选择其中一种即可,一般选择 SWD 编程接口以节约引脚和减小接口面积。配套实验开发板采用的是图 2.8(b)所示编程接口,同时可以短接 J11 跳线帽利用 SWD 编程器给开发板提供 3.3V 电源。

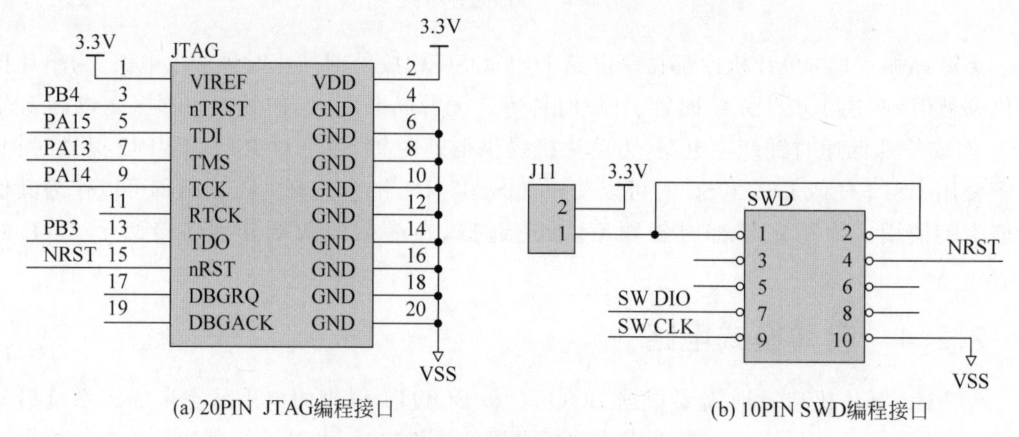

(a) 20PIN JTAG编程接口　　(b) 10PIN SWD编程接口

图 2.8　JTAG/SWD 编程接口电路原理图

2.3　实验项目硬件电路

对于单片机应用实验而言,经典实验项目硬件电路主要有 LED 指示灯电路、按键电路、UART 串行通信电路、I^2C 接口 E^2PROM 电路、SPI 接口 E^2PROM 电路、DS18B20 单总线温度采集电路、红外传感器接收电路、ADC 采样与热敏电阻测温电路、nRF24L01 无线通信接口电路、I/O 引脚外接扩展接口电路、外扩电源接口电路等。

2.3.1　LED 灯驱动电路

实验开发板设计了三个 LED 灯驱动电路 LED1、LED2、LED3，分别与单片机的 GPIOB 端口的 PB3、PB4 和 PB5 引脚连接，具体实现电路原理图如图 2.9 所示。由于 LED 灯采用的是共阳极接法，要使 LED 灯亮或灭，需要在 LED 阴极提供强低或强高电平进行控制。当单片机控制引脚 PB3、PB4、PB5 输出高电平时 LED 灯灭，当单片机控制引脚 PB3、PB4、PB5 输出低电平时 LED 灯亮。LED 灯驱动电路可用于 GPIO 输出实验，如进行 LED 流水灯实验、LED 灯状态指示实验等。

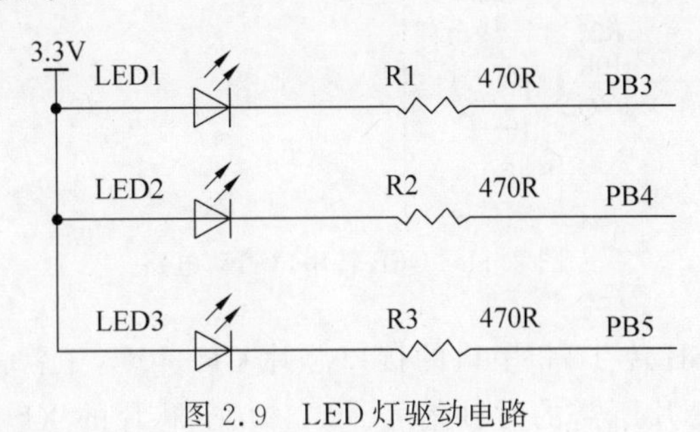

图 2.9　LED 灯驱动电路

2.3.2　按键驱动电路

实验开发板设计了四个独立按键驱动电路 KEY1、KEY2、KEY3 和 WAKUP，分别与单片机的 GPIOA 端口 PA0 引脚，GPIOB 端口 PB0 和 PB1 引脚，GPIOC 端口 PC13 引脚连接，具体实现电路原理图如图 2.10 所示。独立驱动电路可用于 GPIO 输入实验、外部按键中断实验、外部手动控制操作实验等。

按键一般只有按下和释放两种状态，在数字信息处理中可用低电平(0)或高电平(1)来表示这两种状态。由于图 2.10 中 4 个按键一侧直接连接地 VSS，另一侧与单片机的 GPIO 引脚连接。以 KEY1 为例说明按键按下与未按下的状态表示：当按键 KEY1 按下时，直接将 PB1 拉到地，实现低电平输入，此时读 PB1 引脚电平状态应为 0，可以判断为按键按下。当按键 KEY1 未按下时，PB1 引脚处于浮空状态，而代表按键未按下应该表现为高电平。由于 PB1 引脚外部没有外部上拉电阻，为使此时引脚 PB1 呈现高电平，故需要将 PB1 引脚芯片内部的上拉电阻使能，才能使 KEY1 按键未按下时 PB1 呈现高电平，此时读引脚 PB1 电平状态应为 1，可以判断为按键未按下。

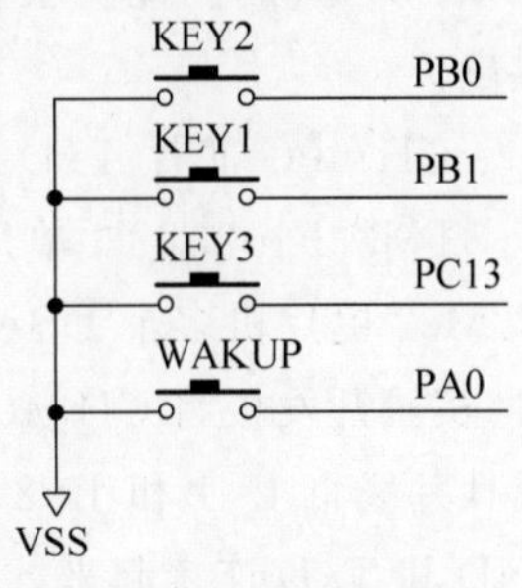

图 2.10　按键驱动电路

2.3.3　UART 串行通信电路

UART 串行通信是单片机嵌入式应用中常见的通信电路之一，用来与其他串行设备进行串行数据的收发。目前新型台式计算机或笔记本电脑已经没有 RS-232 串行通信接口，但有USB通信接口，为了实验时方便与PC进行串行通信，实验开发板利用USB转UART接口芯片CH340G设计了一个USB转串口的通信电路，如图2.11所示。

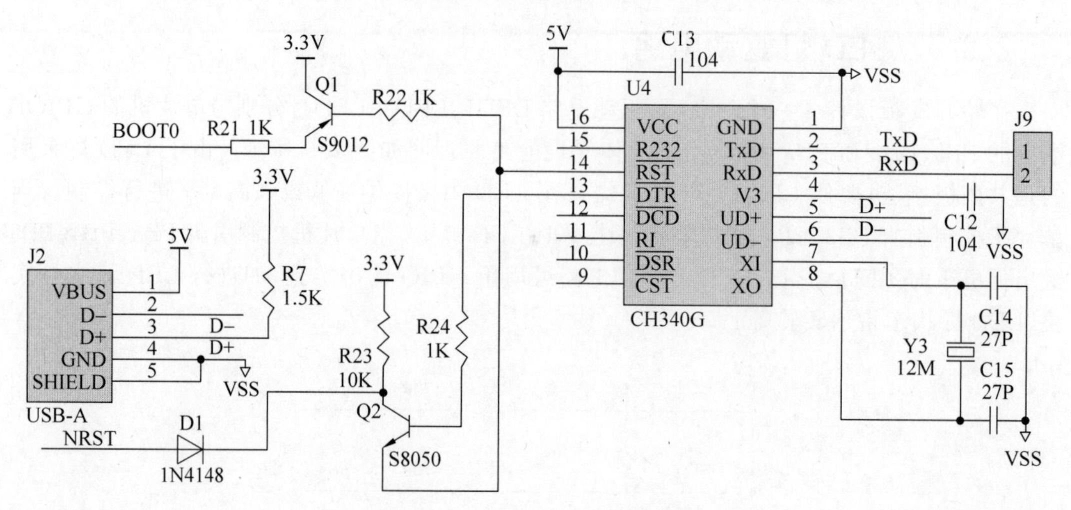

图2.11　USB转串口驱动电路

芯片U4是一个USB转TTL串口的接口芯片CH340G，正常工作时需要外部提供一个12MHz晶振来产生芯片所需的时钟信号。CH340G芯片的XI和XO即为外部晶振连接功能引脚，直接与晶振的两端连接，且需匹配27pF的电容。CH340G芯片的D+和D−为USB总线信号，直接与USB接口J2连接即可。CH340G芯片可采用5V供电或3.3V供电。当采用5V供电时，芯片的VCC引脚直接连接到5V电源即可，且芯片的V3引脚应外接一个0.01μF的去耦电容，芯片其他信号引脚可兼容5V或3.3V电平。当采用3.3V供电时，芯片的VCC引脚直接连接到3.3V电源即可，但芯片的V3引脚应与VCC连接在一起，此时芯片其他信号引脚只能与3.3V电平信号连接。由于计算机的USB接口可对外提供5V电源，因此实验开发板可以采用USB接口进行供电，且CH340G芯片也采用5V供电。

CH340G芯片TxD和RxD引脚为转换出来的串行通信功能引脚，可分别与实验开发板STM32F103C8T6单片机的USART功能引脚对应连接实现串行通信。为了实现与STM32单片机多个USART串行端口进行连接通信或对外提供一个USB转TTL串行端口，实验开发板将CH340G的TxD和RxD引脚与J9排针连接，在实验时需要通过跳线帽或杜邦线将J9-1和J9-2与单片机USART串行端口或外部TTL串行设备的功能引脚RxD和TxD连接起来才能进行实验。

STM32单片机内嵌的ISP Bootloader自举程序(存放在系统存储区)可以通过串行通信USART1接口对Flash代码存储区进行编程，但前提是需要先启动到ISP模式，然后才可以通过USART1对Flash代码存储区进行编程。若要启用ISP，需要将STM32单片机的启动模式设置为系统存储区启动模式，然后重新上电启动ISP Bootloader自举程序实现串口编程功能。启动模式的切换可以手动通过2.2.4节的启动模式设置电路实现，但每次编程都需要切换启动模式，且编程结束需要运行功能应用程序时又需要切换到Flash启动模式，给程序下载编程带来不便。

CH340G 芯片提供了 MODEM 联络信号引脚 $\overline{\text{RST}}$ 和 $\overline{\text{DTR}}$，可由计算机应用程序控制并定义其用途。ISP 客户端程序 FlyMcu 可以在编程时控制 MODEM 联络信号引脚 $\overline{\text{RST}}$ 和 $\overline{\text{DTR}}$ 输出高、低电平信号。因此，本书配套实验开发板设计的 USB 转串口驱动电路还带有 ISP 一键下载功能，利用 $\overline{\text{RST}}$ 和 $\overline{\text{DTR}}$ 两个信号设计了 STM32 单片机启动模式自动切换开关电路，由图 2.11 中的 D1、Q1 和 Q2 构成。默认情况下将 STM32 单片机的启动模式设置为 Flash 存储区启动模式，即 BOOT1＝0，BOOT0＝0。CH340G 芯片未输出 MODEM 联络引脚信号时，$\overline{\text{RST}}$ 和 $\overline{\text{DTR}}$ 为高电平(CH340G 芯片是 5V 供电，其高电平也是 5V)，此时 Q1 和 Q2 截止，故不影响连接的 BOOT0 和 NRST 电平信号，此时仍为 Flash 启动模式，且可以用 JTAG 或 SWD 编程器对单片机 Flash 进行编程。当需要通过 FlyMcu 客户端进行 ISP 时，先设置编程前 DTR 和 RST 输出的电平状态(选择 DTR 低电平复位、RTS 高电平进入 Bootloader 模式)，然后单击编程按钮。单击编程按钮后，FlyMcu 客户端先控制 DTR 输出低电平、RTS 输出高电平，此时 CH340G 芯片 $\overline{\text{DTR}}$ 引脚输出为高电平，$\overline{\text{RST}}$ 引脚输出低电平，Q1 和 Q2 导通。Q2 导通使得 NRST 变为低电平，使 STM32 单片机进入复位状态。同时 Q1 导通使得 BOOT0 变为 3.3V 高电平，且 BOOT1＝0，则正好是系统存储区启动模式要求的电平状态。100ms 后 FlyMcu 客户端会使 DTR 输出高电平、RTS 维持高电平，此时 Q2 截止使 NRST 变成高电平完成复位，Q1 仍然导通维持 BOOT0＝1，因此单片机复位完成后自动进入 ISP 模式进行 Flash 编程，实现一键下载功能，而不需要在 ISP 前进行手动模式切换。

若 FlyMcu 客户端编程前选择了“编程后执行”功能项，当编程结束后，FlyMcu 客户端会使 DTR 输出低电平、RTS 高电平，使 NRST 编程结束后变成低电平，引起 STM32 单片机复位。100ms 后 FlyMcu 客户端会使 RTS 输出低电平、DTR 维持输出低电平，使 Q1 和 Q2 截止，使 NRST 变为高电平，同时 BOOT0 变为默认启动配置的 BOOT0＝0 状态，因此 STM32 单片机编程结束后能够自动运行下载的功能应用程序。

2.3.4 I^{2}C 接口 E^{2}PROM 电路

实验开发板扩展了一片 AT24C02 E^{2}PROM 存储芯片，用于进行 I^{2}C 通信实验，其连接电路原理图如图 2.12 所示。根据 AT24C02 芯片的数据手册可知，A0～A2 是芯片的器件选择地址设定引脚，实验开发板将 A0～A2 全部接地，故该芯片的器件识别地址为 000。I^{2}C 通信总线 SCL 和 SDA 分别与 GPIOB 端口的 PB6 和 PB7 连接，而 PB6 和 PB7 是片上外设 I^{2}C1 的功能复用引脚，因此可以使用片上外设 I^{2}C1 进行通信实验。另外，PB6 和 PB7 是 GPIOB 通用 I/O 引脚，因此可以用 I/O 模拟 I^{2}C 协议进行 I^{2}C 通信实验。芯片的 WP 引脚是芯片的写保护引脚，高电平有效，实验电路将 WP 接 VSS，即不进行写保护。

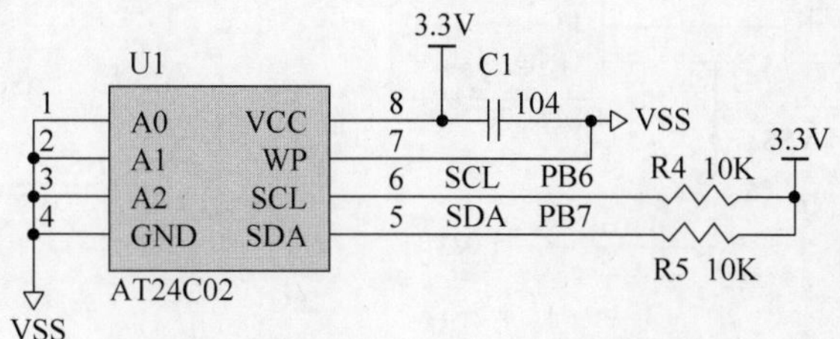

图 2.12　I^{2}C 接口 E^{2}PROM 驱动电路

2.3.5 SPI 接口 E^2PROM 电路

实验开发板扩展了一片 W25X16 E^2PROM 存储芯片，用于进行 SPI 通信实验，其连接电路原理图如图 2.13 所示。W25X16 E^2PROM 存储芯片的 SPI 接口信号 SCK、MISO、MOSI 分别与单片机的 PA5、PA6 和 PA7 引脚连接，恰好是 STM32 单片机片上外设 SPI1 的复用功能引脚，因此可以使用片上外设 SPI1 进行 SPI 通信实验。W25X16 芯片的片选信号 CE 与 J10 排针的 J10-1 引脚连接，在进行 SPI 实验时可将 J10-1 引脚连接到单片机的任意 GPIO 引脚，实现芯片片选控制。W25X16 芯片的 WP 引脚是芯片的写保护引脚，低电平有效，实验电路将 WP 接 3.3V，即不进行写保护。W25X16 芯片的 HOLD 引脚是保持引脚，低电平有效，实验电路将 HOLD 接 3.3V，即使芯片处于正常工作状态。

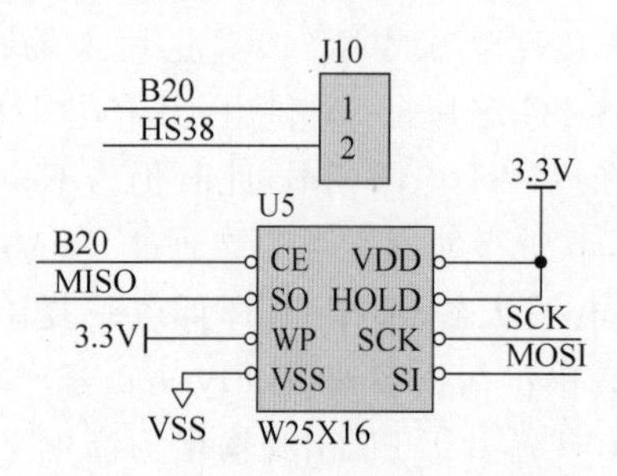

图 2.13 SPI 接口 E^2PROM 驱动电路

2.3.6 DS18B20 温度采集电路

DS18B20 是常用的单总线数字温度传感器，具有体积小、精度高、抗干扰能力强的特点，可以利用单片机的 GPIO 引脚模拟其通信协议实现单总线通信。DS18B20 温度传感器驱动电路如图 2.14 所示。传感器信号引脚 B20 连接到排针 J10-1 引脚，实验时可以使用杜邦线与 GPIO 引脚连接，然后开始实验。注意 DS18B20 温度传感器输出信号 B20 与 SPI 接口 E^2PROM 的使能信号 CE 共用引脚，因此不能同时使用。

2.3.7 红外传感器接收电路

红外接收传感器常用于近距离遥控操作。HS0038 为一个集成一体化红外接收传感器，内部包括红外检测二极管、放大器、限幅器、带通滤波器积分电路、比较器等。红外检测二极管检测遥控器发出的红外信号，然后将其转换成幅值一定的脉冲编码序列从 HS38 引脚输出。单片机通过检测 HS38 引脚输出的脉冲编码序列，即可实现遥控指令接收。红外接收传感器也是一种单总线传感器，电路连接非常简单。实验开发板将传感器的信号引脚 HS38 连接到排针 J10-2 引脚，电路原理图如图 2.15 所示。实验时可以使用杜邦线将其与 GPIO 引脚连接，然后即可进行实验。

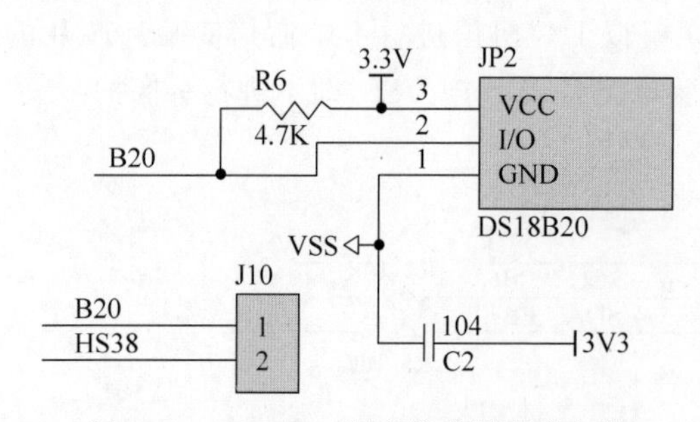

图 2.14 DS18B20 温度传感器驱动电路

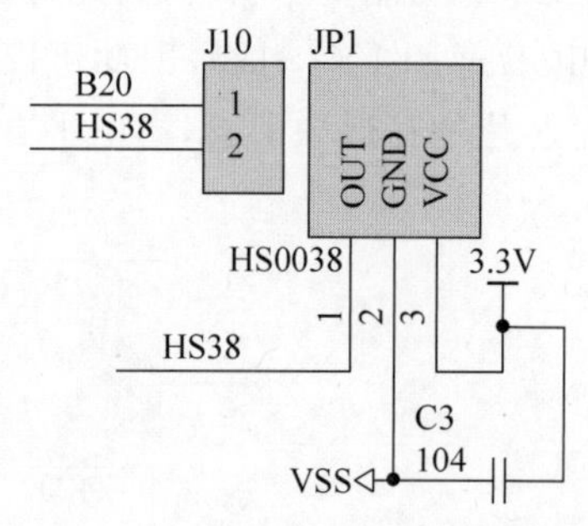

图 2.15 红外传感器接收电路

2.3.8 ADC采样与热敏电阻测温电路

STM32 单片机集成了片上 ADC 功能单元，因此可以进行模拟电压采集实验。实验开发板设计了 3 路模拟电压产生电路用于产生待测外部模拟电压，如图 2.16 所示。

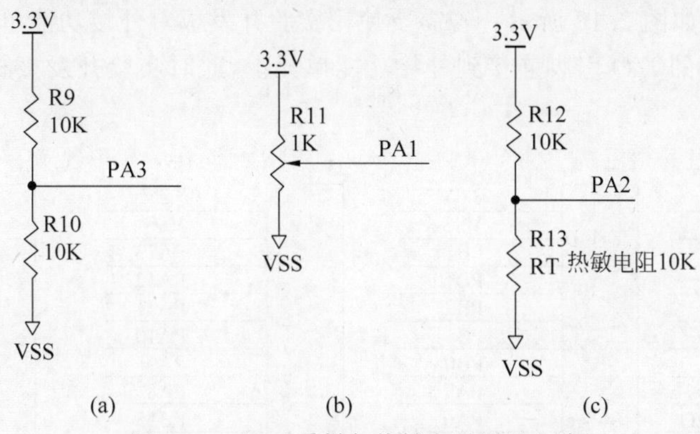

图 2.16 ADC 采样与热敏电阻测温电路

R9 和 R10 对 3.3V 进行分压，产生固定电压 1.65V 从 PA3 引脚输入到单片机的 ADC 模拟通道 AIN3；电压 3.3V 通过一个 1kΩ 可调电位器 R11 形成一个可调的模拟电压从 PA1 引脚输入到单片机的 ADC 模拟通道 AIN1；R12 和 R13 对 3.3V 进行分压，产生一个随温度变换的模拟电压从 PA2 引脚输入到单片机的 ADC 模拟通道 AIN2。R13 为负温度系数热敏电阻，其阻值随温度增高而减小，因此可以得到一个随温度变换的模拟电压 PA2。当测得 PA2 的电压值后，可以换算出 R13 当前的阻值，然后利用温度－电阻分度表实现温度测量。

2.3.9 nRF24L01无线通信接口电路

在单片机应用开发中，若需要无线数据传输，可以采用 nRF24L01 无线通信模块实现。nRF24L01 无线模块采用 2.4G 进行数据收发，其控制接口为 SPI 接口，最大传输速率可达 2Mb/s，传输距离最大可达 30m 左右（空旷无干扰情况下）。为实现 nRF24L01 无线通信实验，实验开发板设计了 nRF24L01 无线通信模块接口电路，如图 2.17(a)所示。在进行无线通信实验时，可将图 2.17(b)所示模块安装到接口电路上，就可以通过 SPI 接口进行通信控制。接口电路中的使能信号 CE 是连接到 PB0 引脚，无线通信的片选信号 CS 连接到 PB1 引脚，可以通过这 2 个引脚实现无线通信模块的使能和片选控制。注意，该接口与 SPI 接口 E^2PROM 电路共用了片上外设 SPI1，通过使用不同的使能 CE 和片选信号 CS，可以分时使用无线通信和 SPI 接口 E^2PROM。

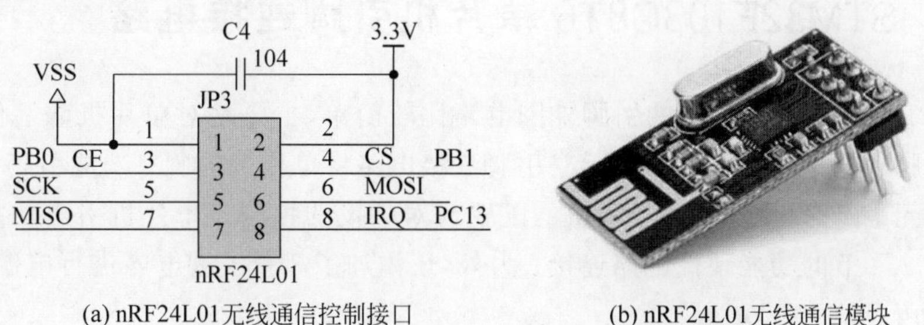

图 2.17 nRF24L01 无线通信控制接口电路

2.3.10 I/O引脚外接扩展接口电路

为方便实验时将单片机的控制引脚外接到其他外部电路，实现对其他外部电路的应用实验，实验开发板将STM32F103C8T6芯片的所有引脚通过J3～J6排针全部引出，其扩展I/O引脚接口电路如图2.18所示。若需要使用实验开发板对外接功能单元进行实验，可以利用杜邦线将需要的I/O引脚连接到外接功能单元上，此时实验开发板相当于一个单片机核心板。

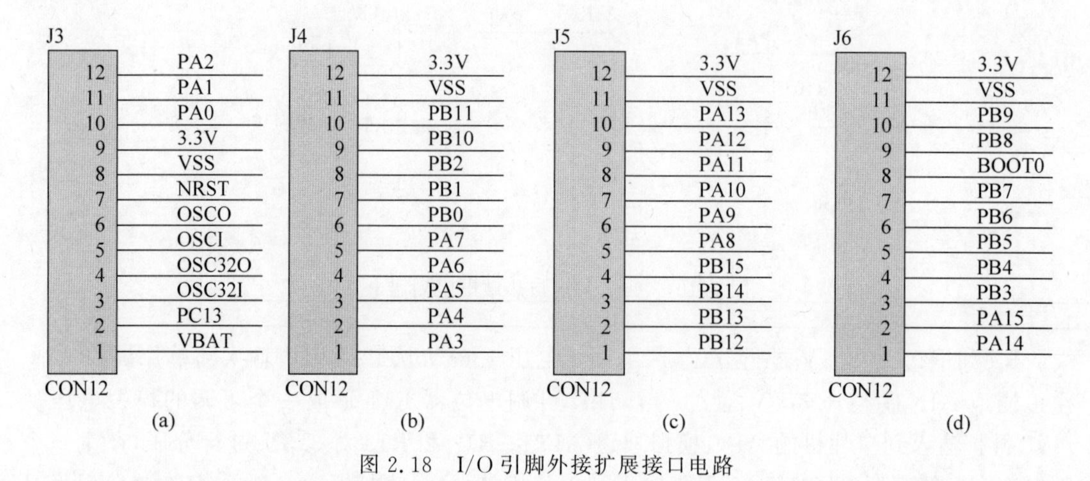

图2.18 I/O引脚外接扩展接口电路

2.3.11 外扩电源接口电路

实验开发板设计了3个外引电源排针座，如图2.19所示。外扩电源接口电路的目的是方便实验时对外输出3.3V和5V供电，而不需要额外的直流电源供电对外部设备进行供电，简化了实验设备需求。

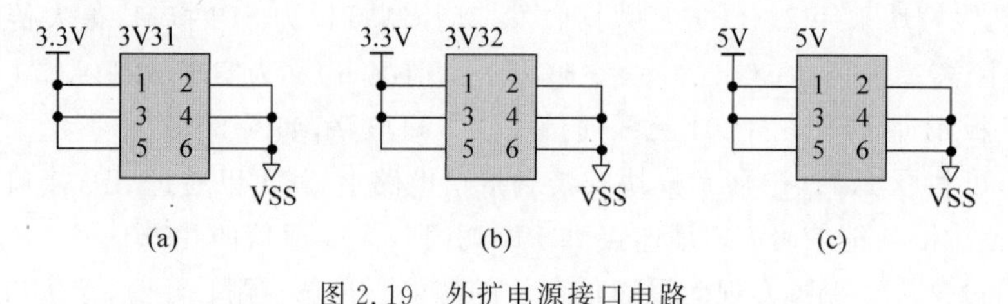

图2.19 外扩电源接口电路

2.4 STM32F103C8T6单片机引脚连接电路

STM32F103C8T6单片机的引脚外围电路比较简单，主要是对单片机数字供电引脚和模拟供电引脚的处理，如图2.20所示。引脚连接电路将单片机的所有功能引脚引出连接到外接功能单元电路，以便实现对单片机的配置或对外设的控制。单片机引出功能引脚分别与2.2节和2.3节的功能硬件电路连接；另外，还添加了3个去耦电容进行电源滤波，降低电源高频噪声。

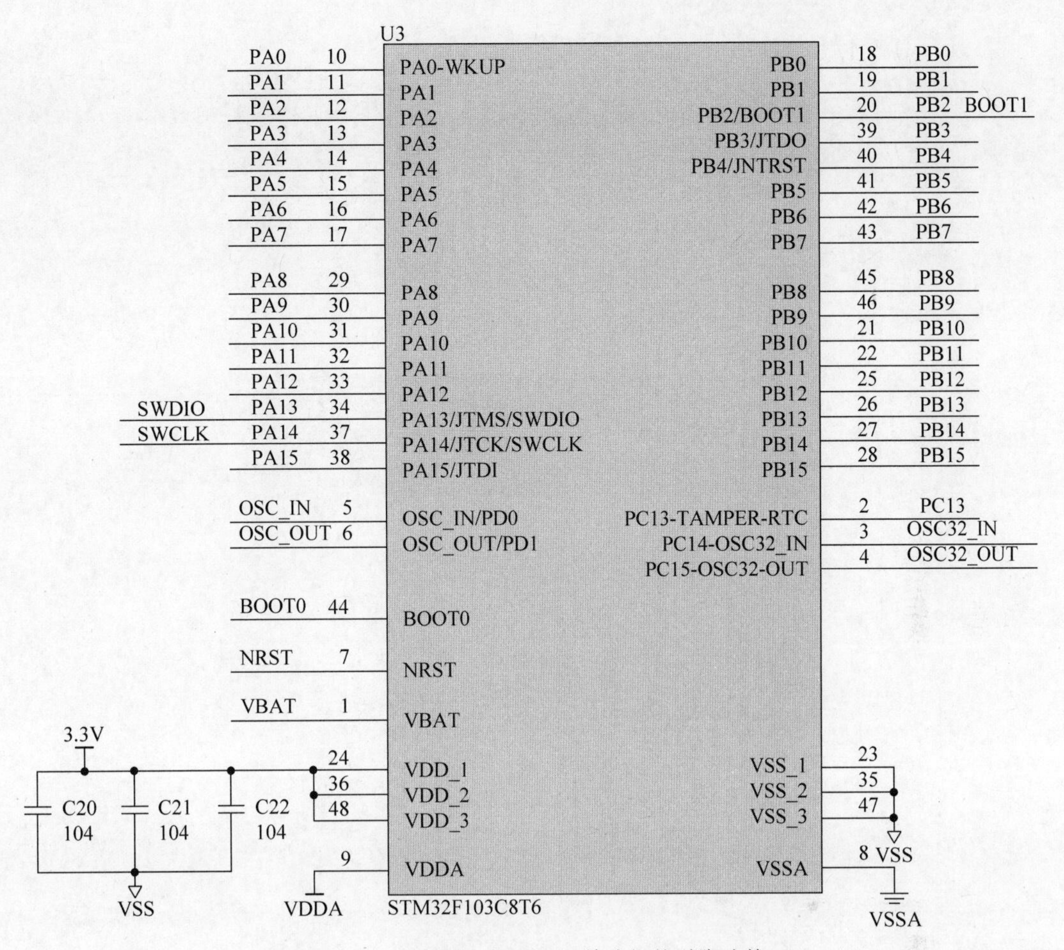

图 2.20 STM32F103C8T6 单片机的引脚连接

2.5 本章小结

本章对本书配套设计的实验开发板硬件系统进行了详细介绍,对设计的各功能单元电路原理图进行了说明,为后续 STM32 单片机的应用程序开发实验奠定了硬件基础,同时也方便根据电路原理图构建自己的实验硬件平台。

第二篇　实验基础

第3章 STM32单片机开发环境创建

CHAPTER 3

开发环境构建是应用程序编写的先决条件，支持STM32单片机应用程序开发的环境有KEIL MDK-ARM、IAR、GCC、TrueStudio、STM32CubeIDE等。本书采用MDK-ARM作为STM32单片机的开发环境，并展开后续实验讲解，故本章将对MDK-ARM开发环境的构建进行介绍，为后续实验奠定基础。

3.1 MDK-ARM简介

MDK-ARM是德国KEIL公司开发、用于ARM Cortex-M内核微控制器的集成软件开发环境，包括μVision IDE、Debugger(Debug调试器)、ARM C/C++ Compiler(编译器)和必要的中间件组件。MDK-ARM最新版本为MDK v5.36，是目前针对Cortex-M内核微处理器开发的最佳工具，由MDK Tools和Software Packs两部分组成，如图3.1所示。

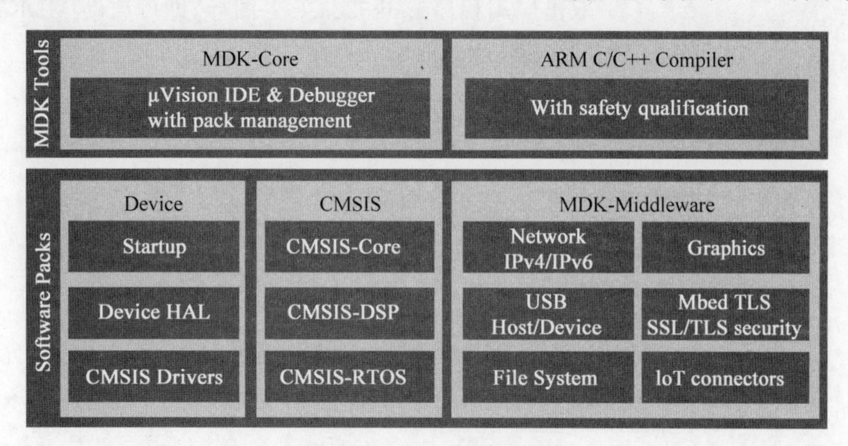

图3.1 MDK5组件构成

MDK Tools由MDK-Core和ARM C/C++Compiler构成。MDK-Core是基于μVision5 IDE集成开发环境的核心组件，包括μVision IDE、Debugger和芯片支持包管理器。μVision5 IDE具有代码提示和语法动态检测功能，可加快代码编写及错误检查。ARM C/C++Compiler包括C/C++编译器、汇编器、链接器和高度优化运行时库，运行时库对最佳代码大小和性能进行了量身定制。

Software Packs包括芯片(Device)支持、CMSIS(Cortex Microcontroller Software

Interface Standard，ARM Cortex 微控制器软件接口标准）库、MDK-Middleware（MDK 中间件）三部分，可通过器件支持包安装器将最新的 Software Packs 添加到 MDK 中，从而支持新的器件、提供新的设备驱动库、新的代码模板和示例程序，加快项目的开发进度。

为减小 MDK 安装程序的大小，MDK5 版本将 MDK Tools 独立成一个安装包，不包含器件支持、设备驱动和 MDK 中间件等组件，但会包含 CMSIS。MDK5 安装包可以在 ARM KEIL 公司主页（https://www2.keil.com/mdk5）下载。器件支持、设备驱动库、CMSIS 组件等可在 MDK5 的包安装器（Pack Installer）中进行在线安装，也可以通过主页软件支持包页面（https://www.keil.com/dd2/Pack/）下载，并进行离线安装。

在 MDK 安装完成后，要让 MDK 支持某一芯片的开发，至少需要安装该芯片的器件支持包（器件支持包由芯片厂家提供，并可在芯片厂家官方网站下载）。如要让 MDK 支持 STM32F1 系列单片机的开发，需安装 STM32F1 单片机的器件支持包“Keil.STM32F1xx_DFP.2.3.0.pack”。

3.2 MDK-ARM 安装

MDK-ARM 有精简版（MDK-Lite）、基本版（MDK-Essential）、标准版（MDK-Plus）、专业版（MDK-Professional）四个版本，功能最全的是专业版。本书以 MDK528a 专业版为例详述 MDK-ARM 的安装过程。安装之前需要先准备好 MDK-ARM 安装程序包，并购买版本的许可 License。

图 3.2 MDK 安装包

(1) 打开安装包程序所在文件夹，将看到 MDK 的安装包图标，如图 3.2 所示。

(2) 双击应用程序 mdk528a.exe 图标，即可启动 MDK-ARM 的安装，弹出图 3.3 所示的安装界面。

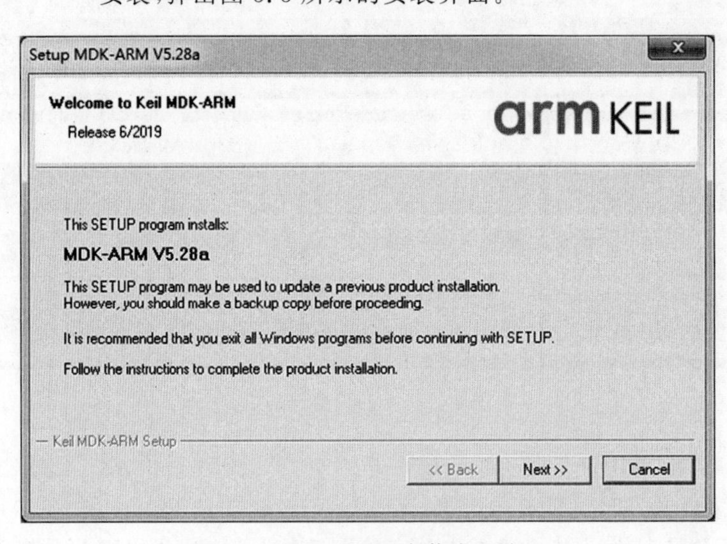

图 3.3 MDK-ARM 安装欢迎界面

(3) 单击 NEXT >>按钮进入下一步，弹出图 3.4 所示的许可协议界面。

(4) 先勾选 I agree to all the terms of the Preceding License Agreement 复选框，再单

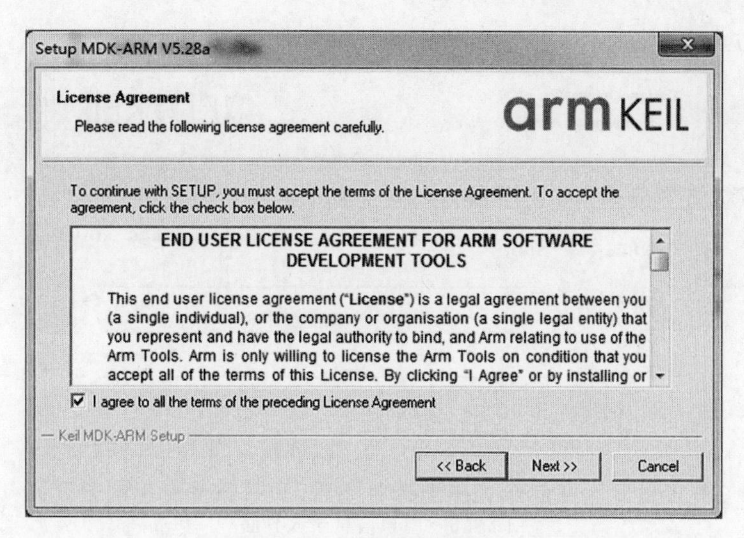

图 3.4　许可协议界面

击 NEXT >>按钮进入下一步，弹出图 3.5 所示的安装路径设置界面。

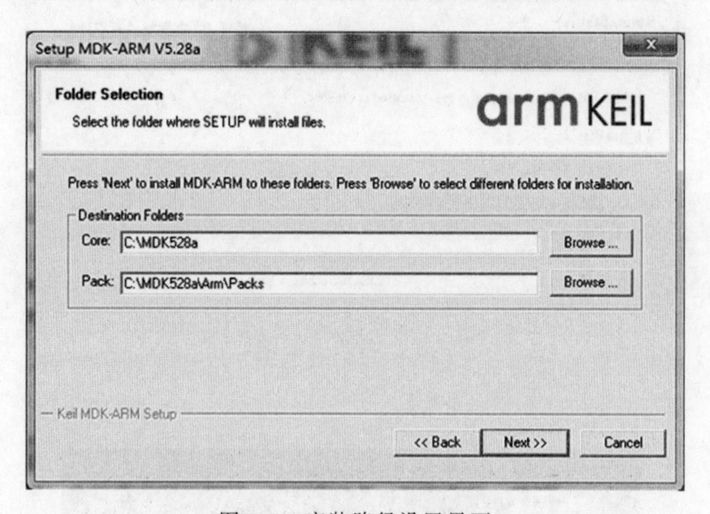

图 3.5　安装路径设置界面

(5) 首先通过 Browse...按钮分别设置 Core 和 Pack 的安装路径(注意安装路径一定不要包含中文路径)，然后单击 NEXT >>按钮进入下一步，弹出图 3.6 所示的用户信息录入界面。

(6) 录入用户相关信息后，单击 NEXT >>按钮进入下一步，弹出图 3.7 所示的 MDK 安装界面。

(7) 在进入图 3.7 的安装界面后，只需等待 MDK 安装程序自动安装完成。在安装过程中会弹出图 3.8 所示的 ULink 仿真器驱动安装界面。

MDK 安装程序自带 ULink 仿真器驱动，可选择安装，也可选择不安装。一般选择安装以便在 μVision IDE 中支持 ULink 仿真器对应用程序进行编程与调试，也可以在需要使用到时再手动安装 ULink 仿真器驱动。若安装，需要勾选"始终信任来自'ARM Ltd'的软件(A)。"复选框，再单击"安装"按钮开始安装，安装完成后弹出图 3.9 所示的 MDK 安装结束

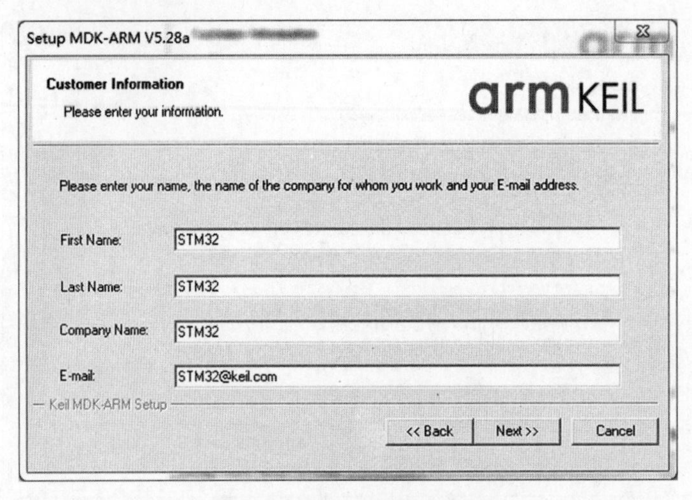

图 3.6　用户信息录入界面

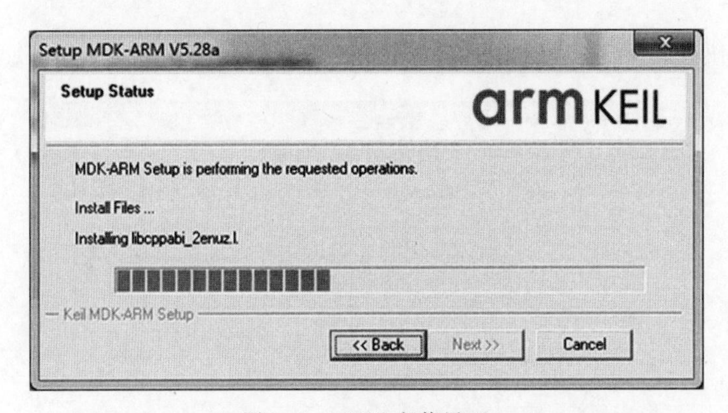

图 3.7　MDK 安装界面

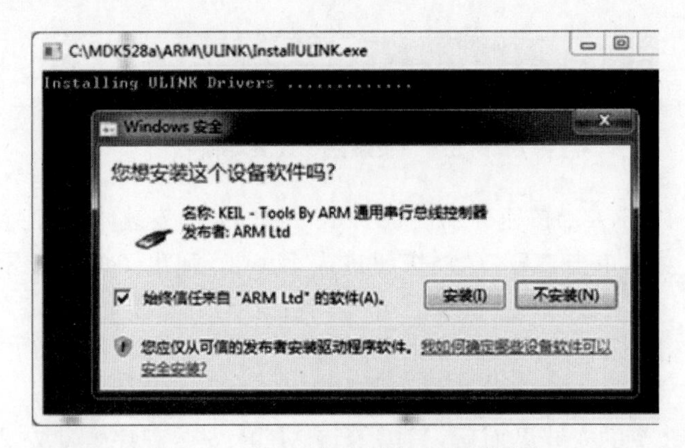

图 3.8　ULink 仿真器驱动安装界面

界面。

(8) 去掉图 3.9 中的 Show Release Notes. 复选框，再单击 Finish 按钮即可完成 MDK 的安装。随后将弹出图 3.10 所示的 Pack Installer 安装界面。

(9) 去掉 show this dialog at startup 复选框，再单击 OK 按钮关闭包安装器信息提示

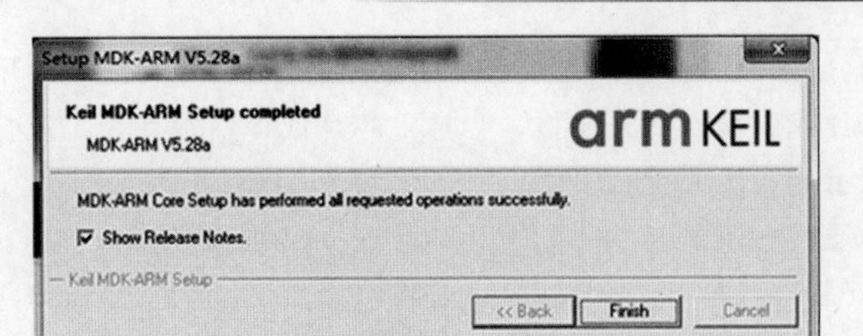

图 3.9　MDK 安装结束界面

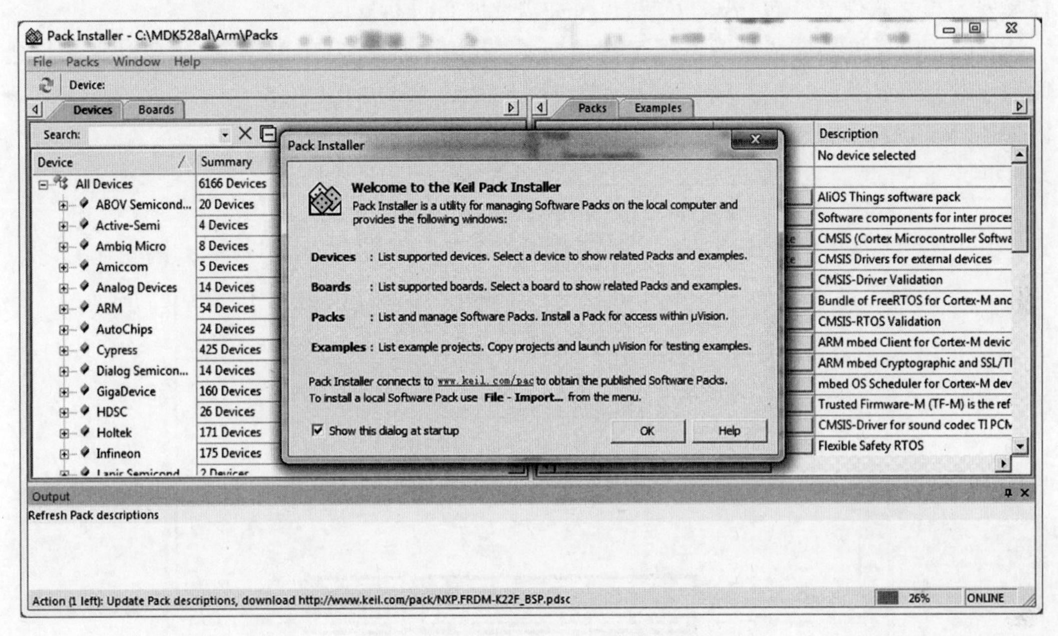

图 3.10　Pack Installer 安装界面

框。在 Pack Installer 管理界面可以查看支持包的安装情况，MDK 安装过程已经安装了部分支持包，如图 3.11 所示。

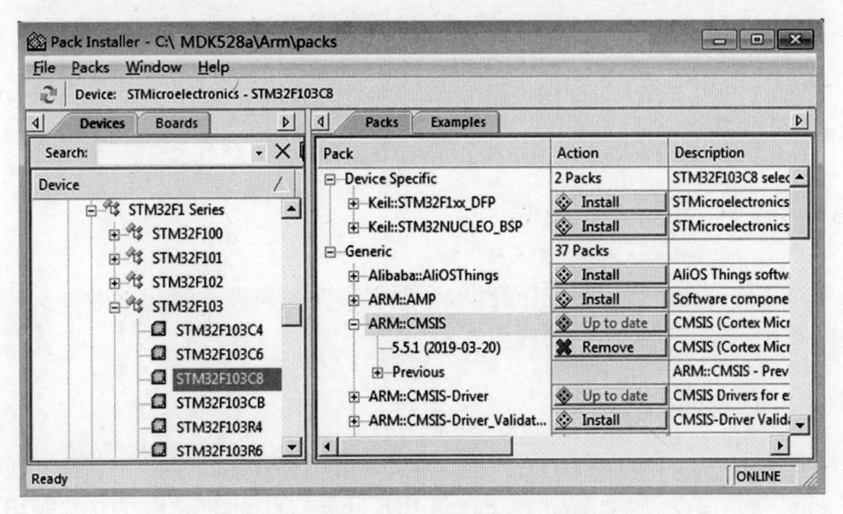

图 3.11　器件支持包安装、卸载、更新界面

图 3.11 界面分为两栏，左边一栏可以切换到“器件”(Devices)和“开发板”(Boards)页面，选择指定的芯片或厂家评估开发板。当选定芯片或评估板后，在右边栏可以查看其对应支持包(Packs)和示例(Examples)的安装情况。在 Packs 页面 Pack 栏显示的是相关支持包，Action 栏显示支持包安装与否。显示 Install 表示该支持包未安装，可以单击 Install 按钮进行在线直接安装。显示 Up to date 表示该支持包已经安装，单击该包前面的“+”展开，出现 Remove 按钮，可以单击 Remove 按钮卸载该支持包。若此时不需要安装相关支持包，可以关闭 Pack Installer 界面完成 MDK-ARM 的安装。安装 MDK-ARM 开发环境时可以选择安装相关软件支持包，若未安装，也可在需要时再进行安装。

(10) MDK 安装完成后默认属于评估版本，有最大代码 32K 的限制，需要注册后才能取消该限制。双击 Keil μVision5 快捷菜单或快捷图标，启动 MDK IDE 开发环境，选择 File→License Management 菜单命令，弹出图 3.12 所示的 License 管理界面。

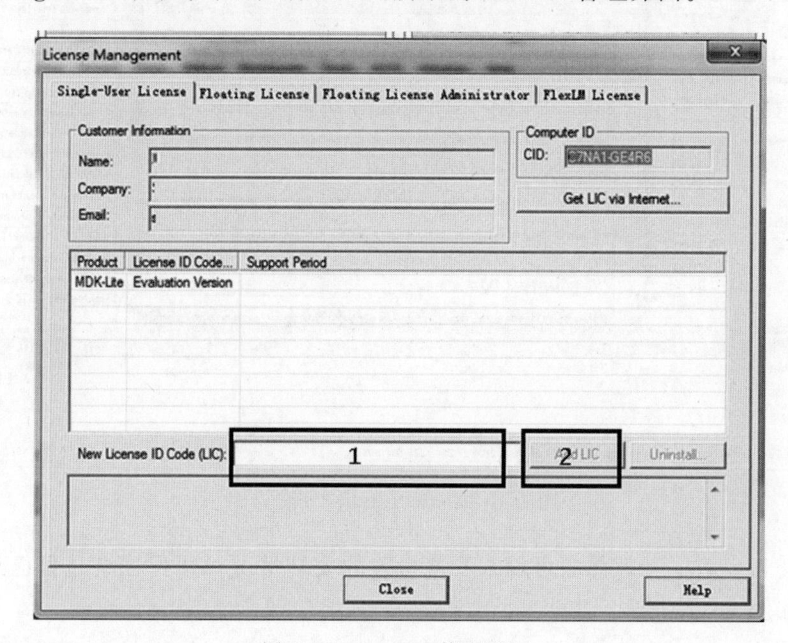

图 3.12 License 管理界面

在 License 管理界面标“1”的位置输入 License 注册码，再单击标“2”位置的 Add LIC 按钮即可激活 MDK IDE，然后单击 Close 按钮，关闭该界面。

3.3 芯片支持包安装

若需要对特定芯片进行应用程序开发，至少需要安装该芯片对应的器件支持包。器件支持包安装有在线安装和离线安装两种方式。

3.3.1 在线安装

(1) 双击 Windows 桌面的 Keil μVision5 快捷键图标，或选择“开始菜单→所有程序→Keil μVision5”菜单命令，启动 Keil μVision5 IDE 开发软件。图 3.13 为快捷键图标或启动菜单项，首次启动 Keil μVision5 IDE 的界面如图 3.14 所示。

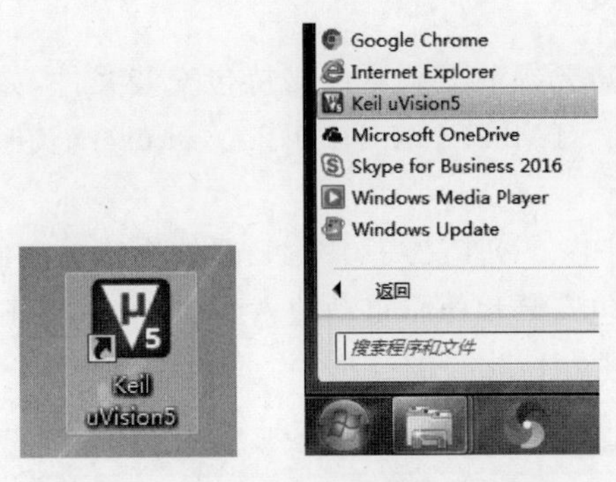

图 3.13 快捷键图标及启动菜单项

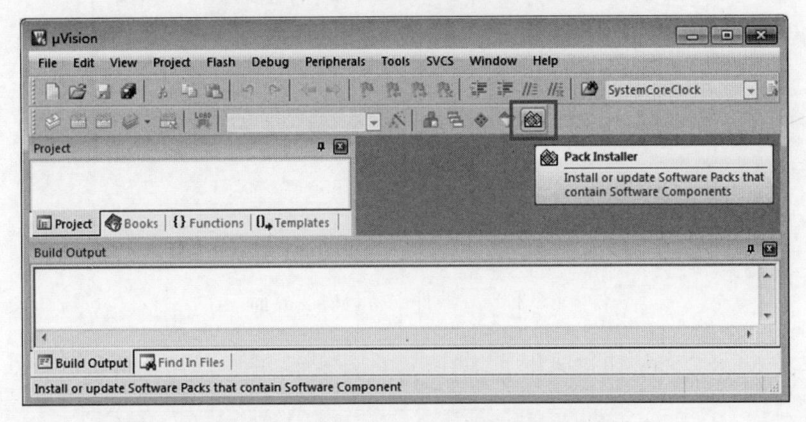

图 3.14 Keil μVision5 IDE 首次启动界面

(2) 单击 MDK IDE 界面快捷工具栏第 2 行的图标，即可启动 Pack Installer 安装界面，如图 3.11 所示。若需要对 STM32F103C8 进行应用程序开发，至少需要安装 STM32F103C8 芯片对应的器件支持包 Keil::STM32F1xx_DFP。在图 3.11 界面左侧栏 Device 页面中选择 STM32F103C8 芯片，再单击右侧 Packs 页面中 Action 栏 Device Specific→Keil::STM32F1xx_DFP 项对应的 Install 按钮进行在线安装(需要连接 Internet 网络)，安装完成后的界面如图 3.15 所示。其他芯片支持包的安装方式类似，不再赘述。

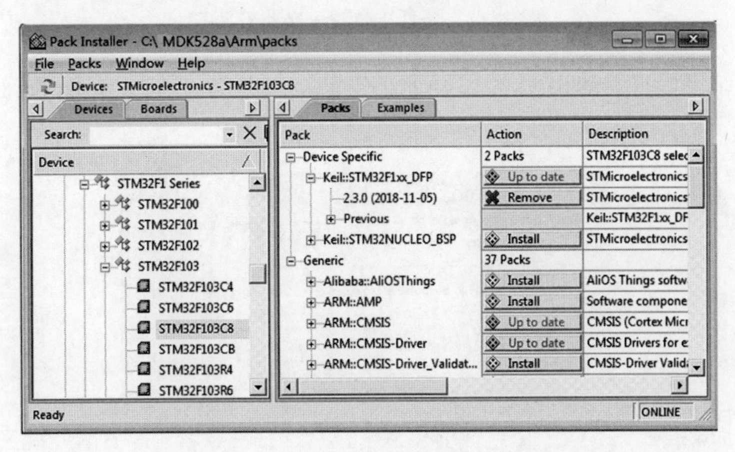

图 3.15 器件支持包安装成功界面

3.3.2 离线安装

离线安装器件支持包需要提前下载器件支持包安装文件，如 STM32F103C8 对应的器件支持包安装文件为 Keil. STM32F1xx_DFP. 2. 3. 0. pack。在离线安装前需先关闭 Keil μVision5 IDE 界面。

(1) 双击 Keil. STM32F1xx_DFP. 2. 3. 0. pack 器件支持包文件进行安装，弹出如图 3.16 所示安装界面。器件支持包安装程序将自动搜索当前 MDK IDE 开发环境器件支持包的安装路径，并显示在 Destination Folder 路径框中。

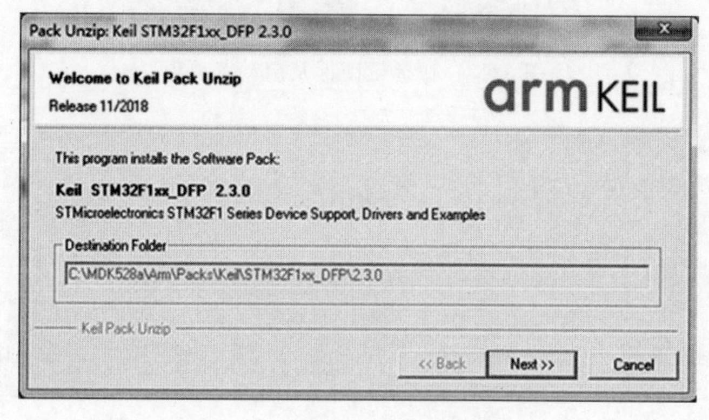

图 3.16 器件支持包安装界面

(2) 单击 NEXT >>按钮进入图 3.17 所示安装界面，开始器件支持包的自动安装。

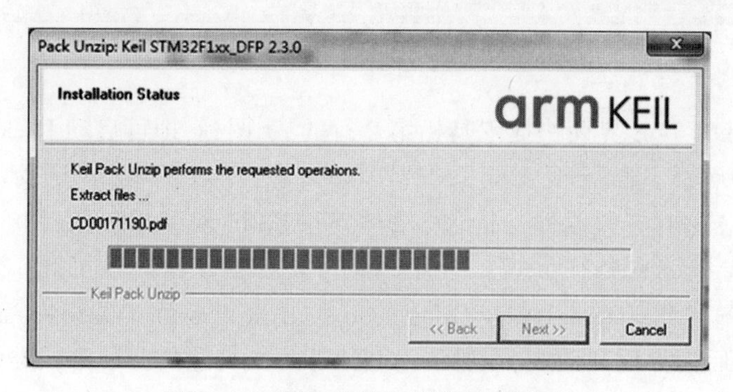

图 3.17 器件支持包安装进行界面

(3) 安装结束后自动弹出图 3.18 所示的安装结束界面，单击 Finish 按钮即可完成器件支持包的安装。

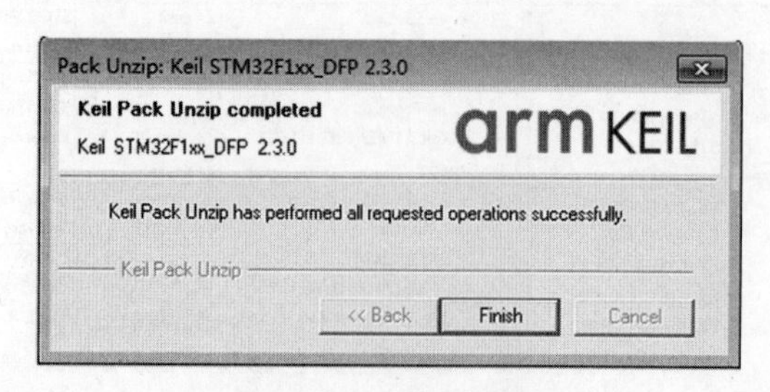

图 3.18 安装结束界面

3.4 本章小结

本章简要介绍了STM32单片机开发环境ARM-MDK，详细讲解了ARM-MDK和芯片支持包的安装，为后续实验程序开发建立了开发环境。

第 4 章 STM32 单片机开发工具

CHAPTER 4

在进行 STM32 应用程序设计与开发时，需要相应的开发工具对应用芯片进行编程或调试。根据编程方式的不同，主要分为仿真调试工具编程及 ISP 串行编程。本章对 STM32 单片机开发常用的仿真调试工具、ISP、串口调试工具进行介绍，为后续实验内容讲解的展开提供实验工具。

4.1 仿真调试工具

STM32 单片机内核带有调试跟踪端口，支持 JTAG 和 SWD 仿真调试，可用于单片机的编程下载和调试。目前常用的 JTAG 和 SWD 仿真调试工具主要有 J-Link、CMSIS-DAP、ULink、ST-Link 等，各仿真调试工具在使用前均需安装相应的驱动。

4.1.1 J-Link 仿真器

J-Link 仿真器由 SEGGER 公司开发，支持标准 JTAG 和 SWD 协议接口，支持绝大部分 ARM 芯片的编程与调试。J-Link 仿真器及编程接口定义如图 4.1 所示，信号描述见表 4.1。

(a) J-Link仿真器

信号	引脚	引脚	信号
VTref	1	2	NC
nTRST	3	4	GND
TDI	5	6	GND
TMS	7	8	GND
TCK	9	10	GND
RTCK	11	12	GND
TDO	13	14	GND
RESET	15	16	GND
DBGRQ	17	18	GND
5V-Supply	19	20	GND

(b) 编程接口定义

图 4.1 J-Link 仿真器及编程接口定义

表 4.1 接口信号描述

信 号	类 型	描 述	信 号	类 型	描 述
VTref	输入	目标板参考电压输入	RTCK	输入	目标板返回测试时钟信号
nTRST	输出	JTAG 复位信号输出	TDO	输入	目标 CPU 输出的 JTAG 数据

续表

信　　号	类　　型	描　　述	信　　号	类　　型	描　　述
TDI	输出	JTAG 数据输出	RESET	输入/输出	目标 CPU 复位信号
TMS	输出	JTAG 模式设置输出	DBGRQ	—	保留
TCK	输出	JTAG 时钟信号输出	5V-Supply	输出	可为目标板硬件供 5V 电

与目标单片机 CPU 的连接示意图如图 4.2 所示，其中部分 CPU 无对应的 nTRST 和 RTCK 信号，可不用连接；5V-Supply 可不与目标板连接；VTref 必须与目标板电源连接，用于检查目标板是否上电。

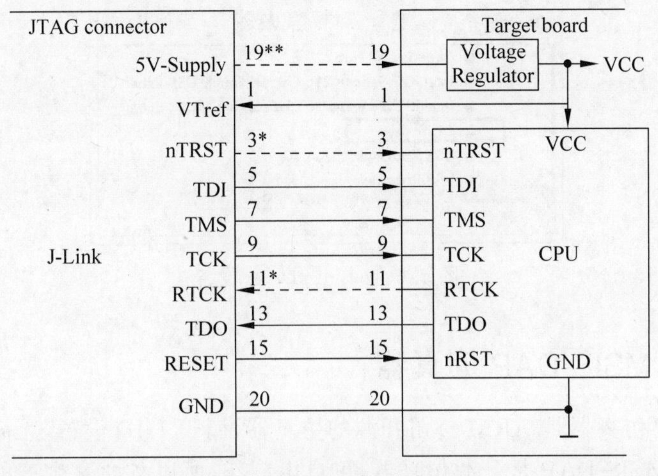

图 4.2　JTAG 典型目标板连接

J-Link 仿真器除支持 JTAG 标准接口协议外，也支持 SWD 接口协议。若作为 SWD 调试接口，其接口定义和目标板连接如图 4.3 所示。

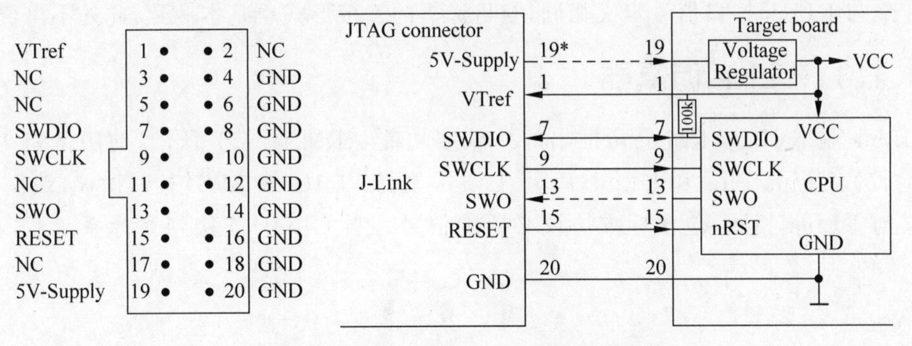

图 4.3　SWD 接口定义及目标板连接

J-Link 标准 JTAG 接口定义中的第 7、9 和 13 引脚的信号分别变成 SWD 接口定义中的 SWDIO、SWCLK 和 SWO 信号，第 3、5、11、17 引脚信号未用，其他信号定义不变。SWDIO 为双向数据引脚，需要一个上拉电阻，ARM 建议 100kΩ。SWCLK 为输出到目标板 CPU 的时钟信号，直接与目标 CPU 的 SWCLK 连接。SWO 是目标 CPU 输出跟踪端口，SWD 通信不需要此信号，属于可选信号（与目标板连接时 SWO 信号线可以不连接）。

J-Link 仿真器在 MDK-ARM 中未集成相应驱动，若需要使用 J-Link 仿真器，需要在 SEGGER 官网（https://www.segger.com/downloads/jlink/）下载 J-Link 的驱动安装程序安装后才可以使用。J-Link 支持多种操作系统，其中 Windows 操作系统的最新版本驱动为"JLink_Windows_V758e.exe"。下载准备好 J-Link 驱动安装程序文件后，双击即可启动安装。安装过程中根据安装向导提示进行安装即可。当驱动安装成功后，可在设备管理器中查看到 J-Link driver 设备，如图 4.4 所示，即表示安装成功，可正常使用 J-Link 进行程序开发。

图 4.4 J-Link driver 设备

4.1.2 CMSIS-DAP 仿真器

CMSIS-DAP 仿真器是 ARM 公司开源的仿真器，属于 HID 设备，无需安装驱动即可直接使用。由于 CMSIS-DAP 是开源仿真器，可自由制作，所以各商家生产的 CMSIS-DAP 仿真器编程接口存在差异。CMSIS-DAP 仿真器支持 JTAG 和 SWD 两种接口协议，并支持所有 Cortex-M 内核微控制器。编程接口信号基本包含标准 JTAG（nTRST、RTCK、TDI、TMS、TCK、TDO、RESET）和 SWD（SWDIO、SWCLK、SWO、RESET）必要的信号，各信号具体定义与 J-Link 接口信号定义相同，与目标板的连接形式也基本一致，此处不再赘述。

4.1.3 ULink 仿真器

ULink 是 KEIL/ARM 公司推出的一款多功能 ARM 调试工具，当前版本有 ULink2（见图 4.5）、ULink Plus 和 ULink Pro。ULink 支持 JTAG 或 SWD 接口协议，编程接口信号定义与 J-Link 相同，包含标准协议必要的信号。当 ULink 连接到目标系统后，再配合

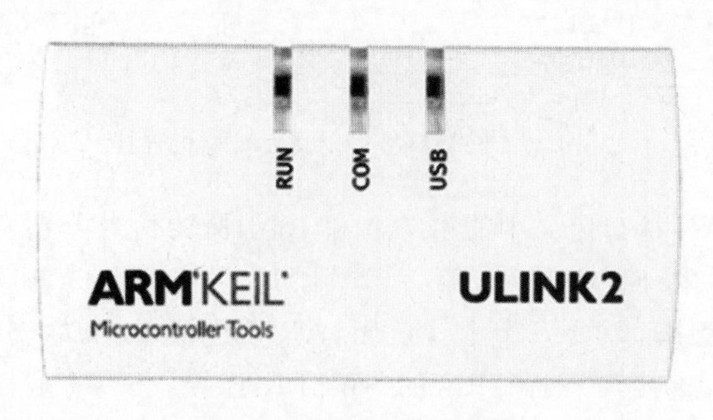

图 4.5 ULink2 仿真器

Keil MDK 软件可实现仿真或程序下载。ULink 仿真器的驱动可以在安装 MDK-ARM 的过程中选择安装，若安装 MDK 时未选择安装，则需要单独安装。ULink 驱动程序位于 MDK5 的安装目录(..\Keil_v5\ARM\ULink)下，进入 ULink 文件夹，双击 InstallULink 即可进行驱动安装。

4.1.4 ST-Link 仿真器

ST-Link 仿真器是专门针对意法半导体 STM8 和 STM32 系列芯片开发的仿真器，目前有 ST-Link、ST-Link/V2(见图 4.6)、ST-Link/V3 等多个版本。ST-Link 仿真器支持 JTAG 和 SWD 编程接口协议，编程接口信号定义与 J-Link 相同，与目标板 CPU 连接方式也相同。

图 4.6 ST-Link/V2 仿真器

4.2 ISP 串行编程工具

STM32 单片机除了采用 JTAG 或 SWD 仿真调试工具进行程序编程外，还支持通过串行接口进行程序编程，即 ISP。STM32 单片机内嵌 ISP Bootloader 程序，在启动时若选择系统存储区模式启动，则芯片运行内嵌的 ISP Bootloader 程序，进入 ISP 模式。对于 STM32 单片机而言，常用的 ISP 客户端程序有 FlyMcu 和 STM32CubeProgrammer。

4.2.1 FlyMcu 编程客户端

FlyMcu 是第三方开发的 ISP 客户端程序，应用程序图标如图 4.7 所示。FlyMcu 是免安装应用程序，可直接双击程序文件 FlyMcu.exe 启动。

图 4.7 FlyMcu 客户端程序图标

FlyMcu 可用于 ST 公司 STM8、STM32 芯片的 ISP，也可用于 NXP 芯片 ISP，还支持 EP968 等手持编程器，启动 FlyMcu 后的编程操作界面如图 4.8 所示。

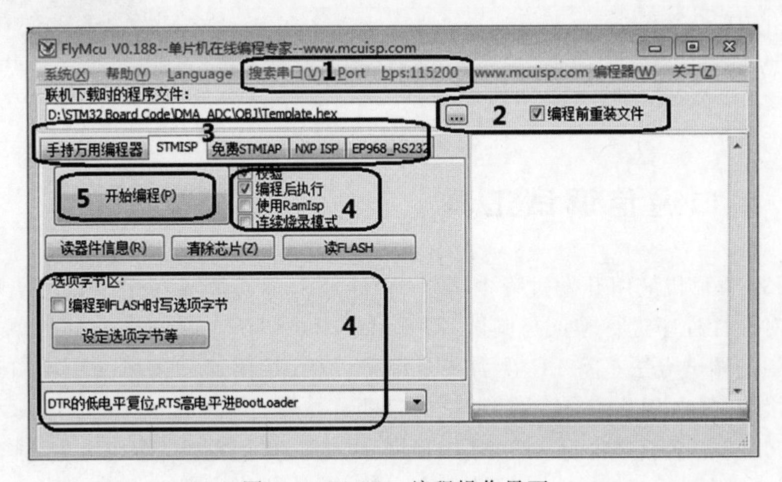

图 4.8 FlyMcu 编程操作界面

FlyMcu ISP 操作非常简单，仅需 5 个步骤即可完成编程（具体操作顺序如图 4.8 所示数字标示）：

第 1 步：设置串口号及通信波特率。首先单击搜索串口菜单自动检索计算机的串口，然后单击 Port 菜单选择与实验开发板连接的串口端口号，最后单击 bps 菜单选择通信波特率。

第 2 步：单击按钮选择将要编程的 HEX 文件，并勾选中“编程前重装文件”复选框。

第 3 步：选择编程对象，如选择 STMISP 对 STM32 单片机进行编程。

第 4 步：根据实际需要设置编程选项。

第 5 步：单击“开始编程(P)”按钮进行 ISP。

4.2.2 STM32CubeProgrammer 编程客户端

STM32CubeProgrammer 是 ST 公司专为 STM32 单片机提供的编程客户端应用程序，它支持 ST-Link 仿真器编程，也支持通过 UART、USB、OTA-UART 进行编程，操作界面如图 4.9 所示。程序具体操作参见 STM32CubeProgrammer 使用手册，此次不再赘述。

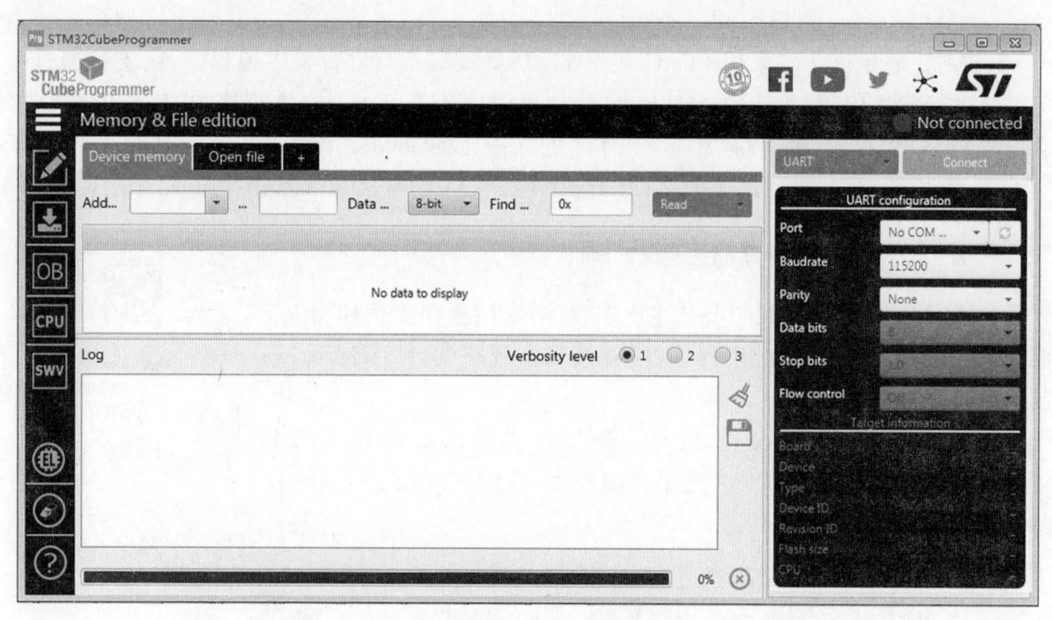

图 4.9 STM32CubeProgrammer 编程客户端程序界面

4.3 串口通信调试工具

在 STM32 单片机应用开发过程中，经常会涉及串口通信或利用串口输出程序调试信息。为便于对设计程序进行验证与调试，需要一个串口调试工具与所设计的单片机系统进行联机。常用的调试方法是将 PC 视为一个串口设备，并在其上运行一个串口通信客户端应用程序来接收/发送相关信息，达到调试的目的。

图 4.10 是正点原子开发的 XCOM 串口调试工具，界面简洁、使用方便，能选择串口端口，能够支持常用的 300～115200b/s 波特率，能设置校验、数据位和停止位，能以 ASCII 码

或十六进制接收或发送任何数据或字符(包括中文),可以任意设定自动发送周期,能将接收数据保存成文件,能发送任意大小的文件。通过该串口调试助手能实现串口通信测试与调试。

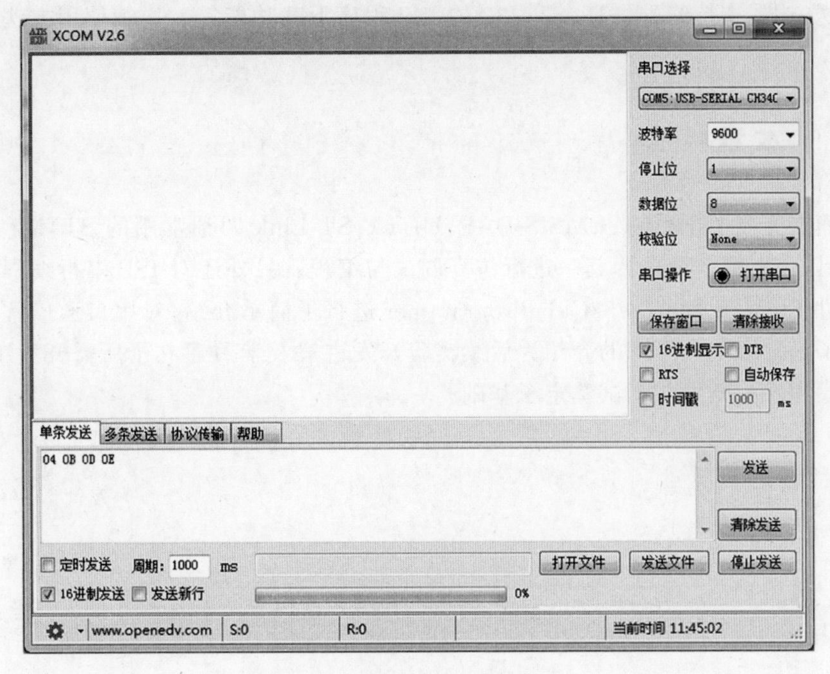

图 4.10　XCOM 串口调试工具

图 4.11 是一款功能强大的 SSCOM 串口调试工具,除支持传统串口收发功能外,还支持数据快捷发送、数据快速校验、协议数据自组发送、解析等功能,是嵌入式开发者不可多得

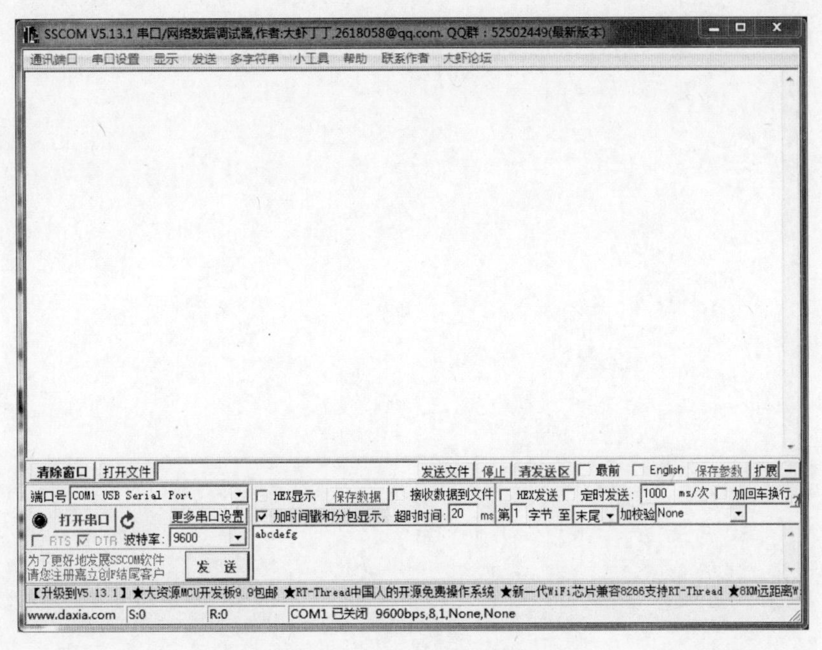

图 4.11　SSCOM 串口调试工具

的串口调试工具。支持串口波特率自定义,支持以字符方式或 HEX 方式显示所接收到的数据,支持串口、网口 TCP/IP、UDP 通信,能够实现"帧头+数据+校检+帧尾"的高级数据结构发送方式,支持终端仿真、STM32 的 ISP 程序下载功能等。详细使用方法留待读者研究。

4.4 本章小结

本章简要介绍了 J-Link、CMSIS-DAP、ULink、ST-Link 四种常用的 STM32 单片机仿真调试工具,可根据需要选择其一进行仿真调试与编程。另外还对 ISP 串行编程常用的两款 ISP 软件 FlyMcu 和 STM32CubeProgrammer 进行了简单介绍,对串口通信常用的调试工具进行了简单说明。本章的介绍为后续实验开发讲解及学习建立了所需开发工具,为具体实验应用程序的开发与调试奠定了基础。

第 5 章 STM32 单片机编程基础

CHAPTER 5

早期单片机程序多采用汇编语言编写，其程序执行效率高，目标代码精短。由于汇编语言是面向机器的程序设计语言，用助记符代替机器指令的操作码，用地址符号或标号代替指令或操作数的地址，编写的代码非常难懂、不好维护，编程效率非常低。因此，现在汇编语言多被用在底层与硬件操作紧密相关或对性能有特殊要求的场合，而上层应用程序一般用 C 语言进行编写。C 语言是一种接近自然语言的高级语言，其编写的程序可读性高、维护容易、执行效率也比较高。单片机 C 语言是嵌入式 C 语言，遵循标准 C 语言的语法、格式、数据类型等，但也有小部分差异。本章将对 STM32 单片机 C 语言编程中经常使用到的基础 C 语言知识点进行回顾，为后续实验奠定理论基础。

5.1 C 语言关键字

C 语言简洁、紧凑，使用方便、灵活。ANSI C 标准 C 语言共有 32 个关键字、9 种控制语句，程序书写形式自由，且区分大小写。关键字是一类具有固定名称和特定含义的特殊标识符，又称为保留字。在编程时不允许将关键字另作他用，32 个关键字见表 5.1。

表 5.1 C 语言关键字

关键字	含　义	关键字	含　义
auto	声明自动变量	typedef	用以给数据类型取别名
char	声明字符型变量或函数返回值类型	extern	声明变量或函数是在其他文件定义的外部变量
short	声明短整型变量或函数返回值类型	void	声明函数无返回值或无参数，声明无类型指针
int	声明整型变量或函数返回值类型	sizeof	计算数据类型或变量长度(所占字节数)
long	声明长整型变量或函数返回值类型	switch	用于开关语句
float	声明浮点型变量或函数返回值类型	case	开关语句分支
double	声明双精度浮点型变量或函数返回值类型	default	开关语句中的默认分支
signed	声明有符号类型变量或函数	do	循环语句的循环体
unsigned	声明无符号类型变量或函数	while	循环语句的循环条件
const	声明只读变量	for	一种循环语句

续表

关键字	含　义	关键字	含　义
register	声明寄存器变量	continue	结束当前循环，开始下一轮循环
static	声明静态变量	break	跳出当前循环
volatile	声明变量在程序执行中可被隐含地改变	return	子程序返回语句（可以带参数，也可以不带参数）
enum	声明枚举类型	if	条件语句
struct	声明结构体类型	else	条件语句否定分支（与 if 连用）
union	声明共用体类型	goto	无条件跳转语句

1. const

const 是 constant 的缩写，用于声明常量（只读变量）或常数。在整个程序中，常数可以当作一个只读变量，在使用变量的任何地方均可使用，其值只读，但不能修改。在编程中涉及不变的数据时可以用关键字 const 进行修饰，表明该变量是一个常量，关键字 const 用在类型前面或后面是等价的，如下面两条语句是等价的：

```
const uint8_t TMP_VAL = 20;
uint8_t const TMP_VAL  = 20;
```

在声明只读变量时应尽量使用大写字母，以区别于普通变量。关键字 const 也可以修饰函数参数类型，表明该参数值在函数体内不期望被改变，例如：

```
void Function(const uint8_t x);
```

2. register

register 暗示编译器编译程序相应的变量时将被频繁地使用，如果可能的话，应将其保存在 CPU 的寄存器中，以加快其存储速度。register 变量必须是能被 CPU 所接受的类型，这意味着 register 变量必须是单个值，且长度应该小于或等于整型长度。随着编译器编译能力的提高，在决定哪些变量应该被存放到寄存器中时，C 编译环境能比程序员做出更好的决定，所有很少使用关键字 register 进行变量修饰。

3. static

static 在 C 语言中比较常用，主要用于定义局部静态变量、全局静态变量和静态函数。使用恰当能够大大提高程序的模块化特性，有利于程序扩展和维护。

1）局部静态变量

局部变量是在函数内部定义的变量（其前不加 static 修饰），存储在进程栈空间，其作用域也仅在此函数内有效，当函数结束退出时局部变量即被销毁释放。编译器一般不对局部变量进行初始化，即它的初始值编译时是不确定的，除非对其显示赋值初始化。

在局部变量前添加 static 关键字修饰时，即成为局部静态变量，此时该变量在进程的全局数据区分配内存空间，并始终驻留在全局数据区，直到程序运行结束。局部静态变量的作用域仍然是局部作用域，即在定义的函数内部有效，当退出函数时其作用域也随之结束，但其存储空间不释放。函数退出返回时它的值将保持，待下次再次进入此函数时，其值不被初始化显示赋值，仍然为前次函数运行退出前的值。换句话说，局部静态变量成为其作用域的全局变量，只有在整个程序退出时才会释放，其初值仅在第一次进入时被初始化，再次进入将忽略赋值初始化语句。局部静态变量若定义时未显示赋值初始化，在编译时会自动初始化为0。

2）全局静态变量

全局变量定义在函数体外部，在整个工程中都可以被访问，且在全局数据区分配存储空间。定义时若未显示赋值初始化，在编译时会自动初始化为0。全局变量在一个文件中定义，其他文件可以使用extern外部声明后就可以直接使用。即在其他文件中不能再定义一个与其名字相同的变量，否则编译器会认为它们是同一个变量而报错。

在全局变量前添加static关键字修饰时，即成为全局静态变量，其作用域被限制在定义的文件内可以被访问，即使在其他文件使用extern外部声明也不能访问。在其他文件中可以定义与其同名的变量，两者互不影响。因此，此处static的作用就成了限定作用域，在定义不需要与其他文件共享的全局变量时，加上static关键字能够有效地降低程序模块之间的耦合，避免不同文件同名变量的冲突，且不会误使用。全局静态变量也在全局数据区分配存储空间，定义时若未显示赋值初始化，在编译时会自动初始化为0。

3）静态函数

函数的使用方式与全局变量类似，可以在另一个文件中直接引用，甚至不必使用extern进行声明。在函数的返回类型前加上static就是静态函数，其只能在声明它的文件中可见，其他文件不能引用该函数。不同文件可以定义相同名字的静态函数，互不影响。另外，在文件作用域中声明的inline函数默认为static类型。

4. volatile

volatile在嵌入式应用中常用于描述一个内存映射的I/O端口或硬件寄存器。凡是有关键字volatile修饰的变量，在用到这个变量时必须重新读取这个变量的值（从内存存储器单元重新读取值），即每次读/写都必须访问实际地址存储器的内容，而不是使用保存在寄存器中的备份。一般来说，volatile用在以下几个地方：

（1）中断服务程序中修改其值，并供其他程序检测的变量需要加volatile关键字进行修饰；

（2）存储器映射的硬件寄存器通常也要加volatile关键字进行修饰，用于强制每次访问时都要重新读写端口，因为每次对它的读写都可能有不同的值；

（3）在多任务环境下各任务间共享的标志应该加volatile关键字。

5.2　支持数据类型

C语言支持short、int、long、float、double、char六种基本数据类型，结合关键字signed和unsigned可以构成有符号和无符号数据类型。在基本数据类型的基础上，可以定义数组、结构体struct、共用体union、枚举类型enum、指针类型和空类型void，使得数据类型多且复杂。相同数据类型在不同机器内存中占据的字节长度是不一样的。在32位STM32单片机上，六种基本数据类型在内存中占据的字节数如下：

char——占据的内存大小是1B；

short——占据的内存大小是2B；

int——占据的内存大小是4B；

long——占据的内存大小是4B；

float——占据的内存大小是4B；

double——占据的内存大小是8B。

为进一步明确各数据类型在机器中占据内存的字节宽度，在ISO C99中对基本数据类型进行了扩展，并在stdint.h头文件中进行了声明。例如：

```
/* exact-width signed integer types */
typedef signed char          int8_t;          //有符号8位整型
typedef signed short int     int16_t;         //有符号16位整型
typedef signed int           int32_t;         //有符号32位整型
typedef signed __INT64       int64_t;         //有符号64位整型

/* exact-width unsigned integer types */
typedef unsigned char        uint8_t;         //无符号8位整型
typedef unsigned short int uint16_t;          //无符号16位整型
typedef unsigned int         uint32_t;        //无符号32位整型
typedef unsigned __INT64     uint64_t;        //无符号64位整型
```

在STM32单片机的寄存器定义及存储区映射头文件stm32f10x.h中，保留了STM32F10x标准外设库(STM32F10x Standard Peripheral Library)中使用的旧数据类型声明。例如：

```
/*!< STM32F10x Standard Peripheral Library old types */
typedef int32_t              s32;
typedef int16_t              s16;
typedef int8_t               s8;

typedef const int32_t        sc32;            //定义"只读"权限
typedef const int16_t        sc16;            //定义"只读"权限
typedef const int8_t         sc8;             //定义"只读"权限

typedef __IO int32_t         vs32;
typedef __IO int16_t         vs16;
typedef __IO int8_t          vs8;

typedef __I int32_t          vsc32;           //定义"只读"权限
typedef __I int16_t          vsc16;           //定义"只读"权限
typedef __I int8_t           vsc8;            //定义"只读"权限

typedef uint32_t             u32;
typedef uint16_t             u16;
typedef uint8_t              u8;

typedef const uint32_t       uc32;            //定义"只读"权限
typedef const uint16_t       uc16;            //定义"只读"权限
typedef const uint8_t        uc8;             //定义"只读"权限

typedef __IO uint32_t        vu32;
typedef __IO uint16_t        vu16;
```

```
typedef __IO uint8_t        vu8;

typedef __I uint32_t        vuc32;                //定义"只读"权限
typedef __I uint16_t        vuc16;                //定义"只读"权限
typedef __I uint8_t         vuc8;                 //定义"只读"权限
```

在 Cortex-M3 内核声明头文件 core_cm3.h 中，对__I 和__O 做了如下宏定义：

```
#ifdef __cplusplus
  #define     __I         volatile              //定义"只读"权限
#else
  #define     __I         volatile const        //定义"只读"权限
#endif
#define     __O          volatile              //定义"只写"权限
#define     __IO         volatile              //定义"读写"权限
```

在进行 STM32 单片机程序编写时，应尽量使用 ISO C99 扩展数据类型进行变量、常量的声明，以明确数据在内存中占据的字节数。

5.3 常用布尔型变量

在程序开发过程中，适当应用数据类型定义变量将会使程序撰写事半功倍。程序开发者可以根据自己的需求定义布尔型变量，使程序开发中的条件判断、赋值更加简单、含义明确。在 STM32 单片机的 stm32f10x.h 文件中定义了常用布尔型变量及枚举类型：

```
//用 typedef 关键字将枚举类型定义成别名 FlagStatus 和 ITStatus
//枚举变量 SET 为 1,RESET 为 0
typedef enum {RESET = 0, SET = !RESET} FlagStatus, ITStatus;
//用 typedef 关键字将枚举类型定义成别名 FunctionalState
//枚举变量 ENABLE 为 1,DISABLE 为 0
typedef enum {DISABLE = 0, ENABLE = !DISABLE} FunctionalState;
//用 typedef 关键字将枚举类型定义成别名 ErrorStatus
//枚举变量 SUCCESS 为 1,ERROR 为 0
typedef enum {ERROR = 0, SUCCESS = !ERROR} ErrorStatus;
```

上述三行代码定义了 FlagStatus、ITStatus、FunctionalState、ErrorStatus 四种枚举类型。在 STM32 单片机程序开发过程中可以用于定义标志状态、中断状态、函数功能状态、错误状态类型变量。同时还定义了 SET、RESET、ENABLE、DISABLE、SUCCESS、ERROR 六个具有一定含义的布尔变量，在 STM32 程序开发中可以应用这六个布尔变量进行赋值与判断，从而增强程序的可读性。

5.4 C 语言编程基础

C 语言是 STM32 单片机程序编写的基础，拥有扎实的 C 语言编程基础将能够快速、高效地编写出 STM32 单片机程序，并使程序代码精简，提高运行效率。

5.4.1 位运算

位运算是程序设计中对位模式按位或二进制数的一元和二元进行操作,可以对基本类型变量在位级别进行操作运算。位运算允许对一个字节或更大的数据单位中独立的位做处理,可以清除、设定、倒置任何位或多个位,也可以将一个整数的位向右或向左移动。C语言支持六种位运算,如表5.2所示。在STM32单片机程序设计中,经常会使用位运算进行位设置、位清除、位取反、位移位等操作。

表5.2 位运算符

运算符	含义	运算符	含义
&	按位与	～	取反
|	按位或	<<	左移
^	按位异或	>>	右移

1. 不改变其他位值的状况下,对某几个位进行设值

在STM32编程中经常需要对某个寄存器中的某位进行清零、置位操作,其方法是首先对需要设置的位用"&"运算符进行清零操作,然后用"|"运算符进行置位操作。例如,要改变GPIOB的输出数据寄存器ODR中某些位的状态,可以首先对寄存器的值进行"&"运算符清零操作,然后与需要设置的值用"|"运算符进行位设置:

```
GPIOB->ODR& = 0xFFFFFFF0;                 //对第0～3位清零
GPIOB->ODR| = 0x0000000A;                 //设置相应位的值,不改变其他位的值
```

2. 移位运算可提高代码可读性

移位操作在STM32单片机开发中非常重要,可以快速实现数据变换和乘除运算。移位运算符将左操作数的位模式移动数个位置,至于移动几个位置由右操作数指定。移位运算符的操作数必须是整数,右操作数不可以为负值,并且必须少于左边操作数的位长。如果不符合这些条件,程序运行结果将无法确定。移位运算结果的类型等于左操作数的类型:

```
GPIOB->BSRR = (((uint32_t)0x01) << pinpos);   // 将BSRR寄存器的第pinpos位设置为1
GPIOB->ODR| = 1 << 5;                         // GPIOB.5输出高,不改变其他位
```

3. 取反运算

STM32单片机寄存器的每一位都代表一个状态,某个时刻希望设置某一位的值为0,同时其他位都保留为1,简单的做法是直接给寄存器设置一个值:

```
GPIOB->BSRR = 0xFFF7;                     //设置第3位为0
```

直接给寄存器设置一个值可以实现所需功能,但是这样设置可读性很差。正常做法是首先通过宏定义定义一个值,以表达一定的含义;然后用取反运算符"～"实现值设置。例如:

```
#define LED1 ((uint16_t)0x0001)
#define LED2 ((uint16_t)0x0002)

GPIOB->BSRR = (uint16_t)～LED1;           //将第0位设置为0
```

5.4.2 逻辑运算

C语言中提供了“&&”(与运算)、“||”(或运算)、“!”(非运算)三种逻辑运算符,用于逻辑运算,详细说明如表5.3所示。

表5.3 逻辑运算符

运算符	说明	结合性	举例
&&	与运算,双目,对应数学中的“且”	左结合	1&&0、(9>3)&&(b>a)
||	或运算,双目,对应数学中的“或”	左结合	1||0、(9>3)||(b>a)
!	非运算,单目,对应数学中的“非”	右结合	!a、!(2<5)

一般将零值称为“假”,将非零值称为“真”,逻辑运算的结果也只有“真”和“假”。在STM32单片机编程中“真”对应的值为1,“假”对应的值为0。灵活使用逻辑运算符构成逻辑表达式,用于各种条件控制的条件语句。

5.4.3 宏定义

宏定义是C语言中的预处理命令,其关键字为define,使用宏定义可以提高源代码的可读性,为编程提供方便。其格式如下:

```
#define    宏名    字符串
#: 表示这是一条预处理命令,所有的预处理命令都以 # 开头。
宏名: 是标识符的一种,命名规则和变量相同。
字符串: 可以是常数数字、格式串、表达式、if 语句、函数等。
#define SYSCLK_72MHz 72000000                    //定义标识符 SYSCLK_72MHz 的值为 72000000
```

宏名可以带参数,此时就是带参数的宏定义,宏名中不能有空格,宏名与形参表之间也不能有空格,而形参表中形参之间可以有空格。例如:

```
#define LED_ONOFF(GPIOX,Pin,n)  GPIO_WriteBit(GPIOX,Pin,(BitAction)n);
```

宏定义也可以定义表达式或多个语句,例如:

```
#define AB(a,b) a = i + 5;b = j + 3;                //定义多个语句
```

5.4.4 条件编译

STM32单片机程序开发过程中,经常会遇到当某条件满足时对一组语句进行编译,而当条件不满足时则编译另一组语句。条件编译命令最常见的形式如下:

```
#ifdef 标识符
  程序段 1
#else
  程序段 2
#endif
```

它的作用是:当标识符已经被定义过(一般是用#define命令定义),则对程序段1进行编译;否则,编译程序段2。其中#else部分也可以没有:

```
#ifdef 标识符
  程序段 1
#endif
```

在程序实现代码对应的头文件中,必须包含这样的条件编译,例如:

```
#ifndef __LED_H
#define __LED_H

#include "stm32f10x.h"

//参数 GPIOX:LED 连接的 GPIO 端口
// Pin : LED 连接的具体引脚 GPIO_Pin_3|GPIO_Pin_4|GPIO_Pin_5
// n : n = 1 LED 灭 ;n = 0 LED 亮
#define LED_ONOFF(GPIOX,Pin,n) GPIO_WriteBit(GPIOX,Pin,(BitAction)n);

void LED_Init(void);
void LED_Ctr_M1(void);
void LED_Ctr_M2(void);

#endif
```

在上述头文件编译时,编译器首先判断标识符__LED_H 是否已经被定义过,然后据此决定是否对下面的代码进行预编译。如果已经定义过__LED_H,则该头文件不会被编译。如果__LED_H 未被定义过,则该头文件内的代码会被编译。

条件编译在 STM32 单片机的寄存器定义及存储器映射头文件 stm32f10x.h 中经常会看到,如下面的语句用于定义中等容量芯片的片上资源。

```
#ifdef STM32F10X_MD       // STM32F10X_MD 是通过#define 定义的预处理符号中等容量芯片需要
                          // 的一些变量定义
#endif
```

5.4.5 结构体

在 C 语言中可以使用结构体(struct)来存放一组不同类型的数据。结构体的定义形式如下:

```
struct 结构体名{
  结构体所包含的变量或数组;
}变量名列表;
```

结构体是一种集合,它里面包含了多个变量或数组,它们的类型可以相同,也可以不同,每个这样的变量或数组都称为结构体的成员。在定义结构体的同时可以定义结构体变量,且将变量名放在结构体定义的最后。例如:

```
struct stu{
  char * name;                    //姓名
  int num;                        //学号
  char group;                     //所在学习小组
  float score[2];                 //成绩
} stu1, * stu2;
```

stu 为结构体名,它包含了 4 个成员,分别是 name、num、group、score。结构体成员的定义方式与变量和数组的定义方式相同,只是不能初始化。结构体也是一种数据类型,定义结构体后,可用它直接定义结构体变量、结构体指针等,如结构体变量 stu1、结构体指针 * stu2。定义结构体类型时变量名列表可以省略,在定义具体变量时再给出。例如:

```
struct stu{
  char   * name;                                  //姓名
  int  num;                                       //学号
  char  group;                                    //所在学习小组
  float score[2];                                 //成绩
};
```

上述代码定义了结构体类型,若要定义结构体变量 stu1 和结构体变量指针 stu2,可以随后这样定义(注意关键字 struct 不能少):

```
struct stu stu1, * stu2;
```

对于结构体变量成员需要使用“.”运算符进行引用,结构体指针变量成员需要使用“箭头”运算符进行引用。例如:

```
stu1.num = 12;
stu2 -> num = 12;
```

在 STM32 单片机程序开发过程中,经常会对片上外设进行初始化,而一个外设的初始化经常由几个属性来决定。如串口初始化涉及串口号、波特率、奇偶校验、工作模式等,对于这种情况,不使用结构体变量来保存参数对其进行初始化,一般方法是:

```
void USART_Init(uint16_t usartx, uint32_t BaudRate, uint8_t parity, uint8_t mode);
```

这种方式是有效的,同时在一定场合是可取的。但如果希望往这个函数里面再传入一个参数,那么必须修改这个函数的定义,重新加入新的入口参数。如加入传送的字符长度,于是修改函数如下:

```
void USART_Init(uint16_t usartx, uint32_t BaudRate, uint8_t parity, uint8_t mode, uint8_t
wordlength);
```

但是,如果这个函数的入口参数是随着开发不断地增多,那么是否就要不断地修改函数的定义呢?这是否给开发带来很多的麻烦?怎样解决这种情况呢?

如果使用结构体就能解决这个问题,可以在不改变入口参数的情况下,只需要改变结构体的成员变量,就可以达到上面改变入口参数的目的。结构体就是将多个变量组合为一个有机的整体。参数 BaudRate、parity、mode、wordlength 对于串口而言是一个有机整体,都是来设置串口的属性参数的,所以可以通过定义一个结构体将它们组合在一起。在 MDK 的串口初始化函数中是这样定义的:

```
typedef struct
{
  uint32_t USART_BaudRate;
  uint16_t USART_WordLength;
  uint16_t USART_StopBits;
```

```
    uint16_t USART_Parity;
    uint16_t USART_Mode;
    uint16_t USART_HardwareFlowControl;
} USART_InitTypeDef;
```

于是在初始化串口时，入口参数就可以用 USART_InitTypeDef 类型的变量或者指针变量了。MDK 中是这样做的：

```
void USART_Init(USART_TypeDef * USARTx, USART_InitTypeDef * USART_InitStruct);
```

这样，任何时候只需要修改结构体成员变量，往结构体中加入新的成员变量，而不需要修改函数定义就可以达到修改入口参数的目的。这样的好处是不用修改任何函数定义就可以达到增加变量的目的。使用结构体组合参数可以提高代码的可读性，不会让人觉得变量定义混乱。

5.4.6 类型定义

C 语言允许用户使用 typedef 关键字来定义自己习惯的数据类型名称，以替代系统默认的基本数据类型名称、数组类型名称、指针类型名称与用户自定义的结构体类型名称、共用型名称、枚举型名称等。一旦用户在程序中定义了自己的数据类型名称，就可以在程序中用自己的数据类型名称来定义变量的类型、数组的类型、指针变量的类型与函数的类型等。代码如下：

```
#define TRUE 1
#define FALSE 0
typedef uint16_t BOOL;                              //自定义一个布尔数据类型 BOOL
BOOL bflag = TRUE;
```

typedef 用于为现有类型创建一个新的名字，用来简化变量的定义。typedef 在 MDK 用得最多的就是定义结构体的类型别名和枚举类型。

若定义一个结构体：

```
struct _GPIOInit
{
    uint16_t GPIO_Pin;
    GPIOSpeed_TypeDef GPIO_Speed;
    GPIOMode_TypeDef GPIO_Mode;
};
```

用该结构体定义变量的方式：

```
struct _GPIOInit GPIOInitStruct;                    //定义结构体变量 GPIOInitStruct
```

上述方式定义变量很烦琐，MDK 中有很多这样的结构体变量需要定义，故可以为结构体定义一个别名 GPIO_InitTypeDef，这样就可以在其他地方通过别名 GPIO_InitTypeDef 来定义结构体变量。具体方法如下：

```
typedef struct
{
```

```
    uint16_t GPIO_Pin;
    GPIOSpeed_TypeDef GPIO_Speed;
    GPIOMode_TypeDef GPIO_Mode;
}GPIO_InitTypeDef;
```

随后可以使用结构体类型名 GPIO_InitTypeDef 进行变量定义：

```
GPIO_InitTypeDef GPIOInitStruct;                    //定义结构体变量 GPIOInitStruct
```

5.4.7 外部变量声明

C 语言中 extern 可以置于变量或函数前，以表示变量或函数在别的文件中进行的定义，提示编译器遇到此变量和函数时需要在其他文件模块中寻找其定义。需要注意，用 extern 声明的变量可以多次进行声明，但其定义只能有一次。在代码中会看到这样的语句：

```
extern uint16_t USART_RXTX_FLAG;
```

这个语句是声明 USART_RXTX_FLAG 变量是在其他文件中已经定义，在这里要使用到。所以，肯定可以在某个文件的某个位置找到 USART_RXTX_FLAG 变量定义语句：

```
uint16_t USART_RXTX_FLAG;
```

下面通过一个例子说明其使用方法。在 main.c 文件中定义全局变量 RUN_Flag，并在 main.c 里面进行 RUN_Flag 的初始化。例如：

```
main.c 文件
uint8_t RUN_Flag;                                   //定义只允许一次
main()
{
  RUN_Flag = 1;
  if(RUN_Flag)
    printf("System Run Flag :d%",RUN_Flag);
  else
    printf("System Run Flag :d%",RUN_Flag);
}
```

另外，假设在 Led.c 的 Run_LedFlash(void)函数中要使用变量 RUN_Flag，这个时候就需要在 Led.c 文件开头处声明变量 RUN_Flag 是外部定义的变量。因为如果不声明为外部变量，变量 RUN_Flag 的作用域就到不了 Led.c 文件中。下面是 Led.c 中的代码：

```
extern uint8_t RUN_Flag;                   //声明变量 RUN_Flag 是在其他文件定义的变量
void Run_LedFlash (void)
{
RUN_Flag  = 0;
}
```

在 Led.c 中声明变量 RUN_Flag 在外部定义，然后在 Led.c 中就可以使用变量 RUN_Flag。

另外，extern 还可以声明函数在外部文件中定义的应用，这里不再赘述。

5.5 本章小结

本章简要介绍了 STM32 单片机 C 程序设计中使用的编程基础知识，对 C 语言关键字、C 语言六种基本数据类型、STM32 单片机固件库函数中使用的扩展数据类型等进行了简单介绍与说明，并对 C 语言编程中使用的位运算、逻辑运算、宏定义、条件编译、类型定义、结构体、外部变量声明等进行了回顾，为后续实验实战奠定了 C 语言基础知识。

第 6 章 STM32F10x 固件库概述

CHAPTER 6

STM32F10x 系列单片机是 STM32 单片机的主流基础型，其应用程序开发可以基于寄存器方式进行程序开发，也可以使用 ST 公司提供的固件库函数进行程序开发。本书仅针对利用固件库函数进行应用程序开发展开实验讲解，因此本章主要对 ST 公司提供的 STM32F10x 标准外设库进行介绍与使用说明，为后续固件库程序开发实验做好铺垫。

6.1 固件库概述

ST 公司为了方便 STM32F10x 系列单片机应用程序的开发，提供了一套标准的 STM32F10x 单片机固件库，以降低应用程序开发的难度。在了解固件库之前，需要进一步明确基于寄存器的程序开发，以及与基于固件库程序开发的关系。

6.1.1 寄存器程序开发

在 51 单片机开发中，对各种外设的操作与控制，实际是对外设的寄存器进行操作与控制，因此 51 单片机应用程序的开发方式是基于寄存器的开发方式。在 51 单片机中要进行输入/输出状态控制，是直接控制 I/O 端口的寄存器。例如：

```
P0 = 0x55;                    //直接向寄存器 P0 赋值,即从 P0 口输出 0x55,实现端口输出
tmp = P1;                     //读取 P1 口的状态,并保存到变量 tmp 中,实现端口输入
```

在 STM32 单片机应用程序开发中，也可以采用类似 51 单片机程序开发的方式，直接操作寄存器实现相关操作与控制。例如：

```
GPIOB->ODR = 0x0011;          //从 GPIOB 端口输出 0x0011,实现端口输出
tmp = GPIOA->IDR;             //获取 GPIOA 端口引脚状态,实现端口输入
```

虽然利用寄存器直接操作方式可以实现 STM32 单片机应用程序开发，但是必须了解每个寄存器的功能、用法及详细位定义，才能正确通过寄存器实现 STM32 应用程序开发。51 单片机是 8 位单片机，内部寄存器个数少且寄存器宽度只有 8 位，非常容易记住各寄存器的功能及其用法，因此采用寄存器方式开发非常简单、直接，效率也非常高。但对于 STM32 这种 32 位高性能单片机，其内部寄存器多达数百个，且寄存器宽度是 32 位的，很难记住所有寄存器及其用法，因此采用寄存器开发应用程序难度非常大，编程效率也较低，不是初学者的首选开发方式。

6.1.2 固件库程序开发

为了降低 STM32 单片机应用程序开发的难度,可以事先将寄存器的操作封装成一些功能函数,通过对功能函数的调用,间接实现对寄存器的操作控制,从而实现所需功能。对 GPIOB 端口输出 0x0011,可以事先编写一个输出控制函数,例如:

```
void GPIO_Write(GPIO_TypeDef * GPIOx, uint16_t PortVal)
{
   GPIOx->ODR = PortVal;
}
```

然后通过调用 GPIO_Write()函数实现 GPIOB 端口输出控制,例如:

```
GPIO_Write(GPIOB,0x0011 );   //从 GPIOB 端口输出 0x0011
```

通过事先编写的功能函数进行编程,只需要了解 GPIO_Write()函数的功能及其用法,就能快速利用该函数编写应用程序,实现所需功能。在使用 GPIO_Write()函数时,并不需要知道其操作的是哪个寄存器以及该寄存器的详细位定义,这使得开发者在不需要了解底层寄存器的情况下仍能进行应用程序开发,降低了程序开发的难度,提高了效率。

若将 STM32 单片机常用的寄存器控制操作都封装成相应的功能函数,然后再利用这些封装的函数进行应用程序开发,就形成了基于函数的应用程序开发方式。封装构成的众多函数形成一个函数集合,也就是所谓的固件库。换句话说,固件库就是功能函数的集合,固件库函数就是固件库中的一个个功能函数,其作用是向下负责与寄存器直接打交道,向上提供用户函数调用接口(API)。

由于封装函数的内部仍然是对寄存的操作,因此在编写封装函数时也存在寄存器程序开发的困难。为了降低开发者自行封装函数的难度,ST 公司对 STM32 单片机底层寄存器的操作进行了统一封装,并按照统一的标准对函数名进行命名,从而形成一整套标准函数接口,即固件库。因此形成了固件库程序开发方式。

任何单片机,不管它有多么的高级,归根结底都是要对单片机的寄存器进行操作。固件库不是万能的,想把 STM32 单片机学透,仅了解 STM32 固件库是远远不够的,还需要了解 STM32 单片机的基本原理,在了解这些原理后,再使用固件库对应用程序进行开发才能得心应手、游刃有余。

6.2 CMSIS 概述

在众多应用开发中,开发者需要根据项目应用实际情况选择不同性能的单片机,以达到低成本、高效率的商业开发需求。如果单片机软件开发方式和所提供的固件库函数存在较大差异,即使是基于相同内核的单片机,也会导致软件开发成本增加,延长开发周期。

为了降低基于 Cortex 内核单片机的软件开发成本、缩短开发周期、提高已有软件移植效率,ARM 公司与 ST、NXP、ATMEL 等 Cortex 芯片厂商就固件库软件接口形成了一套统一的 Cortex 微控制器软件接口标准,用于消除不同芯片厂商单片机编程时存在的不同、互不兼容的软件接口标准,从而达到降低开发成本,提供移植灵活性的目的。CMSIS 由 ARM

公司与各芯片厂商共同发布，它是独立于芯片厂商的 Cortex 处理器系统硬件抽象层，为芯片厂商和中间件供应商提供连续、简单的处理器软件接口，使基于 Cortex 内核的芯片在软件上基本兼容，简化软件复用、降低软件移植难度，缩短开发者学习新微控制器和开发新产品的时间。

基于 CMSIS 的软件架构主要分为 4 层，即用户应用层、操作系统层及中间件接口层、CMSIS 层、硬件寄存器层，如图 6.1 所示。其中，CMSIS 层起着承上启下的作用，一方面该层对硬件寄存器层进行统一实现，屏蔽了不同芯片厂商对 Cortex 系列微处理器核内外设寄存器的不同定义；另一方面为上层操作系统及中间件接口层和应用层提供统一接口，简化应用程序开发难度，使开发者能够在完全透明的情况下进行应用程序开发。

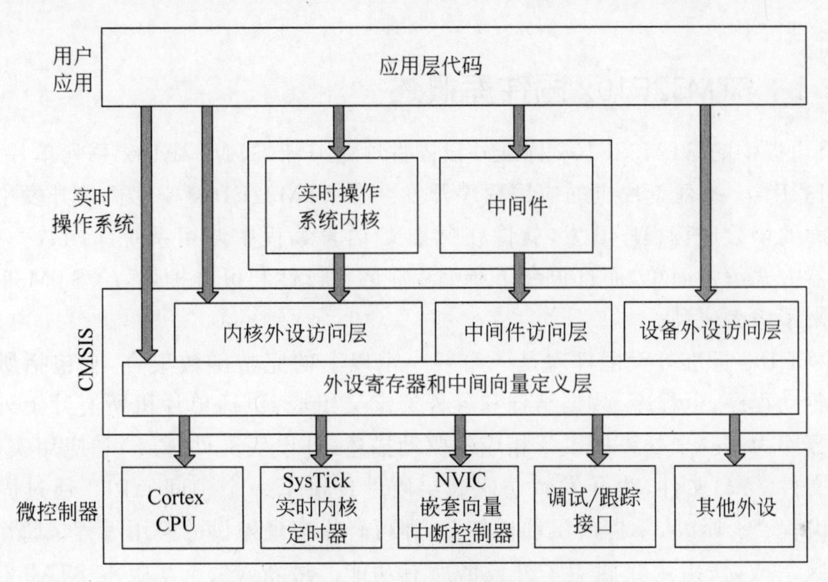

图 6.1 基于 CMSIS 应用程序软件架构

CMSIS 层分为以下三个基本功能层：

(1) 核内外设访问层：由 ARM 公司负责实现，包括处理器内部寄存器地址的定义，核内寄存器、NVIC、调试子系统访问接口等的定义，以及对特殊用途寄存器的访问接口。

(2) 中间件访问层：由 ARM 公司负责实现，定义了访问中间件的通用 API，但芯片厂商需要针对所生产的芯片特性对该层进行更新。

(3) 设备外设访问层：由芯片厂商提供，定义硬件寄存器的地址及片上外设的访问函数。

CMSIS 为 Cortex 内核芯片提供了定义访问外设寄存器和异常向量的通用方法，内核设备的寄存器名称和内核异常向量的名称，以及独立于微控制器的 RTOS 接口、调试接口、中间设备组件接口。

在 CMSIS 标准文件中，core_cm3. h 和 core_cm3. c 包括 CM3 内核的全局变量声明和定义，并定义了一些静态功能函数，用于访问 CM3 内核及其设备(如 NVIC、SysTick 等)。system_< device >. h 和 system_< device >. c 是芯片厂商定义的系统初始化函数 SystemInit()，以及一些指示时钟的宏变量。< device >. h 是芯片厂商提供给应用程序开发的头文件，它包含 core_cm3. h 和 system_< device >. h 等头文件，并定义了与特定芯片相关的寄存器和中断异常号等。startup_< device >. s 是芯片厂商提供的启动文件，用于规划堆栈空间及大小、建立中断向量表、实现复位中断服务程序，引导系统跳转到__main 函数，从而进入 main()函数内进行执行。

6.3 STM32F10x 固件库

ST 公司针对 STM32F10x 系列单片机提供了基于 CMSIS 的标准外设固件库，其最新版本是 STM32F10x_StdPeriph_Lib_V3.5.0。使用该标准固件库，开发者不需要自己封装功能函数形成固件库，只需了解一定的外设工作原理之后，就可以利用标准固件库进行应用程序开发。

6.3.1 STM32F10x 固件库概述

ST 公司提供的 STM32F10x 标准外设固件库是基于 STM32F10x 系列单片机的，仅可用于 STM32F10x 系列单片机的应用程序开发。在 STM32F10x 单片机的开发中调用标准外设固件库的函数进行程序开发，就像在标准 C 语言编程中调用系统库函数一样，比直接读写寄存器方式编程简单，而且提高了所编程序的可读性和可维护性，给 STM32F10x 单片机开发带来了极大便利。

STM32F10x 标准外设固件库是一个或一个以上的完整函数集合，它包括所有标准外设的设备驱动程序，由程序、数据结构和各种宏定义组成，包括单片机所有片上外设性能特性。该函数库为每一个外设提供了相应的驱动描述(外设头文件 *.h)和应用实现(外设函数实现源文件 *.c)文件，为开发者访问底层硬件提供了一个中间 API。通过固件库函数 API 进行编程，无须深入掌握底层硬件细节，即可轻松实现外设的应用编程。每个外设驱动由一组函数组成，该组函数涵盖了外设的所有功能。最新 V3.5.0 版本 STM32F10x 标准外设固件库可以在 ST 官网下载。固件库的文件结构如图 6.2 所示。

图 6.2 STM32F10x_StdPeriph_Lib_V3.5.0 固件库的文件结构

6.3.2 STM32F10x 固件库介绍

STM32F10x_StdPeriph_Lib_V3.5.0 固件库包含 2 个文件和 4 个文件夹，而每个文件夹下面又包含多个文件及子文件夹，具体目录结构如图 6.3 所示。

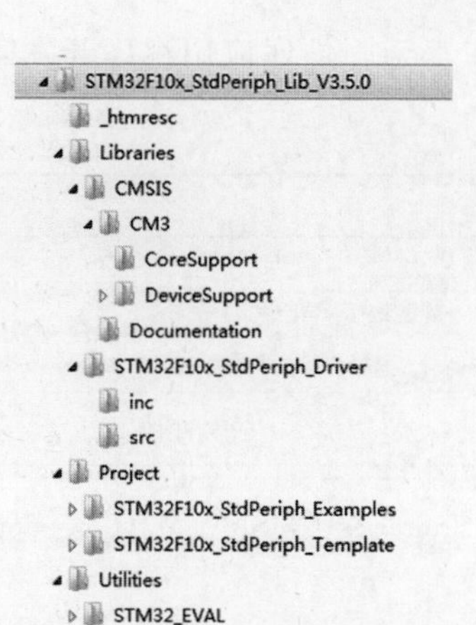

图 6.3 STM32F10x_StdPeriph_Lib_V3.5.0 固件库的目录结构

1. Libraries 文件夹

Libraries 文件夹包含 CMSIS 和 STM32F10x_StdPeriph_Driver 两个子目录，这两个子目录包含了 STM32F10x 单片机开发需要用到的各种库函数及启动文件，如图 6.4 所示。

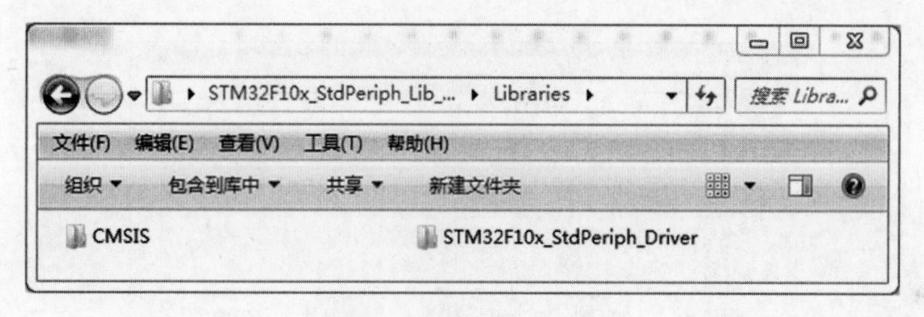

图 6.4 Libraries 目录

1) CMSIS 子文件夹

CMSIS 子文件夹存放的是 STM32F10x 单片机内核库函数文件，其核心是 CM3 子文件夹，其他文件及文件夹可忽略。在 CM3 子文件夹下有 CoreSupport 和 DeviceSupport 两个子文件夹，如图 6.5 所示。

图 6.5 Libraries\CMSIS\CM3 目录

(1) CoreSupport 文件夹。

CoreSupport 文件夹为 Cortex-M3 内核核内外设支持库函数文件，包含 Cortex-M3 内核源文件 core_cm3.c 和头文件 core_cm3.h，如图 6.6 所示。core_cm3.c 和 core_cm3.h 文件对位于 CMSIS 核心层的核内外设提供访问，由 ARM 公司提供，包含用于访问内核寄存器的名称、地址定义等内容。在基于固件库应用程序开发时，该库文件必须添加到项目工程中。

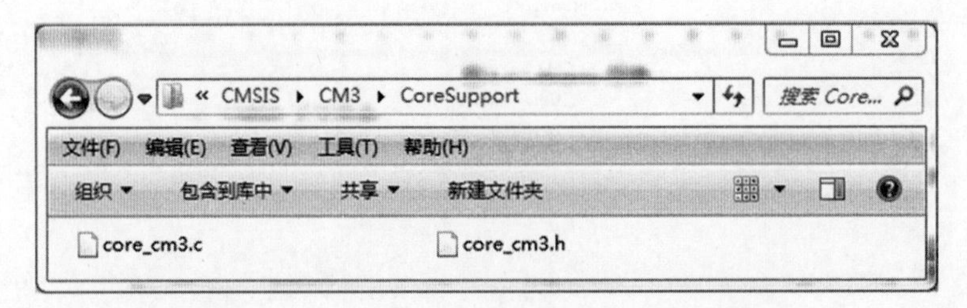

图 6.6 Libraries\CMSIS\CM3\CoreSupport 目录

(2) DeviceSupport 文件夹。

DeviceSupport 文件夹为 STM32F10x 系列芯片外设支持库函数文件，包含 STM32F10x 系列单片机的头文件 stm32f10x.h、系统初始化源代码文件 system_stm32f10x.c、系统初始化头文件 system_stm32f10x.h、STM32F10x CMSIS 发行版本说明文件 Release_Notes.html 及系统启动文件夹 startup，如图 6.7 所示。在基于固件库应用程序开发时，三个文件必须添加到项目工程中。

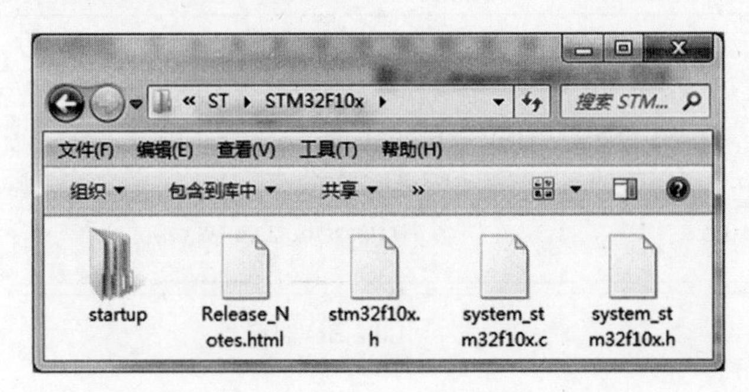

图 6.7 DeviceSupport\ST\STM32F10x 目录

① stm32f10x.h 头文件是芯片厂商提供的 STM32F10x 系列芯片头文件，它包含 core_cm3.h、system_stm32f10x.h 和 stdint.h 三个头文件，定义了与特定芯片相关的中断异常号、寄存器、外设存储器映射、寄存器位宏定义等，并设置了一个条件编译资源包含语句和扩展宏定义。

```
#ifdef USE_STDPERIPH_DRIVER          //如果定义了预处理器符号 USE_STDPERIPH_DRIVER
  #include "stm32f10x_conf.h"        //包含头文件 stm32f10x_conf.h
#endif
//扩展宏定义,用于对寄存器的操作
#define SET_BIT(REG, BIT)        ((REG) |= (BIT))
#define CLEAR_BIT(REG, BIT)      ((REG) &= ~(BIT))
#define READ_BIT(REG, BIT)       ((REG) & (BIT))
#define CLEAR_REG(REG)           ((REG) = (0x0))
#define WRITE_REG(REG, VAL)      ((REG) = (VAL))
#define READ_REG(REG)            ((REG))
#define MODIFY_REG(REG, CLEARMASK, SETMASK)
                    WRITE_REG((REG), (((READ_REG(REG)) & (~(CLEARMASK))) | (SETMASK)))
```

② stm32f10x_conf.h 头文件中包含程序开发中将要使用的片上外设固件库驱动头文件，具体将在后续 stm32f10x_conf.h 文件介绍中说明。

③ system_stm32f10x.h 和 system_stm32f10x.c 是芯片厂商定义的系统初始化函数 SystemInit()，以及一些指示时钟的宏变量。

(3) startup 文件夹。

startup 文件夹下面包含了汇编语言编写的 4 种编译器启动代码文件，如图 6.8 所示。

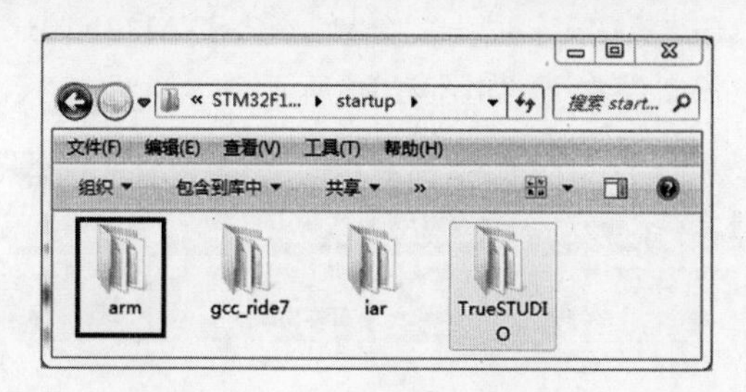

图 6.8　DeviceSupport\ST\STM32F10x\startup 目录

其中，arm 文件夹下是 ARM-MDK 开发环境的启动代码文件，如图 6.9 所示。

图 6.9　DeviceSupport\ST\STM32F10x\startup\arm 目录

STM32F10x 系列单片机根据存储器容量大小分为大容量(hd)、中容量(md)、小容量(ld)三种类型，不同容量又分为多个子系列。不同容量的 STM32F10x 芯片需要根据选择的具体芯片确定使用哪个启动文件。启动文件是汇编语言编写的，分别适用的芯片类型如下：

startup_stm32f10x_cl.s：　适用于互联网型产品。
startup_stm32f10x_hd.s：　适用于大容量产品。
startup_stm32f10x_md.s：　适用于中等容量产品。
startup_stm32f10x_ld.s：　适用于小容量产品。
startup_stm32f10x_hd_vl.s：　适用于大容量超值系列产品。
startup_stm32f10x_md_vl.s：　适用于中等容量超值系列产品。
startup_stm32f10x_ld_vl.s：　适用于小容量超值系列产品。
startup_stm32f10x_xl.s：　适用于 XL 系列产品。

芯片容量大小是指 Flash 容量大小，判断方法如下：

小容量：Flash≤32KB
中容量：64KB≤Flash≤128KB
大容量：Flash≥256KB

本书配套的实验开发板使用的是 STM32F103C8T6 芯片，Flash 为 64KB，属于中容量芯片,因此,它对应的启动代码文件为 startup_stm32f10x_md. s,必须添加到项目工程中。

2) STM32F10x_StdPeriph_Driver 文件夹

STM32F10x_StdPeriph_Driver 文件夹下存放的是 STM32F10x 标准外设驱动库函数文件,包括 GPIO、EXTI、USART、TIMER、ADC、DAC、DMA、SPI 和 I^2C 等片上外设的驱动。STM32F10x 单片机每个片上外设驱动库文件对应一个原代码实现文件 stm32f10x_ppp. c 和一个头文件 stm32f10x_ppp. h(ppp 代表具体的片上外设,如 ADC 对应的驱动文件是 stm32f10x_adc. c 和 stm32f10x_adc. h),分别位于 STM32F10x_StdPeriph_Driver 文件夹下面的 src 和 inc 两个子文件夹下,如图 6.10 所示。

图 6.10 Libraries\STM32F10x_StdPeriph_Driver 目录

片上外设驱动库文件包含的源代码文件 *. c 和头文件 *. h 是一一对应的,如图 6.11 所示。src 是 source 的缩写,该目录存放的是 ST 公司为 STM32F10x 系列单片机片上外设编写的固件库函数源代码文件; inc 是 include 的缩写,该目录存放的是 ST 公司为 STM32F10x 系列单片机片上外设编写的固件库函数头文件。在使用固件库函数进行应用程序开发时,只需将使用到的外设实现源代码文件添加到项目工程中就可直接调用库函数进行编程。

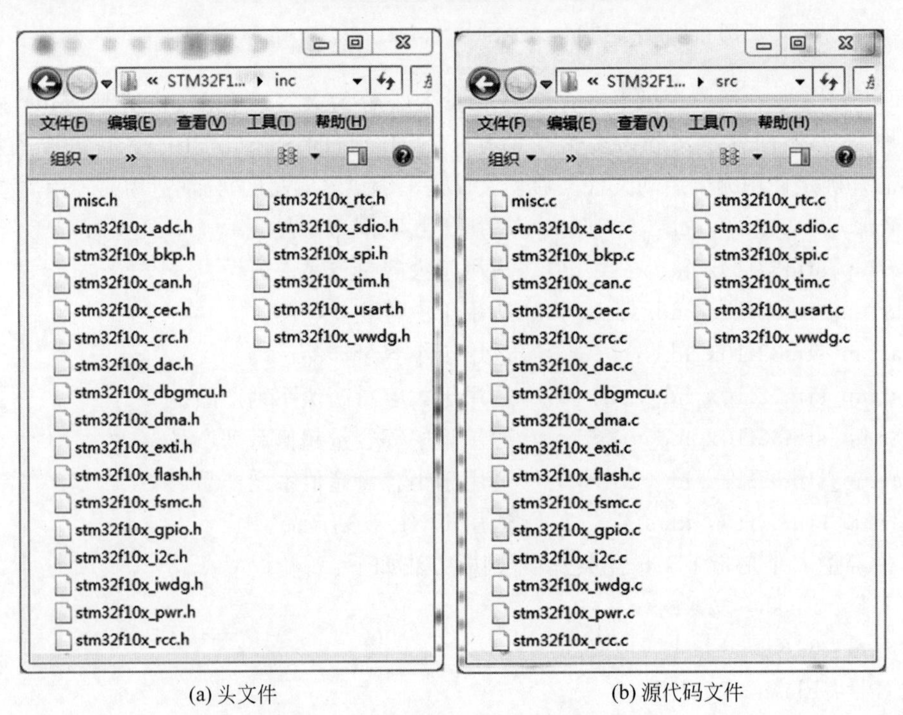

(a) 头文件　　　　(b) 源代码文件

图 6.11 外设驱动头文件和源代码文件

注意，Cortex-M3 内核中 NVIC 和 Systick 的驱动文件 misc.c 和 misc.h 也在该目录下，若程序开发中涉及 NVIC 和 Systick 的应用，就必须将该文件添加到项目工程中。

2. Project 文件夹

Project 文件夹下面是 ST 公司提供的基于固件库函数的应用程序示例和工程项目模板，如图 6.12 所示。

图 6.12 Project 文件夹目录

STM32F10x_StdPeriph_Examples 文件夹下面存放的是 ST 公司提供的固件库应用程序示例源代码，在应用工程项目开发过程中可以参考、修改官方提供的示例源码来快速驱动自己的外设。这些源码对学习和开发 STM32 单片机非常重要，提供的示例如图 6.13 所示。

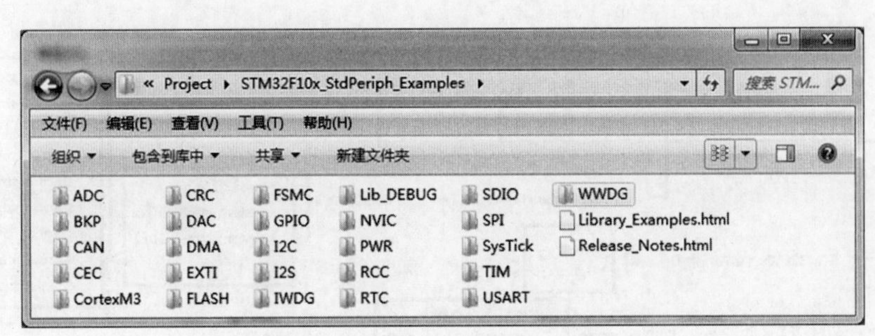

图 6.13 固件库开发应用示例

STM32F10x_StdPeriph_Template 文件夹存放的是基于固件库程序开发的工程项目模板，可以直接应用工程项目模板进行应用项目开发，如图 6.14 所示。项目模板提供了 5 种编译器的工程模板，其中 MDK-ARM 文件夹是 MDK 的工程项目模板。

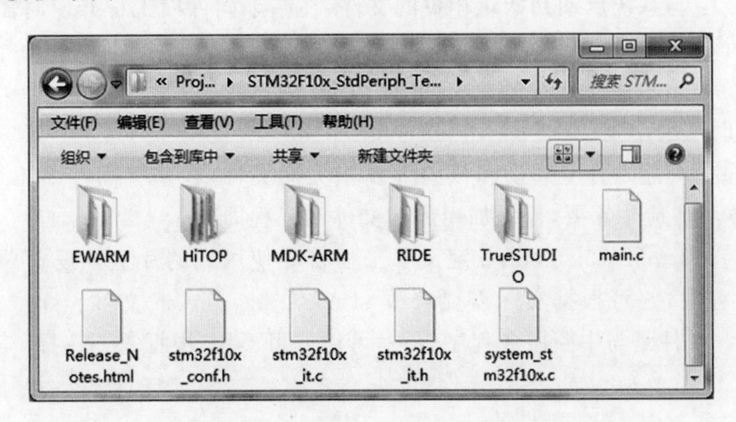

图 6.14 固件库开发工程项目模板

在 STM32F10x_StdPeriph_Template 文件夹下有 stm32f10x_conf. h、stm32f10x_it. c、stm32f10x_it. h 三个文件可以在开发中使用。

(1) stm32f10x_conf. h 文件定义了工程项目将要使用到的片上外设的固件库驱动头文件,默认是包含了全部固件库驱动文件的头文件,可以根据实际应用需要修改。该文件需要加入工程项目中,用于确定工程项目具体使用那些片上外设资源。

(2) stm32f10x_it. c 和 stm32f10x_it. h 文件给出了部分中断服务程序的框架,在具体应用开发时可以添加到工程项目中,并完善具体服务功能代码。也可以不使用这两个文件,自己编写实现中断服务程序函数即可。

3. Utilities 文件夹及其他文件

Utilities 文件夹下是 ST 公司评估板的一些对应源代码,这个文件夹可以忽略不看。固件库根目录下还有一个 stm32f10x_stdperiph_lib_um. chm 文件,是固件库帮助文档,在开发过程中经常会使用这个文档来查询函数的使用方法及说明。

6.3.3 STM32F10x 固件库使用说明

在进行 STM32F10x 系列单片机应用程序开发时,需要使用到标准固件库中的具体驱动文件如图 6.15 所示,固件库文件描述见表 6.1。

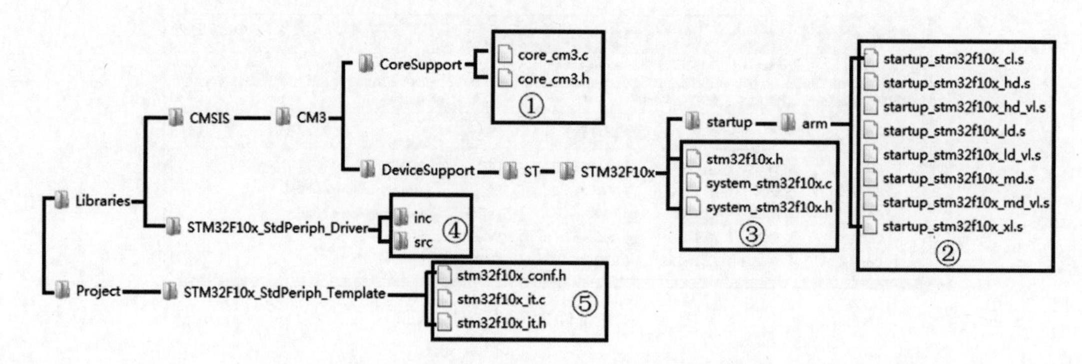

图 6.15 标准固件库中具体需要引用的文件

(1) 文件①:与 Cortex-M3 内核相关的文件,在基于固件库工程开发时需要用到。

(2) 文件②:与系统启动初始化相关的文件,在基于固件库工程开发时需要用到,但需要根据具有应该目标芯片选择对应的启动文件。

(3) 文件③:与芯片寄存器定义、存储区映射、系统时钟初始化相关的文件,在基于固件库工程开发时需要用到。

(4) 文件④:与芯片片上外设和核内外设相关的文件,在基于固件库工程开发时需要用到,但可根据具体应用需要,仅添加用到的文件到工程即可。

(5) 文件⑤:stm32f10x_conf. h 定义了工程将要使用到的片上外设资源包含头文件,需要添加到工程中,并可根据实际需要修改 stm32f10x_conf. h 文件。stm32f10x_it. c 和 stm32f10x_it. h 文件是与中断服务程序有关,可用或可不用,根据需要选择。

表 6.1 固件库文件描述

所属	文件名	描述
①	core_cm3. h	CMSIS 规范中 Cortex-M3 内核设备访问层头文件
	core_cm3. c	CMSIS 规范中 Cortex-M3 内核设备访问层源代码文件
②	startup_stm32f10x_XXX. s	芯片系统初始化相关的启动文件，XXX 代表芯片类型，汇编语言编写
③	stm32f10x. h	STM32F10x 系列单片机寄存器定义、位定义、中断异常号、存储空间映射等
	system_stm32f10x. h	芯片厂商定义的系统初始化函数 SystemInit()，以及一些指示时钟宏变量的头文件
	system_stm32f10x. c	芯片厂商定义的系统初始化函数 SystemInit()，以及一些指示时钟宏变量的源代码文件
④	stm32f10x_ppp. h	STM32F10x 单片机外设 PPP 的驱动库函数头文件，PPP 代表某一个外设，包括 GPIO、EXTI、USART、TIMER、ADC、DAC、DMA、SPI 和 I^2C 等片上外设
	stm32f10x_ppp. c	STM32F10x 单片机外设 PPP 的驱动库函数源代码文件
	misc. h	NVIC、Systick 的固件库驱动函数头文件
	misc. c	NVIC、Systick 的固件库驱动函数源代码文件
⑤	stm32f10x_conf. h	用于设置用户工程需要包含的芯片片上外设固件库资源头文件。利用固件库开发时，必须将该文件放置到工程目录中，并指定头文件的搜索路径，以确保工程能够加入该头文件
	stm32f10x_it. h	中断处理服务函数声明头文件，包括所有将要使用的中断处理服务函数，没有的用户可以自己添加。不是必需文件
	stm32f10x_it. c	中断处理服务函数实现源代码文件。用户可以加入中断服务程序的具体处理代码。不是必需文件，中断服务函数实现代码可以放在工程项目任何源代码文件中

6.4 固件库应用程序开发说明

鉴于 STM32F10x 标准外设固件库提供了所有片上外设的驱动函数，因此在 STM32F10x 系列单片机应用程序开发时，可以直接使用标准外设固件库进行应用工程项目程序开发。在应用标准固件库 STM32F10x_StdPeriph_Lib_V3. 5. 0 开发时，需要注意如何包含所使用到的芯片外设驱动库函数资源和芯片类型指定。

6.4.1 外设驱动库资源启用

stm32f10x_conf. h 文件中主要声明了所有外设固件库驱动头文件的包含语句，用于声明工程项目开发中具体使用到哪些片上外设固件库驱动。具体包含如下语句：

```
#ifndef __STM32F10x_CONF_H
#define __STM32F10x_CONF_H
// Includes
#include "stm32f10x_adc.h"                // ADC 外设驱动库函数声明头文件
```

```
#include "stm32f10x_bkp.h"          // BKP外设驱动库函数声明头文件
#include "stm32f10x_can.h"          // CAN外设驱动库函数声明头文件
#include "stm32f10x_cec.h"          // CEC外设驱动库函数声明头文件
#include "stm32f10x_crc.h"          // CRC外设驱动库函数声明头文件
#include "stm32f10x_dac.h"          // DAC外设驱动库函数声明头文件
#include "stm32f10x_dbgmcu.h"       // DBUMCU外设驱动库函数声明头文件
#include "stm32f10x_dma.h"          // DMA外设驱动库函数声明头文件
#include "stm32f10x_exti.h"         // EXTI外设驱动库函数声明头文件
#include "stm32f10x_flash.h"        // Flash外设驱动库函数声明头文件
#include "stm32f10x_fsmc.h"         // FSMC外设驱动库函数声明头文件
#include "stm32f10x_gpio.h"         // GPIO外设驱动库函数声明头文件
#include "stm32f10x_i2c.h"          // I2C外设驱动库函数声明头文件
#include "stm32f10x_iwdg.h"         // IWDG外设驱动库函数声明头文件
#include "stm32f10x_pwr.h"          // PWR外设驱动库函数声明头文件
#include "stm32f10x_rcc.h"          // RCC外设驱动库函数声明头文件
#include "stm32f10x_rtc.h"          // RTC外设驱动库函数声明头文件
#include "stm32f10x_sdio.h"         // SDIO外设驱动库函数声明头文件
#include "stm32f10x_spi.h"          // SPI外设驱动库函数声明头文件
#include "stm32f10x_tim.h"          // TIM外设驱动库函数声明头文件
#include "stm32f10x_usart.h"        // USART外设驱动库函数声明头文件
#include "stm32f10x_wwdg.h"         // WWDG外设驱动库函数声明头文件
#include "misc.h"                   // NVIC and SysTick外设驱动库函数声明头文件
#endif /* __STM32F10x_CONF_H */
```

stm32f10x_conf.h 文件默认是将所有片上外设固件库驱动头文件都包含在内，如果需要提高编译效率，可以仅包含使用到的外设驱动头文件，未使用到的可以不包含，手动屏蔽掉即可。一般情况下不需要修改该文件，直接将该文件放到项目头文件搜索路径目录下。

在具体应用工程项目开发时，如何启动使用到的外设驱动固件库函数呢？如果需要利用 stm32f10x_conf.h 文件进行标准外设驱动函数资源包含，则只需要提前定义预处理器符号 USE_STDPERIPH_DRIVER，stm32f10x.h 文件就可以直接启用 stm32f10x_conf.h 文件进行外设驱动库资源文件包含。在 stm32f10x.h 文中定义了如下条件编译：

```
#ifdef USE_STDPERIPH_DRIVER            //如果定义了预处理器符号 USE_STDPERIPH_DRIVER
  #include "stm32f10x_conf.h"          //包含头文件 stm32f10x_conf.h
#endif
```

因此，只需在具体开发工程中使能 #include "stm32f10x_conf.h"语句进行编译即可启用标准外设驱动库资源。如何启用该语句编译，可以有两种处理方法：

- 第一种：去掉 stm32f10x.h 文件中有关包含 stm32f10x_conf.h 的条件编译，让其直接启用 #include "stm32f10x_conf.h" 包含语句。
- 第二种：提前声明预处理器符号定义 USE_STDPERIPH_DRIVER，让工程编译时能够进入该条件编译，进而对 stm32f10x_conf.h 进行包含。可以在 MDK 的工程属性 C/C++页面中的“Preprocessor Symbols”栏进行设置，如图 6.16 所示预先定义编译器编译的预处理器符号 USE_STDPERIPH_DRIVER，以告知启用标准外设驱动库资源。一般，选择第二种方式比较简单，不需要修改 stm32f10x.h 文件。

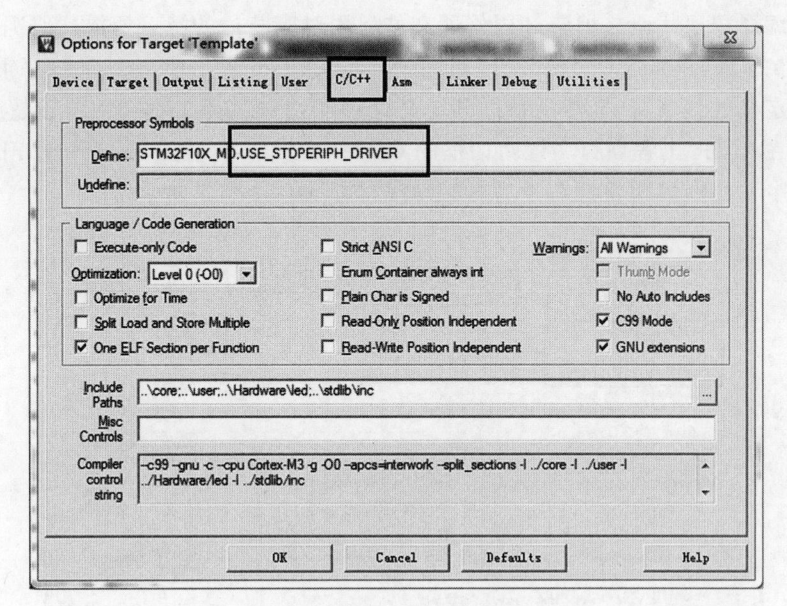

图 6.16 资源启用预处理器符号定义

6.4.2 目标芯片类型指定

STM32F10x 标准外设固件库 STM32F10x_StdPeriph_Lib_V3.5.0 适用于 STM32F10x 系列所有芯片，但该系列芯片有不同的存储器容量，不同存储器容量又导致外设资源不同。因此，在应用固件库开发应用程序时，需要告诉固件库函数文件具体开发的目标芯片类型，以便启用相应的功能程序代码，实现与芯片类型相关的特殊功能代码。

在固件库文件中，是通过条件编译的方式进行芯片相关特性代码的启用和禁用的。在 stm32f10x.h 文件中，有如下代码：

```
#if defined (STM32F10X_LD_VL) || (defined STM32F10X_MD_VL) || (defined STM32F10X_HD_VL)
    /* #define SYSCLK_FREQ_HSE HSE_VALUE */
    #define SYSCLK_FREQ_24MHz 24000000
#else
    /* #define SYSCLK_FREQ_HSE HSE_VALUE */
    /* #define SYSCLK_FREQ_24MHz 24000000 */
    /* #define SYSCLK_FREQ_36MHz 36000000 */
    /* #define SYSCLK_FREQ_48MHz 48000000 */
    /* #define SYSCLK_FREQ_56MHz 56000000 */
    #define SYSCLK_FREQ_72MHz 72000000
#endif
```

该段代码根据芯片的类型，确定启用系统时钟设置的宏定义。根据固件库函数提供的启动汇编语言文件可知，固件库支持的 STM32F10x 系列芯片类型主要有 STM32F10X_CL、STM32F10X_LD_VL、STM32F10X_MD_VL、STM32F10X_HD_VL、STM32F10X_LD、STM32F10X_MD、STM32F10X_HD 和 STM32F10X_XL 共 8 种类型的芯片，各类型芯片具有各自特有的特性和资源，所以需要在编译工程应用程序前告知固件库函数启用对应的资源代码，否则将导致程序出现意想不到的问题。

如何在编译程序代码之前告知固件库文件启用对应芯片的特有资源代码呢？可以利用MDK编译器的Preprocessor Symbols属性进行定义。MDK在开始编译程序前，会预先检查是否有预定义处理器符号，然后根据预定义处理器符号编译工程项目。设置预定义处理器符号可以在MDK工程项目属性对话框的C/C++页面中“Preprocessor Symbols”栏进行设置，如图6.17所示声明目标芯片为STM32F10X_MD类型芯片。

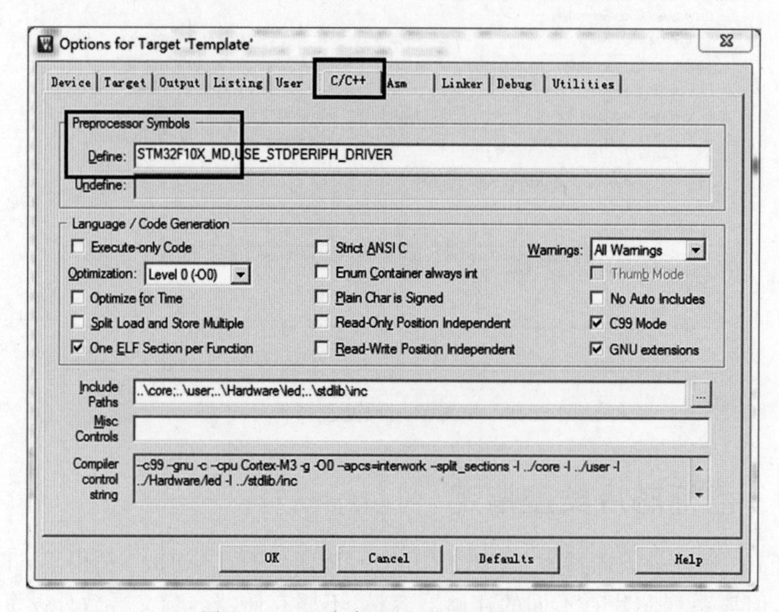

图6.17　芯片类型预处理器符号定义

6.4.3　外设驱动库函数命名规则

STM32F10x标准固件库包含STM32F10x系列单片机所有片上外设的功能函数与变量定义，通过了解这些外设功能函数名、宏变量名、变量名等的命名规则与使用规律，可以为固件库应用程序开发带来灵活性，增强程序的可读性与规范性。

1. 固件库中片上外设名称

标准外设固件库驱动文件stm32f10x_ppp.c和stm32f10x_ppp.h中的PPP代表芯片片上的某一个外设的缩写，具体见表6.2。注意NVIC和Systick两个核内外设的驱动文件名称是misc.c和misc.h。

表6.2　片上外设缩写

缩　写	外设名称	缩　写	外设名称
ADC	A/D转换器	GPIO	通用I/O端口
BKP	备份寄存器	I^2C	I^2C总线
CAN	局域网控制器CAN	IWDG	独立看门狗
CEC	消费电子控制	PWR	电源控制
CRC	CRC计算单元	RCC	复位和时钟控制器
DAC	D/A转换器	RTC	实时时钟
DBGMCU	MCU调试模块	SDIO	SDIO接口

续表

缩　写	外设名称	缩　写	外设名称
DMA	DMA 控制器	SPI	SPI 串行外设总线
EXTI	外部中断/事件控制器	TIM	高级、通用、基本定时器
FLASH	Flash 存储器	USART	通用同步异步收发器
FSMC	静态灵活存储器控制器	WWDG	窗口看门狗

2. 固件库文件命名规则

固件库中系统文件、源程序文件、头文件都是以 stm32f10x_作为开头命名的，表明是适用于 STM32F10x 系列单片机的库文件。标准片上外设固件库驱动文件是以 stm32f10x_ppp. c 和 stm32f10x_ppp. h 进行命名的，文件名中的“ppp”代表具体的片上外设，以表明片上外设 PPP 的驱动文件。

3. 片上外设驱动函数命名规则

固件库中外设的驱动函数命名是以该外设的缩写加下画线为开头，接着是该函数具体功能的英文单词缩写的形式进行命名的。该函数具体功能的英文单词缩写中每个单词的首字母都是大写，如 USART_SendData()函数。USART 是外设缩写，SendData 是该函数的功能，单词首字母大写。注意函数名中只允许存在一个下画线，用以分隔外设缩写和函数名的其他部分。

(1) 名为 PPP_Init()的函数，其功能是根据 PPP_InitTypeDef 中指定的参数初始化外设 PPP；

(2) 名为 PPP_DeInit()的函数，其功能是复位外设 PPP 的所有寄存器至默认值；

(3) 名为 PPP_StructInit()的函数，其功能是设置 PPP_InitTypeDef 结构体中各参数的值来确定 PPP 外设的具体功能；

(4) 名为 PPP_Cmd()的函数，其功能是使能或禁止外设 PPP；

(5) 名为 PPP_ITConfig()的函数，其功能是使能或禁止来自该 PPP 外设的中断请求；

(6) 名为 PPP_DMAConfig()的函数，其功能是使能或禁止该 PPP 外设的 DMA 请求；

(7) 名为 PPP_GetFlagStatus()的函数，其功能是检测该 PPP 外设某个标志位是否被设置；

(8) 名为 PPP_ClearFlag()的函数，其功能是清除该 PPP 外设某个标志位；

(9) 名为 PPP_GetITStatus()的函数，其功能是判断该 PPP 外设某个中断请求是否发生；

(10) 名为 PPP_ClearITPendingBit()的函数，其功能是清除该 PPP 外设的某个中断挂起位。

6.5 启动文件说明

STM32F10x 单片机代码执行始终从代码区的 0x0000 0000 地址开始，并从 ICode 总线获取复位向量(启动只能从代码区开始)。因此 STM32F10x 单片机启动后，CPU 首先从地址 0x0000 0000 单元获取堆栈栈顶的地址，并初始化主堆栈指针 MSP；随后从地址 0x0000 0004

单元取出复位向量，初始化程序指针 PC，并跳转到复位中断服务程序中执行程序。STM32F10x 单片机启动时代码具体执行过程如图 1.6 所示。为了实现 STM32F10x 单片机上电启动及初始化过程，STM32F10x 标准固件库提供的启动文件 startup_stm32f10x_XXX.s 便是进行启动及初始化设置的程序代码文件。

startup_stm32f10x_XXX.s 文件主要进行堆栈的初始化，定义中断向量表、中断服务程序入口函数及与启动相关的汇编程序代码。启动文件要在完成相关初始化后引导进入主函数 main()运行用户功能，从而执行具体应用。以 startup_stm32f10x_md.s 文件为例，对其部分代码进行解析说明如下：

```
;初始化栈,分配栈空间大小,确定栈顶指针值
Stack_Size EQU 0x00000400
                AREA STACK, NOINIT, READWRITE, ALIGN = 3
Stack_Mem SPACE Stack_Size
__initial_sp
;初始化堆,分配堆空间大小,确定堆顶指针值
Heap_Size EQU 0x00000200
                AREA HEAP, NOINIT, READWRITE, ALIGN = 3
__heap_base
Heap_Mem SPACE Heap_Size
__heap_limit
;指定当前文件保持堆栈 8 字节对齐
                PRESERVE8
                THUMB
; 在复位时中断向量表 Vector Table 映射到地址 0x0000 0000
                AREA RESET, DATA, READONLY ;定义一块数据段,段名为 RESET,只读
                EXPORT __Vectors          ;声明一个全局标号__Vectors,在其他文件中可使用
                EXPORT __Vectors_End      ; 声明一个全局标号__Vectors_End
                EXPORT __Vectors_Size     ; 声明一个全局标号__Vectors_Size
; 建立中断向量表,DCD 指令作用是开辟一段空间,其意义等价于 C 语言的取地址符"&"。建立的中断
; 向量表类似于使用 C 语言,其每一个成员都是一个函数指针,分别指向其对应的中断服务程序。
__Vectors DCD __initial_sp                ; Top of Stack
        DCD Reset_Handler                 ; Reset Handler
        DCD NMI_Handler                   ; NMI Handler
        DCD HardFault_Handler             ; Hard Fault Handler
        …
        DCD PendSV_Handler                ; PendSV Handler
        DCD SysTick_Handler               ; SysTick Handler
;外部中断向量表定义
        DCD WWDG_IRQHandler               ; Window Watchdog
        DCD PVD_IRQHandler                ; PVD through EXTI Line detect
        …
        DCD USART3_IRQHandler             ; USART3
        DCD EXTI15_10_IRQHandler          ; EXTI Line 15..10
        DCD RTCAlarm_IRQHandler           ; RTC Alarm through EXTI Line
        DCD USBWakeUp_IRQHandler          ; USB Wakeup from suspend
__Vectors_End ;向量表定义结束
__Vectors_Size EQU __Vectors_End - __Vectors ;计算向量表的大小
                AREA |.text|, CODE, READONLY ;定义一个代码段,段名为.text,只读
; 复位向量中断服务程序,利用 PROC、ENDP 这对伪指令把程序分成若干过程,使程序结构清晰
```

```
Reset_Handler PROC
                EXPORT Reset_Handler [WEAK] ; 在外部没有定义 Reset_Handler 时导出该符号
;WEAK 声明其他同名的标号优先于该标号被引用,即如果外面已声明了相同标号的函数,则调用外
;面的
; IMPORT 伪指令,通知编译器要使用的标号在其他源文件中定义,但需要在本文件中引用,
;无论该符号是否被引用,都将加入到当前源文件的符号列表中
     IMPORT __main ; IMPORT 伪指令,通知编译器要使用的标号__main 在
          ; 其他源文件中定义
     IMPORT SystemInit ; 通知编译器要使用的标号 SystemInit 在其他源文
          ; 件中定义
                LDR R0, = SystemInit
                BLX R0
                LDR R0, = __main
                BX R0
                ENDP
; 虚拟异常处理程序(可以修改的无限循环)
NMI_Handler PROC
          EXPORT NMI_Handler [WEAK]
          B .
          ENDP
…
Default_Handler PROC
          EXPORT WWDG_IRQHandler [WEAK]
          …
          EXPORT USBWakeUp_IRQHandler [WEAK]
WWDG_IRQHandler
…
USBWakeUp_IRQHandler
               B.
               ENDP
               ALIGN
; *******************************************************************************
; User Stack and Heap initialization
; *******************************************************************************
                IF :DEF:__MICROLIB            ;判断是否使用微库 MICROLIB
                EXPORT __initial_sp           ;若使用,则将栈顶地址、堆始末地址赋予全局属性
                EXPORT __heap_base            ;声明一个全局标号__heap_base,在其他文件中可
                                              ;使用
                EXPORT __heap_limit           ;声明一个全局标号__heap_limit,在其他文件中可
                                              ;使用
                ELSE                          ;否则,使用默认 C 运行库运行
                IMPORT __use_two_region_memory
                EXPORT __user_initial_stackheap
__user_initial_stackheap
                LDR  R0, = Heap_Mem                    ;保存堆的始地址
                LDR  R1, = (Stack_Mem + Stack_Size)    ;保存栈的大小
                LDR  R2, = (Heap_Mem + Heap_Size)      ;保存堆的大小
                LDR  R3, = Stack_Mem                   ;保存栈顶指针
```

```
        BX   LR
        ALIGN
        ENDIF
        END
```

在上述启动代码文件中，Reset_Handler 中断服务函数是唯一实现了的中断处理服务程序，其他中断处理服务程序都是死循环。Reset_Handler 在系统启动时会被调用，下面分析 Reset_Handler 复位中断服务程序代码：

```
Reset_Handler PROC
            EXPORT Reset_Handler [WEAK]     ; 在外部没有定义 Reset_Handler 时导出该符号
    IMPORT __main                           ;通知编译器要使用的标号__main 在其他源文件中
                                            ;定义
    IMPORT SystemInit                       ;通知编译器要使用的标号 SystemInit 在其他源文件
                                            ;中定义
            LDR R0, = SystemInit            ;将 SystemInit 符号所在地址加载到 R0 寄存器
            BLX R0                          ;跳转到 R0 所指示的地址进行执行,实际就是执行
                                            ;SystemInit()函数
            LDR R0, = __main                ;将__main 符号所在地址加载到 R0 寄存器
            BX R0                           ;跳转到 R0 所指示的地址进行执行,实际就是执行
                                            ;main()函数
            ENDP
```

汇编指令说明：

① EXPORT：表示导出函数名，后面的标识符 Reset_Handler 是提供给其他模块调用的导出函数名。Reset_Handler 即为复位中断向量。

② IMPORT：表示后面的标识符__main 和 SystemInit 是一个外部变量标识符，在其他文件中具体定义。表明下面加载的函数为外部文件中定义的函数。

③ LDR：用来从存储器(确切地说是地址空间)中装载数据到通用寄存器，其格式为：

```
LDR <reg>, = <constant - expression>
```

④ BLX：跳转指令，跳转到 R0 所指示的地址进行执行。BLX 指令从 ARM 指令集跳转到指令中所指定的目标地址，并将处理器的工作状态从 ARM 状态切换到 Thumb 状态，该指令同时将 PC 的当前内容保存到寄存器 R14 中。因此，当子程序使用 Thumb 指令集，而调用者使用 ARM 指令集时，可以通过 BLX 指令实现子程序的调用和处理器工作状态的切换。

⑤ BX：跳转指令，跳转到指令中所指定的目标地址执行，目标地址处的指令既可以是 ARM 指令，也可以是 Thumb 指令。

⑥ [WEAK]声明其他同名的标号优先于该标号被引用，即如果外面已声明了相同标号的函数，则调用外面的。

从上述 Reset_Handler 实现代码和图 1.6 可知，STM32 单片机复位启动时，首先初始化堆栈，然后进入 Reset_Handler 复位中断处理程序，随后自动调用 SystemInit()函数，再跳转到 main()函数继续执行，而 main()函数即为用户具体应用功能的实现程序代码。

6.6 系统时钟初始化

在启动代码的 Reset_Handler 复位中断处理程序中，自动调用 SystemInit()函数，其具体实现在 STM32F10x 标准固件库的 system_stm32f10x.c 文件中，功能是对系统时钟初始化，重定位向量表到 FLASH 或者 SRAM 中。SystemInit()函数默认使用 8MHz 高速外部晶振作为时钟源，并将时钟系统设置为系统时钟(SYSCLK) = 72MHz、AHB 总线时钟(HCLK) = 72MHz、APB1 总线时钟(PCLK1) = 36MHz、APB2 总线时钟(PCLK2) = 72MHz、PLLCLK 时钟 = 72MHz，具体代码如下(为代码清晰，已将互联型 MCU 相关代码删除，原始代码请查看 system_stm32f10x.c 文件)：

```
/* @brief 初始化 Flash 接口、PLL,更新系统内核时钟变量(SystemCoreClock variable)
  * @note 复位后调用该功能函数
*/
void SystemInit (void)
{
  /* 复位时钟配置寄存器 RCC_CR 到默认值 */
  /* 置 HSION 位,开启 8MHz HSI RC 时钟 */
  RCC->CR |= (uint32_t)0x00000001;
  /* 复位时钟配置寄存器 RCC_CFGR 中的 SW, HPRE, PPRE1, PPRE2, ADCPRE and MCO 位 */
  RCC->CFGR &= (uint32_t)0xF8FF0000;
  /* 复位时钟配置寄存器 RCC_CR 中的 HSEON, CSSON and PLLON bits */
  RCC->CR &= (uint32_t)0xFEF6FFFF;
  /* 复位 HSEBYP 位,即 4~16MHz HSE OSC 没有被旁路(使用外部晶振) */
  RCC->CR &= (uint32_t)0xFFFBFFFF;
  /* 复位 PLLSRC, PLLXTPRE, PLLMUL and USBPRE/OTGFSPRE 位 */
  RCC->CFGR &= (uint32_t)0xFF80FFFF;
  /* 禁止所有时钟中断,并清除挂起标志位 */
  RCC->CIR = 0x009F0000;
  /* 配置系统时钟 SYSCLK 频率,设置 HCLK, PCLK2 , PCLK1 分频系数 */
  /* 配置 Flash 延迟周期和使能预取指缓存 */
  SetSysClock();

#ifdef VECT_TAB_SRAM
/* 向量表重定位到内部 SRAM */
  SCB->VTOR = SRAM_BASE | VECT_TAB_OFFSET;
#else
  /* 向量表重定位到内部 FLASH */
  SCB->VTOR = FLASH_BASE | VECT_TAB_OFFSET;
#endif
}
/////////////////////////////////////////////////////////////////////////////
static void SetSysClock(void)
{
#ifdef SYSCLK_FREQ_HSE
   SetSysClockToHSE();
#elif defined SYSCLK_FREQ_24MHz
   SetSysClockTo24();
```

```
#elif defined SYSCLK_FREQ_36MHz
  SetSysClockTo36();
#elif defined SYSCLK_FREQ_48MHz
  SetSysClockTo48();
#elif defined SYSCLK_FREQ_56MHz
  SetSysClockTo56();
#elif defined SYSCLK_FREQ_72MHz
  SetSysClockTo72();
#endif
/* 如果上述定义未被使能,复位后默认使用HSI作为系统时钟 */
}
```

上述代码利用的是RCC寄存器进行时钟初始化,并调用SetSysClock()函数配置时钟。SetSysClock()函数根据预定义的宏调用SetSysClockToXX()进行时钟配置。以SetSysClockTo72()代码为例进行说明如下:

```
/* @brief 设置系统时钟到72MHz,并配置HCLK、PCLK2、PCLK1分频因子
  * @note 复位后调用该功能函数
  */
static void SetSysClockTo72(void)
{
  __IO uint32_t StartUpCounter = 0, HSEStatus = 0;
  /* SYSCLK, HCLK, PCLK2 和 PCLK1 配置 */
  /* 使能 HSE */
  RCC->CR |= ((uint32_t)RCC_CR_HSEON);
  /* 等待HSE就绪,或就绪超时 */
  do {
    HSEStatus = RCC->CR & RCC_CR_HSERDY;
    StartUpCounter++;
  } while((HSEStatus == 0) && (StartUpCounter != HSE_STARTUP_TIMEOUT));
  if ((RCC->CR & RCC_CR_HSERDY) != RESET)
  {
    HSEStatus = (uint32_t)0x01;
  }
  else
  {
    HSEStatus = (uint32_t)0x00;
  }
  /* HSE启动成功,则继续往下处理 */
  if (HSEStatus == (uint32_t)0x01)
  {
    /* 使能FLASH预取指缓存 */
    FLASH->ACR |= FLASH_ACR_PRFTBE;
    /* 设置2个FLASH等待周期 */
    FLASH->ACR &= (uint32_t)((uint32_t)~FLASH_ACR_LATENCY);
    FLASH->ACR |= (uint32_t)FLASH_ACR_LATENCY_2;
    /* HCLK = SYSCLK = 72MHz */
    RCC->CFGR |= (uint32_t)RCC_CFGR_HPRE_DIV1;
    /* PCLK2 = HCLK = 72MHz */
    RCC->CFGR |= (uint32_t)RCC_CFGR_PPRE2_DIV1;
    /* PCLK1 = HCLK/2 = 36MHz */
```

```
        RCC->CFGR |= (uint32_t)RCC_CFGR_PPRE1_DIV2;
        /* PLL 配置: PLLCLK = HSE * 9 = 72 MHz */
        RCC->CFGR &= (uint32_t)((uint32_t)~(RCC_CFGR_PLLSRC | RCC_CFGR_PLLXTPRE |
                                            RCC_CFGR_PLLMULL));
        RCC->CFGR |= (uint32_t)(RCC_CFGR_PLLSRC_HSE | RCC_CFGR_PLLMULL9);
        /* 使能 PLL */
        RCC->CR |= RCC_CR_PLLON;
        /* 等待 PLL 稳定就绪 */
        while((RCC->CR & RCC_CR_PLLRDY) == 0);
        /* 选择 PLL 输出 PLLCLK 作为系数时钟 SYSCLK */
        RCC->CFGR &= (uint32_t)((uint32_t)~(RCC_CFGR_SW));
        RCC->CFGR |= (uint32_t)RCC_CFGR_SW_PLL;
        /* 读取时钟切换状态位,确保 PLLCLK 被选为系统时钟 SYSCLK */
        while ((RCC->CFGR & (uint32_t)RCC_CFGR_SWS) != (uint32_t)0x08)
        {
        }
    }
    else
    { /*
        // 如果 HSE 启动失败,用户可以在这里添加错误代码 */
    }
}
```

到此,STM32 单片机的时钟配置就完成了。SetSysClockTo72()函数使用的是 RCC 寄存器的方式进行时钟配置,与使用固件库函数进行配置的步骤一样,但使用固件库函数编写更为简单、方便,此处不再赘述。

通过分析 SystemInit()和 SetSysClock()两个函数,设置系统时钟就是对一些宏定义进行配置,其余工作由 SystemInit()函数完成。在实际应用程序编程中,需要首先启用所需时钟频率的宏定义,然后 SystemInit()函数将根据启用的宏自动将系统时钟设置到所需要的时钟频率。在 system_stm32f10x.c 文件的头部有以下宏定义代码,根据实际应用启用相应频率定义的宏,未使用的宏需要禁用:

```
#if defined (STM32F10X_LD_VL) || (defined STM32F10X_MD_VL) || (defined STM32F10X_HD_VL)
/* #define SYSCLK_FREQ_HSE HSE_VALUE */
  #define SYSCLK_FREQ_24MHz 24000000
#else
/* #define SYSCLK_FREQ_HSE HSE_VALUE */
/* #define SYSCLK_FREQ_24MHz 24000000 */
/* #define SYSCLK_FREQ_36MHz 36000000 */
/* #define SYSCLK_FREQ_48MHz 48000000 */
/* #define SYSCLK_FREQ_56MHz 56000000 */
#define SYSCLK_FREQ_72MHz 72000000
#endif
```

STM32F10x 固件库默认选择的是外接 8MHz 晶振,因此固件库默认启用了宏"#define SYSCLK_FREQ_72MHz 72000000",随后 SetSysClock()函数调用 SetSysClockTo72()函数,将系统时钟 SYSCLK 设置为 72MHz,即 STM32F10x 系列的最高系统时钟 72MHz。

6.7 本章小结

本章首先简要介绍了寄存器与固件库程序开发的区别；随后对固件库形成、CMSIS规范、STM32F10x固件库进行了概述与介绍，并对STM32F10x固件库中的驱动文件做了详细说明，明确了具体应用需要使用到的固件库文件，为后续使用固件库文件开发应用程序提供了支撑；接着对如何启用标准外设固件库资源进行了说明，并对具体目标芯片类型声明进行了详细介绍，为后续具体实验开发奠定了基础；最后对固件库中的启动文件和系统时钟初始化文件展开了详细分析说明，以便读者能搞清楚系统上电启动后如何设置系统时钟，如何跳转到主函数main()中执行用户功能代码。

第7章 固件库工程项目模板构建

CHAPTER 7

工程项目模板是后续所有项目实验的基础,正确、合理的工程项目模板不仅使项目程序开发得心应手,而且有利于工程项目程序的结构化设计。工程项目模板除了必须包含的框架结构外,也有部分程序开发者的个性化设置。本章基于本书使用的 STM32F103C8T6 实验开发板,对工程项目模板的创建过程进行详细分析,为后续实验开展提供工程模板,以便快速进行实验工程项目创建,而不再重复说明工程的创建过程。

7.1 工程项目文件夹创建

在创建工程项目之前,需要为项目的存放建立一个独立的文件夹,与项目相关的文件均将保存在该项目文件夹中。为方便对项目文件的管理,可参照 STM32F10x 标准固件文件目录的形式建立项目文件夹。针对固件库中的驱动文件及用户应用程序设计需要,可创建 5 个不同的文件夹来存放固件库驱动文件及用户应用程序文件。创建的文件夹及用途如下:

(1) 创建 startup 文件夹,用于存放芯片与启动相关的文件;

(2) 创建 core 文件夹,用于存放芯片与 Cortex-M3 内核相关的文件;

(3) 创建 stdlib 文件夹,用于存放芯片外设相关的驱动文件;

(4) 创建 hardware 文件夹,用于存放芯片用户设计的应用功能单元驱动文件;

(5) 创建 user 文件夹,用于存放用户工程应用程序及固件库中需要修改的驱动文件。

按照上述分类,创建的项目文件夹目录如图 7.1 所示。

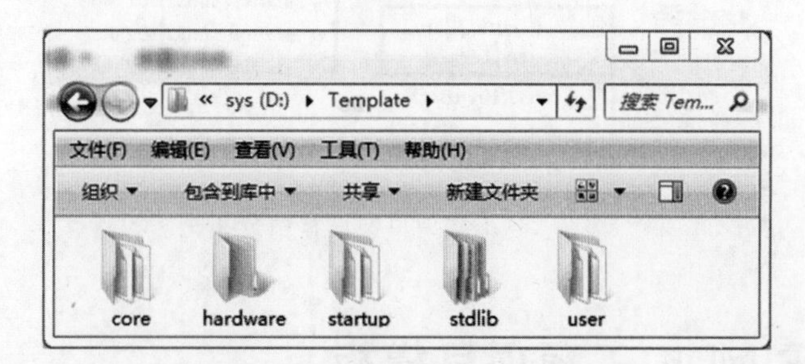

图 7.1 工程项目文件目录结构

7.2 工程项目驱动库文件移植

为便于工程项目整体迁移到其他位置或其他计算机上运行，应将与工程相关的所有驱动文件全部放置于工程项目文件夹内。前面已经创建了工程项目文件目录，本节需要将STM32F10x标准固件库中的文件移植到工程项目模板文件目录中。在操作之前，需要事先准备好STM32F10x系列单片机的标准外设固件库STM32F10x_StdPeriph_Lib_V3.5.0，可在ST官网下载，也可以在本书的配套资料中找到。首先将V3.5固件库解压，然后依次将特定文件复制到项目相应目录中。

(1) 将V3.5固件库Libraries\CMSIS\CM3\DeviceSupport\ST\STM32F10x\startup\arm目录下的所有*.s启动文件复制到创建的startup文件夹下。

(2) 将V3.5固件库Libraries\CMSIS\CM3\CoreSupport目录下的内核文件core_cm3.c和core_cm3.h复制到创建的core文件夹下。

(3) 将V3.5固件库Libraries\CMSIS\CM3\DeviceSupport\ST\STM32F10x目录下的stm32f10x.h文件复制到创建的core文件夹下。

(4) 将V3.5固件库Libraries\CMSIS\CM3\DeviceSupport\ST\STM32F10x目录下的system_stm32f10x.c和system_stm32f10x.h文件复制到创建的user文件夹下。因为有可能需要修改system_stm32f10x.c文件实现不同的系统时钟，故将此驱动文件复制到user文件夹下。

(5) 将V3.5固件库Libraries\STM32F10x_StdPeriph_Driver目录下的inc和src两个子文件夹复制到创建的stdlib文件夹下。

(6) 将V3.5固件库Project\STM32F10x_StdPeriph_Template目录下的stm32f10x_conf.h文件复制到创建的user文件夹下。另外，stm32f10x_it.c和stm32f10x_it.h可以复制到user文件夹下，也可以不复制，本书不使用stm32f10x_it文件，故不复制。

复制移植完成后的工程项目文件分布如图7.2所示。

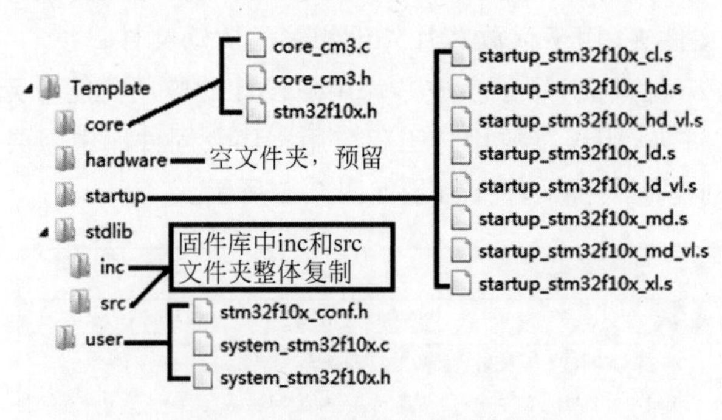

图7.2 工程项目文件移植分布

7.3 创建MDK工程项目模板

在移植完固件库文件后，即可进行模板MDK工程项目创建，具体步骤如下：

(1) 双击 Windows 桌面的“Keil μVision5”快捷键图标,或选择“开始→所有程序→ Keil μVision5”菜单命令,启动 Keil μVision5 IDE 的开发软件,启动后的界面如图 7.3 所示。

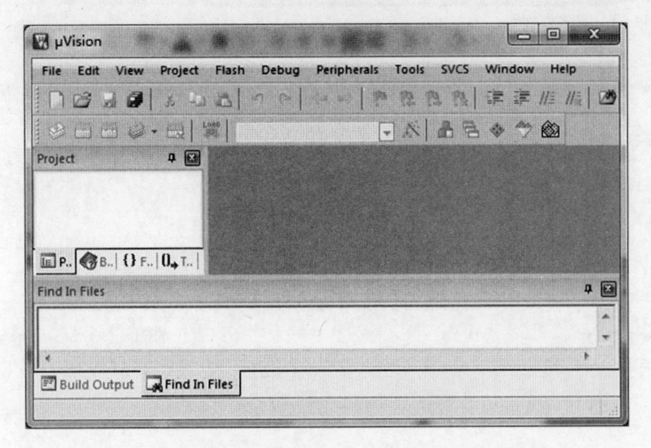

图 7.3 首次启动的 Keil μVision5 IDE 界面

如果在启动 Keil μVision5 IDE 前已经打开过其他项目工程,启动的界面如图 7.4 所示,此时选择 Project→Close Projeict 命令,关闭当前工程即为图 7.3 所示的界面。MDK 在启动时,会默认自动打开最后一次菜单打开的工程项目。

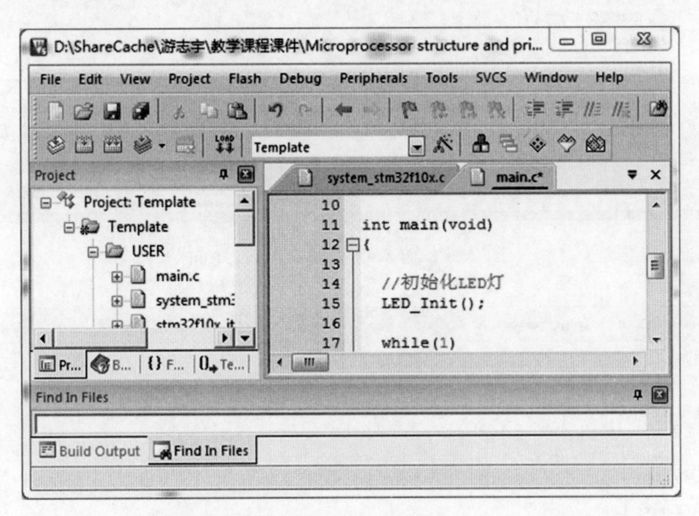

图 7.4 启动打开已有工程项目的 Keil μVision5 IDE 界面

(2) 选择 Project→New μVision5 Project 菜单命令,弹出如图 7.5 所示的工程项目创建窗口,开始一个新工程项目的创建。

在图 7.5 中,首先将项目保存位置切换到所创建的工程项目目录 user 文件夹下,如 D:\Template\user,然后在文件名栏输入项目名称 Template,如图 7.6 所示。

(3) 单击“保存”按钮,弹出如图 7.7 所示的芯片选择界面。

(4) 选择使用的目标芯片 STM32F103C8 后,单击 OK 按钮,弹出如图 7.8 所示第三方中间件选择设置窗口。这是 MDK5 新增的一个资源添加界面,用于添加自己需要的第三方中间件组件,从而构建相应的开发环境。对于初学者而言,暂时不添加任何中间件组件,即不选择任何文件,直接单击 Cancel 按钮取消即可。

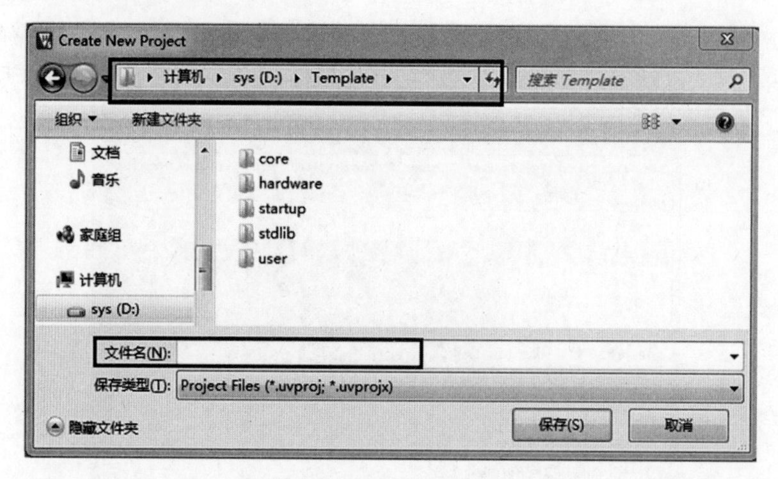

图 7.5　创建新工程项目窗口

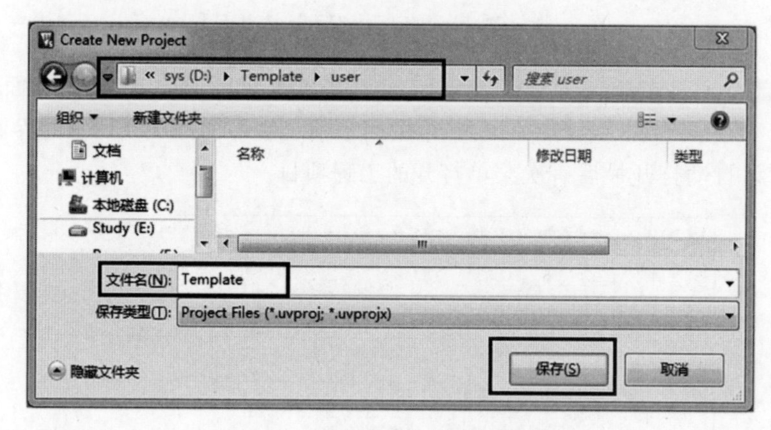

图 7.6　输入项目名称后的界面

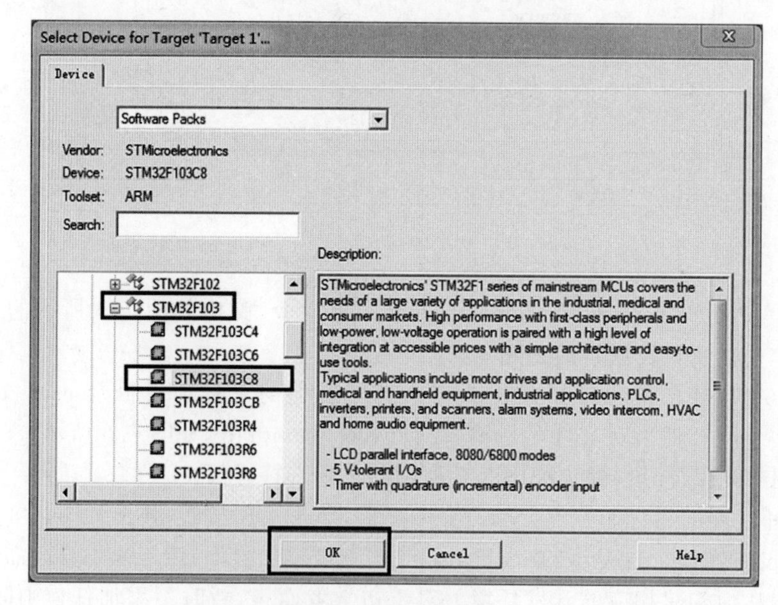

图 7.7　芯片选择界面

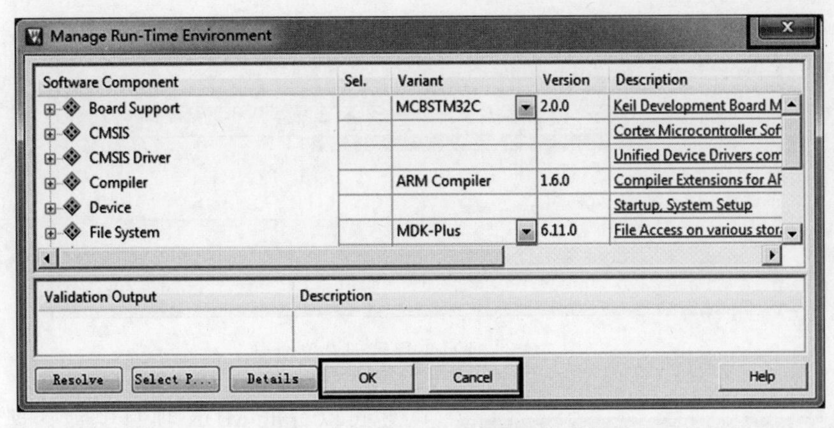

图 7.8　中间件选择设置窗口

(5) 单击 OK 按钮或 Cancel 按钮，或单击窗口右上角的 ▭ 都可以关闭中间件选择设置窗口，弹出如图 7.9 所示的新工程 IDE 界面。在界面的左侧是创建的项目虚拟目录。

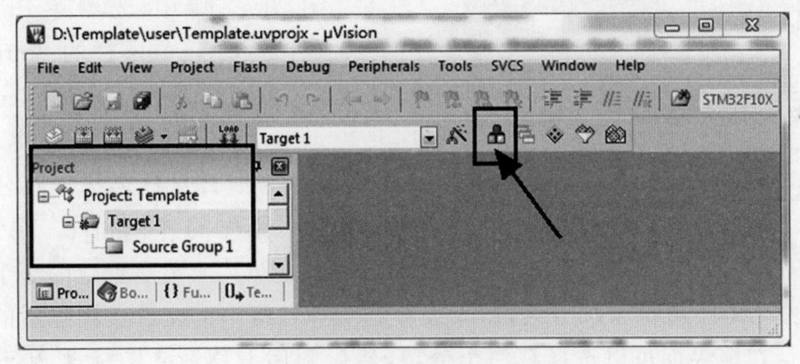

图 7.9　创建的新工程 IDE 界面

经过上述 5 步操作后，在项目文件夹 user 目录下面自动生成了如图 7.10 所示的项目文件及子文件夹。Template. uvprojx 为生成的 MDK 项目文件，DebugConfig、Listings、Objects 三个文件夹将保存 MDK 项目编译过程中生成的中间文件。其中 MDK 编译后生成的 HEX 执行文件将保存到 Objects 文件夹中。

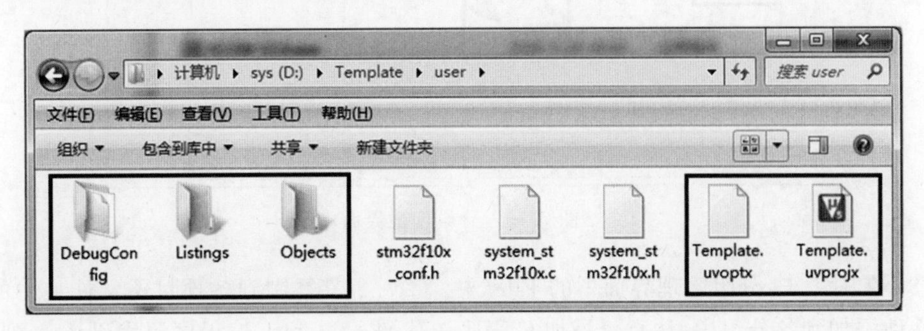

图 7.10　user 目录自动生成项目文件及子文件夹

(6) 单击图 7.9 中箭头所指工程管理设置快捷工具图标 ▭，弹出如图 7.11 所示的项目工程管理设置窗口。

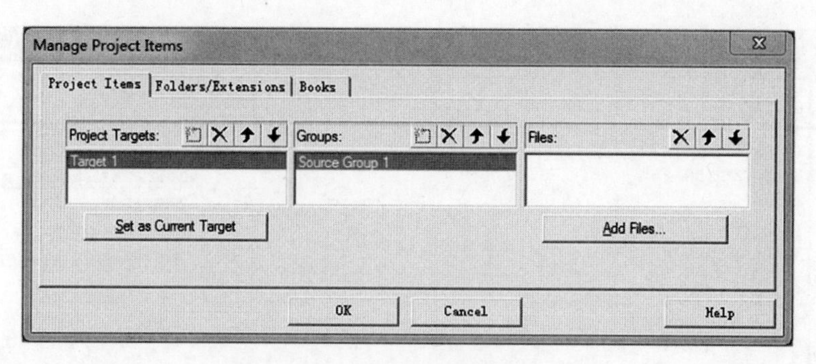

图 7.11 项目工程管理设置窗口

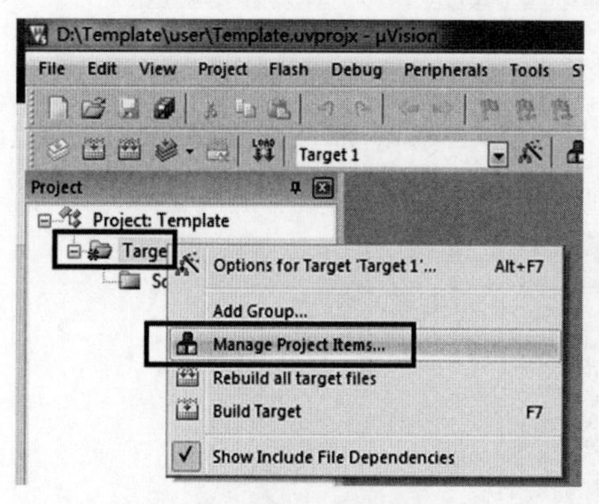

图 7.12 项目目标右键菜单

也可以右击 MDK 项目工程管理设置窗口中的 Target 1，弹出如图 7.12 所示的右键菜单，单击 Manage Project Items...菜单也可以弹出图 7.11 所示的窗口。

(7) 在图 7.11 中，先删除 Project Targets 栏的 Target 1 和 Groups 栏的 Source Group 1，单击每栏的 ☒ 图标删除。在 Project Targets 栏单击 ⎕ 图标新建项目目标名称，如输入 Template 作为项目目标名称。此名称也可以不修改，而采用原先的 Target 1。在 Groups 栏单击 ⎕ 图标，按照 7.1 节所创建的 5 个项目文件夹添加分组，建立 MDK 虚拟管理分组，用于放置和管理各组中的文件。创建后的窗口界面如图 7.13 所示。在该界面可以选择某一个分组，然后利用上移箭头图标 ↑ 和下移箭头图标 ↓ 移动分组的层次位置，直到调整各分组到合适位置。此步调整不是必需的。

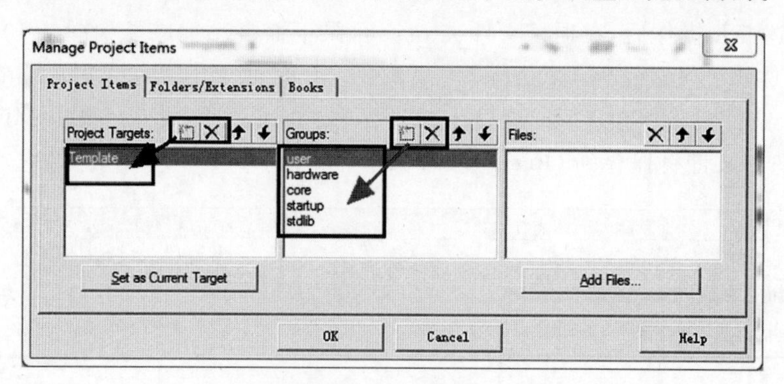

图 7.13 分组创建界面

(8) 在图 7.13 分组管理界面中的 Files 栏，将 7.2 节复制到各项目子文件夹中的源程序码文件添加到各分组中，注意仅添加 C 程序源代码 *.c 和汇编程序源代码 *.s 到工程，所有 *.h 头文件均不添加到工程。以 user 分组为例，按照图 7.14 所标数字 1→2→3→4 的顺序依次单击进行文件添加，当单击 Add 按钮后，选择添加的文件将出现在数字 5 所示位置，即完成了文件添加。

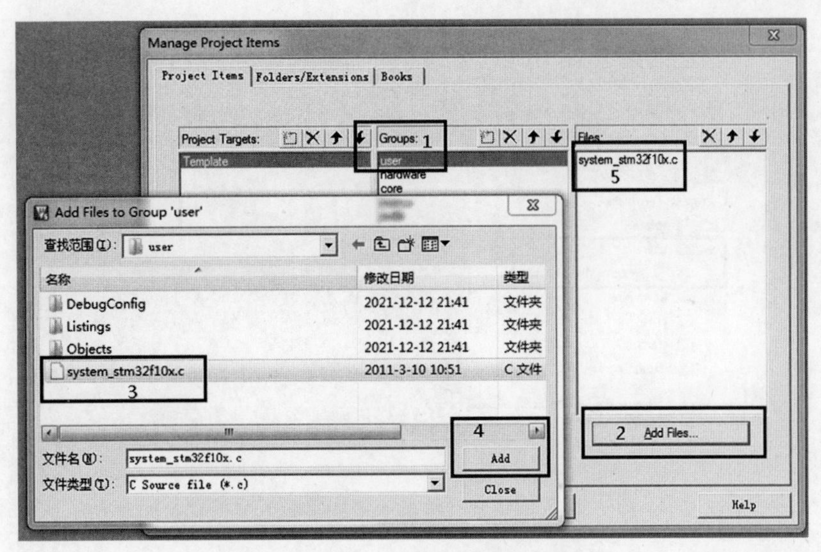

图 7.14　user 分组文件添加操作界面

(9) 添加完文件后,单击 Add Files to Group ‘user’ 对话框中的 Close 按钮,关闭添加文件窗口,回到如图 7.15 所示界面。

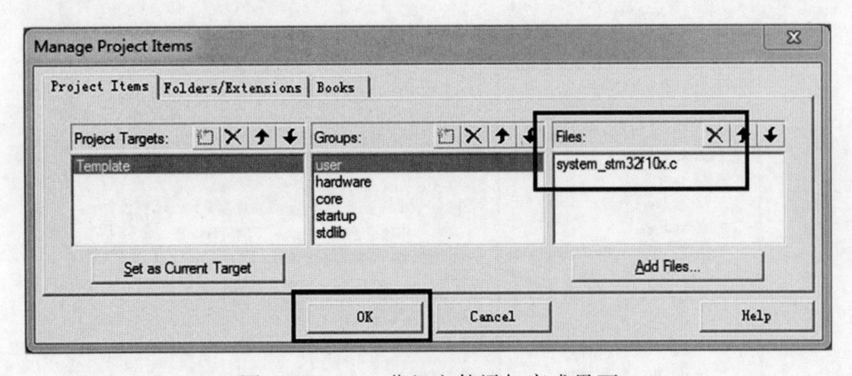

图 7.15　user 分组文件添加完成界面

(10) 单击图 7.15 中的 OK 按钮,退出项目工程管理设置窗口,返回 MDK IDE 界面,如图 7.16 所示。在该界面左侧的项目管理栏生成了项目管理分组,单击 user 分组前的“+”展开,可看见刚才添加的 system_stm32f10x.c 文件。

(11) 按照步骤(8)依次添加各分组文件,在各分组文件添加完后,返回 MDK IDE 界面,如图 7.17 所示。图中 stdlib 分组添加了所有芯片片上外设驱动源程序文件,实际工程开发时可仅添加需要使用到的外设驱动文件,未使用到的可不添加,这样将提高 MDK 的编译速度。

(12) 单击 MDK IDE 界面的编译快捷工具图标对工程项目进行编译,如图 7.18 所示。单箭头图标仅仅编译当前改变未编译过的代码,双箭头图标是重新编译整个工程文件。编译后将会看到结果输出窗口有很多报错,原因是找不到对应的头文件。

(13) 选择 Project→Options for target 命令,或单击图 7.18 中的快捷工具图标,或单击图 7.12 右键菜单中的 Options for Target 'Template'... Alt+F7 菜单项,弹出如图 7.19 所示的项目属性设

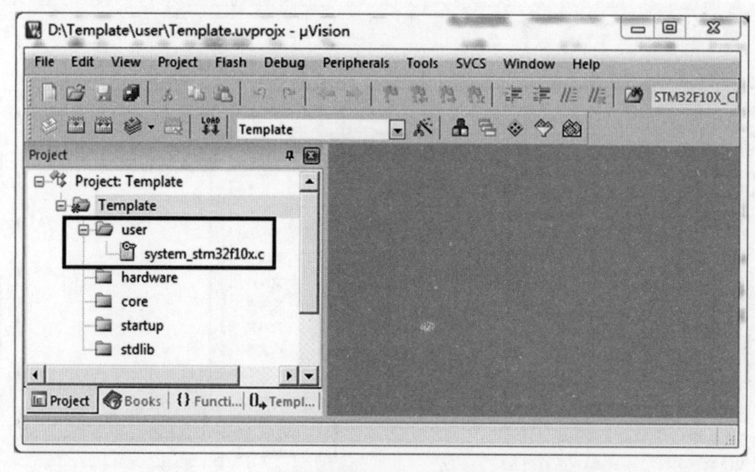

图 7.16　创建分组及添加文件后的 IDE 界面

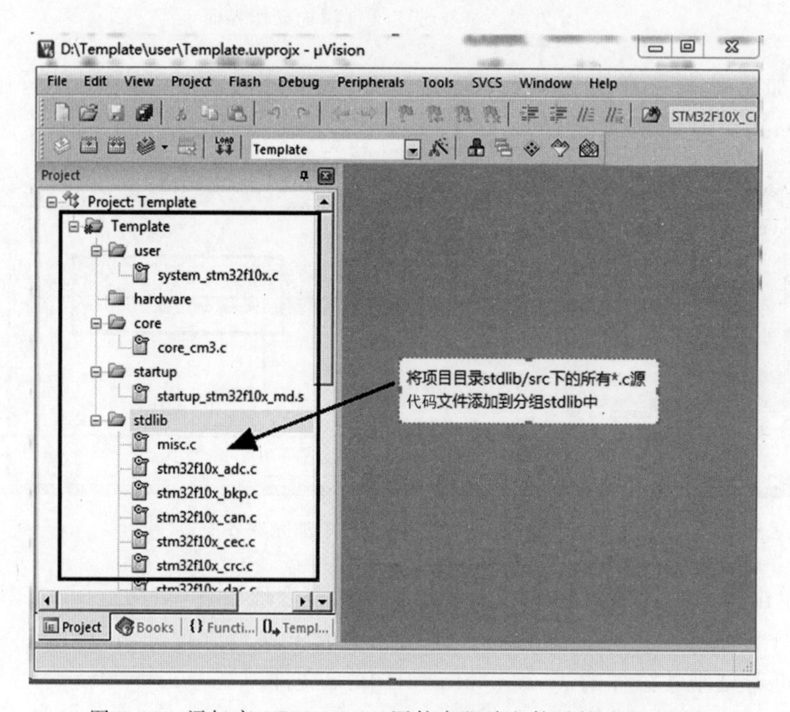

图 7.17　添加完 STM32F10x 固件库驱动文件后的 IDE 界面

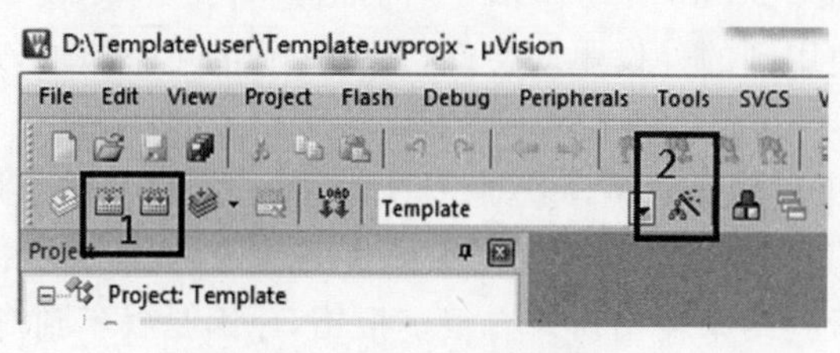

图 7.18　　工程编译图标

置界面。

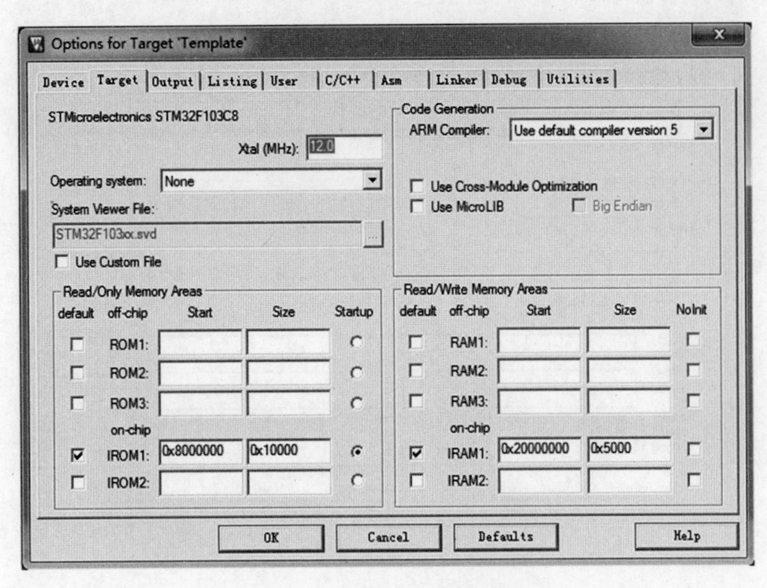

图 7.19　项目属性设置界面

(14) 切换到 Output 选项卡页面，并勾选 Create HEX File 复选框，如图 7.20 所示。设置编译完成时生成 HEX 文件，生成的 HEX 目标文件位于项目目录 D:\Template\user\Objects 下。

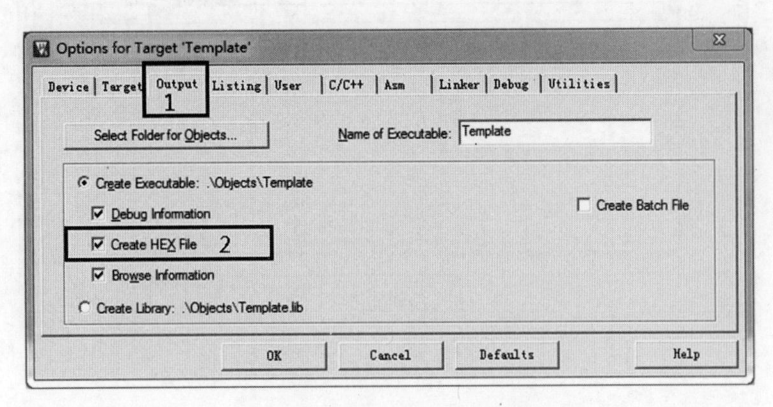

图 7.20　输出 HEX 文件设置

(15) 切换到 C/C++选项卡页面，如图 7.21 所示。在 Preprocessor Symbols 栏的 Define 文本框中输入两个预处理器符号 STM32F10X_MD 和 USE_STDPERIPH_DRIVER，用于指定工程项目所选芯片的类型及启用标准外设库包含头文件。有关两个预处理器符号的详细说明参见 6.4.1 节和 6.4.2 节的详细描述。通过这两个预处理器符号的设置，编译器在编译时将根据指定的 STM32F10X_MD 和 USE_STDPERIPH_DRIVER 预处理器符号，启用标准固件库驱动中与目标芯片 STM32F103C8T6 相关的资源及外设包含文件。

(16) 在图 7.21 所示的 C/C++选项卡页面中，单击 Include Paths 栏文本框后面的浏览按钮图标 ...，打开包含文件搜索路径设置界面，如图 7.22 所示。将项目工程文件夹下所有

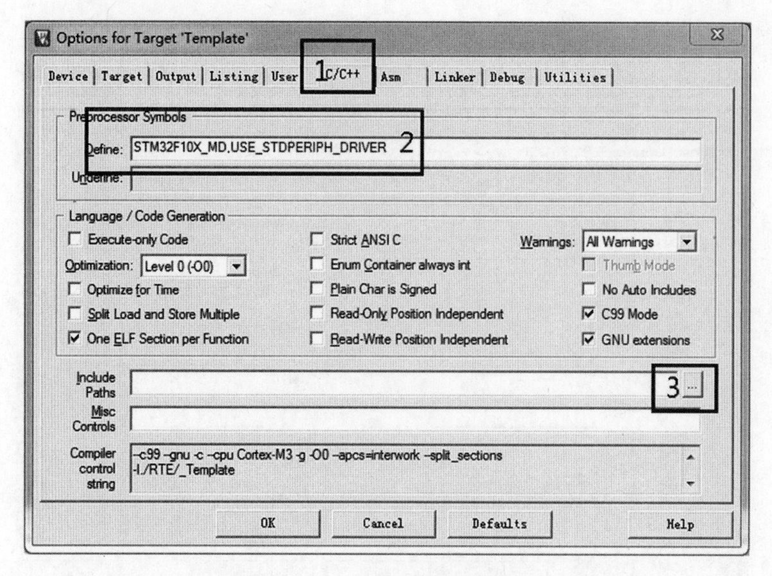

图 7.21　C/C++选项卡界面

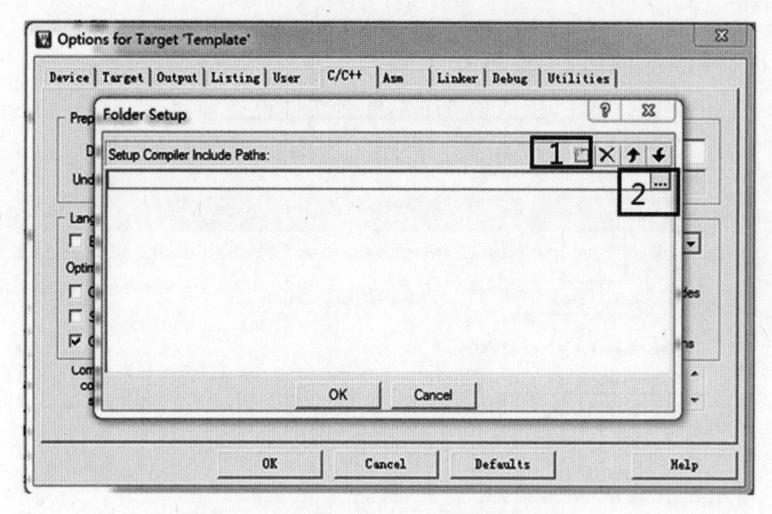

图 7.22　包含文件搜索路径设置界面

头文件所在的目录都添加到搜索路径中。

(17) 依次单击新建图标、激活浏览图标，单击浏览图标后打开路径选择对话框，如图 7.23 所示。首先按照数字 1 所示位置定位到头文件所在的文件夹，再单击“选择文件夹”按钮，添加头文件的搜索路径。

(18) 将工程项目中所有头文件所在的文件夹路径都添加到工程中，添加完成后的界面如图 7.24 所示。

(19) 单击图 7.24 中的 OK 按钮返回项目属性设置界面，再单击 OK 按钮返回 MDK IDE 主界面，到此已经设置完项目的工程属性参数。此时，重新单击图标编译整个工程，编译完成后在结果输出窗口中提示有 1 个错误，如图 7.25 所示。

结果输出窗口错误提示信息表明符号 main 未定义，所以不能链接成可执行文件。在

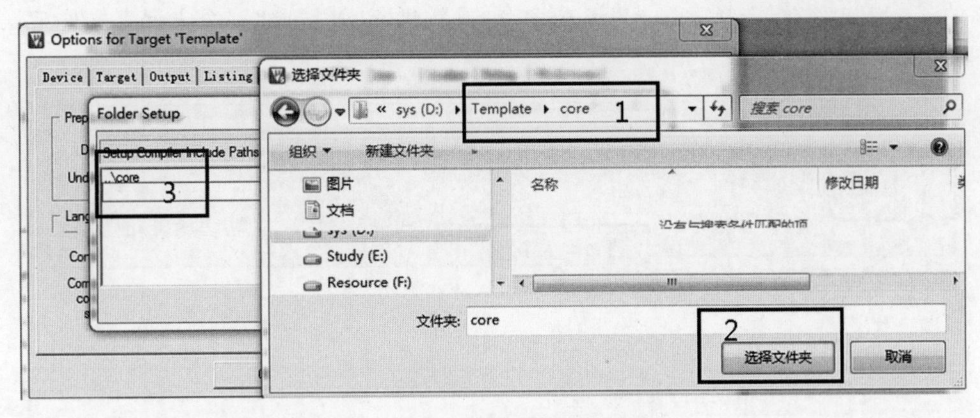

图 7.23　头文件搜索路径添加界面

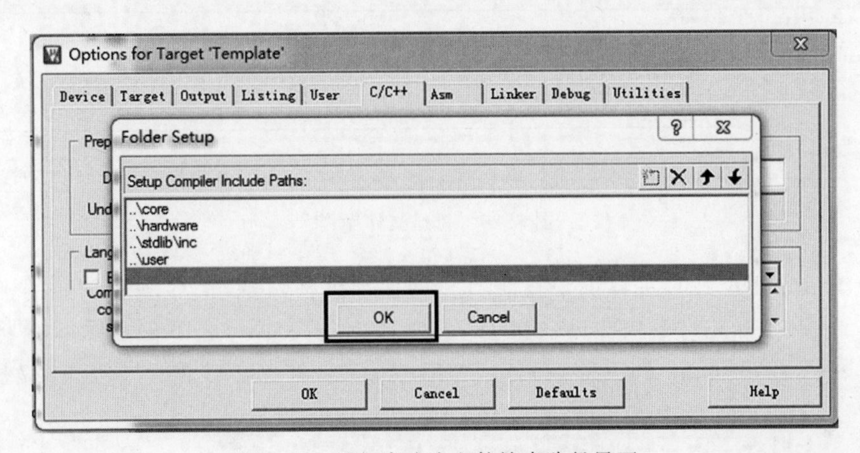

图 7.24　添加完成头文件搜索路径界面

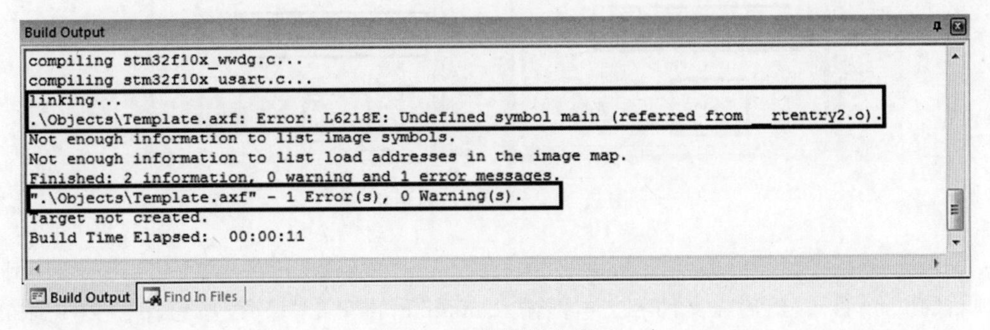

图 7.25　结果输出窗口

6.5 节介绍启动文件时，单片机复位后将进入 Reset_Handler 中断服务处理程序函数。在 Reset_Handler 中断服务程序内会跳转到 main(LDR R0，＝__main/BX R0）函数执行。在前面 18 步操作后，仅仅是利用固件库驱动文件创建了工程，并设置了工程属性参数及头文件搜索路径，并没有创建包含 main()函数的用户应用程序，所有出现未定义符号 main 的错误提示。

(20) 在 MDK IDE 主界面，选择 File→New…命令，或单击快捷工具图标□创建一个未保存的 Text1 文件，再选择 File→New…命令，或新建图标创建一个未保存文件 Text2，如图 7.26 所示。

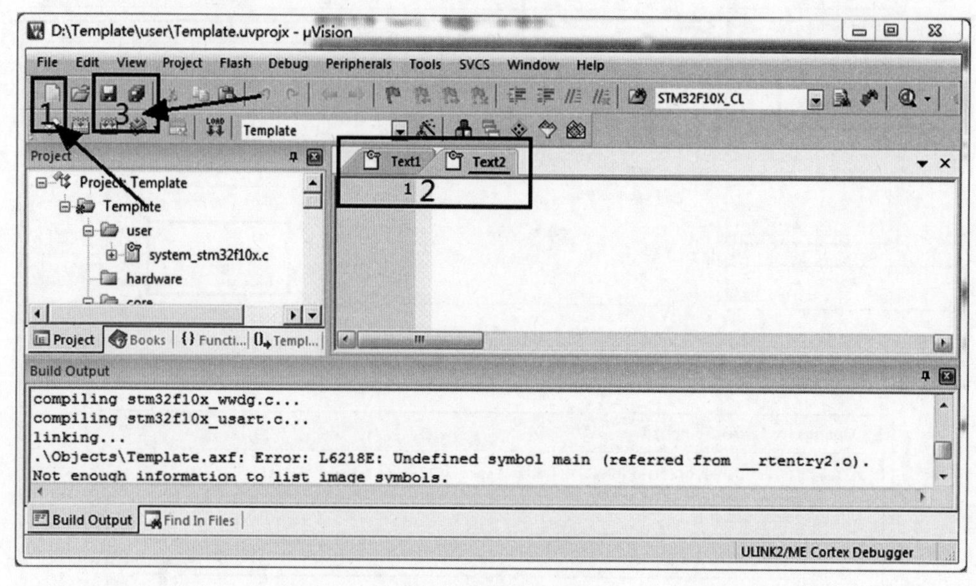

图 7.26　新建文件操作

(21) 单击 MDK IDE 主界面快捷工具栏的保存图标，保存刚才创建的 Text1 和 Text2 两个文件。单击单磁盘图标仅保存当前激活的文件，单击双磁盘图标将保存所有文件。因此，单击双磁盘图标，将依次弹出两个文件的保存对话框，如图 7.27 所示。

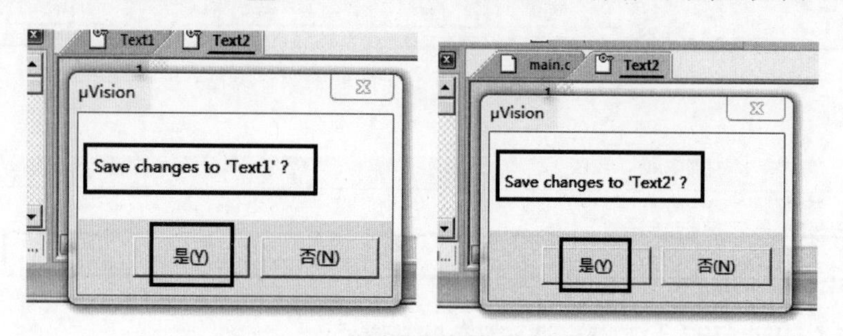

图 7.27　保存提示对话框

单击“是(Y)”按钮，弹出如图 7.28 所示的文件另存为(Save As)对话框。先切换到工程项目的 user 目录，然后在文件名文本框输入 main.c，再单击“保存”按钮保存文件到 user 目录下。

随后将自动弹出 Text2 文件的保存提示对话框，在 Save As 对话框中按照图 7.28 所示界面的类似操作，将文件命名为 main.h，并保存到工程项目的 user 目录下。保存完成后项目 user 目录下的文件如图 7.29 所示。比图 7.10 多了 main.c 和 main.h 两个文件。

此处，参照固件库标准外设驱动文件编写方式，建立一个 main.c 源文件和对应的 main.h 头文件，在 *.h 头文件中进行资源头文件包含、变量定义、常量定义、函数声明等，在 *.c 文件中编写应用程序的具体实现代码。

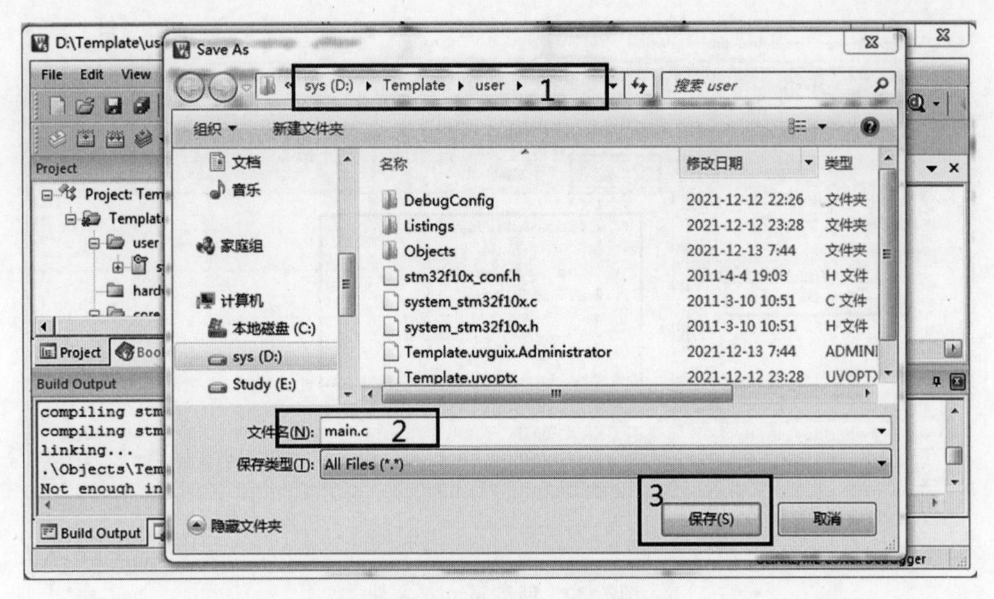

图 7.28　Save As 对话框

图 7.29　user 目录下的文件

(22) 按照步骤(8)将 main.c 添加到工程分组 user 下,并在 main.c 文件中输入图 7.30 所示代码。此处定义了一个空的 main()函数,为以后的应用程序开发搭建起主体框架。

(23) 切换到 main.h 文件,并输入图 7.31 所示代码。在 main.h 中添加了条件编译,并将 stm32f10x.h 头文件包含到工程中。随后保存并编译工程,编译结果输出窗口信息表明已经创建了 HEX 文件,且无错误。在工程项目目录 Template\user\Objects 下,可以找到生成的目标可执行 HEX 文件 Template.hex。

至此,基于固件库函数的工程项目模板 Template 已经创建完成。在后续实验中,可以利用这个工程项目模板创建应用实验项目,并进行应用程序功能代码编写。有关固件库函数、开发环境参数设置均已配置好,无须重复前面的工程项目创建过程及参数设置。因此,创建好的工程项目模板可以备份保存,直接应用即可。

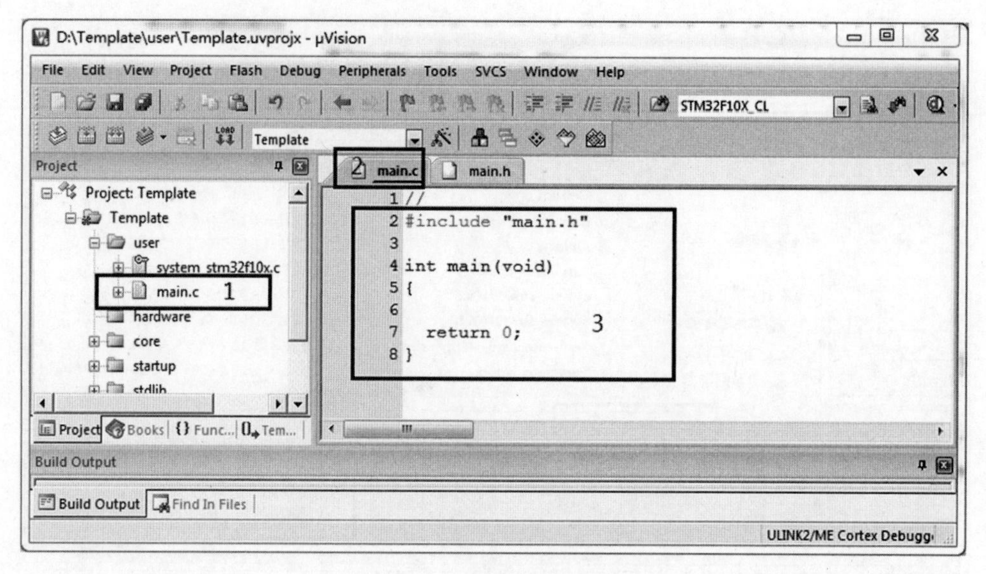

图 7.30　创建 main. c 文件

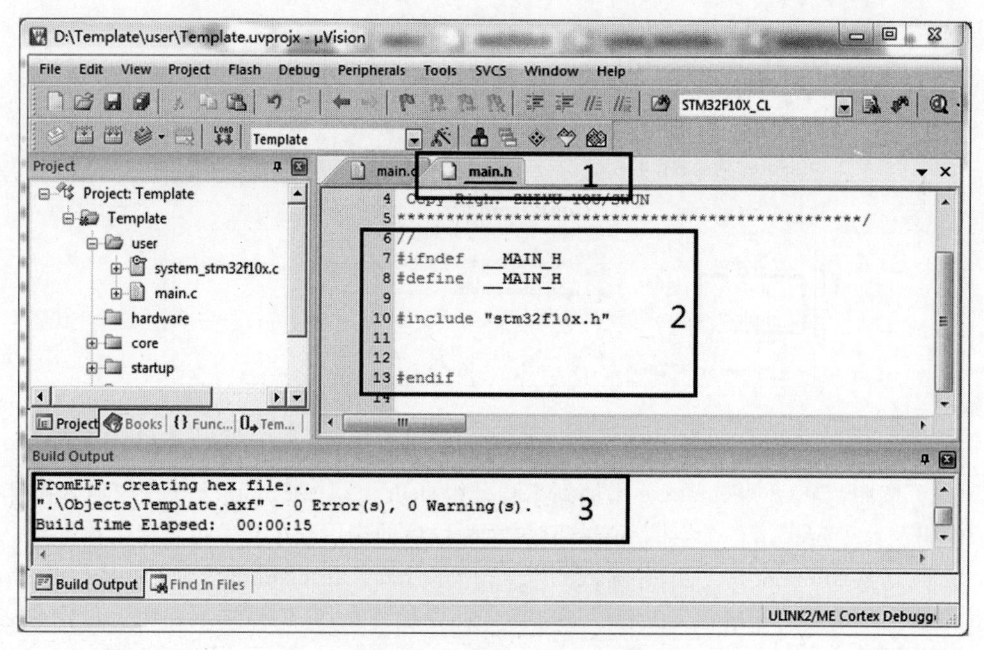

图 7.31　创建 main. h 文件

7.4　本章小结

本章首先简要介绍了工程项目模板文件夹的创建，为后续模板工程创建构建了文件保存目录；其次对固件库驱动文件的移植进行了详细说明，以便后续利用固件库驱动文件构建应用项目工程；最后对如何利用固件库驱动文件创建具体应用项目工程的步骤及环境参数设置进行了详细说明，为利用固件库创建应用项目工程打下基础。

第 8 章 应用项目创建与仿真调试

CHAPTER 8

利用固件库工程项目模板便可以创建具体的应用项目工程，添加实际应用代码，实现具体应用项目开发。本章对如何利用固件库工程项目模板创建具体应用项目展开讲解，并对应用项目的仿真调试与程序下载、开发环境使用技巧等进行介绍，为后续实验的学习奠定基础。

8.1 基于模板的应用项目创建

(1) 将第 7 章创建的工程项目模板 Template 整体复制一份，放置到应用项目存放路径下，并将项目文件夹名称改成具体应用项目名称。此处，将项目文件夹命名为 Template_LED。

(2) 进入 Template_LED 项目文件夹下的 user 子目录，双击 μVision5 工程项目文件名 Template. uvprojx 启动工程项目，如图 8.1 所示。

图 8.1 应用项目 Template_LED 工程项目文件位置

(3) 启动 MDK IDE 后，在 main. c 文件中输入 LED 控制代码，如图 8.2 所示。注意，此处不探讨程序代码的编写细节，也不解释代码，仅仅是应用功能代码探讨如何创建应用项目工程。在输入代码时,第 20 行少输入一个语句结束符“;”,第 25 行将 Delay 写成 Dela,人为造成两个错误。对于常规的基本错误,MDK 编辑器能够自动进行语法错误识别,并进行标注提醒,如第 20 行左边给出了 ✖ 标志,用以提醒编程人员此处存在错误;在第 25 行左边给出了 ⚠ 标志,用以提醒此处可能存在问题。人为造成错误的目的是为后续讲解调试方法留下空间。

```
main.c*   main.h
 6 //
 7 #include "main.h"
 8 void Delay(u32 count){
 9    u32 i=0;
10    for(;i<count;i++);
11 }
12
13 int main(void)
14 {
15   GPIO_InitTypeDef  GPIO_InitStructure;
16   RCC_APB2PeriphClockCmd(RCC_APB2Periph_GPIOB, ENABLE);
17   GPIO_InitStructure.GPIO_Pin = GPIO_Pin_5;
18   GPIO_InitStructure.GPIO_Mode = GPIO_Mode_Out_PP;
19   GPIO_InitStructure.GPIO_Speed = GPIO_Speed_50MHz;
20   GPIO_Init(GPIOB, &GPIO_InitStructure)        遗漏一个语句结束符:;
21   GPIO_SetBits(GPIOB,GPIO_Pin_5);
22   while(1)
23   {
24     GPIO_ResetBits(GPIOB,GPIO_Pin_5);
25     Dela(3000000);                            Delay写错
26     GPIO_SetBits(GPIOB,GPIO_Pin_5);
27     Delay(3000000);
28   }
29   return 0;
30 }
31
```

图 8.2 LED 灯控制库函数应用程序代码

(4) 代码输入完后,单击工具栏编译快捷工具图标 编译工程。此时,结果输出窗口给出编译结果,并提示存在两个错误,如图 8.3 所示。

```
Build Output
compiling main.c...
main.c(21): error:  #65: expected a ";"
   GPIO_SetBits(GPIOB,GPIO_Pin_5);
main.c(25): warning:  #223-D: function "Dela" declared implicitly
      Dela(3000000);
main.c(29): warning:  #111-D: statement is unreachable
    return 0;
main.c: 2 warnings, 1 error
".\Objects\Template.axf" - 1 Error(s), 2 Warning(s).
Target not created.
Build Time Elapsed:  00:00:02
```

图 8.3 错误编译结果

(5) 根据输出窗口中错误信息提示,找到错误位置修改错误。在第 20 行语句末添加结束符“;”,然后再次编译整个工程。编译后输出窗口提示存在错误“.\Objects\Template.axf: Error: L6218E: Undefined symbol Dela (referred from main.o).”,即符号 Dela 未定义。随后将第 25 行的 Dela 改成 Delay,再次编译工程,编译输出结果为“-0 Error(s), 1 Warning(s)”,表明编译通过,如图 8.4 所示。

另外,图 8.3 和图 8.4 所示输出窗口给出了警告提醒。对于不致命的警告可以不处理,但如果会导致程序错误的警告必须处理,否则程序运行将得不到正确结果。图 8.4 中的警

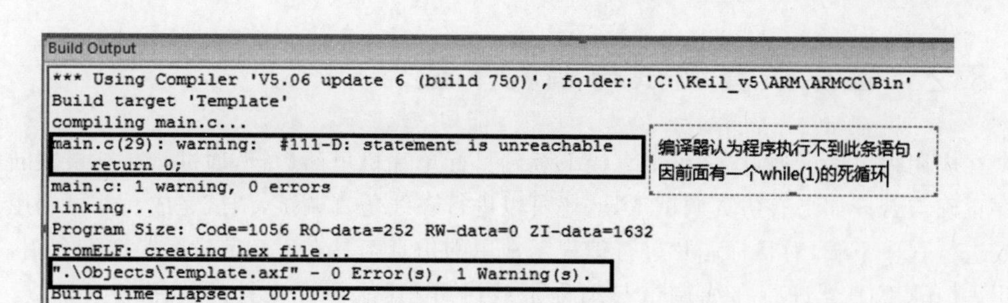

图 8.4　正确编译结果

告为“main. c(29)：warning：　#111－D：statement is unreachable”，即编译器认为程序执行不到这里，因为前面有一个 while(1)死循环，程序确实执行不到这个位置，故这个警告并不影响程序执行，不需处理。

(6) 完整的、编译通过的基于工程模板创建的应用程序如图 8.5 所示。

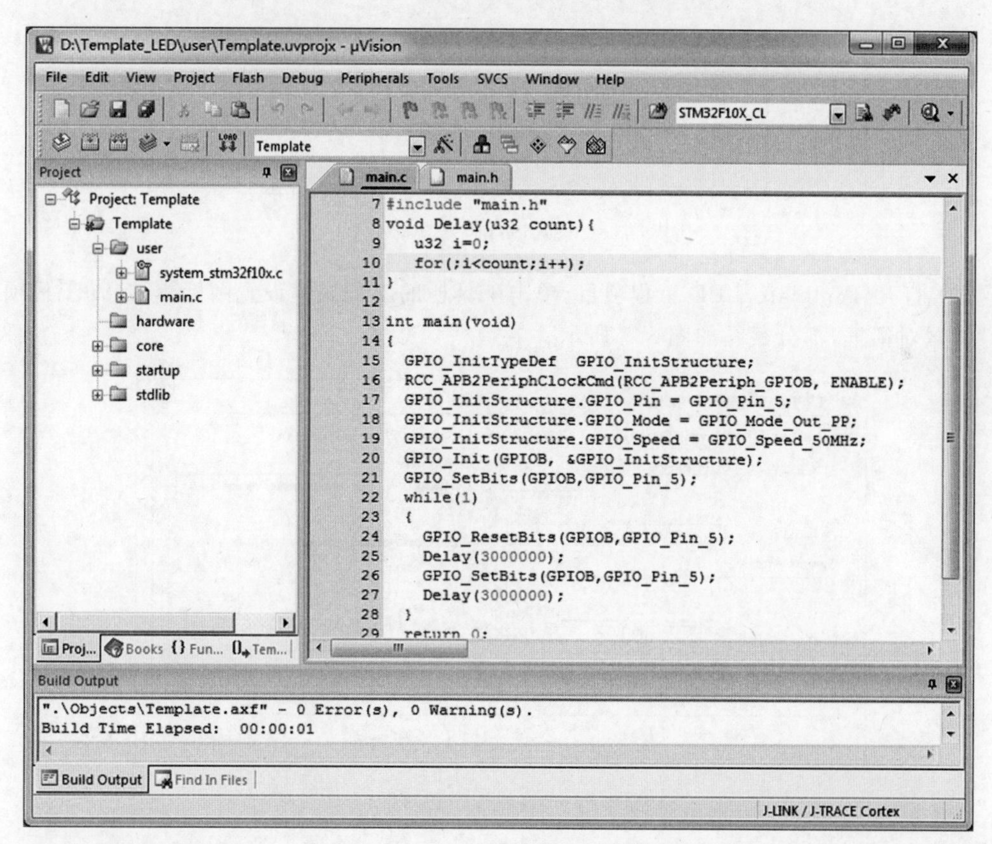

图 8.5　基于工程模板创建的应用程序

需要注意，本节直接利用第 7 章创建的工程项目模板 Template 进行应用程序工程创建，在工程项目模板 Template 中已将所有(共 23 个)外设驱动库文件加入了工程中。但在实际应用时，可以不加入全部外设驱动库文件，仅加入实际应用需要的外设驱动库文件即可，以便提高编译速度。实际实验项目具体需要哪些固件库，将在后续实验中说明。

8.2 程序仿真调试与编程下载

在应用程序编译通过后,可以直接下载到目标单片机里面运行,通过运行结果判断应用程序正确与否。如果有仿真调试工具,还可以进行在线仿真调试,调试完成后并可利用仿真工具进行程序下载,对目标芯片进行编程。常用的仿真工具在 4.1 节进行了详细介绍,本节采用 J-Link 仿真器进行在线调试与编程下载讲解,其他仿真工具的使用大体类似,不再赘述。

8.2.1 仿真工具参数配置

进行 STM32F10x 单片机开发时,经常会使用仿真工具对程序进行在线调试和编程下载。但在使用仿真工具之前,需要对 MDK IDE 使用的仿真工具参数进行配置。具体如下:

(1) 将实验开发板通过 J-Link 仿真工具与开发计算机连接起来,连接示意图如图 8.6 所示。

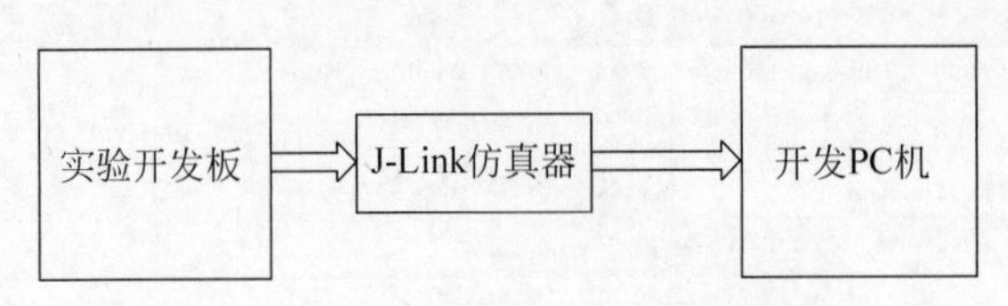

图 8.6 J-Link 仿真工具连接示意图

(2) 打开 Template_LED 工程项目,单击工具栏的工程属性设置图标,启动工程项目属性设置对话框,部分截图如图 8.7 所示。

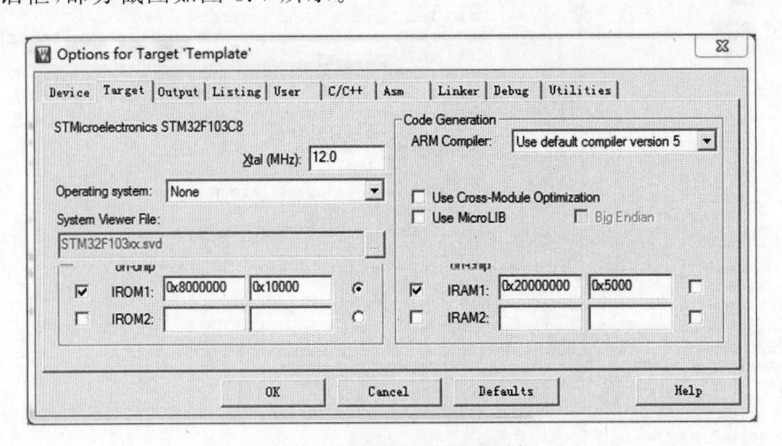

图 8.7 工程属性设置对话框

(3) 切换到 Debug 选项卡页面,如图 8.8 所示。在该页面选择 J-Link/J-TRACE Cortex 仿真器,并点选中 Use 项,使能硬件在线仿真调试功能。

(4) 单击 Settings 按钮进入配置界面,如图 8.9 所示。在该页面的 J-Link/J-Trace Adapter 栏的 Port 选择框,选择 SW 接口(选择 SW(SWD 调试接口的简写)还是 JTAG,需要根据实验板支持的调试接口选择)。本书使用的 STM32F103C8T6 实验开发板仅支持 SWD 调试接口,故此处选择 SW 端口方式,端口速度选择默认的 5MHz。选择好 SW 端口

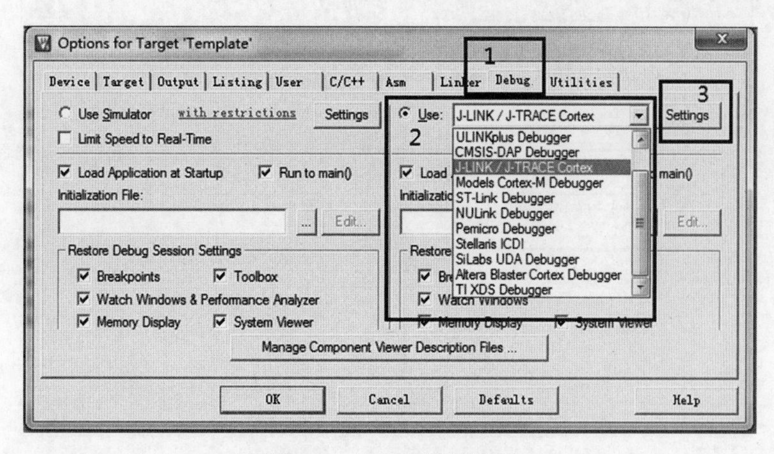

图 8.8　Debug 设置页面

后，MDK 会自动识别实验开发板的 IDCODE，并在 SW Device 栏显示出来。若能识别，表明仿真器已经识别到目标板芯片，否则仿真器未能识别到目标芯片，不可进行仿真调试或下载程序。其他参数采用默认设置即可。

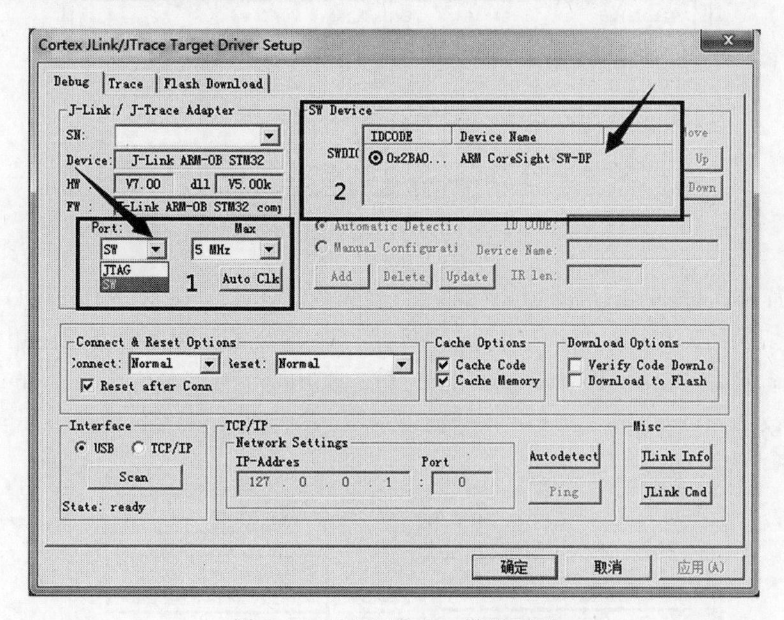

图 8.9　J-Link/Debug 设置页面

(5) 切换到 Flash Download 选项卡页面，如图 8.10 所示。在该页面，按照图所示设置。

勾选 Reset and Run 项后，目标板下载完程序后会自动运行刚下载的应用程序。默认该项未勾选，需要手动勾选。Programming Algorithm 栏用于设置目标芯片的编程算法，默认已经选择了项目所选芯片的编程算法。

(6) 若列表中的算法不正确，或者无编程算法，可单击 Add 按钮，弹出 Flash 编程算法选择界面，如图 8.11 所示。在该界面选择适合的 Flash 编程算法，然后单击 Add 按钮添加，同时自动关闭选择界面。

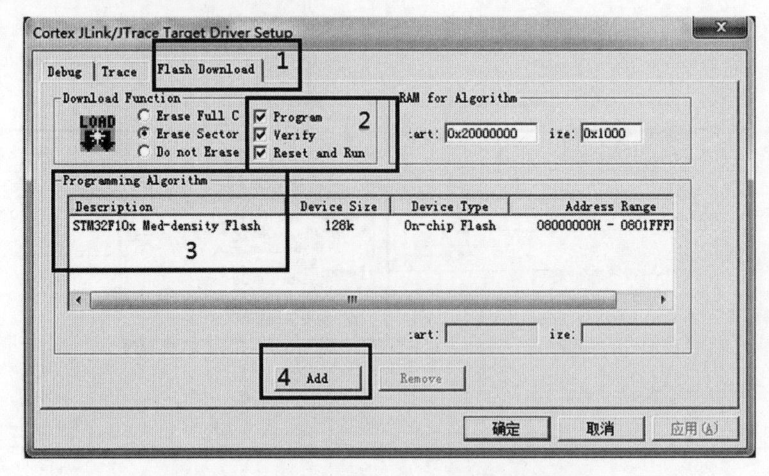

图 8.10　J-Link/Flash Download 设置页面

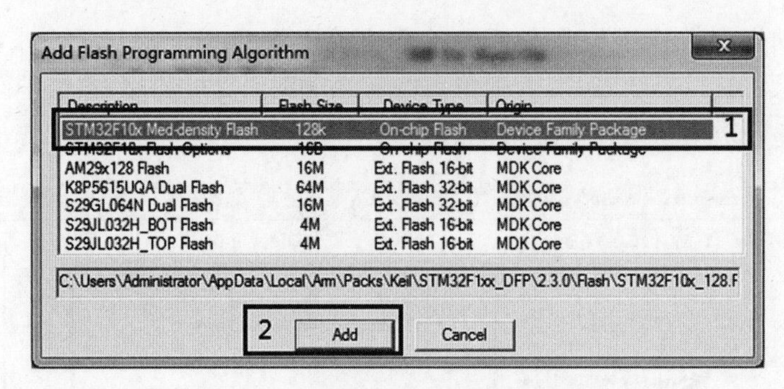

图 8.11　Flash 编程算法选择界面

(7) 设置完成后，单击图 8.10 的“确定”按钮，返回图 8.8 所示的工程项目属性设置对话框。随后切换到 Utilities 页面，如图 8.12 所示。在该页面设置下载时使用的目标编程器，确认选择 Use Target Driver for Flash Programming 项，勾选 Use Debug Driver 和 Update Target before Debugging 项，即与调试一样，选择 J-Link 给目标 Flash 编程。

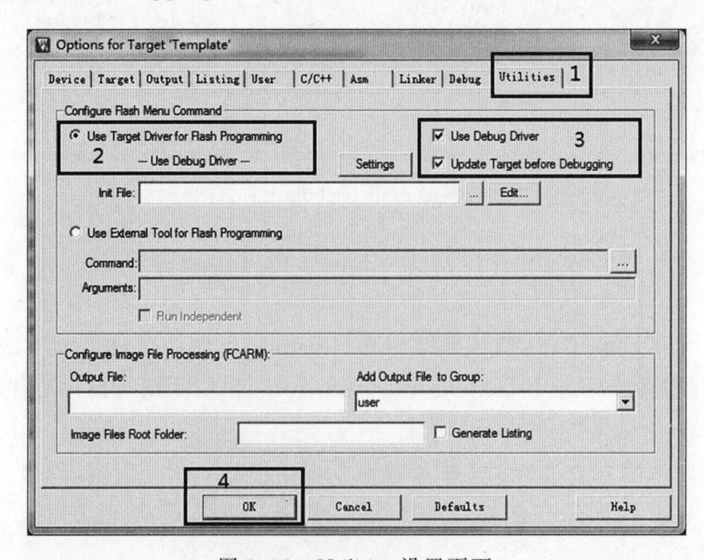

图 8.12　Utilities 设置页面

(8) 完成仿真器工具环境参数设置并确认无误后，单击 OK 按钮完成工程项目仿真器参数设置，并返回 MDK IDE 界面。

8.2.2 应用程序在线调试

Keil MDK-ARM 提供了强大的硬件在线仿真调试功能，该功能可以结合实际目标硬件和应用程序进行单步在线调试，为完善、修改程序提供强大的调试手段。在设置完 J-Link 仿真工具环境参数后，若要利用 MDK IDE 进行在线调试应用程序，只需单击工具栏的快捷工具图标 ，或者选择 Debug→Start/Stop Debug Session 命令进入 MDK 在线调试界面，如图 8.13 所示。注意：启动在线硬件仿真调试前，需要先按照图 8.6 所示连接好目标板硬件。

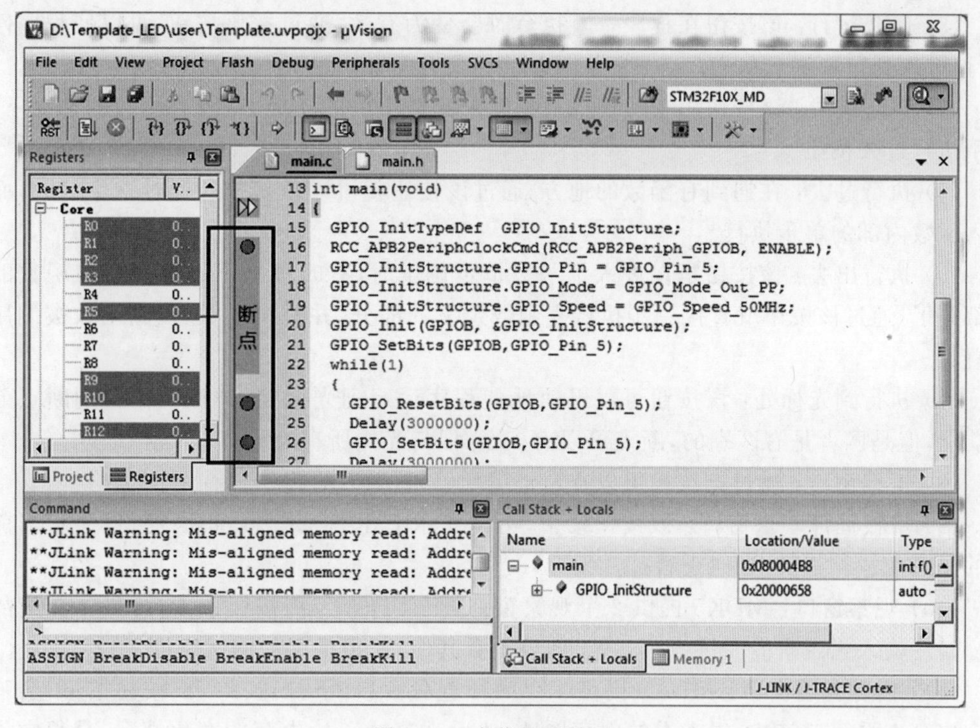

图 8.13 在线调试界面

进入在线调试环境后，可以在需要暂停运行的位置设置断点，当仿真运行到该位置时 CPU 会暂停运行，如图 8.13 所示，第 16 行、24 行、26 行设置 3 个断点(在程序左侧代码行数字左边单击鼠标即可设置断点，再次单击即可取消断点设置)。

由于在仿真器参数配置时勾选了 Run to main()项，所以启动仿真在线调试后，程序直接运行到 main()函数的入口位置并暂停了 CPU 运行。随后可利用 MDK IDE 在线调试界面的 Debug 调试工具进行在线调试。如图 8.13 所示在第 16 行设置断点，单击 图标，程序就快速运行到第 16 行断点位置并暂停。此时，可以查看变量、内存、寄存器等有关信息，用于确定相关功能是否正确运行，以此判断程序是否正确。Debug 调试工具如图 8.14 所示。

(1) 复位：其功能等同于硬件上按复位按钮。相当于实现了一次硬件复位。按下该按

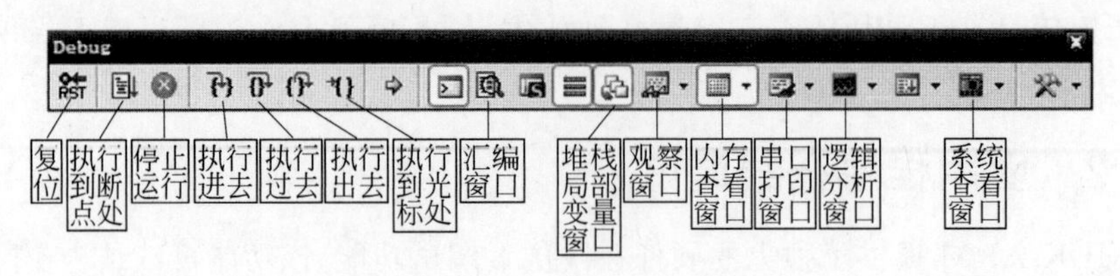

图 8.14　Debug 调试工具说明

钮之后，代码可以重新从头开始执行。

(2) 执行到断点处：该按钮用来快速执行到断点处，有时并不需要观看每步是怎么执行的，而是想快速地执行到程序的某个地方看结果，这个快捷键图标就可以实现这样的功能，前提是在需要查看处设置了断点。

(3) 停止运行：该按钮在程序一直执行时会变为有效，通过按该按钮，可以使程序停止运行，进入到单步调试状态。

(4) 执行进去：该按钮用来实现执行到某个函数中去的功能，在没有函数的情况下，等同于执行过去按钮。

(5) 执行过去：在遇到有函数的地方，通过该按钮就可以单步执行通过这个函数，而不进入函数内部的单步执行。

(6) 执行出去：该按钮是在进入了函数单步调试时，有时可能不必再执行该函数的剩余部分了，通过该按钮就直接一步执行完函数余下的部分，并跳出函数，回到函数被调用的位置。

(7) 执行到光标处：该按钮可以迅速地使程序运行到光标处，类似于执行到断点处按钮功能，但是两者是有区别的，断点可以有多个，但是光标所在处只有一个。

(8) 汇编窗口：通过该按钮可以查看汇编代码，这对分析程序很有用。

(9) 堆栈局部变量窗口：该按钮按下，可以显示 Call Stack＋Locals 窗口，显示当前函数的局部变量及其值，方便查看。

(10) 观察窗口：MDK5 提供 2 个观察窗口(下拉选择)，该按钮按下，可显示变量的观察窗口。输入想观察的变量或表达式，即可查看其值，是很常用的调试窗口。

(11) 内存查看窗口：MDK5 提供 4 个内存查看窗口(下拉选择)，该按钮按下，会弹出一个内存查看窗口，输入想查看的内存地址，然后观察这一片内存的变化情况，是很常用的一个调试窗口。

(12) 串口打印窗口：MDK5 提供 3 个串口打印窗口(下拉选择)，该按钮按下，会弹出一个类似串口调试助手界面的窗口，用来显示从串口打印出来的内容。

(13) 逻辑分析窗口：该图标下面有 3 个选项，一般用第一个，也就是逻辑分析窗口。通过 SETUP 按钮新建一些 I/O 口，就可以观察这些 I/O 的电平变化情况，以多种形式显示出来，比较直观。

(14) 系统查看窗口：该按钮可以提供各种外设寄存器的查看窗口(通过下拉选择)，选择对应外设即可调出该外设的相关寄存器表，并显示这些寄存器的值，方便查看设置是否正确。

以上介绍的是比较常用的功能操作，当然也不是每次都使用这么多，具体根据程序调试时有没有必要观看这些东西来决定要不要使用。Debug 工具条上其他几个按钮用得比较少，在这里就不介绍了。

注意，采用仿真器在线调试，调试过程中程序是运行在实际目标硬件上，不是软件仿真，其运行结果更可信。因此，在进行在线仿真器调试前，必须将目标板通过仿真工具连接到计算机上进行在线仿真调试，否则将不能进入在线仿真调试。

当需要结束在线仿真调试时，单击快捷工具图标 或者选择 Debug→Start/Stop Debug Session 命令，退出仿真器在线调试模式即可，同时界面返回到 MDK IDE 主界面。

8.2.3 应用程序编程下载

在应用程序调试完成后，如需要将应用程序编程下载到目标芯片的 Flash 中，可以在 MDK IDE 的主界面，单击编程快捷工具图标 或选择 Flash→Download 命令进行 Flash 编程。也可以选择 Flash→Erase 命令对目标芯片的 Flash 进行擦除。编程下载完成后的界面如图 8.15 所示。在输出信息窗口依次提示擦除完成、编程完成、验证 OK、应用程序已经 running，表明程序下载成功，并已启动运行。

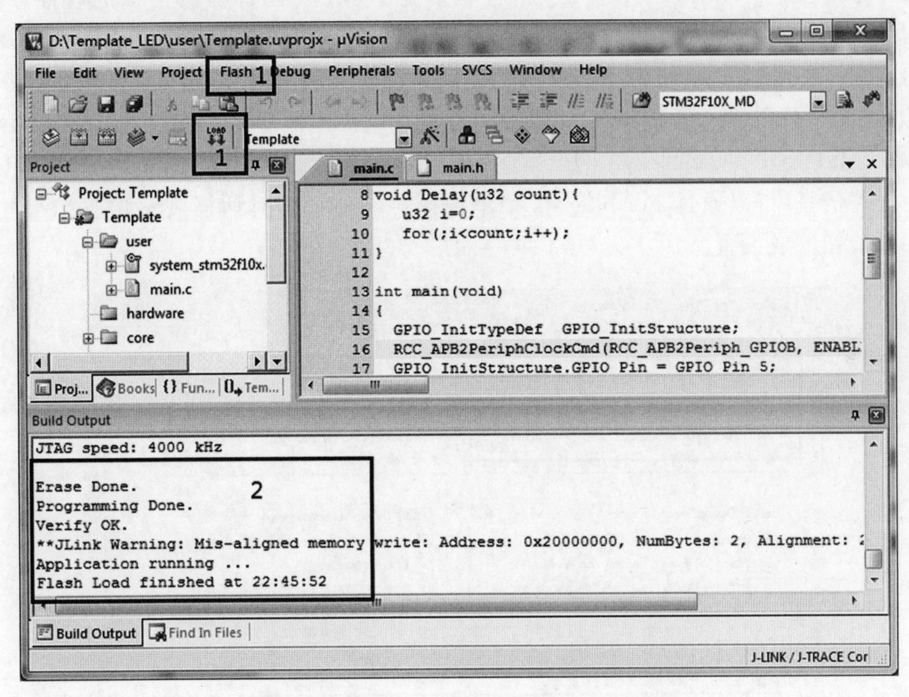

图 8.15 仿真工具对目标芯片 Flash 编程

8.2.4 软件模拟仿真调试

Keil MDK-ARM 除了可进行硬件在线仿真调试外，还提供了强大的软件模拟仿真调试功能，便于对暂时无硬件开发平台的开发者通过软件模拟方式仿真调试应用程序，并检测与判断程序是否运行正确。在 MDK 软件模拟仿真调试时，可以查看很多硬件相关的寄存器，通过观察寄存器值的变化来判断应用程序代码是否正确。当然，软件模拟仿真不是万能的，很多问题还是要到在线调试时才能发现问题。

(1) 在启动软件模拟仿真调试之前，需要确认工程属性 Target 选项卡的目标芯片型号、晶振频率是否正确，其他参数采用默认设置即可，如图 8.16 所示。

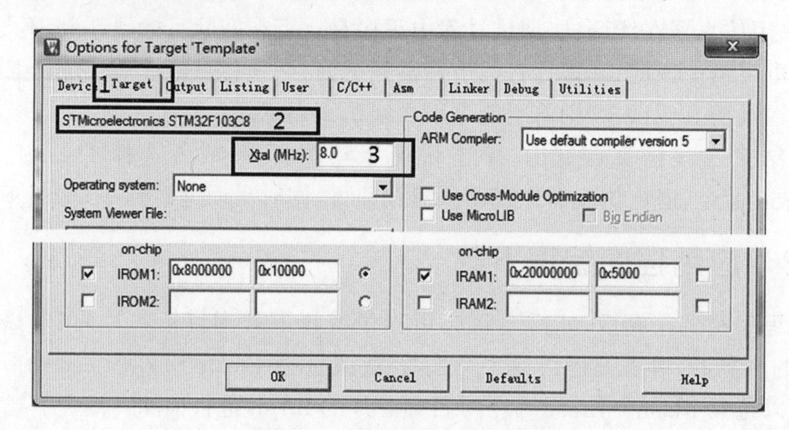

图 8.16　Target 选项卡设置

(2) 确认芯片型号及晶振频率之后，也就确定了 MDK 软件仿真模拟的硬件环境。接下来切换到 Debug 选项卡界面，按图 8.17 所示选择 Use Simulator，即使能软件仿真调试。同时勾选 Run to main()，即启动仿真后跳过汇编启动代码，直接跳转到 main()函数开始软件模拟仿真。另外，将下面 Dialog DLL 栏的参数分别设置为 DARMSTM. DLL 和 TARMSTM. DLL，Parameter 栏均设置为-pSTM32F103C8，用于设置支持 STM32F103C8 芯片的软件仿真(可以通过 Peripherals 菜单选择对应外设的对话框观察仿真结果)。最后单击 OK 按钮完成设置。

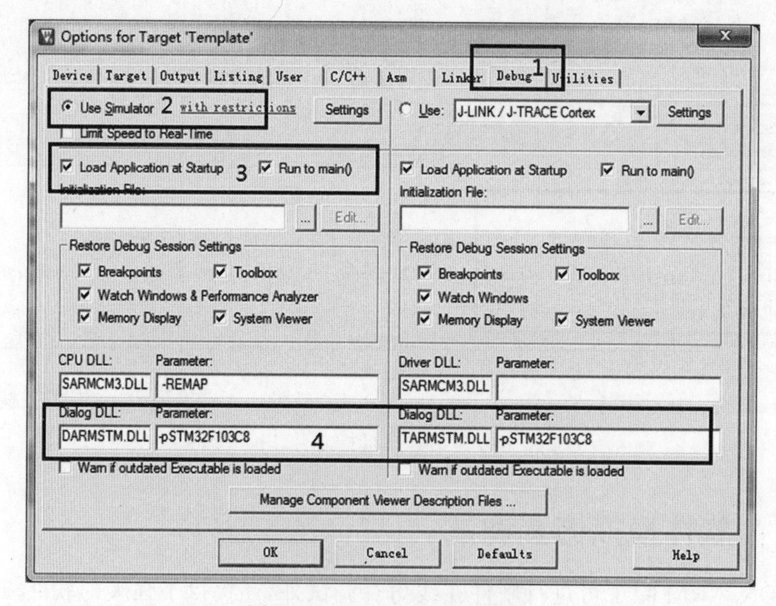

图 8.17　Debug 选项卡设置

(3) 返回 MDK IDE 主界面后，单击工具栏快捷工具图标 ，或者选择 Debug→Start/Stop Debug Session 命令进入 MDK 软件仿真在线调试窗口，如图 8.13 所示。

(4) 进入 MDK 软件仿真界面后，可以按照 8.2.2 节在线硬件仿真调试方法使用 Debug 调试工具进行仿真调试。在调试过程中，可以启动内存观察器、输出查看窗口、寄存器等观察程序运行过程中相关变量、内存、寄存器等的变化情况，用于辅助判断程序的运行状态。

(5) 若需要观察指定芯片的外设工作情况，可按照图 8.18 所示，选择菜单 Peripherals，启动需要观察的外设。

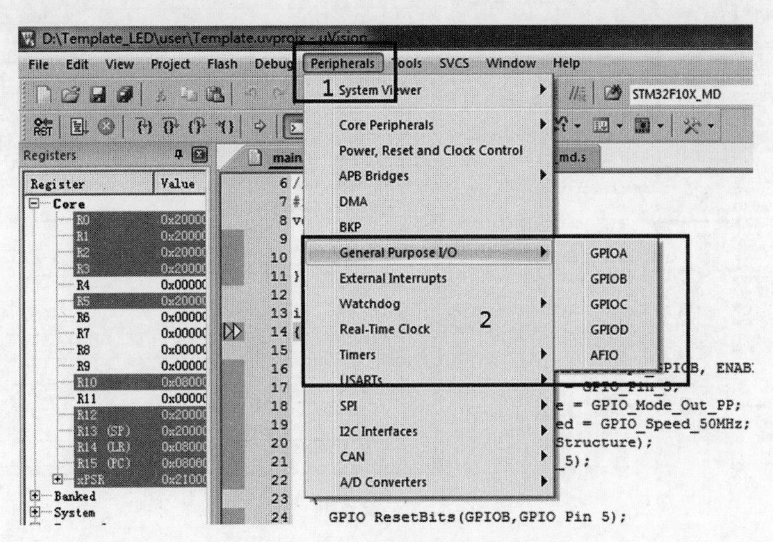

图 8.18　芯片外设打开方式

(6) 以打开 GPIOB 端口为例，选择 Peripherals→General Purpose I/O→GPIOB 命令，即可打开 GPIOB 端口，如图 8.19 所示。在该界面，可以观察 GPIOB 端口的工作模式、IDR、ODR、LCKR 寄存器的值，也可手动设置当前引脚上的电平状态。随着程序的运行，相关寄存器的值会改变。可以在运行过程中设置引脚的电平状态，模拟从指定 GPIO 引脚输入一个电平信号，用于测试程序的相关功能。更详细的使用参见 MDK-ARM 软件使用手册，此处不再赘述。

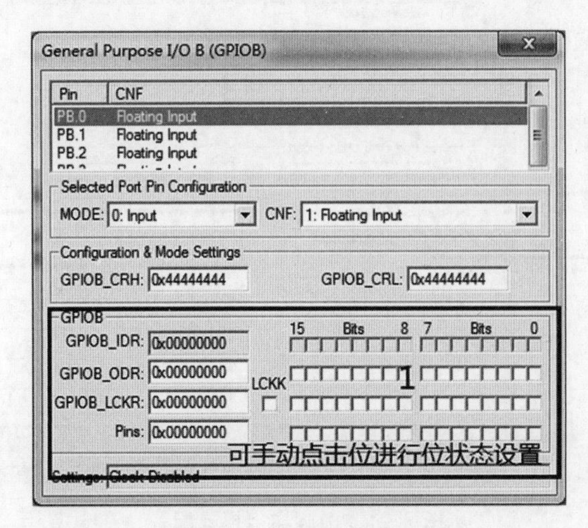

图 8.19　GPIOB 端口界面

(7) 打开 GPIOB 端口后，在程序第 16 行设置一个断点(在程序行数字左边单击即可设置断点，再次单击即可取消断点设置)，如图 8.20 所示。单击图标 运行到断点处，此时

GPIO 端口寄存器没有任何变化，因为功能程序此时还未运行。

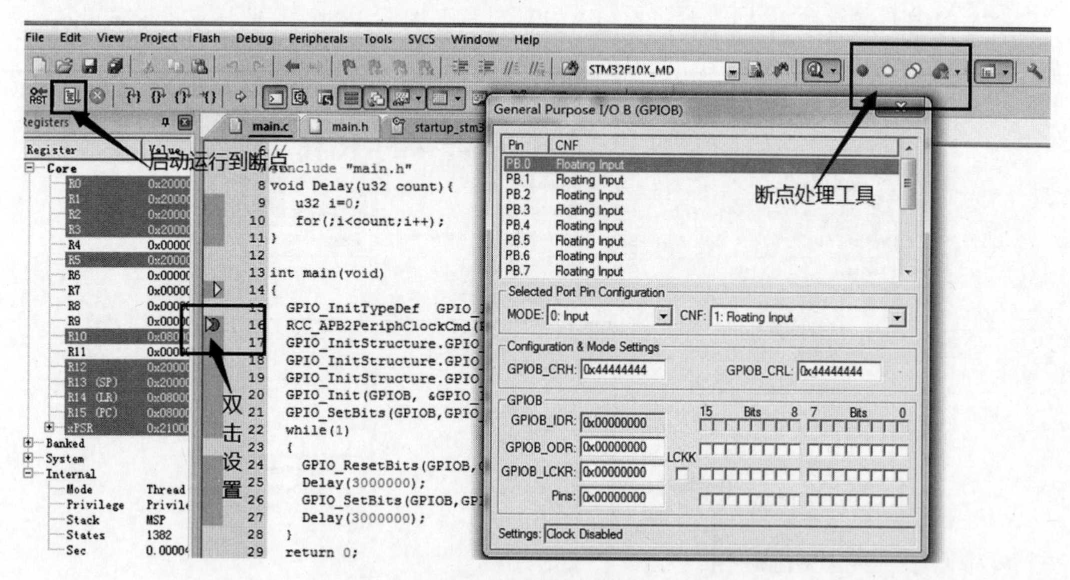

图 8.20 设置断点

(8) 在程序第 21 行设置一个断点，并单击图标运行到断点处。此时 GPIO 端口寄存器按照功能程序的初始设置有了变化，如图 8.21 所示。程序运行到第 21 行 CPU 暂停运行，GPIOB.5 端口的工作模式变成了 push-pull 模式，同时寄存器 GPIOB_CRL 的值变成了 0x44344444。

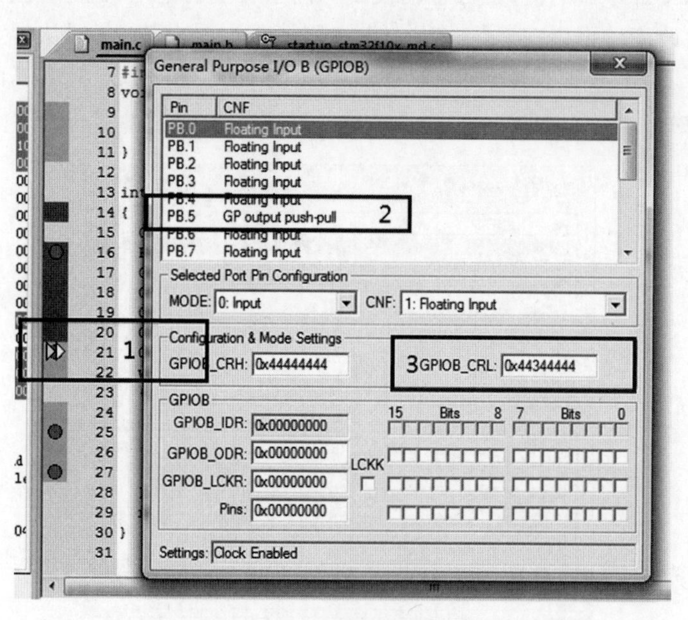

图 8.21 引脚输出模式配置

(9) 在程序第 25 和 27 行设置一个断点，单击图标进行调试，可以观察到 GPIO 输出寄存器 ODR 的值在变化，代表程序在控制 GPIOB 端口引脚输出电平状态，如图 8.22 所示。

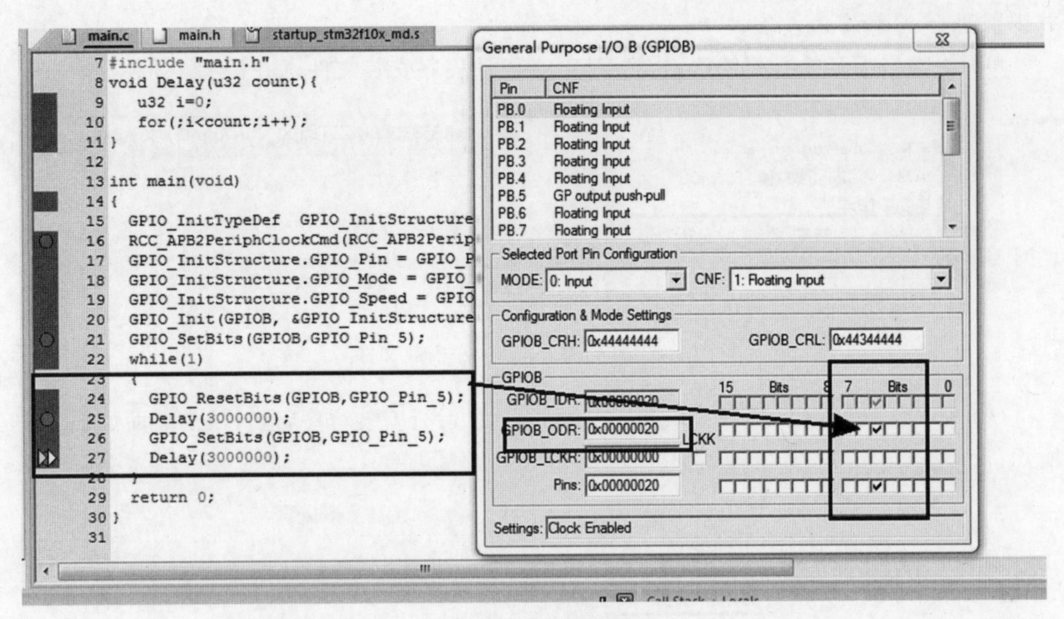

图 8.22 GPIO 输出调试

通过上述方式,可以软件模拟仿真调试应用程序,实现对程序的调试。注意软件模拟调试不能代替硬件调试,因为软件模拟有时不能发现硬件实际问题,即使软件模拟调试通过,也可能实际硬件执行结果不正确。

8.3 程序 ISP 下载

ISP 是不拔插目标芯片,也不需要编程器,就可以在目标功能应用板上直接对目标芯片进行编程,实现程序下载与更新。STM32F10x 单片机芯片在出厂时已在系统存储区固化了一个 ISP BootLoader 程序(用户不能修改),用于芯片采用 ISP 对 Flash 存储区进行编程。

STM32 单片机 ISP 下载使用的是芯片默认串行端口 USART1(不能为重映射的 USART1),实际就是串口编程。在单片机上电启动前,需将启动模式功能引脚 BOOT0 设置为 1,BOOT1 设置为 0,即选择从系统存储区启动运行,启动后芯片自动运行内嵌的 ISP Bootloader 程序,进入 ISP 模式。

本书配套的实验开发板采用 CH340 芯片实现了 USB 转串口功能,并利用 CH340 芯片的 $\overline{\text{RTS}}$ 和 $\overline{\text{DTR}}$ 两个信号引脚设计了一键下载模式切换电路,实现 ISP 下载时启动模式的自动切换。ISP 下载软件 FlyMcu 可通过程序控制 CH340 芯片 $\overline{\text{RTS}}$ 和 $\overline{\text{DTR}}$ 两个引脚状态,实现下载前自动启动到 ISP 模式。因此,在使用 FlyMcu 客户端程序进行 ISP 下载时,不需要手动调整启动模式设置跳线帽,保持默认 Flash 存储区启动模式设置即可。下载完成后 FlyMcu 可以使目标芯片从 Flash 存储区中自动运行下载的应用程序。

8.3.1 USB 转串口驱动安装

考虑到现有计算机没有串口,因此本书配套的实验开发板板载 USB 转串口功能。但是,在启动 FlyMcu 进行 ISP 下载前,需要确认 USB 转串口芯片 CH340 的驱动已经安装,并识别到USB转串口设备。

（1）将本书配套的资源解压，找到CH340驱动程序安装文件，如图8.23所示。

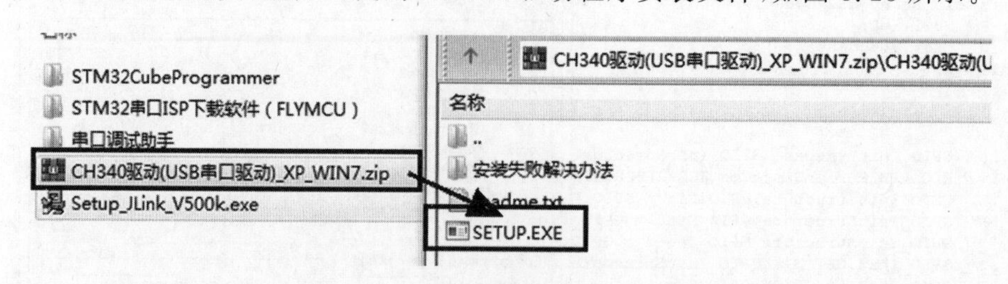

图8.23　CH340驱动程序安装文件

（2）解压CH340驱动文件，双击SETUP.EXE运行安装程序，运行后的界面如图8.24所示。

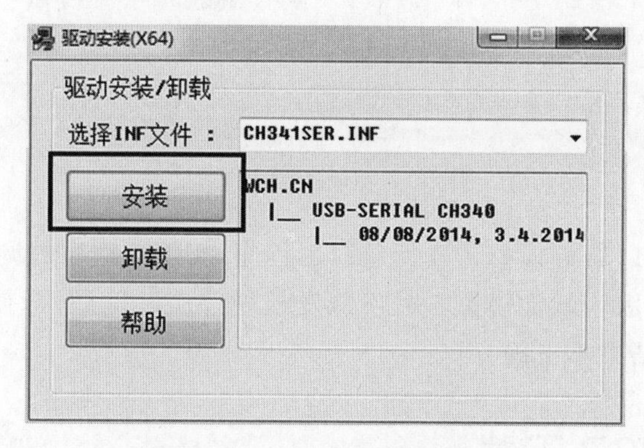

图8.24　CH340驱动安装界面

（3）单击“安装”按钮开始安装驱动，需要等待直到弹出“驱动预安装成功！”提示，然后单击“确定”按钮，如图8.25所示。关闭并退出驱动安装界面即完成驱动安装。

（4）用USB线连接实验开发板的USB接口和计算机USB口，进入计算机的设备管理器，能在端口(COM和LPT)栏看到实验开发板CH340对应的COM端口已经识别到了，且串口号为COM5，如图8.26所示。到此，就可以使用USB转串口进行ISP编程或串口通信。

图8.25　预安装成功界面

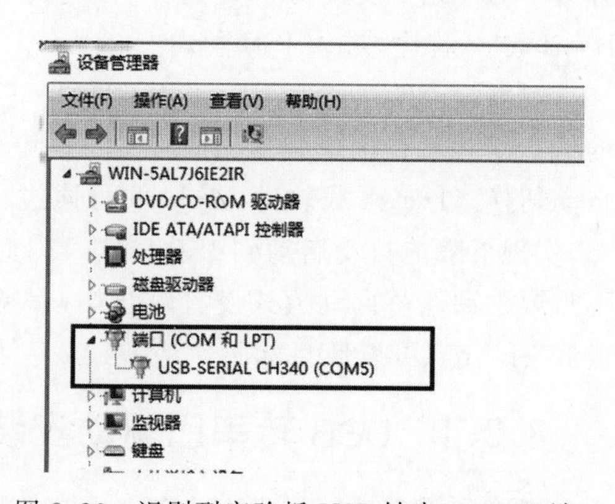

图8.26　识别到实验板USB转串口COM端口

8.3.2 ISP 下载设置与操作

STM32 单片机的 ISP 下载可以通过 USART1 口进行，在连接好目标实验板和计算机后，就可以利用 FlyMcu 进行 ISP 下载。

(1) 需要将实验板 J5 排针的 PA9(STM32 USART1 的 TXD)和 PA10(STM32 USART1 的 RXD)通过跳线帽与 J9 排针短接，即将 CH340 的串口与 MCU 的 USART1 串口连接起来，如图 8.27 所示。实验开发板默认是连接了的，确认一下即可。

另外，实验开发板具有一键 ISP 下载功能，因此在进行 ISP 下载时，不需要设置启动模式，保持默认的 Flash 存储区启动模式即可。

图 8.27 串口连接跳线帽短接示意图

(2) 启动本书配套资源中"\软件工具\STM32 串口 ISP 下载软件(FLYMCU)"文件夹下的 FlyMcu.exe 文件，启动后的界面如图 8.28 所示。然后按照界面所标数字顺序进行设置，并编程。

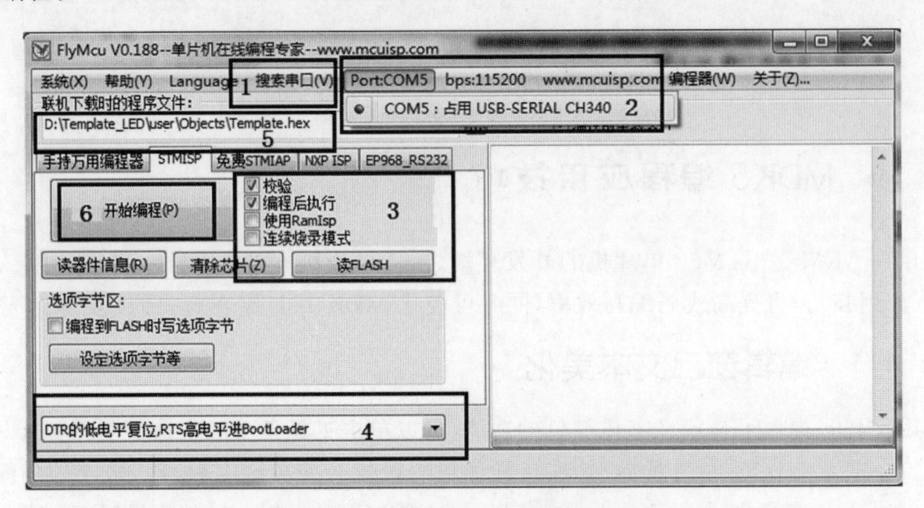

图 8.28 FlyMcu ISP 下载操作界面

第 1 步：单击"搜索串口"菜单，自动搜索计算机的串口。

第 2 步：单击 Port:COM5 菜单，选择实验板的 CH340 对应的串口，并设置 bps115200 菜单，选择 ISP 编程使用的波特率，默认选择 115200 即可。

第 3 步：设置编程时功能选择复选框，勾选"校验"和"编程后执行"两个复选框。

第 4 步：选择 FlyMcu 下端的复选框为“DTR 的低电平复位，RTS 高电平进 BootLoader”项目，与本书配套实验开发板的一键下载功能电路控制一致。

第 5 步：在“联机下载时的程序文件”框中选择将要下载的目标 HEX 文件。

第 6 步：单击“开始编程”按钮，启动编程，编程过程会在图 8.28 中的右边窗口输出编程过程提示信息。编程结束后的界面如图 8.29 所示，表明编程已经成功，且可以看到实验开发板的程序已经正常运行了，随后关闭界面退出 FlyMcu 结束 ISP 编程。

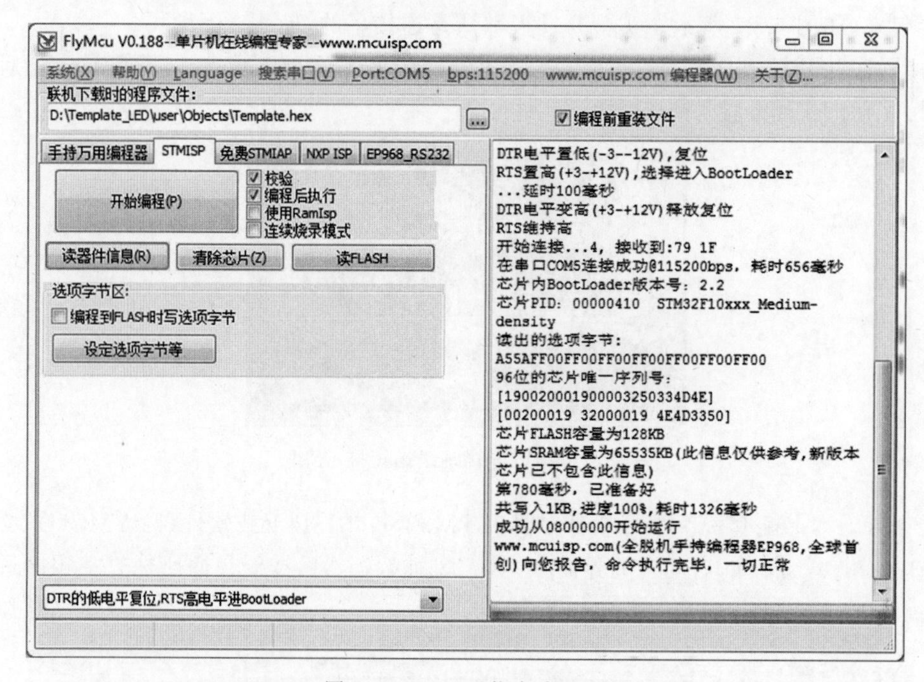

图 8.29　ISP 下载成功界面

8.4　MDK5 编程应用技巧

MDK-ARM 是 STM32 单片机的开发环境之一，最新版本是 MDK5。掌握一些 MDK5 的编程应用技巧，将提高代码编写效率，同时可美化 MDK IDE 编辑窗口的代码文字显示。

8.4.1　编辑窗口文本美化

MDK IDE 提供了自定义字体颜色的功能，可以单击工具条上的快捷工具图标（配置对话框），弹出如图 8.30 所示界面，在该界面可以设置一些关键字、注释、数字等的颜色和字体。在 Editor 界面先设置 Encoding 为 Chinese GB2312(Simplified)，然后设置 Tab size 为 4，以更好地支持简体中文（否则，复制到其他地方时，中文可能是一堆问号），同时 Tab 间隔设置为 4 个单位。

然后，选择 Colors & Fonts 选项卡，在该选项卡内可以设置自己代码的字体和颜色。由于单片机应用程序使用 C 语言编程，故在 Window 列表框中选择 C/C++ Editor Files，在右边的 Element 列表框中就可以看到相应的元素，如图 8.31 所示。

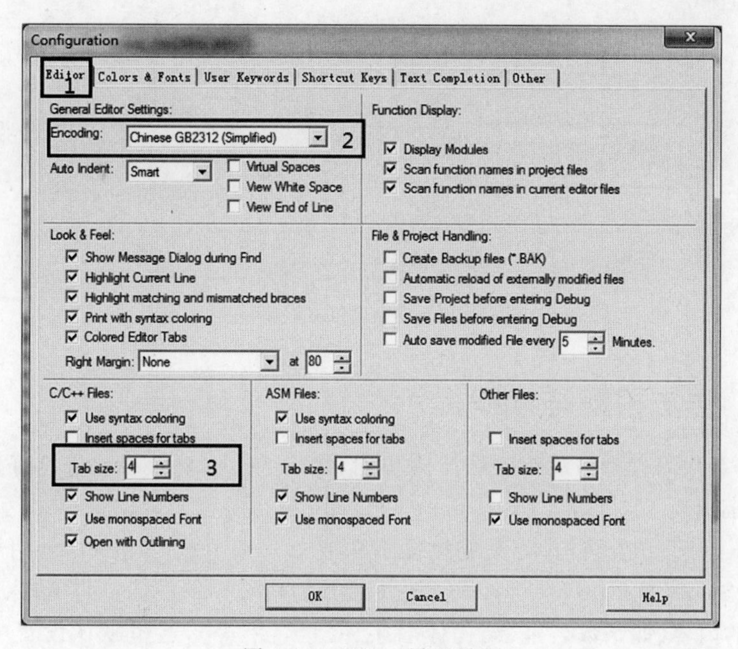

图 8.30 Editor 设置界面

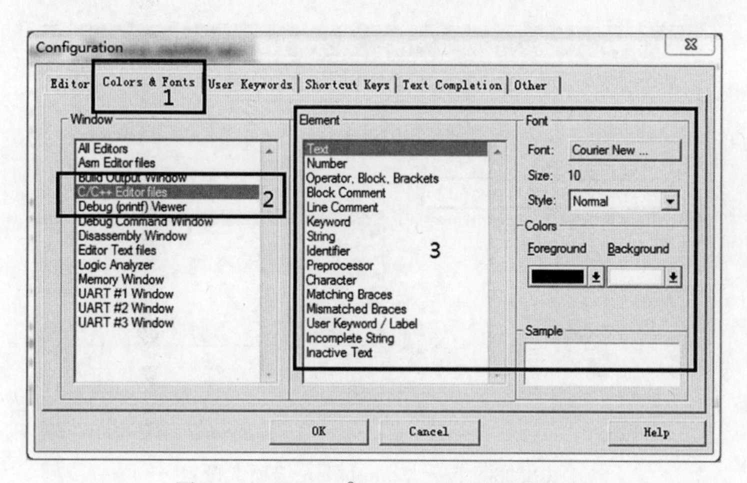

图 8.31 Colors & Fonts 选项设置界面

然后单击各个元素，修改为喜欢的颜色。也可以在 Font 栏设置喜欢的字体类型以及字体大小等。设置完成之后，单击 OK 按钮，就可以在 MDK IDE 主界面看到所修改后的效果。另外，在 MDK IDE 主界面，可以直接按住"Ctrl＋鼠标滚轮"进行字体放大或缩小调整，也可以在刚才的 Font 栏直接设置字体大小。

如果代码中有自定义关键字，需要显示成某种颜色，可以在图 8.30 的配置对话框中切换到 User Keywords 选项卡，同样选择 C/C++Editor Files 项，在右边的 User Keywords 对话框下面输入自定义的关键字，如图 8.32 所示。这样在以后的代码编辑过程中，自定义的关键字只要出现，其颜色也就与系统定义的 C/C++关键字的颜色一样。单击 OK 按钮再回到主界面即完成自定义关键字设置。

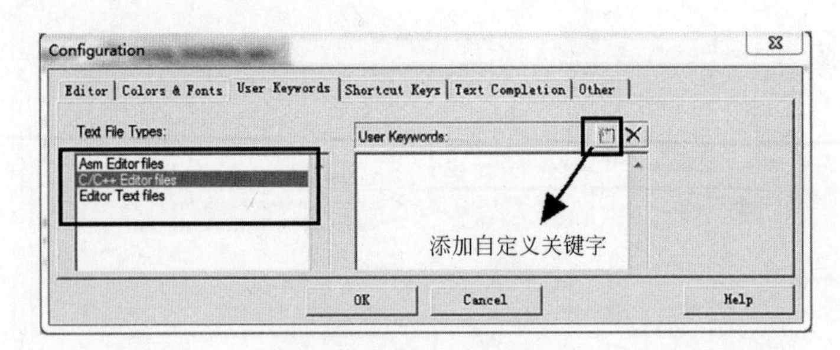

图 8.32　自定义关键字设置

8.4.2　语法检测与代码提示

MDK5 具有代码提示与动态语法检测功能,使得 MDK 编辑器越来越好用。单击配置工具图标,打开配置对话框,选择 Text Completion 选项卡如图 8.33 所示,设置 Strut/Class Members 用于开启结构体/类成员提示功能。Function Parameters 用于开启函数参数提示功能。Symbols after xx Characters 用于开启代码提示功能,即在输入多少个字符以后,提示匹配的内容(如函数名字、结构体名字、变量名字等),这里默认设置 3 个字符以后就开始提示。

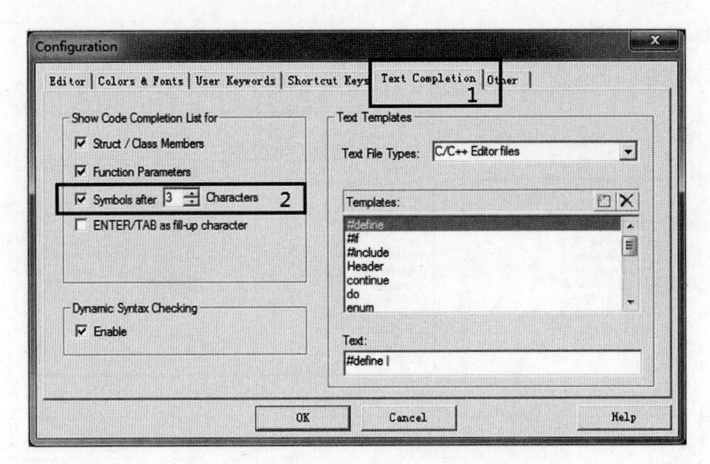

图 8.33　Text Completion 选项卡设置

图 8.33 中的 Dynamic Syntax Checking 栏用于开启动态语法检测,比如编写的代码存在语法错误时,会在对应行前面出现图标,如出现警告则会出现图标。将光标放在图标上面,则会提示产生错误/警告的原因,如图 8.34 所示。

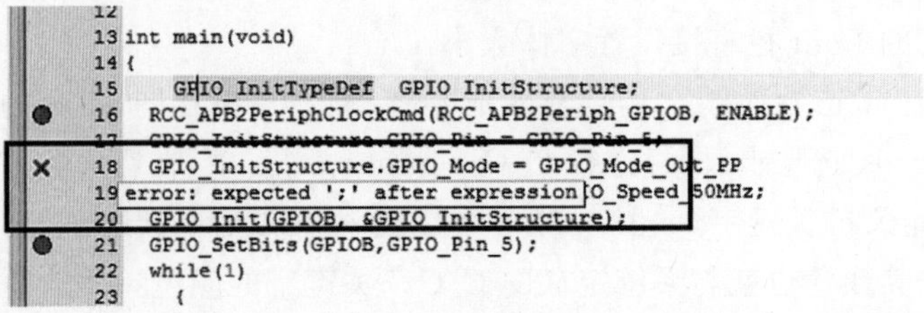

```
12
13 int main(void)
14 {
15     GPIO_InitTypeDef  GPIO_InitStructure;
16   RCC_APB2PeriphClockCmd(RCC_APB2Periph_GPIOB, ENABLE);
17   GPIO_InitStructure.GPIO_Pin = GPIO_Pin_5;
18   GPIO_InitStructure.GPIO_Mode = GPIO_Mode_Out_PP
19 error: expected ';' after expression O_Speed_50MHz;
20   GPIO_Init(GPIOB, &GPIO_InitStructure);
21   GPIO_SetBits(GPIOB,GPIO_Pin_5);
22   while(1)
23     {
```

图 8.34　语法动态检测功能

这几个功能对编写代码很有帮助，可以加快代码编写速度，并且能及时发现各种错误或警告。但需要注意，语法动态检测功能有时候会误报，此时可以不用理会，只要能编译通过(0 错误，0 警告)，这样的语法误报一般直接忽略即可。

8.4.3 代码编辑技巧

1. Tab 键应用技巧

Tab 键在很多编译器中都是用来空位的，每按一下 Tab 键移空几位，经常编写程序的人员应该很熟悉 Tab 键。但是 MDK 的 Tab 键与一般编译器的 Tab 键不同，而是与 C++的 Tab 键类似。MDK 的 Tab 键支持块操作，也就是可以让一片代码整体右移固定几位，也可以通过 Shift+Tab 键整体左移固定几位。操作方法是选中一块待移空位的代码段，然后再按 Tab 键，可以看到选中的整块代码都跟着右移了一定距离，出现了空位，如图 8.35 所示。右边代码利用 Tab 进行块空位操作，使整体代码更美观。

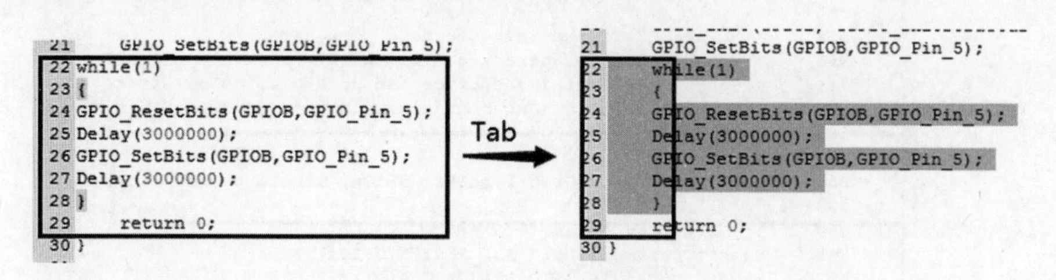

图 8.35　Tab 键块操作

2. 函数/变量定义快速定位

在调试代码或编写代码时，有时想看看某个函数是在哪个地方定义的，具体定义的内容是怎么样的，也可能想看看某个变量或数组是在哪个地方定义的。尤其在调试代码或者看别人代码时，如果编译器没有快速定位的功能，就只能自己慢慢找。如果代码量比较少还好，如果代码量比较大，那就要花很久的时间来找这个函数或变量到底在哪里定义的。MDK 提供了函数/变量定义快速定位功能，把鼠标光标放到需要查看的函数名/变量名的上面(如光标放到 GPIO_SetBits 函数名上面)，然后单击右键，弹出如图 8.36 所示的右键菜单。然后左键单击菜单中的 Go To Definition Of 'GPIO_SetBits'项，就可以快速跳到 GPIO_SetBits 函数的定义处(注意要先在 Options for Target 的 Output 选项卡里面勾选 Browse Information 选项，再编译，再定位，否则无法定位)，如图 8.37 所示。对变量的操作类似，可以快速定位到变量的具体定义位置。

另外，右键菜单中还有一个类似的选项，就是 Go To Next Reference To 'GPIO_SetBits'项，这是快速跳到该函数被声明的地方，有时候也会用到，但不如前者使用得多。很多时候利用 Go To Definition/ Next Reference …看完函数/变量的定义/声明后，又想返回之前的代码位置继续看，可以通过 IDE 上的 ⇦ ⇨ 按钮(Back to previous position)快速返回之前的位置。

3. 快速注释与快速消注释

在调试代码时，有可能会想注释某一段代码，MDK 提供了快速注释/消注释块代码的功能。该功能也可以通过右键实现。这个操作比较简单，就是先选中要注释的代码块，然后右击，选择 Advanced→Comment Selection 命令即可，取消注释则是选择 Advanced→

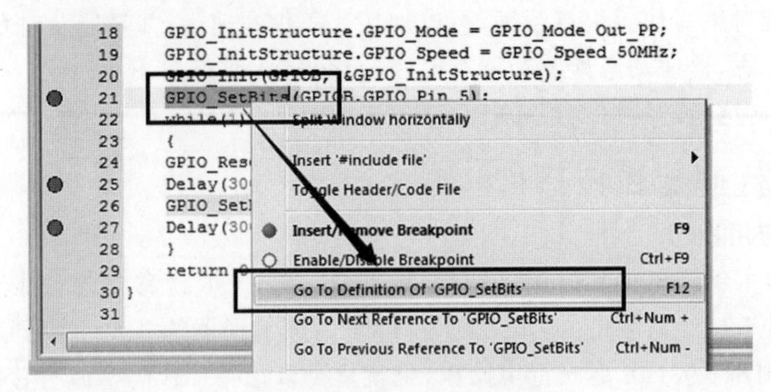

图 8.36 快速定位操作

```
main.c    stm32f10x_gpio.c
351 /**
352   * @brief  Sets the selected data port bits.
353   * @param  GPIOx: where x can be (A..G) to select the GPI
354   * @param  GPIO_Pin: specifies the port bits to be writte
355   *   This parameter can be any combination of GPIO_Pin_x
356   * @retval None
357   */
358 void GPIO_SetBits(GPIO_TypeDef* GPIOx, uint16_t GPIO_Pin)
359 {
360   /* Check the parameters */
361   assert_param(IS_GPIO_ALL_PERIPH(GPIOx));
362   assert_param(IS_GPIO_PIN(GPIO_Pin));
363
364   GPIOx->BSRR = GPIO_Pin;
365 }
```

图 8.37 快速定位结果

Uncomment Selection 命令,如图 8.38(a)所示,执行结果如图 8.38(b)所示。

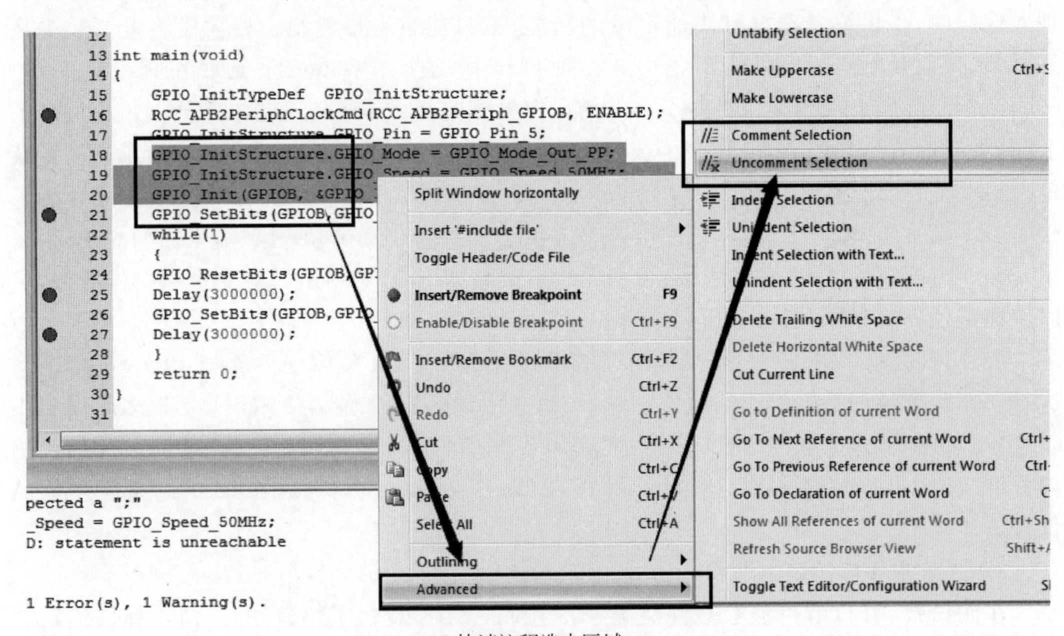

(a) 快速注释选中区域

图 8.38 快速注释操作

```
17      GPIO_InitStructure.GPIO_Pin = GPIO_Pin_5;
18 //   GPIO_InitStructure.GPIO_Mode = GPIO_Mode_Out_PP;
19 //   GPIO_InitStructure.GPIO_Speed = GPIO_Speed_50MHz;
20 //   GPIO_Init(GPIOB, &GPIO_InitStructure);
21      GPIO_SetBits(GPIOB,GPIO_Pin_5);
```

(b) 快速注释结果

图 8.38 （续）

另外，快速注释/消注释也可以通过 MDK IDE 的快捷工具图标和实现，先选中需要注释/消注释代码块，然后单击工具图标和即可实现。

8.4.4 其他操作技巧

1. 快速打开头文件

若需要打开某一个头文件，将光标放到要打开的引用头文件上，然后右击，选择 Open Document“main.h”命令就可以快速打开 main.h 文件，如图 8.39 所示。

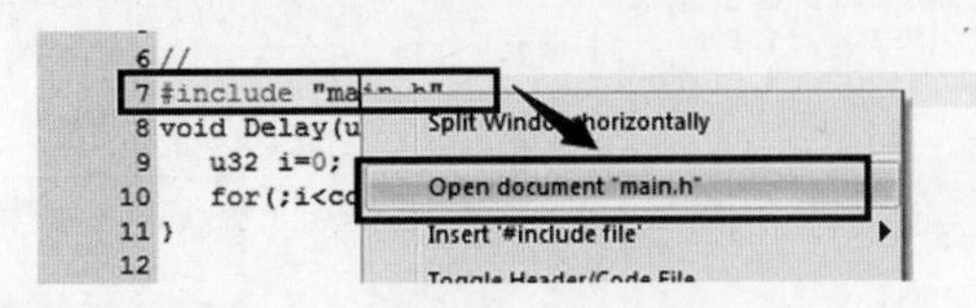

图 8.39 快速打开头文件操作

2. 查找替换操作

查找替换功能和 Word 等很多文档操作的替换功能是差不多的，在 MDK 里面查找替换的快捷键是 Ctrl+H。将光标移动到需要替换的代码上，按下 Ctrl+H 快捷键，调出如图 8.40 所示界面。这个替换功能有时很有用，其用法与其他编辑工具或编译器差不多，这里不再赘述。

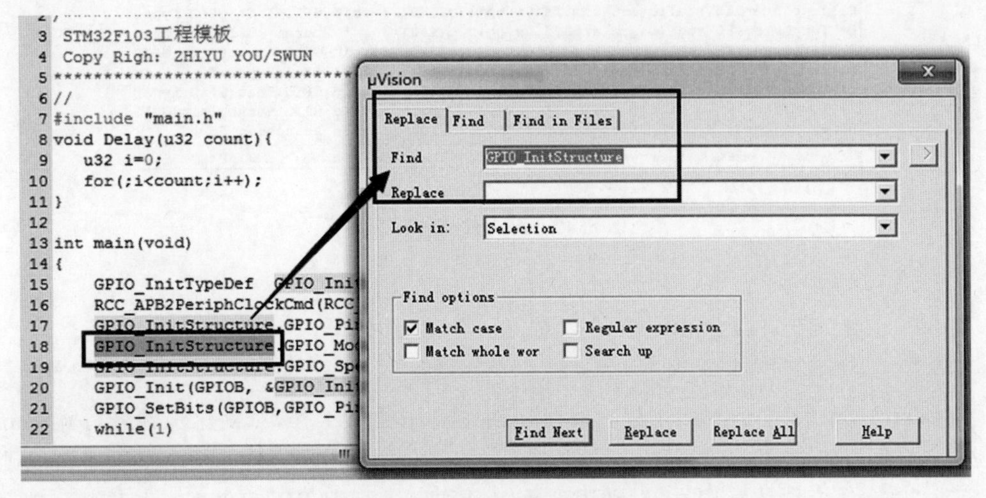

图 8.40 查找替换功能操作

3. 查找操作

查找功能和前面的查找替换 Ctrl+H 类似,其快捷键是 Ctrl+F。将光标移动到需要替换的代码上,按下 Ctrl+F,就会调出查找界面,这里不再说明。

4. 跨文件查找操作

有时需要跨文件查找或在整个工程项目中查找,此时需要先双击并选中要找的函数/变量名,然后再单击 MDK IDE 快捷工具栏的图标,弹出如图 8.41 所示对话框。

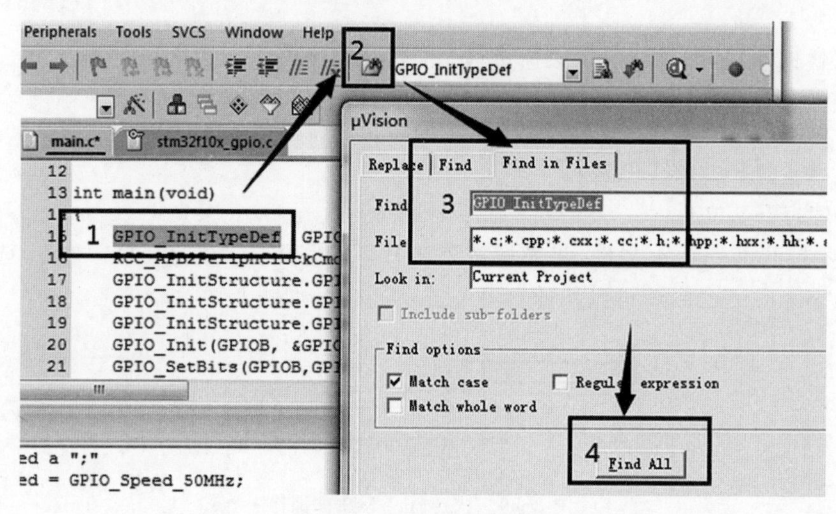

图 8.41 跨文件查找操作

在图 8.41 可以设置查找属性,然后单击 Find All 按钮,会在 MDK IDE 底部的查找输出窗口中给出查找结果,如图 8.42 所示。该方法可以快速查找各种函数/变量,而且可以限定搜索范围(如只查找.c 文件和.h 文件等),是非常实用的一个技巧。

```
Find In Files
D:\Template_LED\stdlib\src\stm32f10x_gpio.c(169) :   * @param  GPIO_InitStruc
D:\Template_LED\stdlib\src\stm32f10x_gpio.c(173) : void GPIO_Init(GPIO_TypeDe
D:\Template_LED\stdlib\src\stm32f10x_gpio.c(262) :   * @param  GPIO_InitStruc
D:\Template_LED\stdlib\src\stm32f10x_gpio.c(266) : void GPIO_StructInit(GPIO_
D:\Template_LED\stdlib\inc\stm32f10x_gpio.h(101) : }GPIO_InitTypeDef;
D:\Template_LED\stdlib\inc\stm32f10x_gpio.h(351) : void GPIO_Init(GPIO_TypeDe
D:\Template_LED\stdlib\inc\stm32f10x_gpio.h(352) : void GPIO_StructInit(GPIO_
Lines matched: 8     Files matched: 3     Total files searched: 56
Build Output  Find In Files
```

图 8.42 跨文件查找结果

8.5 本章小结

本章首先介绍了如何利用工程项目模板创建应用项目工程,对创建步骤进行详细分析与说明;然后针对创建的应用项目工程,介绍了如何利用仿真工具进行应用程序在线硬件仿真调试和软件模拟仿真调试,对利用仿真工具如何进行编程下载也进行了步骤说明;接着对程序 ISP 下载进行设置与下载操作说明;最后对 MDK5 的操作技巧进行了说明,为后续的实验实战打下基础。

第三篇　实验实战

第9章 系统时钟配置与时钟输出实验

CHAPTER 9

时钟是单片机运行的基础，它为单片机工作提供一个稳定的机器周期，从而使单片机能够正常运行。系统时钟是处理器运行的时间基准，犹如单片机的脉搏，决定CPU的速率，为单片机各功能单元提供精确时钟信号，并驱动功能单元执行指令实现相应功能。本章主要对复位与时钟控制(Reset and Clock Control，RCC)单元进行配置实验，以掌握如何利用RCC库函数实现时钟系统的配置与输出。

9.1 实验背景

【实验目的】

(1) 了解时钟系统的构成、系统时钟来源。

(2) 了解输出时钟源组成、MCO输出设置。

(3) 掌握系统时钟构成、系统时钟配置与初始化。

【实验要求】

(1) 利用RCC库函数实现MCO时钟输出配置。

(2) 利用默认固件库时钟初始化函数，产生36MHz的系统时钟。

(3) 利用RCC库函数实现系统时钟的初始化配置，产生24MHz的系统时钟。

【实验内容】

(1) 利用RCC库函数实现固件库默认时钟配置的PLLCLK/2时钟从MCO(GPIOA.8)引脚输出，并通过示波器观察输出时钟信号及频率。

(2) 修改固件库默认系统时钟为36MHz，并将SYSCLK时钟从MCO引脚输出，通过示波器观察输出的时钟信号及频率。

(3) 利用RCC库函数、高速外部(HSE)时钟或高速内部(HSI)时钟将系统时钟配置为24MHz，并从MCO引脚输出，通过示波器观察输出时钟信号及频率。

【实验设备】

计算机、STM32F103C8T6实验开发板、J-Link仿真器、示波器。

9.2 实验原理

9.2.1 时钟输出MCO

STM32单片机允许输出时钟信号到芯片的MCO(Microcontroller Clock Output)引脚

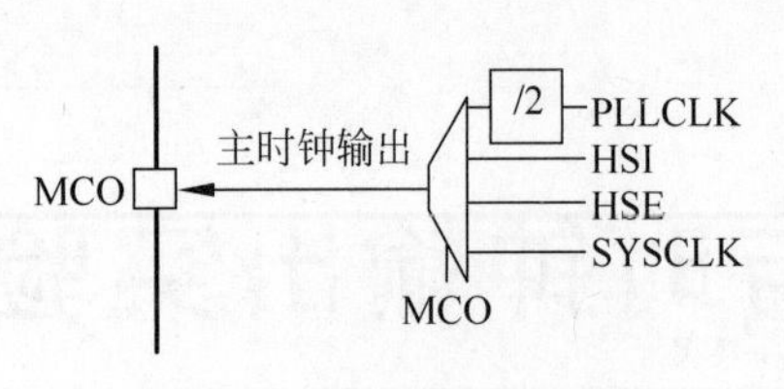

图 9.1 时钟输出 MCO

（相应 GPIO 端口寄存器必须配置为 MCO 功能输出），对外输出固定频率的时钟信号，如图 9.1 所示。输出 MCO 时钟可以是 SYSCLK 时钟、HSI 时钟、HSE 时钟、PLLCLK/2 时钟之一，时钟源的选择由时钟配置寄存器 RCC_CFGR 中的 MCO[2：0]位控制。当 SYSCLK 作为输出时钟源时，要求输出时钟频率不超过 50MHz（因为 GPIO 端口输出最大频率是 50MHz）。另外，可以利用示波器监测 MCO 引脚的时钟输出来验证系统时钟配置是否正确。

9.2.2 系统时钟构成

STM32F103 系列单片机在内部集成了 8MHz HSI RC（高速内部 RC 时钟）、4～16MHz HSE OSC（高速外部晶体振荡器）、32.768kHz LSE OSC（低速外部晶体振荡器）和 40kHz LSI RC（低速内部 RC 时钟）四个独立时钟源；一个锁相环（PLL）时钟，其时钟输入源可选择为 HSI/2、HSE 或者 HSE/2。当不使用时钟时，任一个时钟源都可被独立地启动或关闭，由此优化系统功耗。同时，STM32F103 系列单片机还集成了主时钟输出引脚 MCO，可以输出固定频率的时钟脉冲，其最高输出频率不能超过 50MHz。单片机具有高速外部时钟输入/输出引脚 OSC_OUT 和 OSC_IN，可以直接输入外部时钟信号或者外接石英晶体/谐振器产生所需的时钟信号。系统时钟构成如图 9.2 所示。

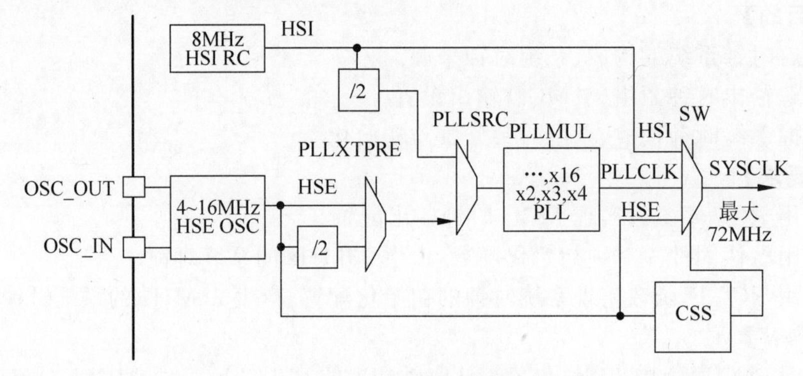

图 9.2 系统时钟构成

9.2.3 RCC 库函数

RCC 库函数文件是 stm32f10x_rcc.h 和 stm32f10x_rcc.c，定义了表 9.1 所示的库函数。在利用 RCC 库函数建立项目工程时，需将 stm32f10x_rcc.c 文件添加到工程中，随后即可直接调用所定义的函数进行 RCC 配置。有关 RCC 库函数的具体定义及使用细节，可查看本书配套资料“STM32F10x 固件函数库用户手册.pdf”。

表 9.1 RCC 库函数

序 号	函 数 名	描 述
1	RCC_DeInit()	将外设 RCC 寄存器重设为默认值（复位值）
2	RCC_HSEConfig()	设置高速外部（HSE）晶振

续表

序号	函数名	描述
3	RCC_WaitForHSEStartUp()	等待 HSE 起振
4	RCC_AdjustHSICalibrationValue()	调整高速内部(HSI)晶振校准值
5	RCC_HSICmd()	使能或者失能高速内部(HSI)晶振
6	RCC_PLLConfig()	设置 PLL 时钟源及倍频系数
7	RCC_PLLCmd()	使能或者失能 PLL
8	RCC_SYSCLKConfig()	设置系统时钟(SYSCLK)
9	RCC_GetSYSCLKSource()	返回用作系统时钟的时钟源
10	RCC_HCLKConfig()	设置 AHB 时钟(HCLK)
11	RCC_PCLK1Config()	设置低速 APB1 总线时钟(PCLK1)
12	RCC_PCLK2Config()	设置高速 APB2 总线时钟(PCLK2)
13	RCC_ITConfig()	使能或者失能指定的 RCC 中断
14	RCC_USBCLKConfig()	设置 USB 时钟(USBCLK)
15	RCC_ADCCLKConfig()	设置 ADC 时钟(ADCCLK)
16	RCC_LSEConfig()	设置低速外部(LSE)晶振
17	RCC_LSICmd()	使能或者失能低速内部(LSI)晶振
18	RCC_RTCCLKConfig()	设置 RTC 时钟(RTCCLK)
19	RCC_RTCCLKCmd()	使能或者失能 RTC 时钟
20	RCC_GetClocksFreq()	返回不同片上时钟的频率
21	RCC_AHBPeriphClockCmd()	使能或者失能 AHB 外设
22	RCC_APB2PeriphClockCmd()	使能或者失能 APB2 外设时钟
23	RCC_APB1PeriphClockCmd()	使能或者失能 APB1 外设时钟
24	RCC_APB2PeriphResetCmd()	强制或者释放高速 APB(APB2)外设复位
25	RCC_APB1PeriphResetCmd()	强制或者释放低速 APB(APB1)外设复位
26	RCC_BackupResetCmd()	强制或者释放后备域复位
27	RCC_ClockSecuritySystemCmd()	使能或者失能时钟安全系统
28	RCC_MCOConfig()	选择在 MCO 引脚上输出的时钟源
29	RCC_GetFlagStatus()	检查指定的 RCC 标志位设置与否
30	RCC_ClearFlag()	清除 RCC 的复位标志位
31	RCC_GetITStatus()	检查指定的 RCC 中断发生与否
32	RCC_ClearITPendingBit()	清除 RCC 的中断待处理位

9.3 实验内容

9.3.1 实验内容一

【实验内容】

利用 RCC 库函数实现固件库默认时钟配置的 PLLCLK/2 时钟从 MCO(PA8)引脚输出,并通过示波器观察输出时钟信号及频率。

【实验分析】

STM32F103C8T6 单片机的 MCO 在 GPIOA 端口的 PA8 引脚,需要将该引脚设置为 MCO 引脚,并将 GPIOA 端口的 PA8 引脚配置为复用功能引脚,才能输出指定的时钟。

【实验步骤】

(1) 利用第7章创建的工程项目模板Template,创建Template_MCO应用工程,进入Template_MCO项目文件夹下的user子目录,双击μVision5工程项目文件名Template.uvprojx启动工程项目。

(2) 参照标准固件库外设驱动文件作用及编程规范,将MCO输出功能单元视为一个独立外设功能部件,可为该部件编写一个驱动。因此,在MDK IDE中新建两个文件,分别以mco.c和mco.h为文件名,保存到..\Template_MCO\hardware目录下,如图9.3所示。

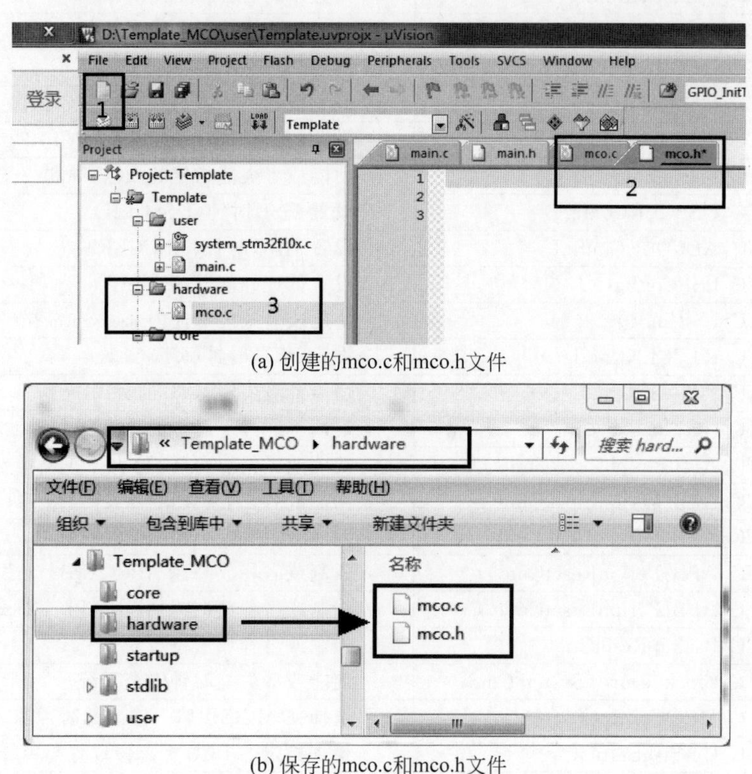

(a) 创建的mco.c和mco.h文件

(b) 保存的mco.c和mco.h文件

图9.3 创建mco设备驱动文件

(3) 将mco.c文件添加到工程项目hardware分组中,添加后的Project视图如图9.3(a)左侧所示。

(4) 打开mco.h文件,添加如图9.4所示代码。添加包含头文件stm32f10x.h,并声明MCO初始化函数MCO_Init(),参数用于指定输出的时钟源。

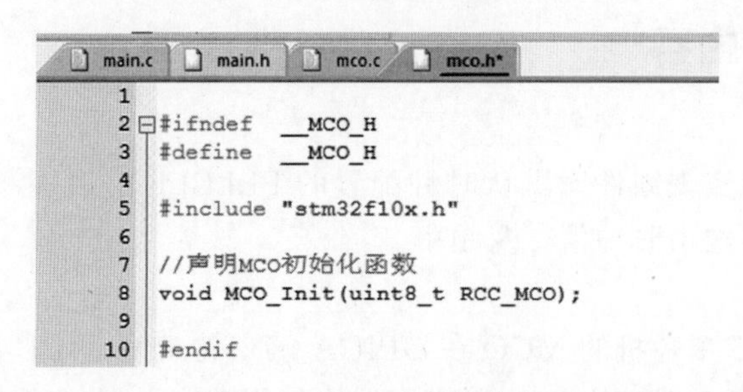

图9.4 mco.h文件代码

(5) 打开 mco.c,添加 MCO_Init()函数实现代码。函数功能是将 MCO 引脚初始化为复用推挽输出模式,并选择 PLLCLK/2(RCC_MCO_PLLCLK_Div2)作为 MCO 输出时钟源,如下:

```
#include "mco.h"

//使能 GPIOA 的时钟,初始化 MCO 引脚工作模式,配置 MCO 时钟源
void MCO_Init(uint8_t RCC_MCO)
{
    //定义 GPIO 初始化结构参数变量
    GPIO_InitTypeDef GPIO_InitStructure;
    //使能 GPIOA 时钟
    RCC_APB2PeriphClockCmd(RCC_APB2Periph_GPIOA,ENABLE);
    //设置 PA.8 为复用输出
    GPIO_InitStructure.GPIO_Pin = GPIO_Pin_8;
    //I/O 口速度为 50MHz
    GPIO_InitStructure.GPIO_Speed = GPIO_Speed_50MHz;
    //推挽输出
    GPIO_InitStructure.GPIO_Mode = GPIO_Mode_AF_PP;
    //根据设定参数初始化 GPIOA.8
    GPIO_Init(GPIOA, &GPIO_InitStructure);
    //调用 RCC 库函数实现 MCO 输出时钟源选择。
    RCC_MCOConfig(RCC_MCO);
}
```

此处,利用 RCC_MCOConfig()库函数进行 MCO 输出时钟源选择,其参数取值如表 9.2 所示。

表 9.2　RCC_MCO 取值

RCC_MCO	描　述	RCC_MCO	描　述
RCC_MCO_NoClock	无时钟被选中	RCC_MCO_HSE	选中 HSE
RCC_MCO_SYSCLK	选中系统时钟	RCC_MCO_PLLCLK_Div2	选中 PLLCLK/2
RCC_MCO_HSI	选中 HSI		

注:当选系统时钟 SYSCLK 作为 MCO 引脚输出时,它的频率不超过 50MHz(最大 I/O 速率)。

经过步骤(2)~(5),已经为 MCO 创建了驱动文件,该驱动文件中只有一个功能函数,调用该功能函数就能实现 MCO 输出时钟配置,接下来就可利用该驱动文件编写应用功能程序。

(6) 打开 main.h 文件,添加包含文件#include "mco.h"。打开 main.c 文件,添加应用代码,如图 9.5 所示。

(7) 编译工程,并将生成的 HEX 目标文件下载到 STM32F103C8T6 实验板运行。

(8)将示波器探头连接到实验板 J5-PA8 排针上,测得输出时钟波形如图 9.6 所示,测得频率为 36MHz。

从测量结果可知,MCO 输出频率是 36MHz,即 PLLCLK 频率是 72MHz,与固件库默认系统时钟初始化函数 SystemInit()配置的时钟频率一致。

```
6   //
7   #include "main.h"
8
9   int main(void)
10  {
11      MCO_Init(RCC_MCO_PLLCLK_Div2);
12
13      while(1);
14
15      return 0;
16  }
17
```

图 9.5　主函数中调用 MCO_Init()函数实现 MCO 输出

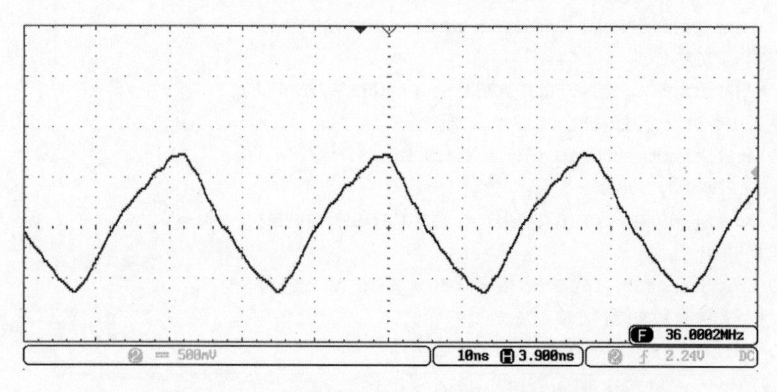

图 9.6　MCO 输出的 PLLCLK/2 波形及频率

9.3.2　实验内容二

【实验内容】

修改固件库默认系统时钟为 36MHz，并将 SYSCLK 从 MCO 引脚输出，通过示波器观察输出时钟信号及频率。

【实验分析】

STM32F10x 标准固件库的时钟配置是在 system_stm32f10x.h 和 system_stm32f10x.c 文件中进行的。驱动文件提供了 SystemInit()函数实现对系统时钟及总线时钟的配置，其已定义了 24MHz、36MHz、48MHz、56MHz、72MHz、HIS、HSE 等几种可实现的系统时钟频率。另外，根据 6.6 节系统时钟初始化已知，SystemInit()函数默认使用 8MHz 高速外部晶振作为时钟源，并将系统时钟默认设置为系统时钟 SYSCLK＝72MHz，且 AHB 总线时钟(HCLK)＝72MHz、APB1 总线时钟(PCLK1)＝36MHz、APB2 总线时钟(PCLK2)＝72MHz、PLLCLK 时钟＝72MHz。根据 6.6 节修改系统时钟说明，要修改成默认的可选系统时钟，仅需启用相应的宏定义即可实现。

【实验步骤】

(1) 将实验内容一创建的工程项目 Template_MCO 复制到本次实验的某个存储位置，并修改项目工程文件夹名称为 Template_36M，进入项目文件夹下的 user 子目录，双击 μVision5 工程项目文件名 Template.uvprojx 启动工程项目。

(2) 打开 system_stm32f10x.c 文件，在第 106 行的位置可以找到系统时钟 SYSCLK 频率宏定义，如图 9.7 所示。默认启用的是＃define SYSCLK_FREQ_72MHz　72000000，即

将系统时钟设置为72MHz，由于SYSCLK选择的是PLLCLK时钟，故实验内容一输出的PLLCLK/2为36MHz。

```
103      If you are using different crystal you have to adapt those functions accordingly.
104     */
105
106 #if defined (STM32F10X_LD_VL) || (defined STM32F10X_MD_VL) || (defined STM32F10X_HD_VL)
107  /* #define SYSCLK_FREQ_HSE    HSE_VALUE */
108   #define SYSCLK_FREQ_24MHz  24000000
109  #else
110  /* #define SYSCLK_FREQ_HSE    HSE_VALUE */
111  /* #define SYSCLK_FREQ_24MHz  24000000 */
112  /* #define SYSCLK_FREQ_36MHz  36000000 */
113  /* #define SYSCLK_FREQ_48MHz  48000000 */      <—— 系统时钟频率选择预定义宏
114  /* #define SYSCLK_FREQ_56MHz  56000000 */
115  #define SYSCLK_FREQ_72MHz  72000000
116  #endif
117
118 /*!< Uncomment the following line if you need to use external SRAM mounted
119      on STM3210E-EVAL board (STM32 High density and XL-density devices) or on
120      STM32100E-EVAL board (STM32 High-density value line devices) as data memory */
121 #if defined (STM32F10X_HD) || (defined STM32F10X_XL) || (defined STM32F10X_HD_VL)
122  /* #define DATA_IN_ExtSRAM */
123  #endif
```

图9.7　系统时钟SYSCLK频率宏定义

（3）禁用#define SYSCLK_FREQ_72MHz　72000000，启用#define SYSCLK_FREQ_36MHz　36000000宏定义，如图9.8所示。

```
106 #if defined (STM32F10X_LD_VL) || (defined STM32F1
107  /* #define SYSCLK_FREQ_HSE    HSE_VALUE */
108   #define SYSCLK_FREQ_24MHz  24000000
109  #else
110  /* #define SYSCLK_FREQ_HSE    HSE_VALUE */
111  /* #define SYSCLK_FREQ_24MHz  24000000 */
112  #define SYSCLK_FREQ_36MHz  36000000          2
113  /* #define SYSCLK_FREQ_48MHz  48000000 */
114  /* #define SYSCLK_FREQ_56MHz  56000000 */
115  /* #define SYSCLK_FREQ_72MHz  72000000*/        1
116  #endif
```

图9.8　启用48MHz频率宏定义

注意，若打开的system_stm32f10x.c文件在项目分组显示中的图标顶部有一个钥匙小图标，则表明工程文件处于只读属性，不可修改，如图9.9所示。

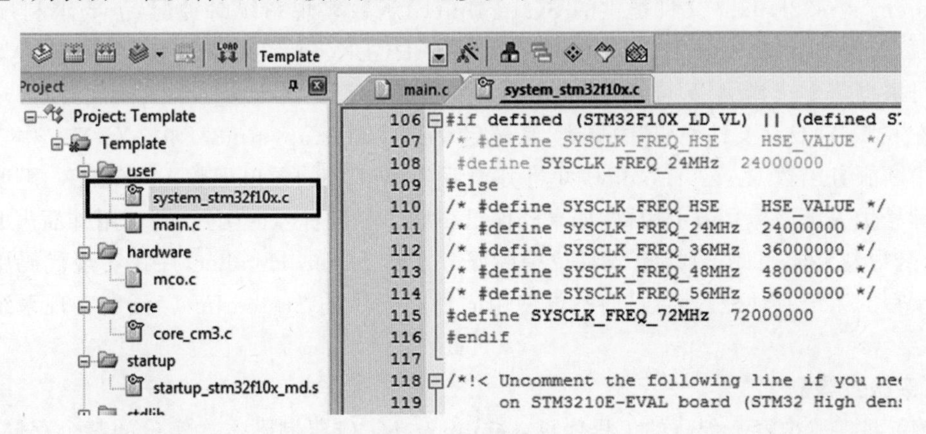

图9.9　文件锁定

此时，需关闭工程，将整个工程文件夹的只读属性去掉。右击文件夹，在弹出的右键菜单中选择“属性”项，在弹出的属性对话框中去掉“只读(仅应用于文件夹中的文件)”复选框，

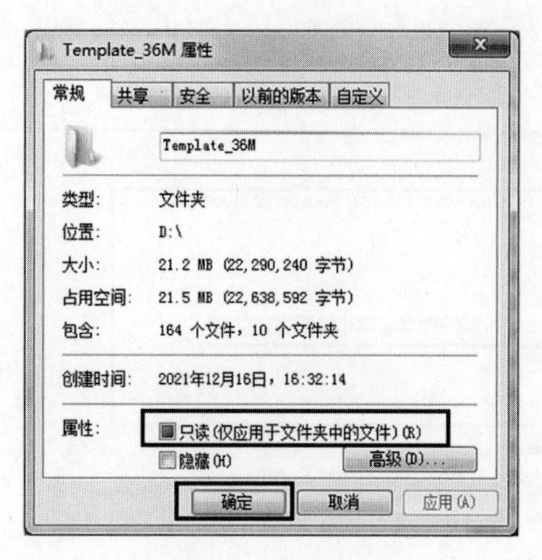

图 9.10 文件属性

然后单击“确定”即可去掉只读属性，如图 9.10 所示。

(4) 编译工程，并将生成的 HEX 目标文件下载到 STM32F103C8T6 实验板运行。

(5) 用示波器探头连接到实验板的 J5-PA8 排针上，测得输出时钟波形与图 9.6 类似，但其频率为 18MHz。

(6) 将 main.c 文件中 main() 函数的“MCO_Init(RCC_MCO_PLLCLK_Div2);”改为“MCO_Init(RCC_MCO_SYSCLK);”，即修改 MCO 输出时钟源，选择系统时钟 SYSCLK 输出。

(7) 编译工程，并将生成的 HEX 目标文件下载到 STM32F103C8T6 实验板运行。

(8) 用示波器探头测量 MCO 引脚(PA8)，测得时钟频率为 36MHz，波形与图 9.6 一致。

(9) 可尝试修改为其他预定义频率，并设置不同 MCO 输出源进行测试以熟练掌握系统时钟的配置。

9.3.3 实验内容三

【实验内容】

利用 RCC 库函数、HSE 时钟或 HSI 时钟将系统时钟配置为 24MHz，并从 MCO 引脚输出，通过示波器观察输出时钟信号及频率。

【实验分析】

此实验是期望不使用 STM32F10x 标准固件库的默认时钟配置 system_stm32f10x.h 和 system_stm32f10x.c 文件提供的 SystemInit() 函数实现系统时钟配置，要求利用 RCC 库函数自行实现系统时钟 SYSCLK 及总线时钟 HCLK、PCLK1、PCLK2 的时钟设置。时钟源可根据需要选择 HSE 或者 HSI。

在 6.5 节“启动文件说明”中提到，系统启动文件 startup_stm32f10x_XXX.s 中实现了复位中断服务函数 Reset_Handler，并将其声明为[WEAK]导出函数。[WEAK]声明其同名的标号优先于该标号被引用，即如果外面已声明了相同标号的函数，则调用外面声明的函数，此函数忽略。因此，可以重载复位中断服务函数 Reset_Handler，并在实现代码中调用自行撰写的系统时钟配置函数，而不再使用固件库提供的 SystemInit() 函数实现系统时钟配置。

【实验步骤】

(1) 将实验内容一创建的工程项目 Template_MCO 复制到本次实验的某个存储位置，并修改项目工程文件夹名称为 Template_RCC，进入项目文件夹下的 user 子目录，双击 μVision5 工程项目文件名 Template.uvprojx 启动工程项目。

(2) 参照标准固件库外设驱动文件作用及编程规范，将自行设计的 RCC 系统时钟配置功能视为一个独立的功能部件，可为该部件撰写一个驱动。因此，在 MDK IDE 中新建两个文件，并分别以 RCC_Config. c 和 RCC_Config. h 为文件名，保存到..\Template_RCC\hardware 目录下。

（3）将 RCC_Config. c 添加到工程项目 hardware 分组中，添加后的 Project 视图如图 9.11 左侧所示。

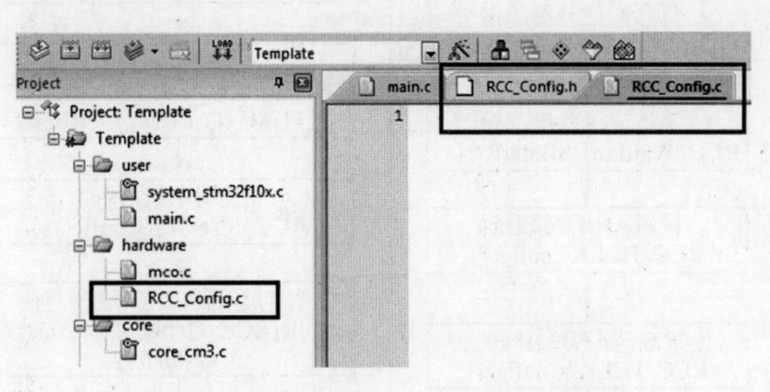

图 9.11　创建 RCC_Config 驱动文件

（4）打开 RCC_Config. h 文件，添加资源包含头文件 stm32f10x. h，并声明有关功能函数，具体代码如下：

```
#ifndef __RCC_CONFIG_H
#define __RCC_CONFIG_H

#include "stm32f10x.h"

//声明重载 Reset_Handler
void Reset_Handler(void);
//SYSCLK 配置
void RCC_Configuration(void);
//声明 main 函数是外部函数,在其他文件进行了定义
extern int main(void);

#endif
```

此处，声明了重载 Reset_Handler(void)函数，系统时钟配置 RCC_Configuration(void)函数，并声明 main(void)函数是外部函数。

（5）打开 RCC_Config. c 文件，添加资源包含头文件 RCC_Config. h，并添加功能函数的实现代码。用 RCC 库函数对 HSE 进行时钟系统配置的流程如图 9.12 所示。

具体实现代码如下：

```
#include "RCC_Config.h"

void Reset_Handler(void)
{
    RCC_Configuration();
    main();
}
void RCC_Configuration(void)
{
```

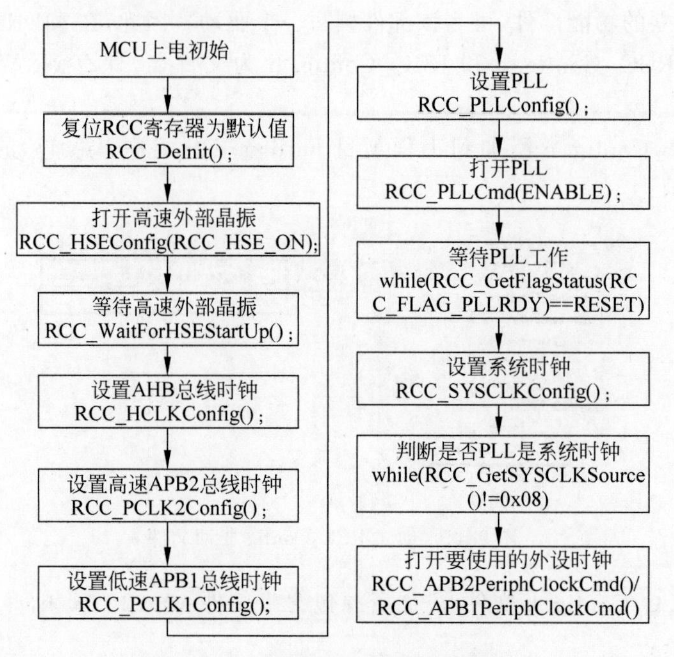

图 9.12　使用 HSE 时钟配置流程

```
ErrorStatus HSEStartUpStatus;
//复位 RCC 寄存器
RCC_DeInit();
//打开 HSE 晶振
RCC_HSEConfig(RCC_HSE_ON);
//获取 HSE OSC 就绪状态
HSEStartUpStatus = RCC_WaitForHSEStartUp();
if(HSEStartUpStatus == SUCCESS)
   {//SUCCESS:HSE 晶振稳定且就绪
    // AHB 时钟 HCLK = 系统时钟 SYSCLK
    RCC_HCLKConfig(RCC_SYSCLK_Div1);
    //APB2 时钟 PCLK2 = HCLK
    RCC_PCLK2Config(RCC_HCLK_Div1);
    // APB1 时钟 PCLK1 = HCLK/2
    RCC_PCLK1Config(RCC_HCLK_Div2);
    //设置 FLASH 存储器延时时钟周期数和 FLASH 预取指缓存模式
    // 配置延时周期:设置 2 个延时周期
    FLASH_SetLatency(FLASH_Latency_2);
    // 预取指缓存使能
    FLASH_PrefetchBufferCmd(FLASH_PrefetchBuffer_Enable);
    //设置 PLL 时钟源 = HSE 时钟频率,倍频系数 = PLL 输入时钟 x 9
    RCC_PLLConfig(RCC_PLLSource_HSE_Div1, RCC_PLLMul_9);
    //使能 PLL
    RCC_PLLCmd(ENABLE);
    //等待 PLL 稳定
    while(RCC_GetFlagStatus(RCC_FLAG_PLLRDY) == RESET) ;
    //选择 PLLCLK 为系统时钟
    RCC_SYSCLKConfig(RCC_SYSCLKSource_PLLCLK);
```

```
        //等待 PLLCLK 作为系统时钟锁定
        while(RCC_GetSYSCLKSource() != 0x08);
        }
}
```

RCC_Config.c 文件中实现了复位中断服务函数 Reset_Handler，并利用 RCC 库函数实现了系统时钟和总线时钟配置。RCC_Configuration()利用 HSE 和 PLL 对 HSE 进行 9 倍频，再将 SYSCLK 配置为 72MHz、HCLK 为 72MHz、PCLK1＝36MHz、PCLK2＝72MHz。

(6) 保持 main()函数中的代码不改变，仍然以 PLLCLK/2 时钟源进行 MCO 输出。编译工程代码，将生成的 HEX 执行代码下载到目标实验板上，用示波器测试 MCO 引脚输出的时钟波形及频率与图 9.6 一致。

(7) 修改 RCC_Configuration()中 PLL 的倍频系数，将 9 倍频改为 3 倍频，即：

```
//设置 PLL 时钟源 = HSE 时钟频率，倍频系数 = PLL 输入时钟 x 3
RCC_PLLConfig(RCC_PLLSource_HSE_Div1, RCC_PLLMul_3);
```

(8) 编译工程代码，将生成的 HEX 执行代码下载到目标实验板上，用示波器测试 MCO 引脚输出的时钟波形及频率，测得波形如图 9.13 所示，测得频率为 12MHz。

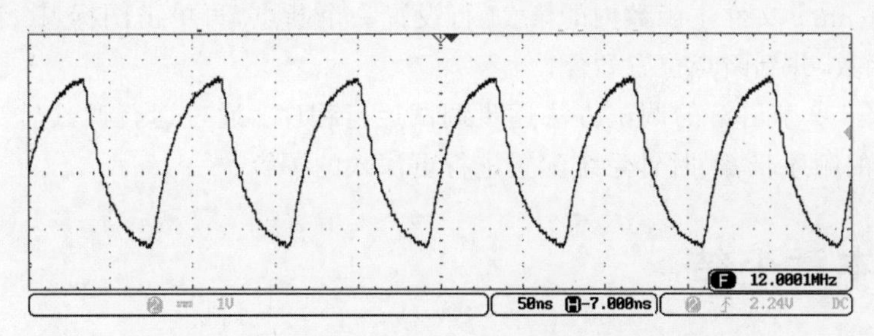

图 9.13　PLL×3 时 PLLCLK/2 输出时钟测得波形

(9) 跟踪代码运行过程。单击 MDK IDE 的属性设置工具图标，弹出属性对话框，切换到 Debug 页面，取消右侧 Run to main()复选框的勾号，如图 9.14 所示。

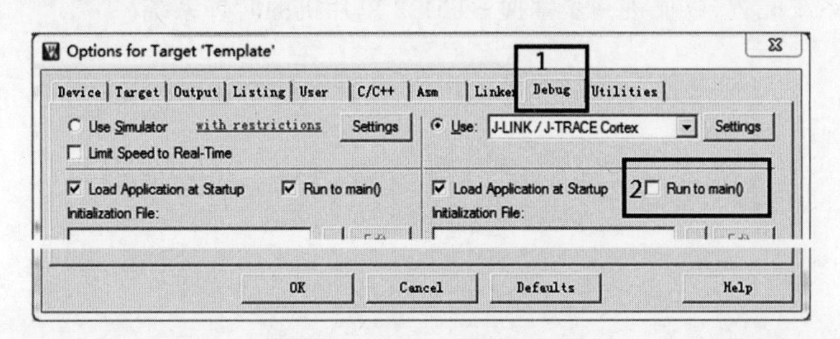

图 9.14　Debug 设置页面

(10) 单击 OK 按钮返回 MDK IDE 主界面。

(11) 单击在线仿真调试图标启动在线仿真调试，启动后进入仿真调试环境，程序暂停在步骤(5)重载 Reset_Handler 函数的入口位置，如图 9.15 所示。

(12) 在第 21 行设置一个断点，然后单击运行到断点的快捷工具图标，程序直接运行

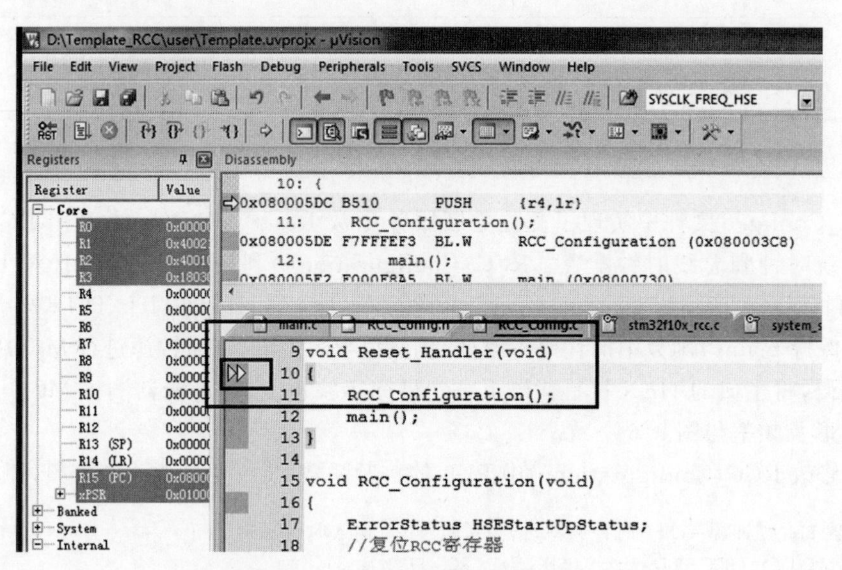

图 9.15　启动进入复位中断入口

进入 RCC_Configuration()函数，并到断点位置暂停。

(13) 在 main.c 文件主函数内的第 11 行设置一个断点，再单击图标 ，程序直接运行进入 main()函数，并到断点位置暂停。

(14) 按照 8.2 节讲解的调试方法逐步调试运行程序。通过运行调试后，对 STM32 单片机启动运行的顺序步骤、时钟系统配置进行更深入的了解。

9.4　本章小结

本章对 STM32 单片机的时钟系统进行实验，以了解时钟系统构成、系统时钟配置。通过三个实验内容的实验，完全了解并掌握时钟输出、如何利用固件库函数 SystemInit()进行所需系统时钟 SYSCLK 配置，并讲解如何利用 RCC 库函数自行编写系统时钟配置功能函数，实现时钟系统配置，以便进一步掌握 STM32 单片机的时钟系统。

第10章 系统定时器 SysTick 实验

CHAPTER 10

Cortex-M 内核内嵌一个系统滴答定时器 SysTick，用于嵌入式操作系统的滴答时钟，也可作为一般定时或延时应用，这样可以节约 MCU 的定时器资源。SysTick 定时器为一个 24 位递减计数器，在设定初值并使能后，每经过 1 个系统滴答时钟(SysTickCLK)周期，计数值就减 1。当 SysTick 计数值到 0 时，SysTick 计数器从重装载值寄存器 ReLoad 自动重装初始值并继续计数，同时 SysTick 定时器控制及状态寄存器的 COUNTFLAG 标志会置位，触发中断(如果开了中断允许)。SysTick 定时器被捆绑在嵌套中断向量控制器 NVIC 中，其中断响应属于 NVIC 异常，异常号为 15，触发中断将产生 SYSTICK 异常，其优先级可设置。本章主要将 SysTick 作为一个定时器使用，并通过实验掌握其具体应用方法。

10.1 实验背景

【实验目的】

(1) 了解系统滴答定时器 SysTick 的构成、系统时钟来源、寄存器及其位定义。

(2) 掌握系统滴答定时器 SysTick 的配置与定时。

(3) 掌握系统滴答定时器 SysTick 的中断服务程序编程。

【实验要求】

(1) 利用库函数或寄存器方式实现 SysTick 的查询定时。

(2) 利用库函数或寄存器方式实现 SysTick 的中断定时。

【实验内容】

(1) 利用 SysTick 定时器控制及状态寄存器的 COUNTFLAG 标志，以查询方式实现毫秒级定时。

(2) 利用 SysTick 定时器的中断功能，以中断方式实现毫秒级定时。

【实验设备】

计算机、STM32F103C8T6 实验开发板、J-Link 仿真器、示波器。

10.2 实验原理

SysTick 定时器内部有 4 个寄存器，分别为控制状态寄存器 CTRL(地址：0xE000 E010)、重载初值寄存器 LOAD(地址：0xE000 E014)、当前值寄存器 VAL(地址：0xE000 E018)和校准寄存器 CALIB(地址：0xE000 E01C)，其结构如图 10.1 所示。

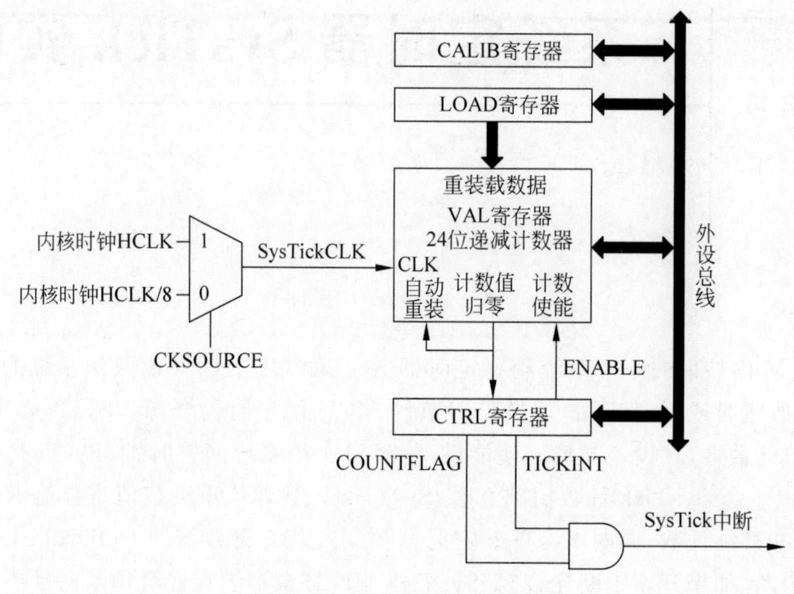

图 10.1　SysTick 内部结构

从内部结构可知，SysTick 定时器的定时时钟 SysTickCLK 来自 HCLK 或 HCLK/8，随后送入 24 位递减 1 计数器进行计数。当计数到 0 时，CTRL 寄存器中的 COUNTFLAG 标志置位，表示定时时间到，并重新加载 LOAD 寄存器中的初值重新开始递减计数，如此循环。因此，可以利用 COUNTFLAG 标志来判断定时时间是否到来实现精确定时。若 CTRL 寄存器中的中断使能位 TICKINT 使能，此时将产生 SysTick 中断请求，进而会进入对应的中断服务程序执行中断服务。SysTick 定时器各寄存器位定义如表 10.1～表 10.3 所示。

表 10.1　控制状态寄存器 CTRL 位域定义(未给出位保留)

位	名　称	类　型	复位值	描　述
0	ENABLE	R/W	0	SysTick 定时器使能位。0：关闭；1：使能
1	TICKINT	R/W	0	SysTick 中断使能位。0：关闭中断；1：使能中断
2	CLKSOURCE	R/W	0	时钟源选择位。0：选择 HCLK/8；1：选择 HCLK
16	COUNTFLAG	R	0	SysTick 计数值归零标志位。读该位后，该位自动清零；SysTick 计数归零，该位为 1(如果在上次读取本寄存器后 SysTick 计数到了 0，则该位为 1)

表 10.2　重载初值寄存器 LOAD 位域定义(未给出位保留)

位	名　称	类　型	复位值	描　述
23：0	RELOAD	R/W	0	当 SysTick 计数归零时，该寄存器值自动重装入计数器

表 10.3　当前值寄存器 VAL 位域定义(未给出位保留)

位	名　称	类　型	复 位 值	描　述
23：0	CURRENT	R/W	0	读取时返回定时器当前计数值。写它,则使之清零,同时还会清除 CTRL 寄存器中的 COUNTFLAG 标志

SysTickCLK 时钟频率为 HCLK 或 HCLK/8,由 CTRL 寄存器中的 CLKSOURCE 确定。由于计数器减 1 到 0 时溢出,并触发标志 COUNTFLAG 置位。因此 SysTick 定时器定时时间:

$$t = \text{LOAD} * (1/\text{SysTickCLK})$$

根据需要定时的时间 t 和 SysTickCLK 的频率,可以计算出定时初值 LOAD。

SysTick 一般采用寄存器操作方式进行编程,其在存储器空间的基地址是 0xE000E010,各寄存器在存储器外设区的存储单元是连续分配的。故在固件库函数 core_cm3.h 文件中定义了 SysTick 寄存器存储器映射,例如:

```
/* SysTick 存储器映射寄存器结构体 */
typedef struct
{
  __IO uint32_t CTRL;            /*!< Offset: 0x00 */
  __IO uint32_t LOAD;            /*!< Offset: 0x04 */
  __IO uint32_t VAL;             /*!< Offset: 0x08 */
  __I uint32_t CALIB;            /*!< Offset: 0x0C */
} SysTick_Type;
/* 存储空间分配 */
#define SCS_BASE ((u32)0xE000E000)
…
#define SysTick_BASE (SCS_BASE + 0x0010)
…
#ifdef _SysTick
//SysTick 寄存器结构体存储器映射及宏定义
  #define SysTick ((SysTick_TypeDef *) SysTick_BASE)
#endif
```

在编程访问 SysTick 各寄存器时,可以通过 SysTick 结构体指针及结构体成员实现寄存器的访问。另外,在标准外设库里面,也为 SysTick 提供了一个库函 SysTick_CLKSourceConfig(),用于设置 SysTick 滴答定时器的时钟源 SysTickCLK,在 misc.h 和 misc.c 文件中进行了声明和定义。

10.3　实验内容

10.3.1　实验内容一

【实验内容】

利用 SysTick 定时器控制及状态寄存器的 COUNTFLAG 标志,以查询方式实现毫秒级定时。

【实验分析】

首先确定 SysTick 的时钟源及频率，再根据定时时间 t 计算出定时初值；然后对定时器进行初始化设置，使能定时器运行。随后 CPU 不停地查询 COUNTFLAG 标志是否置位，一旦置位，定时就到了。

【实验步骤】

(1) 将第 8 章创建的应用项目工程 Template_LED 复制到本次实验的某个存储位置，并修改项目工程文件夹名称为 Template_SysTick，进入项目文件夹下的 user 子目录，双击 μVision5 工程项目文件名 Template. uvprojx 启动工程项目。

(2) 参照标准固件库外设驱动文件作用及编程规范，将 SysTick 视为一个独立延时外设，为其编写一些功能函数，构成 SysTick 延时驱动函数。因此，在 MDK IDE 中新建两个文件，并分别以 delay. h 和 delay. c 为文件名保存到..\Template_SysTick\hardware 目录下。

(3) 将 delay. c 添加到工程项目 hardware 分组中。添加文件到项目分组也可以右击分组名称，然后在右键菜单中选择 Add Existing Files to Group 'hardware'进行添加，如图 10.2 所示，或者双击分组名字，也会弹出 Add Files to Group 'hardware'添加对话框，然后定位到需要添加的文件，选择添加即可(可以双击待添加的文件直接添加，也可以选择待添加文件，再单击 Add 按钮添加)。添加后的 Project 视图如图 10.3 左侧所示。

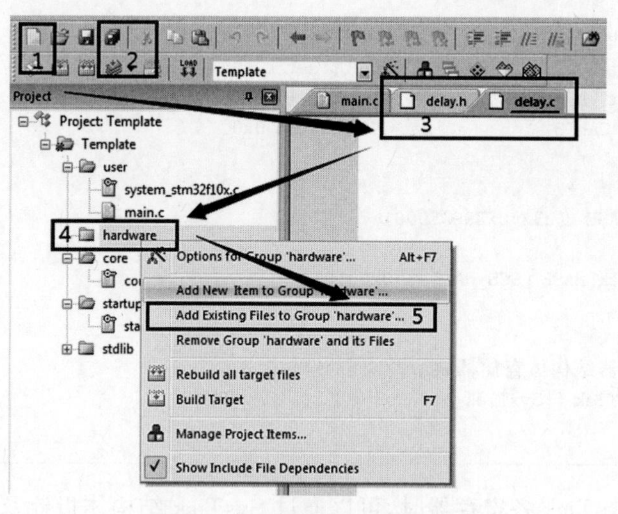

图 10.2 右键菜单添加分组文件

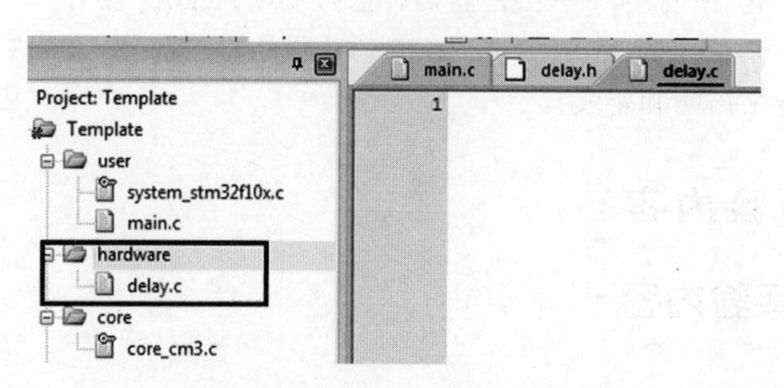

图 10.3 delay. c 加入分组视图

(4) 考虑到 SysTick 作为一个标准外设,此处主要作为延时功能使用。因此,可以定义1个延时初始化函数 delay_Init(),用于设置 SysTick 的定时时钟频率,并分别计算定时1ms 和 1μs 所需的计数个数;定义一个毫秒级延时函数 delay_ms(),一个微秒级延时函数delay_us()。打开 delay.h 文件,添加资源包含头文件 stm32f10x.h,并声明有关功能函数,具体代码如下:

```
#ifndef __DELAY_H
#define __DELAY_H

#include "stm32f10x.h"

//定义 1μs 延时的倍乘数
static uint8_t fac_us = 0;
//定义 1ms 延时的倍乘数
static uint16_t fac_ms = 0;
//函数声明
void delay_init(void);
void delay_ms(uinit16_t nms);
void delay_us(uint32_t nus);

#endif
```

(5) 打开 delay.c 文件,添加资源包含头文件 delay.h,并实现各函数。利用 SysTick 以查询的方式实现定时,其程序流程图如图 10.4 所示。

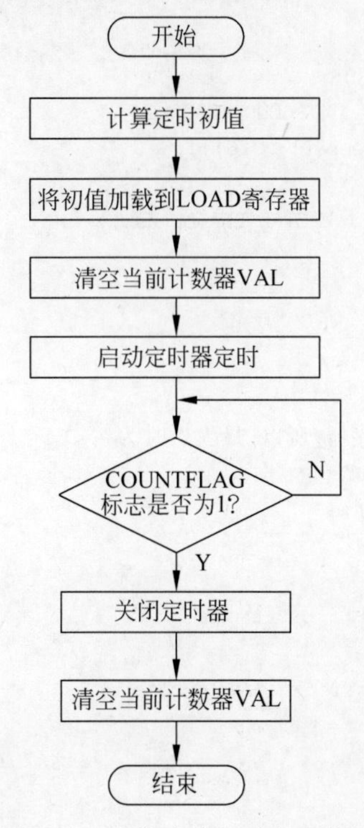

图 10.4　查询方式延时实现流程

具体代码如下：

```
#include "delay.h"

//初始化延时函数,SysTick 的时钟固定为 HCLK 时钟的 1/8
void delay_init()
{
    //选择 SysTick 时钟 HCLK/8
    SysTick_CLKSourceConfig(SysTick_CLKSource_HCLK_Div8);
    //延时 1μs 需要的 sysTick 时钟数,SystemCoreClock 为系统内核时钟
    fac_us = SysTemCoreClock/8000000;
    //延时 1ms 需要的 sysTick 时钟数
    fac_ms = (u16)fac_us * 1000;
}

//延时 nμs
//nus 为要延时的 μs 数
void delay_us(uint32_t nus)
{
    u32 temp;
    //装载计数初值
    SysTick->LOAD = nus * fac_us;
    //写当前计数值寄存器,清空计数器
    SysTick->VAL = 0x00;
    //开始倒数
    SysTick->CTRL| = SysTick_CTRL_ENABLE_Msk ;
    do
    {
        temp = SysTick->CTRL;
    //等待时间到达 (ENABLE = 1 && COUNTFLAG = 1)
    }while((temp&0x01)&&!(temp&(1<<16)));
    //关闭计数器
    SysTick->CTRL& = ~SysTick_CTRL_ENABLE_Msk;
    //清空计数器
    SysTick->VAL = 0X00;
}
//延时 nms
//注意 nms 的范围
//SysTick->LOAD 为 24 位寄存器,所以,最大延时为:
//nms <= 0xffffff * 8 * 1000/SYSCLK
//SYSCLK 单位为 Hz,nms 单位为 ms
//对 72MHz 条件下,nms <= 1864
void delay_ms(uint16_t nms)
{
    u32 temp;
    //定时初值:时间加载(SysTick->LOAD 为 24bit)
    SysTick->LOAD = (u32)nms * fac_ms;
    //清空计数器
    SysTick->VAL = 0x00;
```

```
    //开始倒数
    SysTick->CTRL| = SysTick_CTRL_ENABLE_Msk ;
    do
    {
        temp = SysTick->CTRL;
     //等待时间到达
    }while((temp&0x01)&&!(temp&(1<<16)));
    //关闭计数器
    SysTick->CTRL& = ~SysTick_CTRL_ENABLE_Msk;
    //清空计数器
    SysTick->VAL = 0X00;
}
```

（6）应用编写的延时驱动函数文件 delay.c 和 delay.h 实现延时应用。打开 main.h 文件，在该文件中添加资源包含头文件“#include 'delay.h'”。

（7）打开 main.c 文件，在 main()函数里添加延时单元的初始化代码“delay_Init();”，并将 while(1)循环体内的延时函数“Delay(3000000);”用毫秒级延时函数“delay_ms(1000);”代替，如图 10.5 所示。

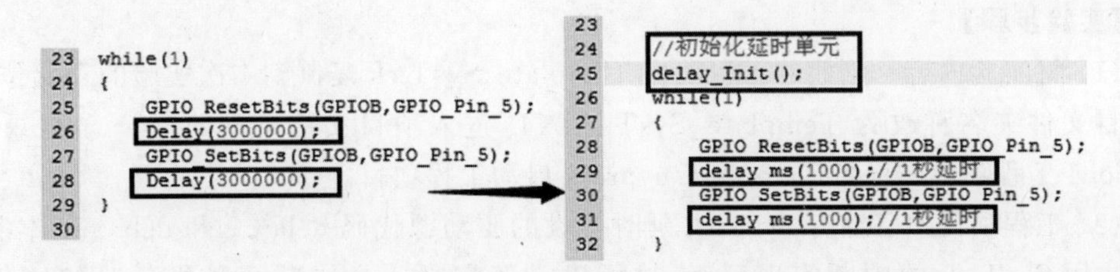

图 10.5 精确延时

（8）保存并编译工程代码，将生成的 HEX 目标代码下载到目标实验板上。可以观察到实验板上 GPIOB.5 引脚对应的 LED3 在闪烁，表明延时函数已经正常工作。

（9）将示波器探头连接到实验板 J6-PB5 排针上，测得其波形如图 10.6 所示，输出波形是方波，且频率为 2Hz，与程序设计的延时一致。

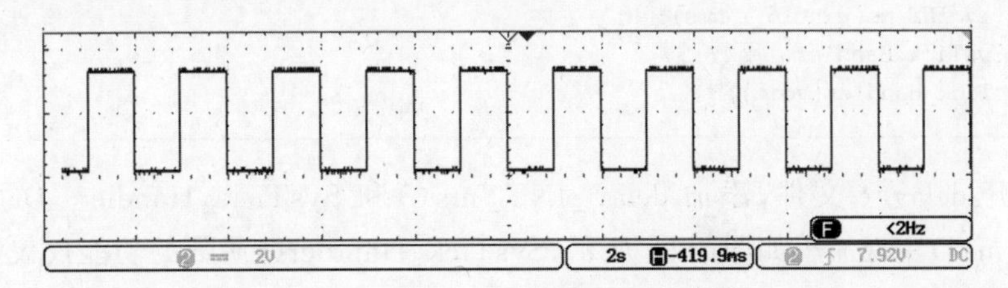

图 10.6 示波器测得波形

10.3.2 实验内容二

【实验内容】

利用 SysTick 定时器的中断功能，以中断方式实现毫秒级定时。

【实验分析】

若在控制状态寄存器 CTRL 中开启中断使能，则当 SysTick 定时时间到(COUNTFLAG 标志置位)时，会产生中断请求。SysTick 定时器属于 Cortex-M3 内核内部的定时器，有自己的中断通道，其对应的中断服务程序函数为 SysTick_Handler()。中断函数名称 SysTick_Handler 在启动文件 startup_stm32f10x_md.s 中声明定义的，且在中断服务程序的实现程序段中被设置为[WAEK]属性，如图 10.7 所示。因此，可以在外部重载该中断服务程序。

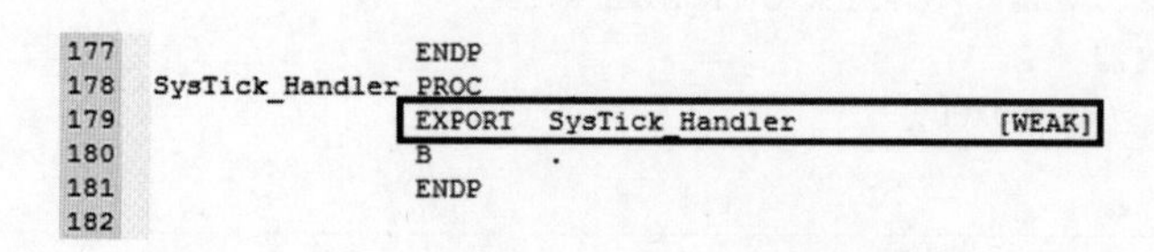
```
177                     ENDP
178 SysTick_Handler     PROC
179                     EXPORT  SysTick_Handler            [WEAK]
180                     B       .
181                     ENDP
182
```

图 10.7 SysTick_Handler 函数汇编语言实现代码

STM32 单片机默认固件库系统时钟 SYSCLK 为 72MHz，AHB 总线时钟 HCLK＝72MHz。假设 SysTickCLK 选择 HCLK/8 为时钟源，则 SystickCLK＝HCLK/8＝9MHz。因此 SysTick 每计一个数的周期是 $1/(9\times10^6)$s，计 9000 个数为 $9000\times1/(9\times10^6)=1$ms。本次实验采用 1ms 中断一次进行精确的毫秒级中断定时。

【实验步骤】

(1) 将实验内容一创建的工程项目 Template_SysTick 复制到本次实验的存储位置，并将项目文件夹名称改为 Template_SysTickINT，进入项目文件夹下的 user 子目录，双击 μVision5 工程项目文件名 Template.uvprojx 启动工程项目。

(2) 工程项目中已经有 SysTick 延时外设的驱动源代码 delay.c 和 delay.h，本实验内容要求用 SysTick 的中断实现延时，故可以重新定义一个中断毫秒级延时初始化函数 delay_INT_ms()。打开 delay.h 文件，声明一个静态计数变量 count_ms，用于统计中断的次数。添加 delay_INT_ms()函数和 SysTick 中断服务函数的声明，具体添加的代码如下：

```
//ms 中断次数计数器
static uint16_t count_ms = 0;
//中断方式实现毫秒延时的函数
void delay_INT_ms(uint16_t nms);
//重载 SysTick_Handler()函数
void SysTick_Handler(void);
```

(3) 打开 delay.c 文件，添加 delay_INT_ms()和 SysTick_Handler()的实现代码。delay_INT_ms()实现流程如图 10.8 所示，SysTick_Handler()函数的功能仅仅进行中断次数计数，其值就代表定时经历了多少毫秒。

具体代码如下：

```
//中断方式实现毫秒延时的函数
void delay_INT_ms(uint16_t nms)
{ //加载定时初值
    SysTick->LOAD = 9000;
```

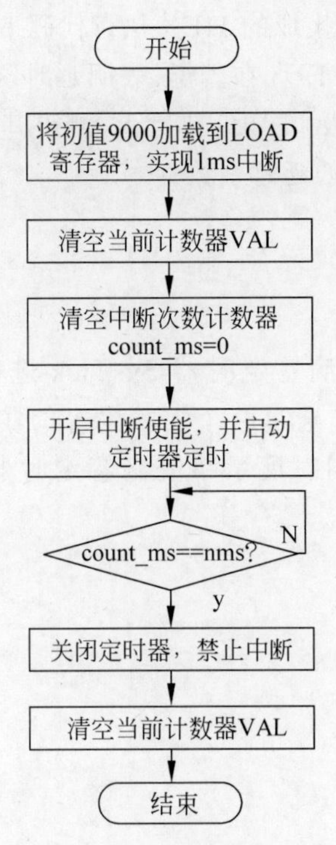

图 10.8　以中断实现 nms

```
    //清空计数器
    SysTick->VAL = 0x00;
    //清空 ms 中断次数计数器
    count_ms = 0x00;
    //开启中断使能
    SysTick->CTRL|= SysTick_CTRL_TICKINT_Msk;
    //开始倒数
    SysTick->CTRL|= SysTick_CTRL_ENABLE_Msk ;
    //等待定时时间到
    while(!(count_ms == nms));
    //关闭计数器
    SysTick->CTRL&= ~SysTick_CTRL_ENABLE_Msk;
    //禁止中断
    SysTick->CTRL&= ~SysTick_CTRL_TICKINT_Msk;
    //清空计数器
    SysTick->VAL = 0X00;
}
//重载 SysTick_Handler()函数
void SysTick_Handler(void)
{
    count_ms++;
}
```

(4) 打开 main.c 文件，将 while(1)循环体内的延时函数“delay_ms(1000);”用中断毫秒级延时函数“delay_INT_ms(1000);”代替。

(5) 保存并编译工程代码，将生成的HEX执行代码下载到目标实验板上。可以观察到实验板上GPIOB.5引脚对应的LED3在闪烁，表明延时函数已经正常工作。

(6) 将示波器探头接到实验板J6-PB5排针上，测得其波形如图10.6所示，输出波形是方波，且频率为2Hz，和程序设计的延时一致。

10.4 本章小结

本章对STM32单片机系统滴答定时器SysTick进行实验，以了解系统滴答定时器SysTick的结构与具体控制方法。通过两个实验内容的实验，可以了解并掌握系统滴答定时器SysTick的具有应用方法，同时展示系统滴答定时器SysTick中断服务函数的具体实现。

第11章 GPIO控制实验

CHAPTER 11

STM32单片机GPIO端口是使用频率最高的片上外设之一，作为数字量信息的输入与输出。根据芯片存储容量的不同，各系列单片机实现的GPIO端口数量不一致，最多实现了7个GIPO端口GPIOx(x=A,B,C,D,E,F,G)，但各个端口的用法是相同的。本章以端口GPIOA、GPIOB和GPIOC为例，对端口时钟使能、引脚模式配置、引脚重定义、引脚输入/输出控制等展开编程应用实验，为单片机GPIO应用奠定基础。

11.1 实验背景

【实验目的】

(1) 掌握GPIO端口内部结构及工作模式。

(2) 掌握寄存器实现GPIO输出的编程方法。

(3) 掌握固件库函数进行GPIO输出的编程方法。

(4) 掌握固件库函数进行GPIO输入的编程方法。

(5) 了解MDK编程、调试方法。

【实验要求】

(1) 利用GPIO端口寄存器实现输出控制。

(2) 利用固件库函数实现GPIO输出控制。

(3) 利用固件库函数实现GPIO输入控制。

【实验内容】

(1) 利用GPIO端口寄存器对实验开发板LED1、LED2、LED3进行输出控制，形成流水灯控制程序。

(2) 利用GPIO固件库函数对实验开发板LED1、LED2、LED3进行输出控制，形成流水灯控制程序。

(3) 利用GPIO固件库函数获取实验开发板上按键KEY1、KEY2、KEY3的状态，并控制对应的LED1、LED2、LED3灯状态取反，实现LED灯按键控制。

【实验设备】

计算机、STM32F103C8T6实验开发板、J-Link仿真器。

11.2 实验原理

STM32单片机的GPIO可以实现数字量的输出与输入，其内部结构如图11.1所示，分为以下四部分：

(1) 引脚钳位：通过两个保护二极管将输入/输出信号电压钳位在VSS～VDD，以保证输入/输出信号不会过压损坏芯片。

(2) 输入通道：带上拉/下拉电阻控制，可实现多模式输入。输入可以通过内部逻辑控制实现模拟电压输入、复用功能单元输入和数字量输入，可根据具体应用配置。

(3) 输出通道：分为数字量输出和复用功能单元输出。输出末端带两个可控制MOS管，可实现推挽或开漏输出，可根据具体应用配置。

(4) CPU读写控制：CPU进行数字量输入/输出时，直接控制输入数据寄存器、输出寄存器和位设置清除寄存器即可实现对端口引脚的控制。输入分为引脚输入和输出缓存输入两种形式，可根据具体应用选择使用哪一种输入。

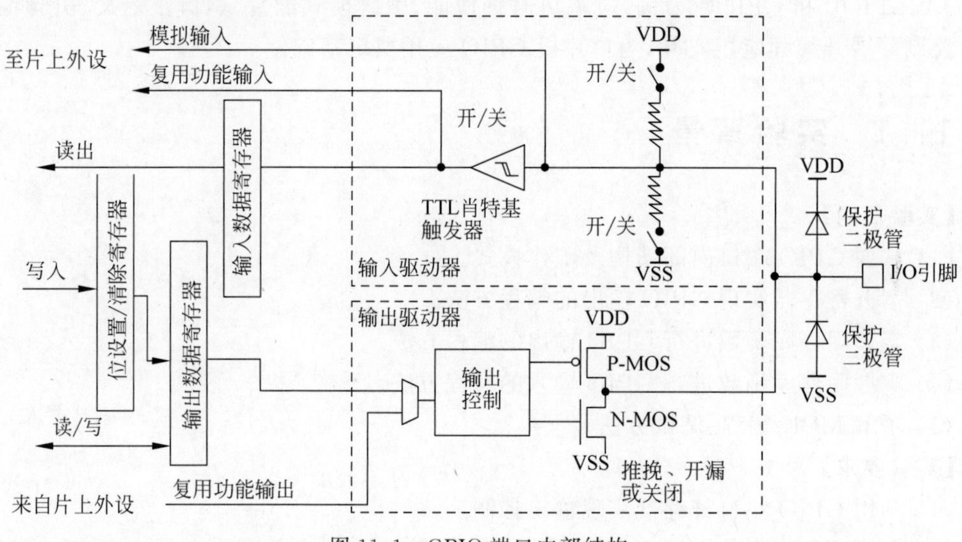

图11.1 GPIO端口内部结构

11.2.1 GPIO输入/输出工作模式

从GPIO端口内部结构可知，端口分为输入和输出两种方式，每种方式各有四种工作模式，如表11.1和表11.2所示。

表11.1 GPIO输入模式

输入模式	输入信号去向	上拉或下拉	施密特触发器
模拟输入	片上模拟外设ADC	无	关闭
浮空输入	输入数据寄存器或片上外设	无	激活
下拉输入	输入数据寄存器或片上外设	下拉	激活
上拉输入	输入数据寄存器或片上外设	上拉	激活

表 11.2 GPIO 输出模式

输出方式	输出信号来自	输出模式	输出带宽
通用开漏输出	输出数据寄存器	开漏	可选： 2MHz 10MHz 50MHz
通用推挽输出		推挽	
开漏复用输出	片上外设	开漏	
推挽复用输出		推挽	

11.2.2 GPIO 寄存器

GPIO 输入/输出操作实际是通过控制 GPIO 端口内部的寄存器实现的，其相关控制寄存器如表 11.3 所示。有关寄存器的详细位定义可查看本书配套资源“STM32F10x 参考手册 V10.pdf”，此处不再详细介绍。

表 11.3 GPIO 寄存器功能作用

寄存器	功能	说明
CRL	控制寄存器低位，用来设置端口低 8 位的工作模式	CRL 和 CRH 用于设置 GPIO 端口的工作方式和模式。两个寄存器的用法一样，用 4 位控制一个引脚的工作模式
CRH	控制寄存器高位，用来设置端口高 8 位的工作模式	
IDR	输入数据寄存器，如果端口被配置成输入端口，可从 IDR 相应位读数据	IDR 用于读取引脚电平状态的。该寄存器仅使用到了低 16 位，每一位对应一个引脚。第 0 位对应第 0 引脚，第 1 位对应第 1 引脚，以此类推，第 15 位对应第 15 引脚
ODR	输出数据寄存器，如果端口被配置成输出端口，可从 ODR 相应位读或写数据	ODR 用于输出引脚电平状态或者读取输出缓存值。该寄存器仅使用到了低 16 位，每一位对应一个引脚，与 IDR 类似
BSRR	置位复位寄存器，通过该寄存器可对输出数据寄存器 ODR 每一位进行置位和复位操作	BSRR 用于设置输出引脚电平状态，是 32 位寄存器，分为高 16 位和低 16 位。高 16 位用于复位输出引脚状态到低电平，即输出 0；低 16 位用于置位输出引脚状态到高电平，即输出 1；使用时需要注意向这些位写‘1’，使能该位对应引脚置位或复位，写‘0’时不起作用
BRR	位复位寄存器，通过该寄存器可以对输出数据寄存器 ODR 每一位进行复位操作	BRR 用于复位输出引脚电平状态，其作用与 BSRR 寄存器的高 16 位功能相同，用法也类似
LCKR	当执行正确的写序列设置了位 16(LCKK)时，该寄存器用来锁定端口的配置	当对端口位执行 LOCK 序列后，在下次系统复位之前将不能再更改端口位的配置

11.2.3 GPIO 端口存储器映射

对 GPIO 端口的操作实际是通过控制其内部寄存器实现的。Cortex-M3 内核为方便对外设的管理，采用统一存储器映射的方式对外设进行访问。因此，在外设存储空间分配了一段连续的存储单元，作为GPIO端口寄存器映射到该空间的存储单元，相当于给外设各个寄存器分配了一个存储单元地址，随后即可通过该存储器单元地址访问到对应的寄存器，从而实现对该寄存器的读写操作。Cortex-M3内核单片机地址总线宽度为32位，若直接通过寄存器地址进行访问非常不方便。为简化编程，在stm32f10x.h文件中定义了单片机的寄存器地址和存储器映射，并用宏定义了基地址别名。例如：

```
//外设存储空间基地址
#define  PERIPH_BASE           ((u32)0x40000000)
//外设存储器空间映射
#define  APB1PERIPH_BASE       PERIPH_BASE
#define  APB2PERIPH_BASE       (PERIPH_BASE + 0x10000)
#define  AHBPERIPH_BASE        (PERIPH_BASE + 0x20000)
//GPIO端口寄存器首地址宏定义
#define  GPIOA_BASE            (APB2PERIPH_BASE + 0x0800)
#define  GPIOB_BASE            (APB2PERIPH_BASE + 0x0C00)
#define  GPIOC_BASE            (APB2PERIPH_BASE + 0x1000)
#define  GPIOD_BASE            (APB2PERIPH_BASE + 0x1400)
#define  GPIOE_BASE            (APB2PERIPH_BASE + 0x1800)
#define  GPIOF_BASE            (APB2PERIPH_BASE + 0x1C00)
#define  GPIOG_BASE            (APB2PERIPH_BASE + 0x2000)
```

由于GPIO端口寄存器在存储器空间是连续分配的，因此可以通过端口基地址GPIOx_BASE加上各个寄存器的偏移地址进行访问。由于端口寄存器在存储器空间是连续分配的，而C语言中结构体成员的存储单元也是连续分配的，因此可以将结构体及成员与GPIO端口及各个寄存器建立起一种映射关系，然后可利用结构体成员实现对端口寄存器的访问。在stm32f10x.h文件中定义了GPIO端口寄存器结构体，并通过结构体指针建立了与GPIO端口寄存器的映射关系：

```
//定义GPIO存储器映射寄存器结构体
typedef struct
{
  __IO uint32_t CRL;
  __IO uint32_t CRH;
  __IO uint32_t IDR;
  __IO uint32_t ODR;
  __IO uint32_t BSRR;
  __IO uint32_t BRR;
  __IO uint32_t LCKR;
} GPIO_TypeDef;
//GPIO寄存器结构体与GPIO端口寄存器映射
//强制将GPIOx_BASE所在单元转换为GPIO结构体指针,并定义一个宏名
#define GPIOA      ((GPIO_TypeDef * ) GPIOA_BASE)
#define GPIOB      ((GPIO_TypeDef * ) GPIOB_BASE)
#define GPIOC      ((GPIO_TypeDef * ) GPIOC_BASE)
#define GPIOD      ((GPIO_TypeDef * ) GPIOD_BASE)
#define GPIOE      ((GPIO_TypeDef * ) GPIOE_BASE)
#define GPIOF      ((GPIO_TypeDef * ) GPIOF_BASE)
#define GPIOG      ((GPIO_TypeDef * ) GPIOG_BASE)
```

通过上述定义后，即可利用宏名 GPIOx(x 代表端口 A～G)及结构体指针成员访问方式实现各端口寄存器的访问。

11.2.4 GPIO 库函数

寄存器方式访问 GPIO 端口需要了解各个寄存器的具体位定义。为了降低编程难度，可通过 STM32F10x 固件库提供的 GPIO 库函数实现 GPIO 的访问。GPIO 固件库驱动文件为 stm32f10x_gpio.h 和 stm32f10x_gpio.c，常用的库函数如表 11.4 所示。有关 GPIO 库函数的具体定义及使用细节，请查看本书配套资料“STM32F10x 固件函数库用户手册.pdf”。

表 11.4 GPIO 常用库函数

序号	函数名	描述
1	GPIO_Init()	初始化指定 GPIOx 端口引脚工作模式
2	GPIO_ReadInputDataBit()	读取指定 GPIOx 端口指定引脚状态
3	GPIO_ReadInputData()	读取指定 GPIOx 端口引脚状态
4	GPIO_ReadOutputDataBit()	读取指定 GPIOx 端口指定引脚的输出状态
5	GPIO_ReadOutputData()	读取指定 GPIOx 端口引脚的输出状态
6	GPIO_SetBits()	设置指定 GPIOx 端口指定引脚
7	GPIO_ResetBits()	清除指定 GPIOx 端口指定引脚
8	GPIO_WriteBit()	写指定 GPIOx 端口指定引脚的状态
9	GPIO_Write()	写指定 GPIOx 端口引脚状态
10	GPIO_PinRemapConfig()	重定义指定引脚的功能
11	GPIO_EXTILineConfig()	映射指定 GPIOx 端口引脚对应的外部中断线

11.2.5 LED 接口电路原理图

实验开发板提供了 3 个 LED 灯用于 GPIO 输出控制，LED1、LED2、LED3 的电路原理图如图 11.2 所示，分别连接到 GPIOB 端口的第 3(PB3)、第 4(PB4)、第 5(PB5)引脚。

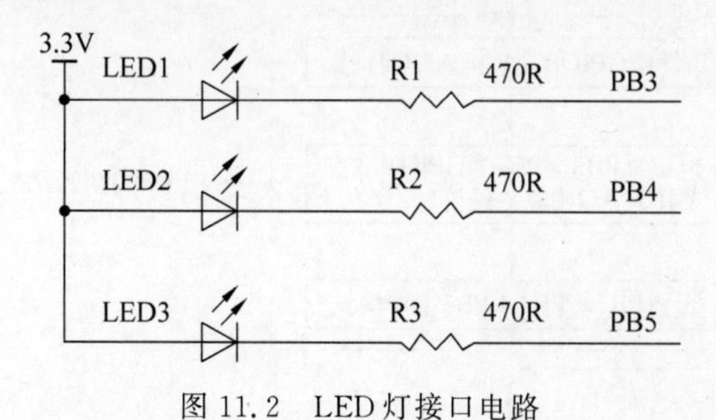

图 11.2 LED灯接口电路

(1) 根据 STM32 单片机内部结构和特点可知，在使用片上外设之前，必须先使能外设时钟才能正常使用。GPIOB 端口是挂接在 APB2 总线上的，且其时钟默认是禁止的，因此使用前需要在 RCC 中使能 GPIOB 端口时钟。

(2) 根据 STM32F103C8T6 芯片引脚定义可知，PB3/JTDO 和 PB4/JNTRST 默认为 JTAG 功能引脚，不能直接作为 GPIO 引脚使用。此时，若需要作为 GPIO 端口引脚使用，需要禁用 JTAG 功能、使能 GPIO 引脚功能，即需要对端口引脚进行重定义。PB5 上电默认即为 GPIO 功能引脚，故不需要做重定义即可使用。

(3) 由于 LEDx(x=1,2,3)采用共阳极接法，要使 LEDx 灯亮或灭，需要在 LEDx 阴极提供强低或强高电平进行控制。由 LEDx 与控制引脚 PB3、PB4、PB5 连接形式可知，要使引脚 PB3、PB4、PB5 输出强低或强高电平，其工作模式只能设置为通用推挽输出，输出带宽无限制。

11.3 实验内容

11.3.1 实验内容一

【实验内容】

利用 GPIO 端口寄存器对实验开发板 LED1、LED2、LED3 进行输出控制，形成流水灯控制程序。

【实验分析】

(1) 实现 GPIO 端口输出控制，首先需要使能端口时钟，接着设置端口的工作模式，然后才可以进行电平输出控制。GPIOB 端口挂接在 APB2 总线，其时钟使能寄存器是 RCC 中的 APB2ENR 寄存器，设置 GPIOB 端口对应使能位即可使能。

(2) 由于本次实验涉及引脚功能重定义，需要先使能 AFIO(辅助功能 I/O)的时钟，然后再设置 AFIO 中重映射配置寄存器 MAPR，以使能 I/O 功能，才能作为通用 GPIO 引脚使用。AFIO 挂接在 ABP2 总线上，其时钟使能控制寄存器仍然是 RCC 中的 APB2ENR 寄存器。

(3) 根据外部 LEDx 电路连接可知，PB3、PB4、PB5 三个引脚需要配置为通用推挽输出模式，可配置 GPIOB 端口的控制寄存器 CRL 进行模式及输出速率设置。LED 控制流程如图 11.3 所示。

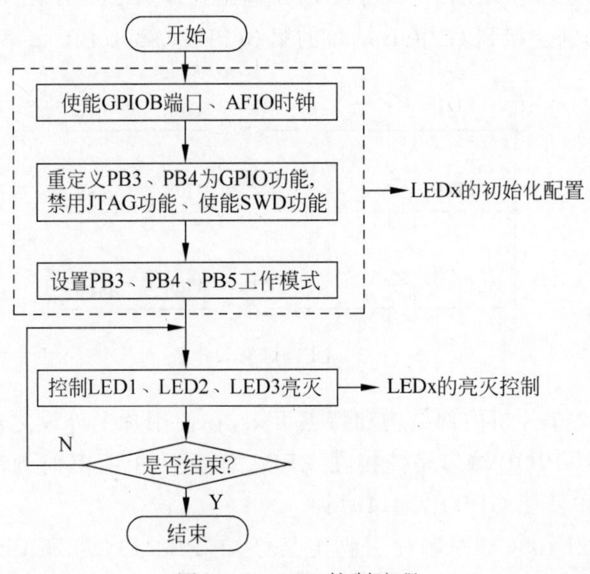

图 11.3 LED 控制流程

【实验步骤】

(1) 将第 10 章实验内容二所创建的应用项目工程 Template_SysTickINT 复制到本次实验的某个存储位置，并修改项目工程文件夹名称为 Template_GPIOLED_R，进入项目文件夹下的 user 子目录，双击 μVision5 工程项目文件名 Template. uvprojx 启动工程项目。

(2) 参照标准固件库外设驱动文件作用及编程规范，将 LED 显示功能视为一个独立 LED 外设，为其编写一些控制功能函数，构成 LED 显示驱动函数。在 MDK IDE 中新建两个文件，并分别以 led. h 和 led. c 为文件名，保存到..\Template_GPIOLED_R\hardware 目录下。

(3) 将 led. c 添加到工程项目 hardware 分组中，添加后的 Project 视图如图 11. 4 所示。

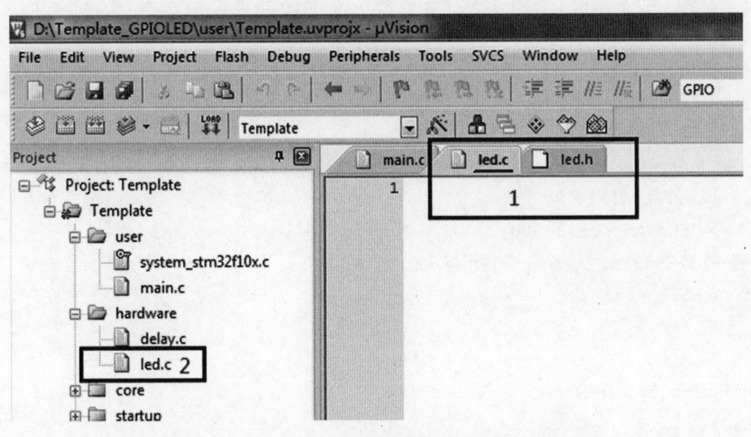

图 11. 4 led. c 加入 hardware 分组视图

(4) 考虑到 LED 作为一个标准外设，根据图 11. 3 的 LED 灯控制流程，可以定义一个初始化函数 LED_Init()用于初始化 LEDx 设备，定义一个 LED_ON()函数用于开灯，定义一个 LED_OFF()函数用于关灯。因此，打开 led. h 文件，添加资源包含头文件 stm32f10x. h，定义 LED1、LED2、LED3 连接引脚的宏名，并声明有关功能函数。具体代码如下：

```
#ifndef __LED_H
#define __LED_H

#include "stm32f10x.h"
//-------------------------------
//定义 LED1、LED2、LED3 对应引脚宏名,并取名为 LED1、LED2、LED3
#define LED1 GPIO_Pin_3
#define LED2 GPIO_Pin_4
#define LED3 GPIO_Pin_5

void LED_Init(void);
void LED_ON(uint16_t led);
void LED_OFF(uint16_t led);

#endif
```

(5) 打开 led.c 文件,添加资源包含头文件 led.h,并添加各功能函数的实现代码。具体如下:

```
#include "led.h"
void LED_Init(void)
{
    uint32_t tmp;
    //GPIOB 端口时钟使能
    RCC->APB2ENR| = (1<<3);
    //AFIO 时钟使能
    RCC->APB2ENR| = (1<<0);
    //重定义 PB3、PB4 功能:禁用 JTAG,使能 SWD 和 GPIO 功能
    tmp = AFIO->MAPR;
    tmp = tmp&0xF8FFFFFF;
    AFIO->MAPR = tmp|0x02000000;
    //设置引脚为 50MHz 通用推挽输出模式
    tmp = GPIOB->CRL ;
    tmp = tmp&0xFF000FFF;
    GPIOB->CRL = tmp|0x333000;
    //设置 PB3、PB4、PB5 为高电平,所有 LED 灯灭
    GPIOB->BSRR = 0x38;
}

void LED_ON(uint16_t led)
{
   GPIOB->BRR = led;
}

void LED_OFF(uint16_t led)
{
   GPIOB->BSRR = led;
}
```

(6) 利用所编写的 LED 驱动 led.c 和 led.h 实现流水灯控制。打开 main.h 头文件,在该文件中添加资源包含头文件#include "led.h",如图 11.5 所示。

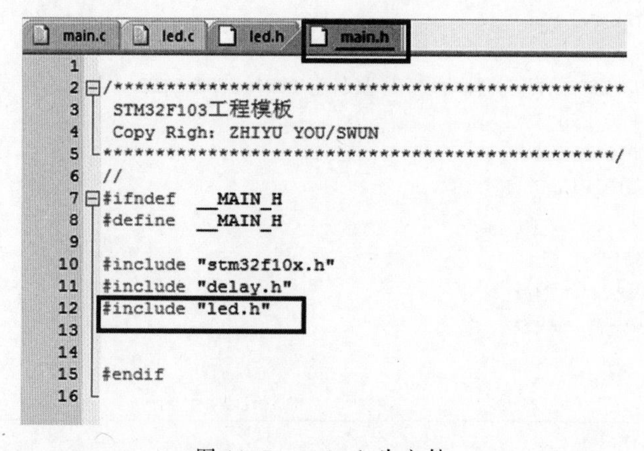

图 11.5 main.h 头文件

（7）打开 main.c 文件，先删除原工程中的 Delay()函数，再删除 main()函数中的所有代码，删除后如图 11.6 所示。

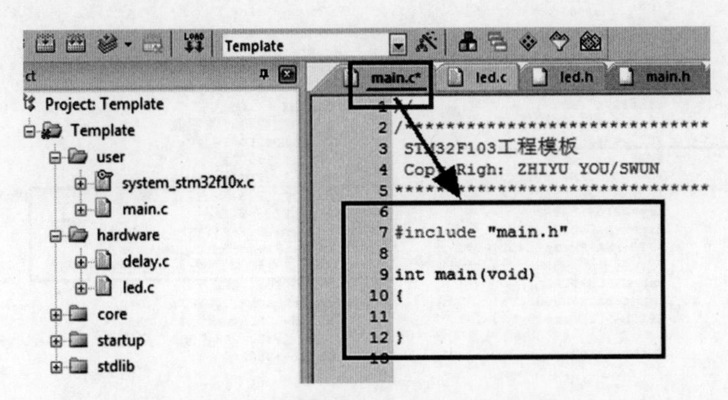

图 11.6 删除其余代码后的程序视图

（8）在 main()函数中添加外设初始化语句及流水灯控制程序代码，具体代码如下：

```
#include "main.h"

int main(void)
{
    //初始化延时单元
    delay_Init();
    //初始化 LED
    LED_Init();
    while(1)
    {
        LED_ON(LED1);
        LED_OFF(LED2);
        LED_OFF(LED3);
        delay_ms(500);              //0.5s 延时

        LED_OFF(LED1);
        LED_ON(LED2);
        LED_OFF(LED3);
        delay_ms(500);              //0.5s 延时

        LED_OFF(LED1);
        LED_OFF(LED2);
        LED_ON(LED3);
        delay_ms(500);              //0.5s 延时
    }
}
```

（9）编译工程，将生成的可执行目标 HEX 文件下载到实验开发板，启动运行后可以看到 LED1、LED2、LED3 三个灯轮流亮灭，实现了流水灯。

（10）为验证与体会引脚重定义的作用，修改 LED_Init()函数，将“AFIO 时钟使能”语句或“引脚重定义”语句屏蔽，在重新编译工程观察 LEDx 运行结果。从运行效果可以看到，仅有 LED3 在闪烁，LED1 和 LED2 不亮，实验结果表明了“AFIO 时钟使能”语句和“引脚重定义”语句对 GPIO 引脚重定义的作用。屏蔽语句的程序视图如图 11.7 所示。

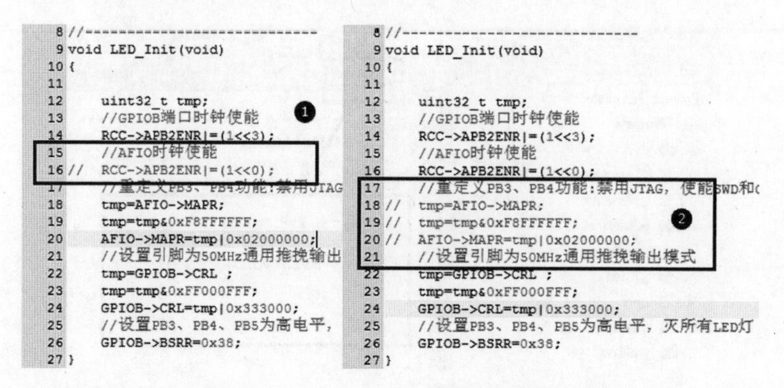

图 11.7　禁用 AFIO 时钟或引脚重定义

(11) 为实验 ODR 寄存器操作实现输出，可以利用 ODR 寄存器修改 LED_ON()、LED_OFF()函数实现代码实现 LED1、LED2、LED3 流水灯控制，并编译代码下载运行，观察实验效果。具体实现代码不再给出，留给读者自行编写。

11.3.2　实验内容二

【实验内容】

利用 GPIO 固件库函数对实验开发板 LED1、LED2、LED3 进行输出控制，形成流水灯控制程序。

【实验分析】

本实验内容主要是想利用库函数进行 GPIO 控制，实现图 11.3 所示的 LED 控制流程。对流程中使能 GPIOB 端口、AFIO 时钟，可以调用 RCC 库函数(RCC 库函数文件是 stm32f10x_rcc.h 和 stm32f10x_rcc.c)中的 RCC_APB2PeriphClockCmd()函数进行使能与禁止。对应 GPIO 端口的配置与控制可以调用 GPIO 库函数(驱动文件为 stm32f10x_gpio.h 和 stm32f10x_gpio.c)中的 GPIO_Init()、GPIO_PinRemapConfig()、GPIO_SetBits()、GPIO_ResetBits()、GPIO_WriteBit()、GPIO_Write()等函数实现，具体函数功能见表 11.4。

【实验步骤】

(1) 将本章实验内容一创建的应用项目工程 Template_GPIOLED_R 复制到本次实验的某个存储位置，并修改项目工程文件夹名称为 Template_GPIOLED_LIB，进入项目文件夹下的 user 子目录，双击 μVision5 工程项目文件名 Template.uvprojx，启动工程项目。

(2) 本次实验仅仅将实验一的相关函数实现代码用 GPIO 库函数实现，不编写新的功能函数。因此，打开 led.c 文件，修改各功能函数的实现代码如下：

```
//初始化 LED 设备
void LED_Init(void)
{
    //定义 GPIO 初始化结构参数变量
```

```
    GPIO_InitTypeDef GPIO_InitStructure;

    //使能 GPIOB 时钟和 AFIO 时钟
    RCC_APB2PeriphClockCmd(RCC_APB2Periph_GPIOB|RCC_APB2Periph_AFIO,ENABLE);
    //关闭 JTAG,使能 SWD 接口,这样 PB3,PB4 可作为 GPIO 口使用
    GPIO_PinRemapConfig(GPIO_Remap_SWJ_JTAGDisable,ENABLE);
    //设置 PB.3～PB.5 为推挽输出
    GPIO_InitStructure.GPIO_Pin = GPIO_Pin_3|GPIO_Pin_4|GPIO_Pin_5;
    //I/O 口速度为 50MHz
    GPIO_InitStructure.GPIO_Speed = GPIO_Speed_50MHz;
    //推挽输出
    GPIO_InitStructure.GPIO_Mode = GPIO_Mode_Out_PP;
    //根据设定参数初始化 GPIOB 端口
    GPIO_Init(GPIOB,&GPIO_InitStructure);
    //PB.3 - PB.4 - PB.5 输出高 ,LED 不亮
    GPIO_SetBits(GPIOB,GPIO_Pin_3|GPIO_Pin_4|GPIO_Pin_5);
}

void LED_ON(uint16_t led)
{
   GPIO_ResetBits(GPIOB,led);
}

void LED_OFF(uint16_t led)
{
   GPIO_SetBits(GPIOB,led);
}
```

(3) 其他内容保持不变,编译工程项目生成可执行目标 HEX 文件,下载到实验开发板启动运行后可以看到 LED1、LED2、LED3 三个灯轮流亮灭,实现了流水灯。

(4) 为验证 AFIO 时钟使能的作用,修改 LED_Init()函数,将 AFIO 时钟使能取消,即将"RCC_APB2PeriphClockCmd(RCC_APB2Periph_GPIOB|RCC_APB2Periph_AFIO,ENABLE);"改成"RCC_APB2PeriphClockCmd(RCC_APB2Periph_GPIOB,ENABLE);"语句,仅使能 GPIOB 端口时钟,在编译工程观察运行结果。从运行效果可以看到,仅 LED3 闪烁,LED1 和 LED2 不亮,体会到"AFIO 时钟使能"对 GPIO 引脚重定义的作用。

(5) 为验证与体会引脚重定义的作用,修改 LED_Init()函数,将 引脚重定义"GPIO_PinRemapConfig(GPIO_Remap_SWJ_JTAGDisable,ENABLE);"语句屏蔽,在编译工程观察运行结果。从运行效果可以看到,仅 LED3 闪烁,LED1 和 LED2 不亮,体会到 "引脚重定义"语句对 GPIO 引脚重定义的作用。

(6) 为了实验 GPIO_WriteBit()、GPIO_Write()两个库函数的使用,可以利用 GPIO_WriteBit()、GPIO_Write()在 led.h 和 led.c 两个文件中声明和实现两个新的函数 LED_ONOFF_WriteBit()和 LED_ONOFF_Write (),进而实现 LED1、LED2、LED3 流水灯控制。

(7) 在 led.h 文件中增加函数声明,具体实现代码如下:

```
//第一个参数 led:指定控制的 LED 灯
//第二个参数 flag:确定灯亮(Bit_RESET)或灯灭(Bit_SET)
void LED_ONOFF_WriteBit(uint16_t led,BitAction flag);
void LED_ONOFF_Write(uint16_t led,BitAction flag);
```

(8) 在 led.c 文件中增加函数实现代码,具体如下:

```
// 利用 GPIO_WriteBit 函数
void LED_ONOFF_WriteBit(uint16_t led,BitAction flag)
{
    GPIO_WriteBit(GPIOB,led,flag);
}
// 利用 GPIO_Write 函数
void LED_ONOFF_Write(uint16_t led,BitAction flag)
{
    uint16_t tmp;
    tmp = GPIO_ReadOutputData(GPIOB);
    if(flag == Bit_RESET)
    {                       //点亮
        tmp& = (~led);
        GPIO_Write(GPIOB,tmp);
    }
    else
    {                       //熄灭
        tmp| = led;
        GPIO_Write(GPIOB,tmp);
    }
}
```

(9) 在 main.h 文件添加两个 LED 灯闪烁控制功能函数的声明,具体实现代码如下:

```
//LED 闪烁控制函数声明
void LED_Flash_WriteBit(void);
void LED_Flash_Write(void);
```

(10) 在 main.c 文件中添加两个 LED 灯闪烁控制功能函数的实现代码,具体如下:

```
void LED_Flash_WriteBit(void)
{
    LED_ONOFF_WriteBit(LED1,Bit_RESET);
    LED_ONOFF_WriteBit(LED2,Bit_SET);
    LED_ONOFF_WriteBit(LED3,Bit_SET);
    delay_ms(500);          //0.5s 延时

    LED_ONOFF_WriteBit(LED1,Bit_SET);
    LED_ONOFF_WriteBit(LED2,Bit_RESET);
    LED_ONOFF_WriteBit(LED3,Bit_SET);
```

```
    delay_ms(500);              //0.5s 延时

    LED_ONOFF_WriteBit(LED1,Bit_SET);
    LED_ONOFF_WriteBit(LED2,Bit_SET);
    LED_ONOFF_WriteBit(LED3,Bit_RESET);
    delay_ms(500);              //0.5s 延时
}
void LED_Flash_Write(void)
{
    LED_ONOFF_Write(LED1,Bit_RESET);
    LED_ONOFF_Write(LED2,Bit_SET);
    LED_ONOFF_Write(LED3,Bit_SET);
    delay_ms(500);              //0.5s 延时

    LED_ONOFF_Write(LED1,Bit_SET);
    LED_ONOFF_Write(LED2,Bit_RESET);
    LED_ONOFF_Write(LED3,Bit_SET);
    delay_ms(500);              //0.5s 延时

    LED_ONOFF_Write(LED1,Bit_SET);
    LED_ONOFF_Write(LED2,Bit_SET);
    LED_ONOFF_Write(LED3,Bit_RESET);
    delay_ms(500);              //0.5s 延时
}
```

注意：在 stm32f10x_gpio.h 文件中，声明了枚举型变量 Bit_RESET 和 Bit_SET，可以利用这个枚举型变量进行应用程序编写。枚举型变量定义如下：

```
typedef enum
{ Bit_RESET = 0,
  Bit_SET
}BitAction;
```

(11) 在 main.c 文件的 while 循环中，屏蔽原来的流水灯程序代码，调用新写的 LED_Flash_WriteBit()或 LED_Flash_Write()流水灯控制函数实现流水灯控制。编译工程并下载运行，观察运行结果，与前面实验结果一致。

11.3.3 实验内容三

【实验内容】

利用 GPIO 固件库函数获取实验开发板上按键 KEY1、KEY2、KEY3 的状态，并控制对应的 LED1、LED2、LED3 灯状态取反，实现 LED 灯按键控制。

【实验分析】

1. 按键电路与状态分析

本实验内容主要是想利用库函数进行 GPIO 输入操作。实验开发板设计了 KEY1、KEY2、KEY3 和 WAKUP 按键，用于实现按键输入实验，其电路原理图如图 11.8 所示，分

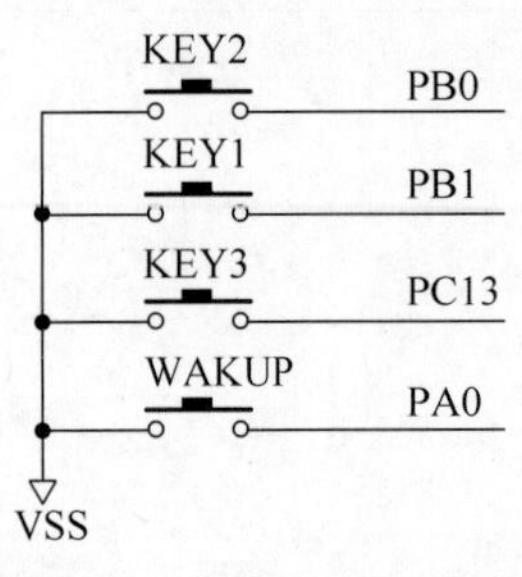

图 11.8　按键电路原理图

别与单片机的 GPIOB 端口第 1(PB1)和第 0(PB0)引脚、GPIOC 端口的第 13(PC13)引脚、GPIOA 端口的第 0(PA0)引脚相连。

(1) 按键电路分别连接在 GPIOA、GPIOB、GPIOC 端口,且都属于 APB2 总线上的外设,时钟默认是禁止的。因此在使用之前需要在 RCC 中使能 3 个 GPIO 端口的时钟。

(2) 根据 STM32F103C8T6 芯片引脚定义可知,PB0、PB1、PC13 和 PA0 默认为 GPIO 功能引脚,故不需要进行引脚重定义。

(3) 按键一般只有按下和释放两种状态,在数字信息处理中可用低电平(0)或高电平(1)来表示两种状态。图中 4 个按键一侧直接连接地 VSS,另一侧与 GPIO 引脚连接。以 KEY1 为例说明按键按下与未按下的状态表示:当按键 KEY1 按下时,直接将 PB1 拉到地,实现低电平输入,此时读 PB1 引脚电平状态应为 0,故读 PB1==0 可以判断为按键按下。当按键 KEY1 未按下时,PB1 引脚处于浮空状态,而代表按键未按下应该表现为高电平。由于 PB1 引脚外部没有相关电路,为使此时引脚 PB1 呈现高电平,故需要将 PB1 引脚芯片内部的上拉电阻使能,才能使 PB1 呈现高电平,此时读引脚 PB1 电平状态应为 1,故可以判断为按键未按下。因此,4 个引脚的工作模式应配置为上拉输入模式,低电平表示按下,高电平表示未按下。

2. 按键状态获取分析

为实现按键状态获取,只需对 GPIO 引脚状态读取即可获得按键的状态。在进行 GPIO 引脚读取前,与 GPIO 输出控制类似,需要先使能 GPIO 端口时钟,可以调用 RCC 库函数中的 RCC_APB2PeriphClockCmd()函数进行使能与禁止。对 GPIO 端口工作模式的配置可以调用 GPIO 库函数中的 GPIO_Init()进行模式设置。对 GPIO 端口引脚状态读取可以调用 GPIO_ReadInputDataBit ()和 GPIO_ReadInputData ()函数实现,具体函数功能见表 11.4。

3. 按键扫描分析

按键扫描实际是获取当前已按下按键的键值。本次实验按键电路是独立按键电路,对按键的扫描比较简单,令各按键的键值分别为 KEY1_PRES、KEY2_PRES、KEY3_PRES 和 WAKUP_PRES。可编写一个按键扫描函数,调用该函数即可实现对按键的扫描,并返回已按下键对应的键值,未按下任何按键时返回 NULL(NULL==0)。为防止按键抖动或干扰,可加入按键消抖。由于按键硬件电路中未涉及硬件消抖,因此可以在软件中利用 10~15ms 的延时进行消抖。根据按键扫描原理,其程序流程如图 11.9 所示。

4. 按键控制 LED 分析

实验内容是利用按键 KEY1、KEY2、KEY3 控制 LED1、LED2、LED3 状态取反,实现 LED 灯按键控制。可以利用按键扫描获取按键键码,然后根据按键键码在获取对应 LEDx 的当前输出状态,最后将 LEDx 的状态取反在输出即可。

【实验步骤】

(1) 将本章实验内容二创建的应用项目工程 Template_GPIOLED_LIB 复制到本次实验的某个存储位置,并修改项目工程文件夹名称为 Template_GPIOKEY,进入项目文件夹

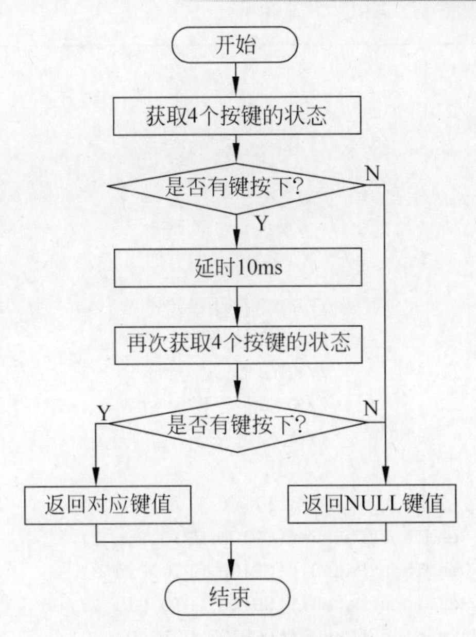

图 11.9 按键扫描流程图

下的 user 子目录，双击 μVision5 工程项目文件名 Template.uvprojx，启动工程项目。

（2）参照标准固件库外设驱动文件作用及编程规范，将按键功能视为一个独立的 KEY 外设，为其编写一些操作功能函数，构成 KEY 按键驱动函数库。在 MDK IDE 中新建两个文件，并分别以 key.h 和 key.c 为文件名，保存到..\Template_GPIOKEY\hardware 目录下。

（3）将 key.c 添加到工程项目 hardware 分组中，添加后的 Project 视图如图 11.10 所示。

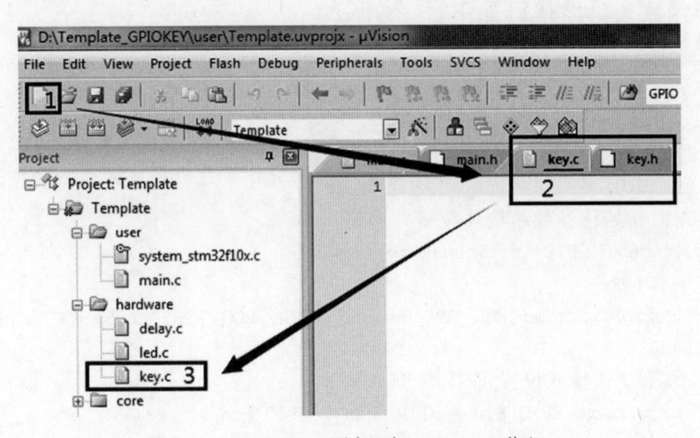

图 11.10 key.c 添加到 hardware 分组

（4）考虑到 KEY 作为一个标准外设，可以编写几个功能函数实现 KEY 外设的控制。可以定义一个初始化函数 KEY_Init()用于初始化 KEY 设备。初始化的功能主要是设置按键 KEY1、KEY2、KEY3 连接的端口时钟、连接引脚工作模式。可以定义一个按键扫描函数 KEY_Scan()，用于返回按键键值。因此，打开 key.h 文件，添加资源包含头文件 stm32f10x.h，利用宏 define 定义 KEY1、KEY2、KEY3 对应的键值及其对应引脚状态读取宏。具体代码如下：

```
#ifndef __KEY_H
#define __KEY_H

#include "stm32f10x.h"
#include "delay.h"

//定义按键对应的键值
#define KEY1_PRES  1                    //KEY1 按下
#define KEY2_PRES  2                    //KEY2 按下
#define KEY3_PRES  3                    //KEY3 按下
#define WAKUP_PRES  4                   //WAKUP 按下
#define KEY_NULL  0                     //无按键按下

//定义按键状态读取函数的宏
#define KEY1     GPIO_ReadInputDataBit(GPIOB,GPIO_Pin_1)
#define KEY2     GPIO_ReadInputDataBit(GPIOB,GPIO_Pin_0)
#define KEY3     GPIO_ReadInputDataBit(GPIOC,GPIO_Pin_13)
#define WAKUP    GPIO_ReadInputDataBit(GPIOA,GPIO_Pin_0)
//声明按键初始化函数
void KEY_Init(void);
//声明按键扫描函数,参数指定是连续扫描还是单次扫描
uint8_t KEY_Scan(uint8_t);

#endif
```

(5) 打开 key.c 文件,添加资源包含头文件 key.h,并根据按键扫描流程图实现 KEY_Init()和 KEY_Scan()函数。具体代码如下:

```
#include "key.h"

//按键初始化函数
void KEY_Init(void)
{   //定义 GPIO 初始化参数结构体变量
    GPIO_InitTypeDef GPIO_InitStructure;
    //使能端口时钟
    RCC_APB2PeriphClockCmd(RCC_APB2Periph_GPIOA|RCC_APB2Periph_GPIOB|RCC_APB2Periph_
    GPIOC,ENABLE);
    //配置 PB0 和 PB1 模式设置 即按键 KEY2 1
    GPIO_InitStructure.GPIO_Pin = GPIO_Pin_0|GPIO_Pin_1;
    //设置成上拉输入
    GPIO_InitStructure.GPIO_Mode = GPIO_Mode_IPU;
    //初始化 GPIOB
    GPIO_Init(GPIOB, &GPIO_InitStructure);
    //配置 PC13 即按键 KEY3
    GPIO_InitStructure.GPIO_Pin = GPIO_Pin_13;
    //设置成上拉输入
    GPIO_InitStructure.GPIO_Mode = GPIO_Mode_IPU;
    //初始化 GPIOC
```

```
    GPIO_Init(GPIOC, &GPIO_InitStructure);
    //配置 GPIOA.0 即按键 WAKUP
    GPIO_InitStructure.GPIO_Pin = GPIO_Pin_0;
    //设置成上拉输入
    GPIO_InitStructure.GPIO_Mode = GPIO_Mode_IPU;
    //初始化 GPIOA
    GPIO_Init(GPIOA, &GPIO_InitStructure);
    //初始化延时单元 delay
    delay_Init();
}

//按键扫描函数,返回按键键值
//参数 mode:0,不支持连续按;1,支持连续按;
//注意此函数有响应优先级,KEY1 > KEY7
uint8_t KEY_Scan(uint8_t mode)
{ //按键松开标志
    static uint8_t key_up = 1;
    //支持连按
    if(mode)
        key_up = 1;

    if(key_up&&(KEY1 == 0 || KEY2 == 0 || KEY3 == 0 || WAKUP == 0))
    {
        delay_ms(10); //去抖动
        key_up = 0;
        if(KEY1 == 0)
            return KEY1_PRES;
        else if(KEY2 == 0)
            return KEY2_PRES;
        else if(KEY3 == 0)
            return KEY3_PRES;
        else if(WAKUP == 0)
            return WAKUP_PRES;
        else
            return KEY_NULL;           // 无按键按下
    }
    else if(KEY1 == 1&&KEY2 == 1&&KEY3 == 1&&WAKUP == 1)
        key_up = 1;

    return KEY_NULL;                   // 无按键按下
}
```

(6) 为了实现 LEDx 的状态取反,在 LED 驱动中新增加一个 LEDx 状态取反的功能函数 LED_InverState()。打开 led.h 头文件,声明 LED 灯状态取反函数,添加的语句如下:

```
//LED 灯状态取反函数
void LED_InvertState(uint16_t led);
```

(7) 打开 led.c 文件,在文件的末尾增加 LED_InverState()函数的实现代码,如下:

```
//LED 灯状态取反函数
void LED_Inverstate(uint16_t led)
{
    GPIO_WriteBit(GPIOB,led,!(GPIO_ReadOutputDataBit(GPIOB,led)));
}
```

(8) 打开 main.h 文件,在该文件中添加资源包含头文件#include "key.h"。

(9) 打开 main.c 文件,删除 main()函数内的所有代码,利用前面实验编写的 delay、LED 及 KEY 驱动函数库,编写按键控制 LED 灯状态取反的应用程序代码,其程序流程如图 11.11 所示。

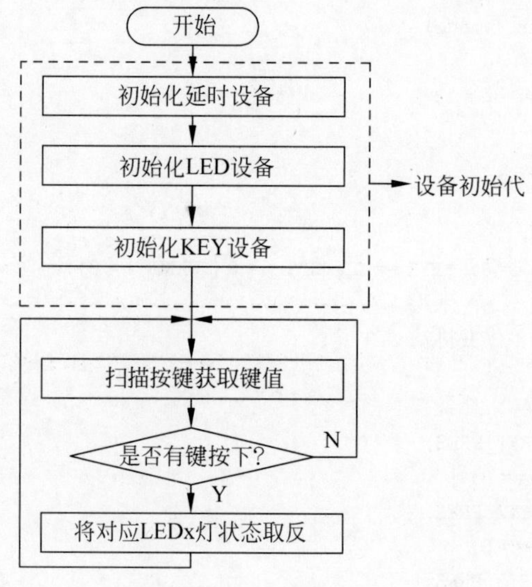

图 11.11 按键控制 LED 灯状态取反应用程序流程

具体实现代码如下:

```
int main(void)
{
    //定义一个键值临时存放变量
    uint8_t KeyVal = 0;
    //初始化延时单元
    delay_Init();
    //初始化 LED
    LED_Init();
    //初始化 KEY
    KEY_Init();

    while(1)
    {
        KeyVal = KEY_Scan(0);
```

```
        switch(KeyVal)
        {
            case KEY1_PRES:
                LED_Inverstate(LED1);
                break;
            case KEY2_PRES:
                LED_Inverstate(LED2);
                break;
            case KEY3_PRES:
                LED_Inverstate(LED3);
                break;
        }
    }
}
```

(10) 其他内容保持不变,编译工程项目生成可执行目标 HEX 文件,下载 HEX 并启动运行,按下 KEY1、KEY2、KEY3 观察到对应 LED 灯的状态实现了取反,测试表明所编写的程序代码实现了实验规定的内容。

11.4 本章小结

本章对 STM32 单片机 GPIO 端口进行输入/输出实验,以了解 GPIO 端口的内部结构与具体控制方法。通过三个实验内容的实验,充分了解了 GPIO 端口输入/输出的控制,并利用寄存器编程和固件库函数编程实现了规定的实验内容。

第12章 EXTI外部中断实验

CHAPTER 12

STM32单片机中断资源非常丰富,涉及256个中断通道(其中,内部异常中断通道16个,外部中断通道240个),每个中断通道对应一个唯一的中断向量和唯一的中断服务程序。中断通道对应的中断源可以有多个,每个中断源都可以通过其所属的中断通道向CPU申请中断。因此,STM32单片机是以中断通道的形式对中断进行响应,在没有特殊说明的情况下,将"中断通道"简称为"中断"。另外,异常是指内核出现的不正常情况,发生时也会中断主程序的执行,进而跳转到异常处理程序(异常服务程序)执行。其性质体现出了"中断"性质,因此若不加特殊说明,将异常统称为中断,其使用与中断类似。

Cortex-M3内核对中断(包含异常)的响应是按照优先级高低进行的,由嵌套向量中断控制器(NVIC)进行统一管理。中断的优先级可编程设置,用8位进行表示,有256个中断优先级(仅复位中断Reset、非屏蔽中断NMI、硬件故障中断Hardfault优先级不可更改),分为抢占优先级和非抢占优先级两组进行管理,以保证高优先级的中断能及时得到响应。STM32单片机没有全部实现Cortex-M3的中断系统功能,其优先级实现了4位,分为5组进行管理,最多可设置为16个中断优先级等级。本章主要对STM32单片机片外外设的EXTI中断应用展开实验,以掌握单片机片外设备的中断应用编程。

12.1 实验背景

【实验目的】

(1) 了解中断系统的硬件结构及中断形成过程。

(2) 了解NVIC的结构,掌握中断优先级分组、中断优先级配置编程。

(3) 了解中断向量表、中断通道号及其对应宏名、中断服务函数名。

(4) 掌握EXTI中断源、EXTI中断请求线、EXTI中断通道的映射关系。

(5) 掌握EXTI中断形成过程及EXTI的初始化配置。

(6) 掌握EXTI中断服务程序实现代码的编写与调试。

(7) 掌握中断系统固件库函数进行中断程序设计的方法与步骤。

【实验要求】

(1) 利用库函数实现EXTI、NVIC的配置,使之能构建成片外设备的中断响应系统。

(2) 利用库函数实现EXTI中断服务程序的编写,使之能实现片外设备的中断响应。

【实验内容】

利用固件库函数编写按键中断应用程序，实现当按键 KEY1 按下时，控制 LED1、LED2、LED3 全部熄灭，2s 后 LED1、LED2、LED3 全部点亮，再过 1s 后返回中断前 LED1、LED2、LED3 的状态，并继续有规律地运行流水灯。

【实验设备】

计算机、STM32F103C8T6 实验开发板、J-Link 仿真器。

12.2 实验原理

EXTI 为 STM32 单片机外部中断/事件控制器，专门负责单片机片外设备中断请求或外部触发事件的形成。本次实验内容主要是利用 EXTI 的中断功能进行片外中断实验。

12.2.1 中断系统结构

STM32 单片机应用开发中，除了形成单片机的最小系统外，还需要增加一定的外设，以满足特定需要的应用。外设根据是否集成在芯片内部或外部，分为片外外设(在单片机芯片之外)和片内外设(集成在单片机芯片之内)。对于片内外设，在单片机芯片设计时已经安排了专用的中断通道，供其中断请求使用。换句话说，片内外设的中断通道是确定不变的，其中断请求只能通过事先安排的专用中断通道送往 NVIC 进行管理与响应。片外外设众多，且不同应用所涉及的片外外设不一样，接入 STM32 单片机的引脚位置也不一样，因此不能事先为所有片外外设预留固定的中断通道。片外外设中断源经 EXTI 进行管理与配置才能形成中断请求，再通过对应的中断通道送到 NVIC 进行管理与响应。结合片内外设、片外外设、内核异常等中断请求，便形成了如图 12.1 所示的中断系统结构。

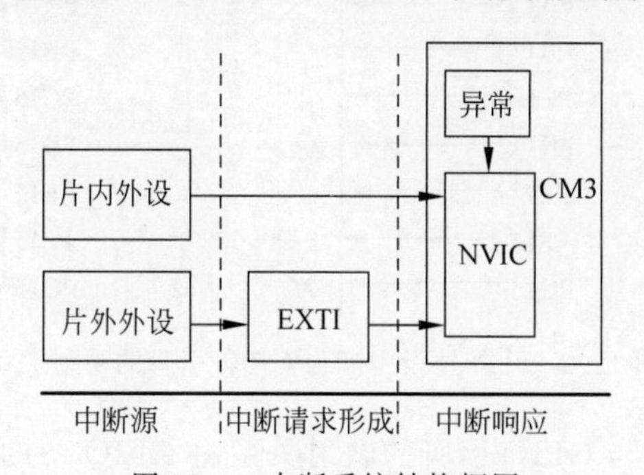

图 12.1 中断系统结构框图

片内外设和内核异常的中断形成非常简单，只要产生中断请求，便能通过其专用中断通道送至 NVIC。为解决片外外设中断形成问题，STM32 单片机设计了 EXTI 控制器，并事先设计了 20 根外部中断/事件请求线。其中 16 根为片外外设中断源请求线(EXTI_Line0～EXTI_Line15)，供片外任意外设使用；另外 4 根可以认为是专用外设中断请求线，分别是连接到 PVD 输出的 EXTI_Line16、连接到 RTC 闹钟事件的 EXTI_Line17、连接到 USB 唤醒事件的 EXTI_Line18、连接到以太网唤醒事件的 EXTI_Line19（只适用于互联型产品）。外部中断请求线 EXTI_Line16～EXTI_Line19 分别是特定外设的中断请求线，因此分别为它们设置了专用的中断通道。外部中断请求线 EXTI_Line0～EXTI_Line15 不是在任何应用中都会使用到这 16 根请求线,为了节约芯片资源,STM32 单片机芯片设计时为 EXTI_Line0～EXTI_Line15 中断请求线预留了 7 个中断通道,分别为 EXTI0、EXTI1、EXTI2、EXTI3、EXTI4、EXTI9_5 和 EXTI15_10。中断请求线 EXTI_Line0～EXTI_Line4 分别对应中断通道 EXTI0～EXTI4,中断请求线 EXTI_Line5～EXTI_Line9 对应中断通道 EXTI9_5,中断请求线 EXTI_Line10～EXTI_Line15 对应中断通道 EXTI15_10。片外外设产生的中断源可以通过 EXTI_Line0～EXTI_Line15 中断请求线送入相应中断通道形成中断请求,最终送至 NVIC 进行中断管理与响应。

12.2.2 片外中断与中断线映射

片外外设产生的中断源如何输入单片机,并映射到指定的外设中断请求线? STM32 单片机所有 GPIO 引脚均可作为片外中断源的输入引脚,最多可达 112 个输入引脚(GPIO 端口最多达 7 个,每个端口 16 个引脚,因此共 112 个输入引脚)。GPIO 输入引脚与片外外设中断请求线 EXTI_Line0～EXTI_Line15 采用端口引脚号与中断请求线号一一对应的方式进行映射,即端口引脚 GPIOA. x、GPIOB. x、GPIOC. x、GPIOD. x、GPIOE. x、GPIOF. x 和 GPIOG. x 对应相同的中断请求线 EXTI_Linex(x: 0～15)。片外外设中断与 GPIO 引脚映射关系如图 12.2 所示。此种映射使得每一个外部中断请求线 EXTI_Linex 对应多个中断源输入引脚,但同一时刻只能有一个中断源输入引脚与之映射。即任意时刻外部中断请求线 EXTI_Linex 仅与多个中断源输入引脚中的一个引脚进行关联映射,且必须明确关联映射的具体引脚。

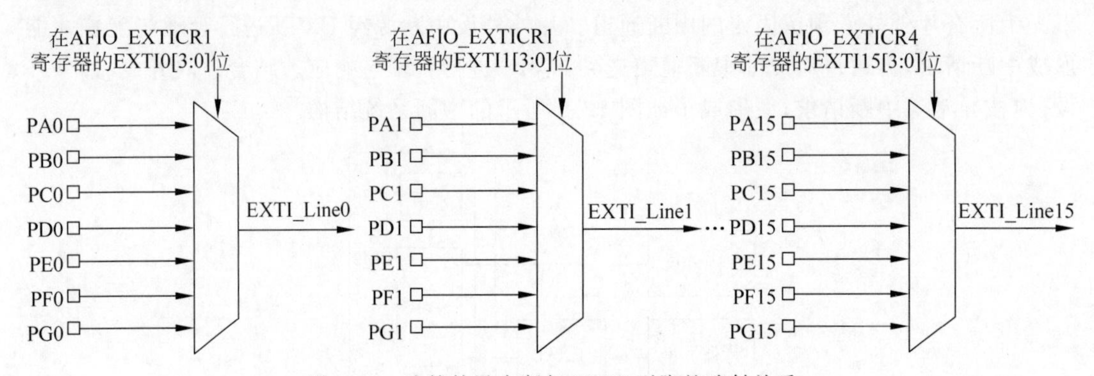

图 12.2 片外外设中断与 GPIO 引脚的映射关系

片外外设中断请求线与 GPIO 引脚的映射关系由 AFIO 中的外部中断/事件控制寄存器 AFIO_EXTICRx(x=1,2,3,4)进行配置。在使用 EXTICRx 寄存器进行配置前,需要先使能 AFIO 的时钟,然后才可以操作 EXTICRx 寄存器进行映射配置。AFIO 是挂接在 APB2 总线上的一个外设,因此可调用 APB2 外设时钟使能库函数 RCC_APB2PeriphClockCmd()进行时钟使能。映射配置可以调用 GPIO 库函数中的外部中断线配置库函数 GPIO_EXTILineConfig()进行映射配置,有关函数的具体用法请查看本书提供的配套资料“STM32F10x 固件函数库用户手册. pdf”。

另外,要将片外设备的中断请求信号输入单片机,送入对应的外部中断请求线 EXIT_Linex,还需要将使用的引脚配置为输入模式,信号才能从对应的引脚输入。有关 GPIO 引脚工作模式的配置此处不再赘述。

12.2.3 EXTI 配置

当片外外设的中断请求信号送入对应中断请求线后，是否能形成有效的中断请求，还需要对 EXTI 进行配置(设置 EXTI 的工作模式、中断请求线上中断请求信号的触发方式、中断请求线的使能等)才能形成有效的中断请求。EXTI 是挂接在 APB2 总线上的一个设备，在文件 stm32f10x.h 中定义了 EXTI 存储空间地址、存储器映射等。具体定义如下：

```
//外设存储空间基地址
#define PERIPH_BASE            ((u32)0x40000000)
//外设存储器空间映射
#define APB2PERIPH_BASE        (PERIPH_BASE + 0x10000)
#define AFIO_BASE              (APB2PERIPH_BASE + 0x0000)
#define EXTI_BASE              (APB2PERIPH_BASE + 0x0400)
//定义 EXTI 存储器映射寄存器结构体
typedef struct
{
  __IO uint32_t IMR;
  __IO uint32_t EMR;
  __IO uint32_t RTSR;
  __IO uint32_t FTSR;
  __IO uint32_t SWIER;
  __IO uint32_t PR;
} EXTI_TypeDef;
//定义 AFIO 存储器映射寄存器结构体
typedef struct
{
  __IO uint32_t EVCR;
  __IO uint32_t MAPR;
  __IO uint32_t EXTICR[4];
  uint32_t RESERVED0;
  __IO uint32_t MAPR2;
} AFIO_TypeDef;
//EXIT 和 AFIO 寄存器结构体存储器映射及宏定义
#define AFIO                   ((AFIO_TypeDef *) AFIO_BASE)
#define EXTI                   ((EXTI_TypeDef *) EXTI_BASE)
```

上述定义声明了 AFIO、EXTI 两个设备宏名，随后即可使用 AFIO、EXTI 进行外部中断请求线映射和 EXTI 通道配置。由于利用寄存器方式进行程序编程难度比较大，STM32F10x 标准固件库提供了 stm32f10x_exti.h 和 stm32f10x_exti.c 两个库驱动文件，包含了常用 EXTI 库函数如表 12.1 所示。有关 EXTI 库函数的具体定义及使用细节，请查看本书配套资料“STM32F10x 固件函数库用户手册.pdf”。

表 12.1 EXTI 常用库函数

序号	函数名	描述
1	EXTI_DeInit()	复位 EXTI 功能单元所有寄存器到默认值
2	EXTI_Init()	根据指定参数初始化 EXTI 寄存器

续表

序　号	函 数 名	描　述
3	EXTI_GenerateSWInterrupt()	产生一个软件中断请求
4	EXTI_GetFlagStatus()	检查指定 EXTI_Linex 线上标志位设置与否
5	EXTI_ClearFlag()	清除指定 EXTI_Linex 线上的标志位
6	EXTI_GetITStatus()	检查指定 EXTI_Linex 线上是否触发了中断请求
7	EXTI_ClearITPendingBit()	清除指定 EXTI_Linex 线上的挂起标志位

12.2.4 NVIC 配置

STM32 单片机的中断系统非常强大而复杂。为实现有效管理，在 CPU 内核设置了一个 NVIC 对整个中断系统的中断通道进行优先级分配和中断使能控制。任何中断请求通过其对应中断通道送到 NVIC 后，均需要配置优先级及中断使能，才能得到 CPU 的响应及处理。在 core_cm3.h 文件中定义了内核单元的存储器地址、存储区映射等，具体定义如下：

```
//Cortex - M3 内核存储空间映射
#define SCS_BASE            (0xE000E000)
#define ITM_BASE            (0xE0000000)
#define SysTick_BASE        (SCS_BASE + 0x0010)
#define NVIC_BASE           (SCS_BASE + 0x0100)
//定义 NVIC 存储器映射寄存器结构体
typedef struct
{
  __IO uint32_t ISER[8];
       uint32_t RESERVED0[24];
  __IO uint32_t ICER[8];
       uint32_t RSERVED1[24];
  __IO uint32_t ISPR[8];
       uint32_t RESERVED2[24];
  __IO uint32_t ICPR[8];
       uint32_t RESERVED3[24];
  __IO uint32_t IABR[8];
       uint32_t RESERVED4[56];
  __IO uint8_t IP[240];
       uint32_t RESERVED5[644];
  __O uint32_t STIR;
} NVIC_Type;
//NVIC 寄存器结构体存储器映射及宏定义
#define NVIC                ((NVIC_Type *)NVIC_BASE)
```

上述定义声明了宏名为 NVIC 的中断控制器，随后即可使用 NVIC 进行中断优先级及使能配置。NVIC 主要是对中断通道进行优先级配置，并使能中断通道。因此，STM32F10x 标准固件库提供了 misc.h 和 misc.c 驱动文件，包含了如表 12.2 所示的常用 NVIC 库函数。利用这些库函数可以非常方便地配置 NVIC，实现期望的中断优先级及使能管理。有关 NVIC 库函数的具体定义及使用细节，请查看本书配套资料“STM32F10x 固件函数库用户手册.pdf”。

表 12.2 NVIC 常用库函数

序 号	函 数 名	描 述
1	NVIC_PriorityGroupConfig()	设置 NVIC 中断优先级分组
2	NVIC_Init()	初始化指定中断通道的优先级及使能,并初始化 NVIC 寄存器
3	NVIC_SetVectorTable()	设置中断向量表的位置和偏移
4	NVIC_SystemLPConfig()	选择系统进入低功耗模式的条件

STM32 单片机为使紧急、急迫的中断事件能够及时得到 CPU 响应,对整个中断系统进行了优先级配置及排序,以让 CPU 能够及时响应优先级高的事务。STM32 单片机中断优级寄存器仅实现了 4 个位,最高可以达到 16 个优先级等级。为有效管理系统所有中断,STM32 单片机采用优先级分组的方式进行管理,分为抢占优先级组和非抢占优先级组。4 个位根据划分的方式不同,存在 5 种分组方式,每一种分组方式其抢占优先级和非抢占优先级占有的位数不同,其对应的优先级等级也存在不同。为方便优先级分组的选择,提供了库函数 NVIC_PriorityGroupConfig()来实现 NVIC 中断优先级分组设置。在 misc.h 文件中使用宏定义的形式,定义了 5 个优先级分组的宏名,如下:

```
#define NVIC_PriorityGroup_0    ((uint32_t)0x700)    //分组 0
#define NVIC_PriorityGroup_1    ((uint32_t)0x600)    //分组 1
#define NVIC_PriorityGroup_2    ((uint32_t)0x500)    //分组 2
#define NVIC_PriorityGroup_3    ((uint32_t)0x400)    //分组 3
#define NVIC_PriorityGroup_4    ((uint32_t)0x300)    //分组 4
```

分组宏名对应的分组号,即为优先级实现位中抢占优先级所占有的位数,也就确定了抢占优先级的等级个数及取值范围。确定了抢占优先级的等级个数及取值范围,也就确定了非抢占优先级的等级个数及取值范围。因此,在初始化指定中断通道的 NVIC 配置之前,必须先设置 NVIC 的中断优先级分组,只有确认了优先级分组,才能配置具体中断通道的抢占优先级和非抢占优先级的取值。

12.2.5 中断向量表及中断通道号

Cortex-M3 的 NVIC 支持 16 个异常和 240 个外部中断,但 STM32 单片机并未全部实现。不同型号的单片机最终实现的中断数量不一样。在启动文件 startup_stm32f10x_md.s(有关启动文件说明在 6.5 节进行了介绍,此处不再赘述)中定义了实验开发板目标芯片 STM32F103C8T6 的中断向量表,如下:

```
__Vectors       DCD __initial_sp             ; Top of Stack
                DCD Reset_Handler            ; Reset Handler
                DCD NMI_Handler              ; NMI Handler
                …
                DCD SysTick_Handler          ; SysTick Handler
```

```
                ; 外部中断
                …
                DCD EXTI0_IRQHandler            ; EXTI Line 0
                DCD EXTI1_IRQHandler            ; EXTI Line 1
                DCD EXTI2_IRQHandler            ; EXTI Line 2
                DCD EXTI3_IRQHandler            ; EXTI Line 3
                DCD EXTI4_IRQHandler            ; EXTI Line 4
                …
                DCD EXTI9_5_IRQHandler          ; EXTI Line 9..5
                …
                DCD EXTI15_10_IRQHandler        ; EXTI Line 15..10
                DCD RTCAlarm_IRQHandler         ; RTC Alarm through EXTI Line
                DCD USBWakeUp_IRQHandler        ; USB Wakeup from suspend
__Vectors_End
```

中断向量表即为中断服务程序函数入口地址的集合。在确定中断向量表后，也就确定了各中断对应的中断服务程序函数名称。启动文件在定义中断向量表的同时，还使用PROC、ENDP这对伪指令实现了各中断服务程序，但中断服务程序均无具体实现代码。在中断服务程序中使用了汇编指令EXPORT将中断服务程序函数名导出，并将其声明为[WEAK]导出函数。[WEAK]属性声明其他文件中的同名函数标识符优先于该处的函数标识符，当被引用函数标识符时，优先使用其他文件中定义的函数标识符。即如果外面已声明了相同标识符的中断服务程序函数，则执行中断响应时直接调用外面声明的中断服务程序函数，而忽略此处的中断服务程序函数。因此，在具体应用中断系统进行中断服务程序设计时，可以重载指定的中断服务函数，并增加具体服务处理代码。启动文件中定义的中断服务程序如下：

```
; 向量中断服务程序，利用 PROC、ENDP 这对伪指令把程序分成若干过程，使程序结构清晰
NMI_Handler PROC
                EXPORT NMI_Handler              [WEAK]
                B .
                ENDP
…
Default_Handler PROC
                EXPORT WWDG_IRQHandler          [WEAK]
                …
                EXPORT EXTI0_IRQHandler         [WEAK]
                EXPORT EXTI1_IRQHandler         [WEAK]
                EXPORT EXTI2_IRQHandler         [WEAK]
                EXPORT EXTI3_IRQHandler         [WEAK]
                EXPORT EXTI4_IRQHandler         [WEAK]
                …
                EXPORT EXTI9_5_IRQHandler       [WEAK]
                …
                EXPORT EXTI15_10_IRQHandler     [WEAK]
                EXPORT USBWakeUp_IRQHandler     [WEAK]
```

```
WWDG_IRQHandler
…
EXTI0_IRQHandler
EXTI1_IRQHandler
EXTI2_IRQHandler
EXTI3_IRQHandler
EXTI4_IRQHandler
…
EXTI9_5_IRQHandler
…
EXTI15_10_IRQHandler
…
USBWakeUp_IRQHandler
                B.
                ENDP
                ALIGN
```

上述定义已经确定了片外外设中断通道对应的中断服务程序函数名，在具体应用实现时只需重载该函数，并添加具体服务处理代码即可。STM32 单片机的中断实现均与具体中断通道有关，中断通道号的具体定义在固件库文件 stm32f10x. h 中，采用宏定义方式为中断号定义了一个中断号宏名，在应用编程时可直接使用中断号宏名代替通道号，此处不再给出，读者可查询 stm32f10x. h 文件了解。

12.3 实验内容

【实验分析】

本次实验要求利用片外中断的方式实现实验开发板上按键 KEY1 对 LED 灯的控制，即中断服务程序需要实现的功能。根据 STM32 单片机中断系统硬件结构及中断响应原理，形成片外外设中断系统结构如图 12.3 所示。片外外设 KEY1 中断系统应用程序编程步骤如下：

(1) 确定片外外设连接到 STM32 单片机的具体引脚位置，即确定外设将使用的外部中断请求线号。

(2) 使能外设连接的 GPIO 端口时钟、AFIO 时钟。

(3) 初始化外设连接的 GPIO 端口工作模式为上拉、下拉或浮空输入模式(具体采用哪一种输入模型，与外设输出的中断请求信号源电路有关)。

(4) 将外设中断请求源输入引脚与片外外设中断请求线建立映射关系。

(5) 初始化 EXTI，配置片外外设使用的中断请求线触发方式、是否使能中断线等。

(6) 设置 NVIC 优先级分组，配置指定中断通道的优先级并开使能，并初始化 NVIC。

(7) 重载指定中断通道对应的中断服务程序，实现要求的中断处理功能。

步骤(1)～(6)实际是对片外外设 KEY1 的中断初始化设置部分，可以编写一个初始化函数 KEYEXTI_Init()来实现。步骤(7)是中断服务程序，是一个单独的功能块。

根据实验要求实现的内容，首先需要让主程序运行流水灯，依次点亮实验开发板上的 LEDx；然后等待片外外设按键 KEY1 中断主程序的执行，跳转到对应的中断服务程序中实现 LEDx 的控制。因此，整个应用的程序编写流程如图 12.4 所示。

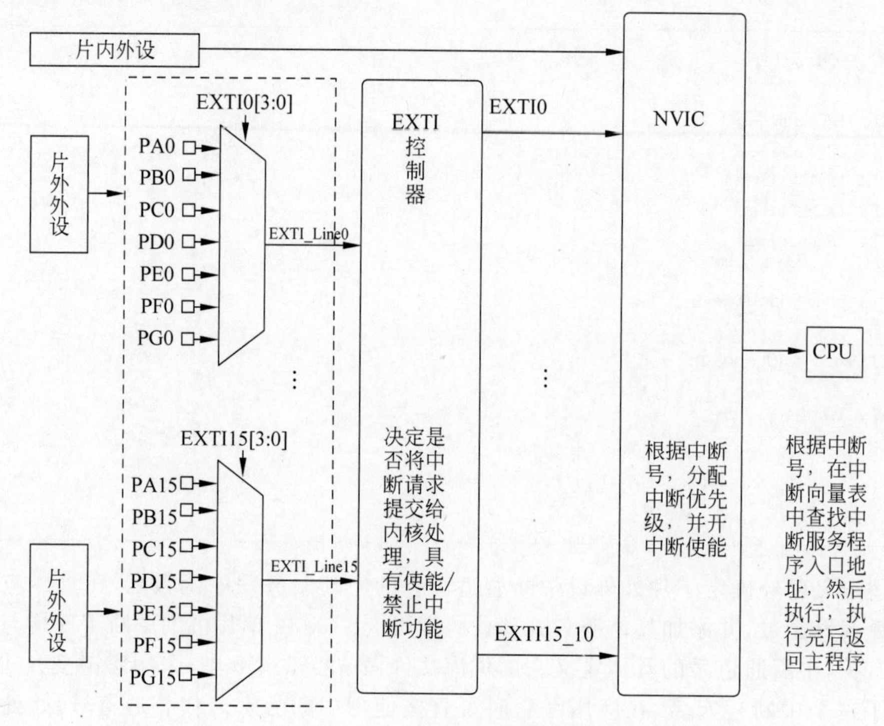

图 12.3　片外外设中断系统结构

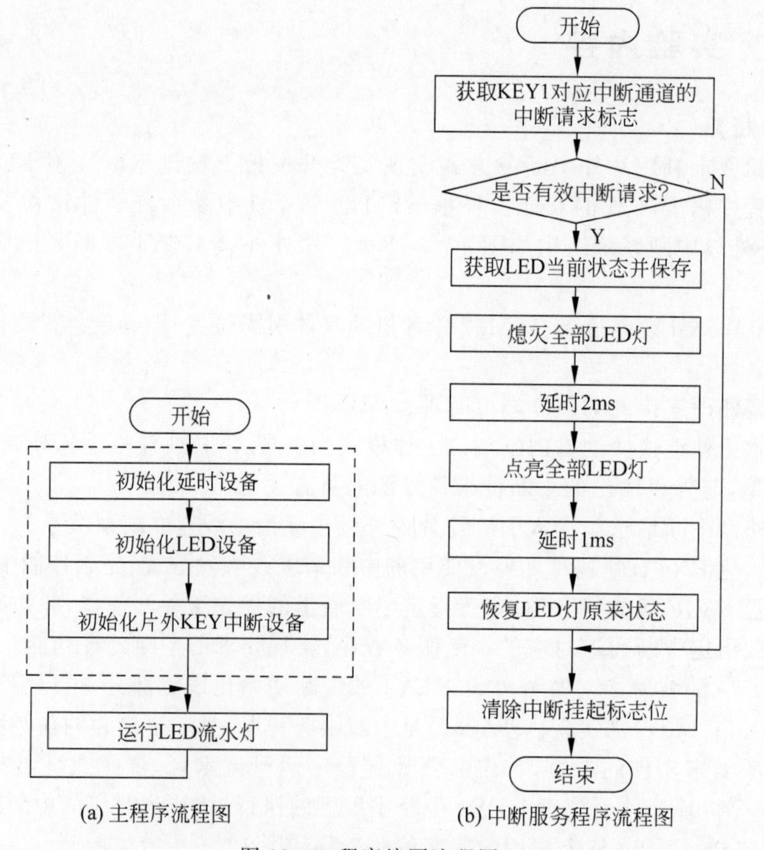

(a) 主程序流程图　　(b) 中断服务程序流程图

图 12.4　程序编写流程图

【实验步骤】

(1) 将第 11 章实验内容三创建的应用项目工程 Template_GPIOKEY 复制到本次实验的某个存储位置，并修改项目工程文件夹名称为 Template_KEYEXTI，进入项目文件夹下的 user 子目录，双击 μVision5 工程项目文件名 Template. uvprojx 启动工程项目。

(2) 参照标准固件库外设驱动文件作用及编程规范，将按键中断功能视为一个独立的 KEYEXTI 外设，为其编写一些操作功能函数，构成 KEYINT 驱动函数库。在 MDK IDE 中新建两个文件，分别以 keyexti. h 和 keyexti. c 为文件名，并保存到..\Template_KEYEXTI\hardware 目录下。

(3) 将 keyexti. c 添加到工程项目 hardware 分组中，添加后的 Project 视图如图 12.5 所示。

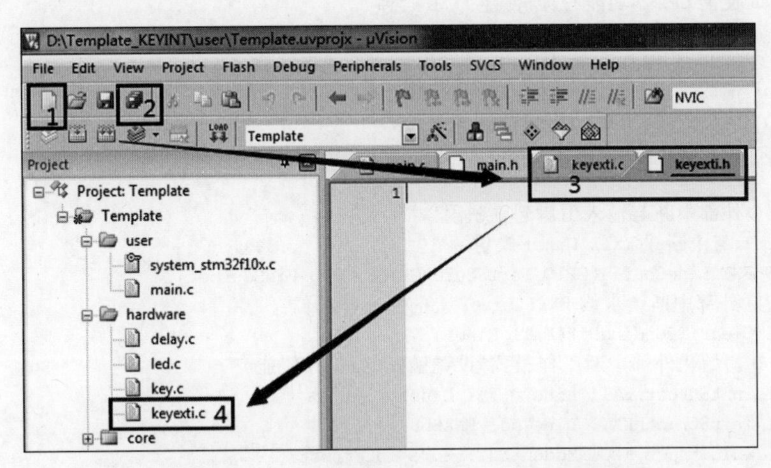

图 12.5 keyexti. c 添加到 hardware 分组视图

(4) 考虑到 KEYEXTI 作为一个标准外设，根据实验分析及编程步骤，可定义一个初始化函数 KEYEXTI_Init()用于初始化 KEYEXTI 设备，配置片外外设 KEY1 的中断系统。可重载按键 KEY1 的中断服务程序函数 EXTI1_IRQHandler()，用于实现中断服务处理功能。因此，打开 keyexti. h 文件，添加资源包含头文件 stm32f10x. h 和 delay. h(因为中断服务程序中需要对 LED 灯的亮灭控制延时，所以需要包含 delay. h 资源)，声明相关功能函数。具体代码如下：

```
#ifndef __KEYEXTI_H
#define __KEYEXTI_H

#include "stm32f10x.h"
#include "delay.h"

//声明 KEYEXTI 初始化函数
void KEYEXTI_Init(void);
//重载 EXTI1_IRQHandler()函数
void EXTI1_IRQHandler(void);

#endif
```

（5）打开 keyexti.c 文件，添加资源包含头文件 keyexti.h，根据片外外设中断初始化步骤及中断服务程序实现流程，编写 KEYEXTI_Init()和 EXTI1_IRQHandler()的具体实现代码。具体如下：

```
#include "keyexti.h"

void KEYEXTI_Init(void)
{
    GPIO_InitTypeDef GPIO_InitStruct;
    EXTI_InitTypeDef EXTI_InitStruct;
    NVIC_InitTypeDef NVIC_InitStruct;

    //-A 使能 GPIOB 功能时钟,使能 AFIO 时钟
    RCC_APB2PeriphClockCmd(RCC_APB2Periph_GPIOB|RCC_APB2Periph_AFIO,ENABLE);
    //-B KEY1 从 PB.1 引脚输入,端口工作方式设置上拉输入
    GPIO_InitStruct.GPIO_Mode = GPIO_Mode_IPU;
    GPIO_InitStruct.GPIO_Pin = GPIO_Pin_1;
    GPIO_Init(GPIOB,&GPIO_InitStruct);

    //-C 外部中断与输入引脚建立映射
    //PB.1 与中断线 EXTI_Line1 映射
    GPIO_EXTILineConfig(GPIO_PortSourceGPIOB,GPIO_PinSource1);
    //清除外部中断请求线 EXTI_Line1 上的中断挂起位
    EXTI_ClearITPendingBit(EXTI_Line1);
    //-D 初始化外部中断工作模式,设置触发方式,并使能
    EXTI_InitStruct.EXTI_Line = EXTI_Line1;
    EXTI_InitStruct.EXTI_LineCmd = ENABLE;
    EXTI_InitStruct.EXTI_Mode = EXTI_Mode_Interrupt;
    EXTI_InitStruct.EXTI_Trigger = EXTI_Trigger_Falling;
    EXTI_Init(&EXTI_InitStruct);
    //-E 设置中断系统分组
    NVIC_PriorityGroupConfig(NVIC_PriorityGroup_2);
    //-F 设置中断优先级,并使能
    NVIC_InitStruct.NVIC_IRQChannel = EXTI1_IRQn;
    NVIC_InitStruct.NVIC_IRQChannelPreemptionPriority = 1;
    NVIC_InitStruct.NVIC_IRQChannelSubPriority = 1;
    NVIC_InitStruct.NVIC_IRQChannelCmd = ENABLE;
    NVIC_Init(&NVIC_InitStruct);
}
//重载 EXTI1 中断通道的中断服务程序
void EXTI1_IRQHandler(void)
{
    //定义临时变量存放中断时原 LED 的状态
    uint16_t tmp_LEDVal = 0;
    if(EXTI_GetITStatus(EXTI_Line1) == Bit_SET)
    {
        //实现具体中断功能
        tmp_LEDVal = GPIO_ReadOutputData(GPIOB);
        //关闭 LED1～LED3
        GPIO_SetBits(GPIOB, GPIO_Pin_3|GPIO_Pin_4|GPIO_Pin_5);
        //延时 2s
        delay_ms(1000);
```

```
        delay_ms(1000);
        //点亮 LED1～LED4
        GPIO_ResetBits(GPIOB, GPIO_Pin_3|GPIO_Pin_4|GPIO_Pin_5);
        //延时 1s
        delay_ms(1000);
        //恢复中断前 LED 的状态
        GPIO_Write(GPIOB,tmp_LEDVal);
    }
    //清除 EXTI_Line1 上的中断请求,防止再次进入中断
    EXTI_ClearITPendingBit(EXTI_Line1);
}
```

(6) 打开 main. h 文件,在该文件中添加资源包含头文件＃include "key. h"。

(7) 打开 main. c 文件,删除 main()函数内的所有代码,其他代码保持不变。利用前面实验编写的 delay、LED 及 KEYEXTI 等设备驱动函数,再根据主程序流程图编写实现代码。具体如下:

```
int main(void)
{
    //初始化延时单元
    delay_Init();
    //初始化 LED
    LED_Init();
    //初始化片外外设中断 KEYEXTI
    KEYEXTI_Init();

    while(1)
    { //运行流水灯
        LED_Flash_Write();
    }
}
```

(8) 编译工程项目生成可执行目标 HEX 文件,下载到实验开发板,启动运行,按下 KEY1 键,观察 LED 灯的状态变化,测试结果与要求实现的内容一致。

(9) 修改 KEYEXTI_Init()函数,编写 KEY2、KEY3、WAKUP 作为外部中断源的中断服务程序,分别实现与按键 KEY1 相同的中断服务程序功能。

12.4 本章小结

本章对 STM32 单片机的片外外部中断 EXTI 进行实验,以了解外部中断 EXTI、NVIC 构成的中断系统结构。通过片外外部中断实验掌握外部中断应用程序的设计流程,并掌握了外部中断服务程序重载的方法,为今后使用 STM32 单片机的中断系统奠定基础。

第 13 章 USART 通信实验

CHAPTER 13

STM32 单片机集成了多个通用同步/异步收发器(USART),能够实现同步和异步串行通信功能。本章主要对其异步串行通信展开实验,以掌握 STM32 单片机异步串行通信应用程序开发的方法、流程与步骤。

13.1 实验背景

【实验目的】

(1) 了解 USART 功能单元内部结构及工作原理。

(2) 了解 USART 串口通信帧的构成。

(3) 了解 USART 串口通信过程中状态标志和中断标志的形成及利用方式。

(4) 掌握 USART 串行通信的配置及初始化。

(5) 掌握 USART 串行通信以查询、中断方式进行串行通信的编程步骤。

(6) 掌握 USART 串行通信固件库程序设计的方法与步骤。

【实验要求】

(1) 利用 MDK 建立串口通信实验程序项目。

(2) 利用固件库函数建立串口通信程序,并实现数据发送及接收。

(3) 利用查询方式和中断方式实现串口数据收发。

【实验内容】

(1) 采用查询方式实现串行数据发送,并利用 PC 上运行的串口调试助手观察接收到的数据是否与发送数据一致。

(2) 重载 printf()函数,实现格式化串行数据发送,并利用 PC 上运行的串口调试助手观察接收到的数据是否与发送数据一致。

(3) 采用查询方式实现串行数据接收,并且将接收到的数据原样返回,并利用 PC 上运行的串口调试助手观察接收到的数据是否与发送数据一致。

(4) 利用中断方式实现串行数据发送,并利用 PC 上运行的串口调试助手观察接收到的数据是否与发送数据一致。

(5) 利用中断方式实现串行数据接收,并且将接收到的数据原样返回,并利用 PC 上运行的串口调试助手观察接收到的数据是否与发送数据一致。

(6) 通过串口调试助手发送控制命令,控制实验开发板上 LEDx(x=1,2,3)灯的亮灭,并通过实验板上按 KEY1 键手动将当前 LEDx 灯的状态上传到 PC 的串口助手进行显示,实现 LEDx 灯状态监测。

【实验设备】

计算机、STM32F103C8T6 实验开发板、J-Link 仿真器。

13.2 实验原理

STM32 单片机集成了片上 USART 功能单元,能够实现同步串行通信和异步串行通信。同步串行通信是在异步串行通信的基础上增加了同步时钟信号 USART_CK,用来同步触发收发双方数据的传输。同步串行通信涉及同步时钟,比异步串行通信稍微复杂点,所以在大多数串行通信应用中使用异步串行通信,即 UART 通信。USART 也可以不使用同步时钟信号,作为异步串行通信功能使用,此时与 UART 功能无任何区别。

13.2.1 功能引脚复用

USART 异步串行通信主要是两个设备或两个芯片间的数据传输,因此必然存在数据输入/输出单片机。STM32 单片机片上外设均未设置专用功能引脚进行信息的输入/输出,因此需要采用引脚复用的方式实现片上外设功能引脚。STM32 单片机所有引脚上电复位后的默认功能均不是 USART 的功能引脚 TxD 和 RxD,因此需要复用 STM32 单片机的引脚作为 USART 的功能引脚,从而使串行通信数据可以正常输入/输出芯片,完成串行数据的收发传输。

STM32 单片机引脚的具体定义可以查看芯片的数据手册,1.4.1 节给出了配套实验开发板单片机 STM32F103C8T6 的引脚定义。从芯片引脚定义可知,几乎所有引脚都可以复用成多个特定片上外设的功能引脚。以引脚 PA9 为例,上电后的默认功能是 GPIOA 端口第 9 个 I/O 引脚 PA9,同时其可复用成片上外设 USART1 的 TxD 功能引脚或定时器 TIMER1 的 TIM1_CH2 通道,即同一个引脚可以复用成多个片上外设的功能引脚。但具体复用时需要注意,在同一时刻引脚仅能复用成某一个片上外设的功能引脚,该引脚的其他功能需要禁用,否则将出现功能冲突。引脚复用使得芯片功能应用变得灵活,但如何实现功能引脚复用是片上外设应用之前必须解决的问题。实现功能引脚复用的具体步骤如下:

(1) 使能引脚所在端口时钟。若需要重定义引脚功能,还需要使能 AFIO 时钟。

(2) 使能将要使用的片上外设时钟。注意仅使能需要复用的功能外设,未复用的功能外设时钟需要禁用。

(3) 若将要使用的片上外设需要重定义功能引脚,则进行功能引脚重映射。

(4) 设置复用或重定义引脚的工作模式(功能引脚的工作模式由复用的具体外设决定)。

经过上述四个步骤即可实现片上外设功能引脚的复用或重定义。

13.2.2 串行通信连接方式

USART 串行数据传输功能引脚为 TxD 和 RxD,其常用的连接方式如图 13.1 所示。

数据发送引脚 TxD 需要与对方的数据接收引脚 RxD 连接，即交叉连接。双方的参考地信号 GND 需要连接在一起，为通信双方提供信号参考地。

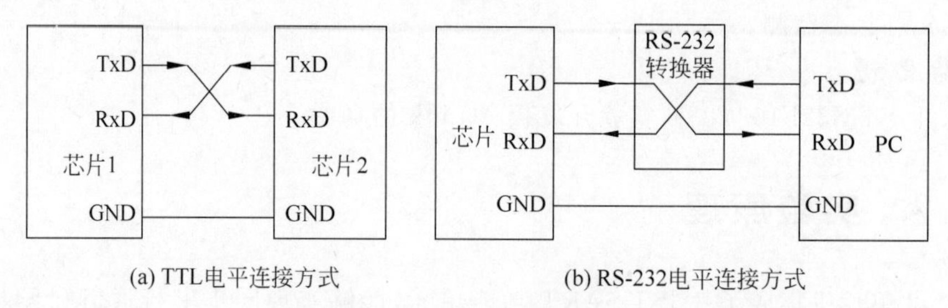

图 13.1 异步通信引脚连接方式

13.2.3 数据收发控制

STM32 单片机 USART 功能单元在物理上具有发送数据寄存器(TDR)和接收数据寄存器(RDR)。由于 CPU 发送和接收是两个不同的数据传输方向，因此在逻辑上 USART 只有一个数据寄存器(DR)。当 CPU 写数据到 DR 时，表示 CPU 发送数据，此时 CPU 将数据写往 TDR 实现数据发送功能。当 CPU 从 DR 读取数据时，表示 CPU 接收数据，此时 CPU 从 RDR 读取数据实现数据接收功能。CPU 收发数据时，USART 的相关标志位会置位，以表示数据收发的状态，也可以触发收发中断请求，从而实现数据收发控制。

(1) CPU 发送数据：当数据从 TDR 转移到移位寄存器时，会产生 TDR 已空事件 TXE，使状态寄存器(SR)中的 TXE 置位，以表示数据已经转移到发送移位寄存器。因此，CPU 可以根据 TXE 标志的状态来判断 TDR 是否为空，当空时即可将下一个要发送的数据写入 TDR 等待发送。另外，转移到发送移位寄存器中的数据在发送控制器的控制下一位一位地从 TxD 输出引脚发送出去。当数据全部发送完成后，会触发 TC 事件，使 SR 中的 TC 置位，以表示数据发送完成。因此，CPU 可以根据 TC 标志的状态来判断数据是否发送完成，从而可以开始发送下一个数据。

(2) CPU 接收数据：当一个完整数据从串口的 RxD 引脚逐位移入到接收移位寄存器后，USART 接收控制器会自动将接收移位寄存器中的数据转移到 RDR 中，同时触发 RXNE 事件，使 SR 中的 RXNE 置位，以表示接收数据已准备好。因此，CPU 可以根据 RXNE 标志的状态来判断接收数据是否已准备好，从而控制何时可以读取 RDR 中的数据，以实现一个数据的接收。

(3) 收发中断请求：如果期望 USART 利用中断的方式进行数据的收发控制，则需要使能收发中断请求。若开启了 TXEIE、TCIE 和 RXNEIE 的中断使能位，当 TXE、TC 和 RXNE 置位时，USART 的中断控制器会自动产生中断请求，并通过 USART 的专用中断通道送往 NVIC 触发中断服务，进而可以在中断服务程序中实现数据的收发。

(4) 数据收发格式：USART 异步串行通信是以字节为单位进行数据传输的，即是一个字节一个字节地进行数据传输。通信过程中每次传输 1 字节数据，需要组装成一个数据帧进行传输。数据帧之间可以间隔传送，也可以连续传送。一个数据帧一般由 1 个起始位、8 或 9 个数据位、1 个奇偶校验位和多个停止位构成，因此在进行串行通信时需要设置具体的数据位和停止位个数，并确定是否使用奇偶校验位，以构成一个特定的数据帧。串行通信时收发双方必须按照相同的帧格式进行数据收发，才能保证收发双方可以正确地对数据帧进行解析，以获取传输的字节数据。

(5) 串行通信波特率：由于 USART 异步串行通信双方无同步时钟，为保证收发双方能正确地接收和发送每帧数据，收发双方需要按照相同的位速率进行数据移位。位速率即是串行通信中的波特率，收发双方需保持一致的通信波特率，才能正确地进行数据收发。

13.2.4 奇偶校验与硬件流控制

在 USART 串行通信过程中可采用奇偶校验的方式对收发的数据进行校验，以保证通信数据的正确性。奇偶校验是 USART 通信中常用的校验方式，可根据应用需要选择奇校验、偶校验和不用奇偶校验。有关奇偶校验的具体细节此处不再赘述，可查阅相关资料。

另外，为解决 USART 通信过程中数据丢失问题，可在 USART 收发硬件上增加硬件流控制。当接收缓冲区满时，硬件流控制可以通知发送方暂停发送数据；当接收方准备好可以继续接收数据时，硬件流控制可以通知发送方继续发送数据。通过硬件流的握手控制虽然可以解决 USART 通信过程中数据丢失的问题，但也会增加 USART 的硬件资源开销。因此，可根据实际情况决定是否使用硬件流控制，一般情况下很少使用硬件流控制。

13.2.5 USART 库函数

对外设的控制可以通过其相关寄存器实现，但需要了解寄存器各个位的详细定义，给应用程序编写带来不便。USART 是挂接在 APB2 和 APB1 总线上的设备，在文件 stm32f10x.h 中定义了 USART 存储空间地址、存储器映射等。具体定义如下：

```
//外设存储空间基地址
#define PERIPH_BASE            ((u32)0x40000000)
//外设存储器空间映射
#define APB1PERIPH_BASE        PERIPH_BASE
#define APB2PERIPH_BASE        (PERIPH_BASE + 0x10000)

#define USART1_BASE            (APB2PERIPH_BASE + 0x3800)
#define USART2_BASE            (APB1PERIPH_BASE + 0x4400)
#define USART3_BASE            (APB1PERIPH_BASE + 0x4800)
#define UART4_BASE             (APB1PERIPH_BASE + 0x4C00)
#define UART5_BASE             (APB1PERIPH_BASE + 0x5000)
//定义 USART 存储器映射寄存器结构体
typedef struct
{
  __IO uint16_t SR;
  uint16_t RESERVED0;
  __IO uint16_t DR;
  uint16_t RESERVED1;
  __IO uint16_t BRR;
  uint16_t RESERVED2;
  __IO uint16_t CR1;
  uint16_t RESERVED3;
```

```
    __IO uint16_t CR2;
    uint16_t RESERVED4;
    __IO uint16_t CR3;
    uint16_t RESERVED5;
    __IO uint16_t GTPR;
    uint16_t RESERVED6;
} USART_TypeDef;
//USART 寄存器结构体存储器映射及宏定义
#define USART1        ((USART_TypeDef *) USART1_BASE)
#define USART2        ((USART_TypeDef *) USART2_BASE)
#define USART3        ((USART_TypeDef *) USART3_BASE)
#define UART4         ((USART_TypeDef *) UART4_BASE)
#define UART5         ((USART_TypeDef *) UART5_BASE)
```

上述定义声明了 USART1、USART2、USART3、UART4 和 UART5 五个串行通信设备宏名，建立起寄存器结构体与 USART 存储空间的映射关系，随后即可使用宏名 USART1、USART2、USART3、UART4 和 UART5 对 USART 的寄存器进行操作。USART1、USART2 和 USART3 是具有同步时钟的通用同步异步串行通信设备，UART4 和 UART5 是不带同步时钟的通用异步串行通信设备。当 USART1、USART2 和 USART3 作为通用异步串行通信时，其用法与 UART4 和 UART5 一样。

由于利用寄存器方式进行程序编程难度比较大，为降低外设控制程序编写难度，可使用 STM32F10x 标准固件库中的 USART 库函数进行应用程序开发。STM32F10x 标准固件库提供了 stm32f10x_usart.h 和 stm32f10x_usart.c 两个库驱动文件，为 USART 提供了常用的功能操作函数，可快速进行 USART 应用程序编写。常用的库函数如表 13.1 所示，有关 USART 库函数具体定义及使用细节，可查看本书配套资料“STM32F10x 固件函数库用户手册.pdf”。

表 13.1 常用 USART 串行通信库函数

序号	函数名	描述
1	USART_DeInit()	复位 EXTI 功能单元所有寄存器到默认值
2	USART_Init()	根据指定参数初始化 USART 硬件寄存器
3	USART_Cmd()	使能或者禁止指定 USART 硬件
4	USART_ITConfig()	使能或者禁止指定的 USART 中断
5	USART_DMACmd()	使能或者禁止 USART 的 DMA 请求
6	USART_SendData()	通过指定 USART 发送一个字节数据
7	USART_ReceiveData()	通过指定 USART 接收一个字节数据
8	USART_GetFlagStatus()	查询指定标志位是否置位
9	USART_ClearFlag()	清除指定标志位
10	USART_GetITStatus()	检查指定中断请求标志是否有效
11	USART_ClearITPendingBit()	清除指定中断请求标志的挂起位

13.2.6 实验开发板 USART 通信电路连接

USART 串行通信必定是两个串行设备间的通信，因此实验时必须要两个串行设备才能完成实验。由于本书配套的实验开发板设计了 USB 转串口电路，因此可以直接与 PC 的 USB 口连接，将 PC 虚拟成一个串行通信设备。实验开发板上的 STM32 单片机集成了片上 USART 功能单元，故可以作为另一个串行通信设备。实验时只需通过 USB 线将实验开发板与 PC 连接起来，即可构建实验所需的硬件平台，如图 13.2 所示。

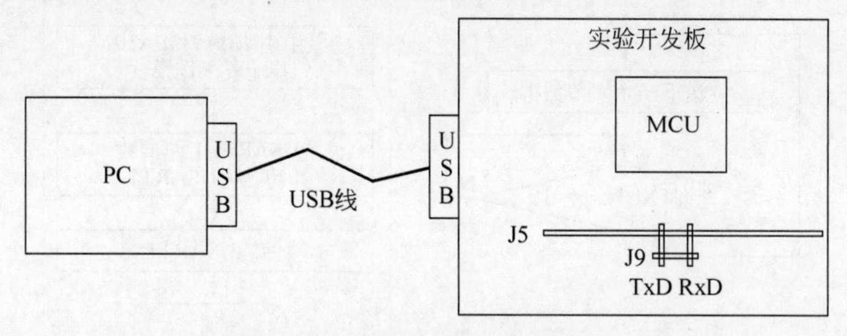

图 13.2 USART 通信连接方式

配套实验开发板将 STM32 单片机的 PA9 和 PA10 引脚（PA9 和 PA10 可复用成 USART1 的 TxD 和 RxD 功能脚）引出到扩展排针 J5 上，而实验开发板上 USB 转串口的 TxD 和 RxD 引脚连接到 J9 排针上。在做串口通信实验时，必须将 PC 虚拟串口设备与 STM32 单片机的 USART1 连接起来才能通信，因此需要用跳线帽将 J9 的 TxD 和 RxD 与 J5 的 PA9 和 PA10 直接短接。如果需要实验测试 STM32 单片机集成的其他 USART 串行端口，可以将需要测试 USART 的 TxD 和 RxD 功能引脚通过导线连接到 J9 的对应引脚。

13.3 实验内容

13.3.1 实验内容一

【实验内容】

采用查询方式实现串行数据发送，并利用 PC 上运行的串口调试助手观察接收到的数据是否与发送数据一致。

【实验分析】

采用查询方式实现串行数据发送功能，实际是利用 USART 的 TXE 或 TC 标志来控制串行数据的发送。数据发送程序流程如图 13.3 所示。可以将 STM32 单片机的 USART 视为一个功能设备，参照标准固件库函数一样，编写一个 USART 的初始化函数，专门用于初始化 USART 设备，初始化完成后该 USART 设备处于待机状态，随时可以进行数据的收发工作。TXE 标志查询及数据发送可以直接调用标准固件库中的库函数 USART_GetFlagStatus ()和 USART_SendData()实现。

【实验步骤】

(1) 将第 12 章创建的应用项目工程 Template_KEYEXTI 复制到本次实验的某个存储位置，并修改项目工程文件夹名称为 Template_UARTEX1，进入项目文件夹下的 user 子目录，双击 μVision5 工程项目文件名 Template. uvprojx 启动工程项目。

(2) 参照标准固件库外设驱动文件作用及编程规范，将 USART 串行通信视为一个独立的 UART 外设，为其编写一些操作功能函数，构成 UART 驱动函数库。在 MDK IDE 中

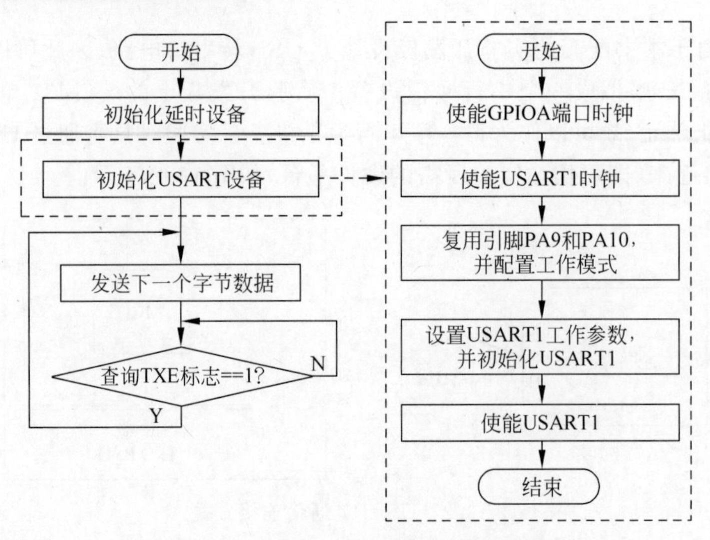

图 13.3　查询方式发送数据基本流程

新建两个文件，分别以 uart. h 和 uart. c 为文件名，保存到..\Template_UARTEX1\hardware 目录下。

（3）将 uart. c 添加到工程项目 hardware 分组中，添加后的 Project 视图如图 13.4 所示。

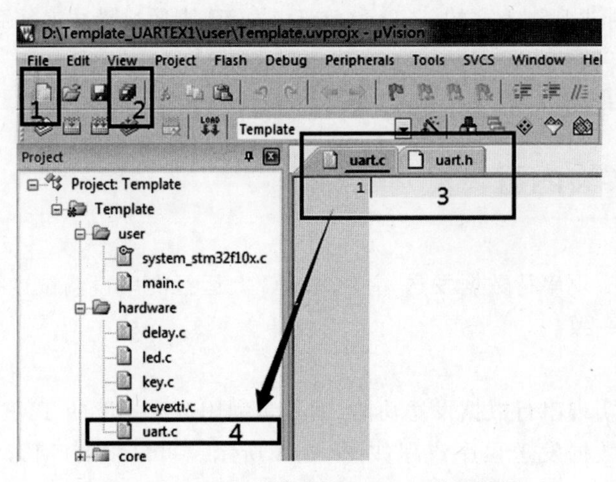

图 13.4　uart. c 添加到 hardware 分组视图

（4）考虑到 UART 作为一个标准外设，根据实验分析及程序流程图，可定义一个以查询方式工作的初始化函数 UART_Query_Init()，用于初始化 UART 设备，使其进入收发数据待机状态。因此，打开 uart. h 文件，添加资源包含头文件 stm32f10x. h，添加相关功能函数的声明。具体代码如下：

```
#ifndef __UART_H
#define __UART_H

#include "stm32f10x.h"
```

```
//声明 UART_Query_Init()初始化函数
//参数 nbaud:指定串口的波特率
void UART_Query_Init(uint32_t nbaud);

#endif
```

(5) 打开 uart.c 文件,添加资源包含头文件 uart.h,根据 UART 初始化流程,编写 UART_Query_Init()的具体实现代码:

```
#include "uart.h"

void UART_Query_Init(uint32_t nbaud)
{
    GPIO_InitTypeDef GPIO_InitStruct;
    USART_InitTypeDef USART_InitStruct;
    //使能 GPIO 端口、USART1 的时钟
    RCC_APB2PeriphClockCmd(RCC_APB2Periph_GPIOA|RCC_APB2Periph_USART1,ENABLE);
    //配置复用功能引脚 TxD 工作模式
    GPIO_InitStruct.GPIO_Pin = GPIO_Pin_9;
    GPIO_InitStruct.GPIO_Mode = GPIO_Mode_AF_PP;
    GPIO_InitStruct.GPIO_Speed = GPIO_Speed_2MHz;
    GPIO_Init(GPIOA,&GPIO_InitStruct);
    //配置复用功能引脚 RxD 工作模式
    GPIO_InitStruct.GPIO_Pin = GPIO_Pin_10;
    GPIO_InitStruct.GPIO_Mode = GPIO_Mode_IN_FLOATING;
    GPIO_Init(GPIOA,&GPIO_InitStruct);
    //设置串口波特率
    USART_InitStruct.USART_BaudRate = nbaud;
    //设置串口不采用硬件流控制
    USART_InitStruct.USART_HardwareFlowControl = USART_HardwareFlowControl_None;
    //设置串口不采用奇偶校验
    USART_InitStruct.USART_Parity = USART_Parity_No;
    //设置串口停止位为 1bit
    USART_InitStruct.USART_StopBits = USART_StopBits_1;
    //设置串口通信的数据位为 8bit
    USART_InitStruct.USART_WordLength = USART_WordLength_8b;
    //设置串口工作模式:发送和接收模式
    USART_InitStruct.USART_Mode = USART_Mode_Rx|USART_Mode_Tx;
    //初始化串口 USART1
    USART_Init(USART1,&USART_InitStruct);
    //使能串口
    USART_Cmd(USART1,ENABLE);
}
```

(6) 打开 main.h 文件,在该文件中添加资源包含头文件 #include "uart.h"。

(7) 打开 main.c 文件,删除 main()函数内的所有代码,其他代码保持不变。利用前面实验编写的 delay、UART 等设备驱动函数资源,再根据主程序流程图编写实现代码:

```
int main(void)
{ //定义待发送的十六进制数据
    uint8_t hexdata[6] = {0x01,0x02,0x03,0x04,0x0D,0x0A};
    //定义待发送的字符串
    uint8_t strdata[ ] = "Hello, WORLD!";
    uint8_t send_cnt = 0;
    //初始化延时单元
    delay_Init();
    //初始化 USART1
    UART_Query_Init(9600);

    while(1)
    { //发送 1 字节数据
        USART_SendData(USART1,data[send_cnt]);
        //等待数据发送完成
        while(USART_GetFlagStatus(USART1,USART_FLAG_TXE) == RESET);
        //移动数据指针
        send_cnt++;
        if(send_cnt == 6)
        {
            send_cnt = 0;
            //增加一帧数据之间的间隔
            delay_ms(500);
        }
    }
}
```

(8) 编译工程项目生成可执行目标 HEX 文件,并下载到实验开发板。

(9) 按照图 13.2 所示通信连接方式连接实验开发板和 PC,上电启动实验板运行,在 PC 上启动串口调试助手"XCOM V2.6",按照图 13.5 设置串口调试助手参数。随后打开串口即可开始接收数据,接收到的数据与发送的十六进制数据一致。注意串口助手参数设置必须与实验开发板应用程序参数设置一致,且串口助手的显示方式选择为"16 进制显示"(因为数据是按照十六进制发送的,所有显示需与发送一致)。

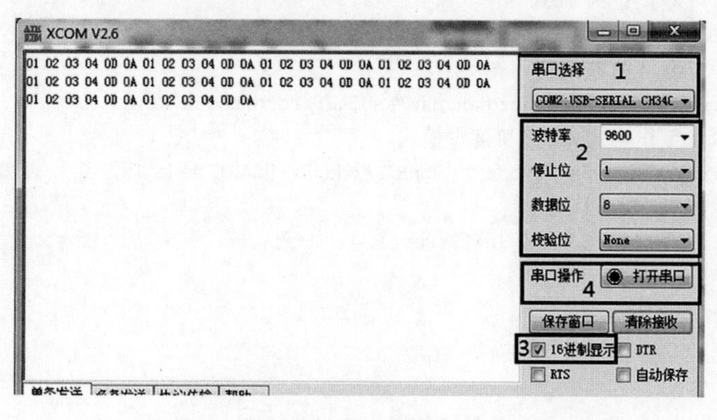

图 13.5 串口调试助手参数设置

(10) 在 uart.h 和 uart.c 中,利用库函数 USART_GetFlagStatus()和 USART_SendData()编写一个字符串发送函数 USART_SendString()。在 uart.h 中添加函数声明:

```
void USART_SendString(USART_TypeDef * USARTx, uint8_t * strData);
```

在 uart.c 中添加实现代码：

```
void USART_SendString(USART_TypeDef * USARTx, uint8_t * strData)
{
    uint16_t i = 0;
    for(;;)
    {
        if(strData[i] != '\0')
        {
            USART_SendData(USART1,strData[i]);
            while(USART_GetFlagStatus(USART1,USART_FLAG_TXE) == RESET);
            i++;
        }
        else
            break;
    }
}
```

（11）在 main.c 中，修改 while 循环体代码，如下：

```
while(1)
{
    USART_SendString(USART1,strdata);
    USART_SendString(USART1,"\r\n");
    delay_ms(500);
    USART_SendString(USART1,"How are you?\r\n");
    delay_ms(500);
}
```

（12）取消勾选的串口助手显示方式 ☐16进制显示，不以十六进制方式显示，即以字符方式显示。编译工程项目，将生成的可执行目标 HEX 文件下载到实验开发板。下载完成后程序即启动运行，串口调试助手接收到的数据如图 13.6 所示，与发送内容一致。

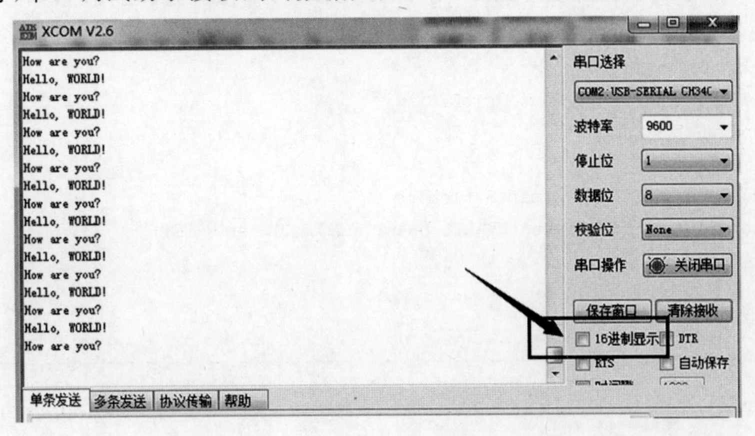

图 13.6　以字符方式显示接收数据

13.3.2 实验内容二

【实验内容】

重载 printf()函数,实现格式化串行数据发送,并利用 PC 上运行的串口调试助手观察接收到的数据是否与发送数据一致。

【实验分析】

C 语言中经常使用 printf()函数实现数据输出到显示器进行显示,且能够对输出的数据进行格式化。能否利用 printf()函数实现格式化字符串行数据发送到串口输出呢？如果能实现将对格式化字符串行发送带来极大的便利。printf()函数是 C 语言标准库 stdio. h 中声明的一个宏函数,其内部底层实际是调用了 fputc(int ch,FILE * f)函数将数据输出送往显示器显示。因此,只要改变 fputc(int ch,FILE * f)函数内部代码,使其将数据送往指定 USART 端口即可实现 printf()函数格式化串行数据发送功能。

在 C 语言中有一个重载函数的概念,即用户可以自己重写 C 语言标准库函数,重定义函数的功能。当连接器检查到用户自己编写了与 C 语言标准库函数相同名字的函数时,连接器就优先采用自行编写的函数实现代码,这样就可以重定义标准库函数的功能,实现自己期望的功能。

【实验步骤】

(1) 将实验内容一创建的应用项目工程 Template_UARTEX1 复制到本次实验的某个存储位置,并修改项目工程文件夹名称为 Template_UARTEX2,进入项目文件夹下的 user 子目录,双击 μVision5 工程项目文件名 Template. uvprojx 启动工程项目。

(2) 打开 uart. h 文件,添加资源包含文件＃include "stdio. h"和 fputc(int ch,FILE * f)函数声明。具体代码如下:

```
//添加资源包含文件
#include "stdio.h"
//添加 fputc()函数声明
int fputc(int ch,FILE * f);
```

(3) 打开 uart. c 文件,添加 fputc(int ch,FILE * f)函数的实现代码,如下:

```
//重定义 fputc()函数
//需要在属性对话框中选择 use MicroLIB
int fputc(int ch,FILE * f)
{
    USART_SendData(USART1,(uint8_t)ch);
    while(USART_GetFlagStatus(USART1,USART_FLAG_TXE) == RESET);

    return ch;
}
```

(4) 打开 MDK 工程项目属性对话框,选择 Target 选项卡,在 Code Generation 区域勾选 Use MicroLIB 复选框,如图 13. 7 所示,然后单击 OK 按钮完成设置。这样就可以使

printf()调用自定义的 fputc()函数,实现格式串行数据发送到 USART 的功能。

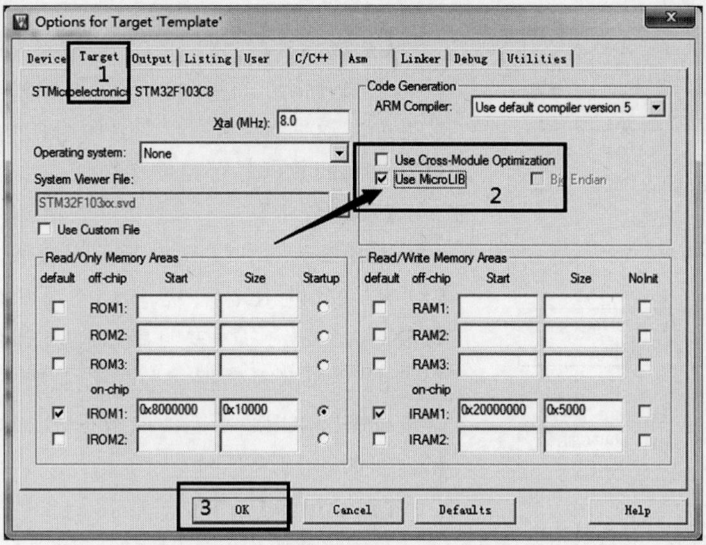

图 13.7　选择并设置 Use MicroLIB

(5) 打开 main.c 文件,删除 while 循环体的代码,重新使用 printf()函数进行格式化数据或字符串发送功能程序。具体代码如下:

```
while(1)
{
    printf("USART1 printf test!\r\n");
    printf("%s\r\n",strdata);
    printf("%2d %2d \r\n",hexdata[0],hexdata[1]);
    printf("%2X %2X \r\n",hexdata[4],hexdata[5]);
    delay_ms(1000);
}
```

(6) 编译工程项目,将生成的可执行目标 HEX 文件下载到实验开发板运行。串口调试助手接收到的数据如图 13.8 所示,与发送的内容一致。

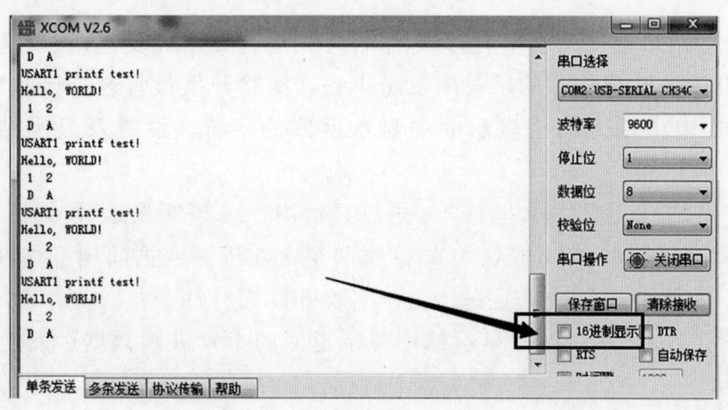

图 13.8　重载 printf()函数

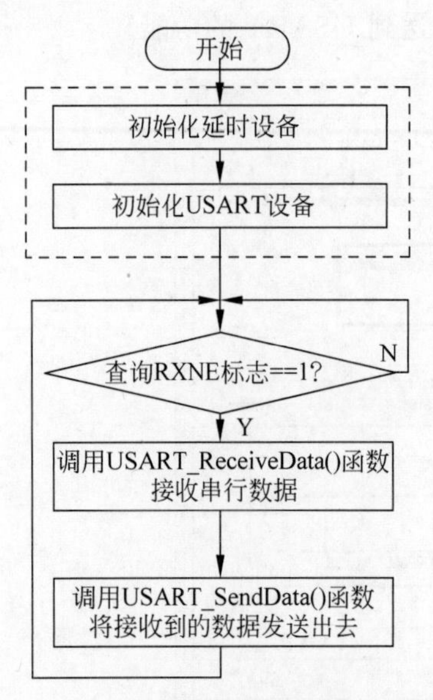

图 13.9　以查询方式接收数据流程图

13.3.3 实验内容三

【实验内容】

采用查询方式实现串行数据接收，且将接收到的数据原样返回，并利用 PC 上运行的串口调试助手观察接收到的数据是否与发送数据一致。

【实验分析】

采用查询方式实现串行数据接收功能，实际是利用 USART 的 RXNE 标志来控制串行数据的接收。当 RXNE＝＝1 时，表明串口接收到的数据准备好，CPU 读取即实现数据接收。若 RXNE＝＝0，表明数据未准备好，CPU 不能读取数据。查询方式接收数据流程图如图 13.9 所示。

【实验步骤】

(1) 将实验内容二创建的应用项目工程 Template_UARTEX2 复制到本次实验的某个存储位置，并修改项目工程文件夹名称为 Template_UARTEX3，进入项目文件夹下的 user 子目录，双击 μVision5 工程项目文件名 Template.uvprojx 启动工程项目。

(2) 打开 main.c 文件，删除 while 循环体代码，编写如下所示的查询接收并原样返回的串行数据接收程序。

```
while(1)
{
    //查询接收
    if(USART_GetFlagStatus(USART1,USART_FLAG_RXNE) == SET)
     USART_SendData(USART1,USART_ReceiveData(USART1));
}
```

(3) 编译工程项目，将生成的可执行目标 HEX 文件下载到实验开发板，启动运行应用程序。

(4) 在 PC 的串口调试助手中，选择以字符方式进行显示和发送，在发送框中输入任意字符，单击“发送”按钮，将输入的字符串发送出去。实验开发板将逐个接收到字符，并立即发送回来，在 PC 串口调试助手显示框中显示返回的字符。设置及显示结果如图 13.10 所示。

(5) 在 PC 串口调试助手中，同选“16 进制显示”和“16 进制发送”复选框，在发送框中输入将发送的十六进制数据(如 01 AC 03 ，注意两个十六进制数据间用空格间隔)，单击“发送”按钮，将输入的十六进制数据发送出去。实验开发板将逐个接收到十六进制数据，并立即发送回来，在 PC 串口调试助手显示框中显示返回的十六进制数据。发送和接收的结果如图 13.11 所示。

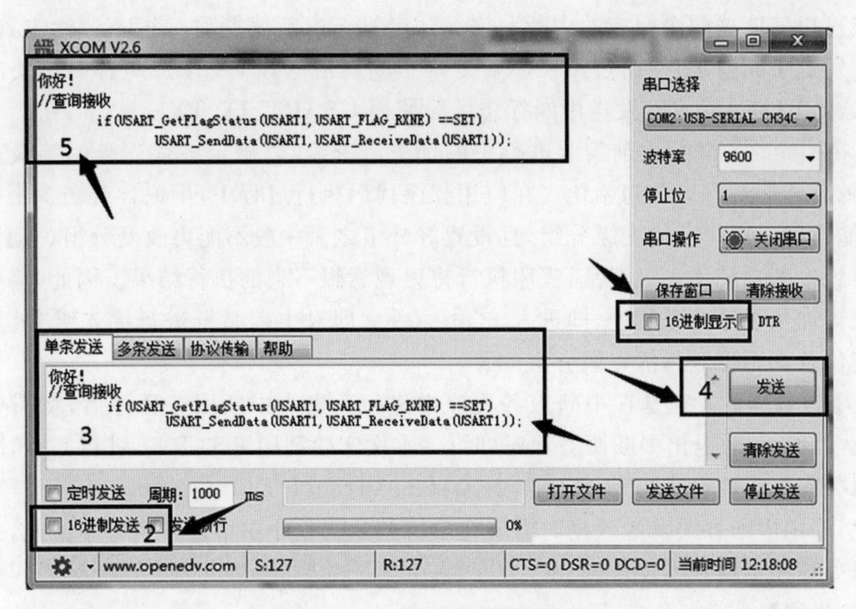

图 13.10 字符发送并原样返回

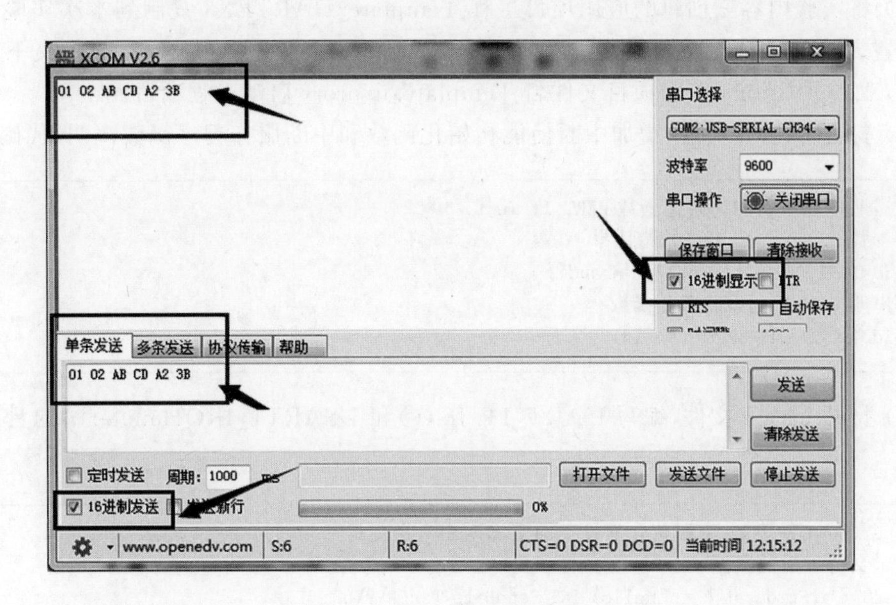

图 13.11 字符发送并原样返回

13.3.4 实验内容四

【实验内容】

利用中断方式实现串行数据发送，并利用 PC 上运行的串口调试助手观察接收到的数据是否与发送数据一致。

【实验分析】

利用中断方式实现串行数据发送与查询方式发送相比，存在几点不同：

(1) 在串口初始化时需要使能发送中断请求。与发送相关的标志主要有 TXE 和 TC，根据需要可以使能这两个标志的中断允许。开启发送中断使能后，当 TXE 标志置 1 时，会自动产生发送中断请求，并通过 USART 专用中断通道送往 NVIC。开启中断使能的库函数为 USART_ITConfig()，发送中断标志一般使用 USART_IT_TXE。

（2）在初始化 NVIC 之前需要进行中断优先级分组，以确定各优先级的等级个数及取值范围，随后才能对 NVIC 初始化。在应用程序代码执行过程中，不论含有多少个中断的应用，都只能设置一次中断优先级分组，且设置好分组之后一般不能再改变分组。随意改变分组将会导致中断系统优先级混乱，程序执行将出现意想不到的执行结果。因此，将中断优先级分组放置在主程序的开始处，即进入 main()后立即对中断系统进行优先级分组设置，在其他任何位置都不再进行优先级分组配置。

（3）串口数据的发送是在中断服务程序中进行。进入中断服务程序后，将需要发送的数据写入 TDR，随后退出中断服务程序即可。本次实验利用 USART1 进行实验，因此对应的中断服务程序函数名称为 USART1_IRQHandler()。

因此，采用中断方式发送数据时需要在串口初始化程序中增加开启中断使能，并编写串口中断服务程序实现数据发送。

【实验步骤】

（1）将实验内容三创建的应用项目工程 Template_UARTEX3 复制到本次实验的某个存储位置，并修改项目工程文件夹名称为 Template_UARTEX4，进入项目文件夹下的 user 子目录，双击 μVision5 工程项目文件名 Template. uvprojx 启动工程项目。

（2）打开 uart. h 文件，增加中断使能初始化函数和中断服务程序函数声明，代码如下：

```
//声明使能中断的初始化函数 UART_IT_Init
//参数 nbaud:指定串口的波特率
void UART_IT_Init(uint32_t nbaud);
//声明 USART1 的中断服务函数
void USART1_IRQHandler(void);
```

（3）打开 uart. c 文件，编写 UART_IT_Init()和 USART1_IRQHandler()的具体实现代码：

```
//uart.c 文件顶部,资源包含文件下面定义两个全局变量
//定义待发送的数据
uint8_t itStrdata[ ] = "Hello, INT SendData Test!\r\n";
//待发送数据计数
uint8_t itSend_Cnt = 0;

void UART_IT_Init(uint32_t nbaud)
{
    GPIO_InitTypeDef GPIO_InitStruct;
    USART_InitTypeDef USART_InitStruct;
    NVIC_InitTypeDef NVIC_InitStruct;
    //使能 GPIO 端口、USART1 的时钟
    RCC_APB2PeriphClockCmd(RCC_APB2Periph_GPIOA|RCC_APB2Periph_USART1,ENABLE);
    //配置复用功能引脚 TxD 工作模式
```

```
    GPIO_InitStruct.GPIO_Pin = GPIO_Pin_9;
    GPIO_InitStruct.GPIO_Mode = GPIO_Mode_AF_PP;
    GPIO_InitStruct.GPIO_Speed = GPIO_Speed_2MHz;
    GPIO_Init(GPIOA,&GPIO_InitStruct);
    //配置复用功能引脚 RxD 工作模式
    GPIO_InitStruct.GPIO_Pin = GPIO_Pin_10;
    GPIO_InitStruct.GPIO_Mode = GPIO_Mode_IN_FLOATING;
    GPIO_Init(GPIOA,&GPIO_InitStruct);
    //设置串口波特率
    USART_InitStruct.USART_BaudRate = nbaud;
    //流控制:设置串口不采用硬件流控制
    USART_InitStruct.USART_HardwareFlowControl = USART_HardwareFlowControl_None;
    //奇偶校验:设置串口不采用奇偶校验
    USART_InitStruct.USART_Parity = USART_Parity_No;
    //停止位:设置串口停止位为 1bit
    USART_InitStruct.USART_StopBits = USART_StopBits_1;
    //数据位:设置串口通信的数据位为 8bit
    USART_InitStruct.USART_WordLength = USART_WordLength_8b;
    //串口工作模式:设置发送和接收模式
    USART_InitStruct.USART_Mode = USART_Mode_Rx|USART_Mode_Tx;
    //初始化串口 USART1
    USART_Init(USART1,&USART_InitStruct);

    //配置 NVIC
    NVIC_InitStruct.NVIC_IRQChannel = USART1_IRQn;
    NVIC_InitStruct.NVIC_IRQChannelCmd = ENABLE;
    NVIC_InitStruct.NVIC_IRQChannelPreemptionPriority = 1;
    NVIC_InitStruct.NVIC_IRQChannelSubPriority = 1;
    NVIC_Init(&NVIC_InitStruct);

    //使能发送中断
    USART_ClearITPendingBit(USART1,USART_IT_TXE);
    USART_ITConfig(USART1,USART_IT_TXE, ENABLE);

    //使能串口
    USART_Cmd(USART1,ENABLE);
}

void USART1_IRQHandler()
{
    if(USART_GetITStatus(USART1,USART_IT_TXE) == SET)
    {
        USART_ClearITPendingBit(USART1,USART_IT_TXE);
        if(itStrdata[itSend_Cnt] != '\0')
        {
            USART_SendData(USART1,itStrdata[itSend_Cnt]);
            itSend_Cnt++;
        }
        else
        {
```

```
            itSend_Cnt = 0;
        }
    }
}
```

(4) 打开 main.c 文件，删除 main()函数内的所有代码，其他代码保持不变。利用前面实验编写的 delay、UART 等设备驱动函数，添加中断优先级分组设置，添加外设初始化代码，发送一个字符以使 TXE 标志置位，触发中断请求。随后进入空的 while 循环体，即主程序什么功能也不做。具体代码如下：

```
int main(void)
{
    //设置中断优先级分组
    NVIC_PriorityGroupConfig(NVIC_PriorityGroup_2);
    //初始化串口
    UART_IT_Init(9600);
    //第一次触发 TXE 标志(不可缺,否则不能触发发送中断请求)
    USART_SendData(USART1,0x00);
    while(1);
}
```

(5)在 PC 的串口调试助手中，设置为字符显示方式(非十六进制方式显示，即为字符显示方式)，并打开串口。

(6) 编译工程项目，将生成的可执行目标代码 HEX 文件下载到实验开发板启动运行应用程序。

(7) 运行后串口调试助手将不断的接收到中断服务程序发过来的字符串，如图 13.12 所示。

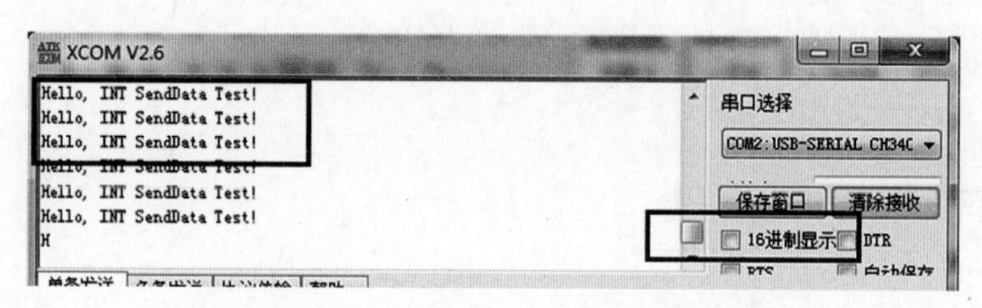

图 13.12　中断方式发送的字符串

13.3.5　实验内容五

【实验内容】

利用中断方式实现串行数据接收，且将接收到的数据原样返回，并利用 PC 上运行的串口调试助手观察接收到的数据是否与发送数据一致。

【实验分析】

利用中断方式实现串行数据接收与查询方式接收相比，存在两点不同：

(1) 在串口初始化时需要开启接收中断使能。与接收相关的标志有 RXNE，根据需要可以开启这个标志的中断请求允许。开启接收中断请求使能后，当 RXNE 标志置 1 时，会自动产生接收中断请求，并通过 USART 专用中断通道送往 NVIC。开启接收中断使能的库函数为 USART_ITConfig()，接收中断标志是 USART_IT_RXNE。

（2）串口数据的接收是在中断服务程序中进行。进入中断服务程序后，将从接收数据寄存器 RDR 中读取接收的数据，再原样发出即可，随后退出中断服务程序。本次实验采用 USART1 进行实验，因此对应的中断服务程序函数名称为 USART1_IRQHandler()。

【实验步骤】

（1）将实验内容四创建的应用项目工程 Template_UARTEX4 复制到本次实验的某个存储位置，并修改项目工程文件夹名称为 Template_UARTEX5，进入项目文件夹下的 user 子目录，双击 μVision5 工程项目文件名 Template.uvprojx 启动工程项目。

（2）打开 uart.c 文件，在 UART_IT_Init()函数中去掉使能发送中断请求语句，增加使能接收中断请求语句，其他参数设置不变。修改接收中断服务程序 USART1_IRQHandler()中有关接收的实现代码：

```
void UART_IT_Init(uint32_t nbaud)
{
    …
    //清除 RXNE 标志
    USART_ClearFlag(USART1,USART_FLAG_RXNE);
    //使能接收中断
    USART_ITConfig(USART1,USART_IT_RXNE,ENABLE);

    //使能串口
    USART_Cmd(USART1,ENABLE);
}

void USART1_IRQHandler()
{
    if(USART_GetITStatus(USART1,USART_IT_RXNE) == SET)
    { //清除挂起位
        USART_ClearITPendingBit(USART1,USART_IT_RXNE);
        //接收数据并原样发出
        USART_SendData(USART1,USART_ReceiveData(USART1));
    }
}
```

（3）打开 main.c 文件，删除 main()函数内的所有代码，其他代码保持不变。利用前面实验编写的 delay、UART 等设备驱动函数，添加中断优先级分组设置，添加外设初始化代码，随后进入空的 while 循环体，即主程序什么功能也不做。具体代码如下：

```
int main(void)
{
    //设置中断优先级分组
    NVIC_PriorityGroupConfig(NVIC_PriorityGroup_2);
    //初始化串口
```

```
        UART_IT_Init(9600);
        while(1);
    }
```

(4) 编译工程项目,将生成的可执行目标 HEX 文件下载到实验开发板,启动运行应用程序。

(5) 在 PC 的串口调试助手中发送字符或者十六进制数据,均会原样返回,并在显示窗口显示,与查询方式接收并原样返回的结果一样。

13.3.6 实验内容六

【实验内容】

通过串口调试助手发送控制命令,控制实验开发板上 LEDx(x=1,2,3)灯的亮灭,并通过实验板上按键 KEY1 手动将当前 LEDx 灯的状态上传到 PC 的串口助手进行显示,实现 LEDx 灯状态监测。

【实验分析】

本次实验内容有两个任务:

任务 1: 通过串口通信发送控制命令实现实验板上 LED 灯的状态控制。

(1) 实验板上有 LED1、LED2、LED3 三个灯,存在亮或灭两种控制。因此,可以设计一个两字节命令帧进行控制。第 1 字节用于指示控制那个 LED 灯(用 0x01 表示控制 LED1,用 0x02 表示控制 LED2,用 0x03 表示控制 LED3),第 2 个字节表示控制灯亮或灭(用 0x01 表示灭,用 0x00 表示亮)。

(2) 串行通信接收一般在中断服务程序中实现,因为串行通信是异步的,如果用查询方式接收数据将降低 CPU 的执行效率,因此本实验在中断服务程序中实现命令接收及 LED 灯控制。

任务 2: 通过实验板上的按键 KEY1,手动获取 LED 灯的状态,并将状态通过串口输出。

(1) 该任务比较简单,首先利用按键 KEY1 获取 LED 灯的状态,然后将获取的状态按照一定的数据格式发送出去即可。

(2) 当按下 KEY1 按键时,调用读 GPIO 输出缓存的库函数 GPIO_ReadOutputDataBit()或 GPIO_ReadOutputData()获取 LED 灯的状态。

(3) 获取状态后,将 LED 灯的状态按照一定数据通信格式组装成状态信息帧,然后调用 USART_SendData()函数发送出去即可。

(4) 状态信息帧可以采用四字节十六进制数据表示,第 1 字节为命令,用 0x55 表示此帧为状态帧。第 2 字节存放 LED1 的状态,第 3 字节存放 LED2 的状态,第 4 字节存放 LED3 的状态(状态用 0x01 表示灭,用 0x00 表示亮)。读者可采用其他状态信息帧格式进行数据发送,只要与接收方协商好通信协议接口(与接收方对数据格式达成共识)即可。

【实验步骤】

(1) 将实验内容五创建的应用项目工程 Template_UARTEX5 复制到本次实验的某个存储位置,并修改项目工程文件夹名称为 Template_UARTEX6,进入项目文件夹下的 user 子目录,双击 μVision5 工程项目文件名 Template. uvprojx 启动工程项目。

(2) 根据实验分析,期望在串口接收中断服务程序中实现对 LED 灯的状态控制,涉及外设 LED 的操作,因此可以使用第 11 章实验时编写的外设 LED 驱动文件进行 LED 灯控制操作。故需要在 uart.h 文件中添加外设 LED 的资源头文件#include "led.h"。另外,由于实验分析设计了控制命令帧的格式是 2 个字节帧,在进行控制前需要将完整的 2 字节接收后才能实现对灯的控制。因此在 uart.h 文件中定义 2 个静态变量,用于存放接收到的数据和统计接收到的字节数。uart.h 文件增加的代码如下所示,其他代码不变。

```
#include "led.h"
//定义串口接收数据缓存
static uint8_t CMD_buffer[10];
//定义接收数据个数统计变量
static uint8_t iLen = 0;
```

(3)修改接收中断服务程序,实现命令接收与 LED 灯控制。LED 灯控制功能使用第 11 章设计的 LED_ONOFF_Write()函数实现,具体代码如下:

```
void USART1_IRQHandler()
{
    if(USART_GetITStatus(USART1,USART_IT_RXNE) == SET)
    { //清除挂起位
        USART_ClearITPendingBit(USART1,USART_IT_RXNE);
        CMD_buffer[iLen] = USART_ReceiveData(USART1);
        iLen++;
        if(iLen == 2)
        {//接收到完整控制帧
            iLen = 0;
            switch(CMD_buffer[0])
            {
                case 0x01:
                    LED_ONOFF_Write(LED1,(BitAction)CMD_buffer[1]);
                    break;
                case 0x02:
                    LED_ONOFF_Write(LED2,(BitAction)CMD_buffer[1]);
                    break;
                case 0x03:
                    LED_ONOFF_Write(LED3,(BitAction)CMD_buffer[1]);
                    break;
            }
        }
    }
}
```

(4) 在 uart.h 文件增加一个多字节十六进制数据发送函数"void Send_HEXData(uint8_t *data,uint8_t ilen)"的声明,并在 uart.c 中具体实现该函数。其实现代码如下:

```
void Send_HEXData(uint8_t *data,uint8_t ilen)
{
```

```
    uint8_t i = 0;
    for(i = 0;i < ilen;i++)
    {
        USART_SendData(USART1,data[i]);
        while(USART_GetFlagStatus(USART1,USART_FLAG_TXE) == RESET);
        i++;
    }
}
```

(5) 打开 main.c 文件,删除 main()函数内的所有代码,其他代码保持不变。利用前面实验编写的 delay、LED、KEY、UART 等设备驱动函数,添加中断优先级分组设置,添加外设初始化代码,随后进入 while 循环体实现 LED 状态检测功能,并将检测的结果通过串口发出。具体代码如下:

```
int main(void)
{
    uint8_t key_Val = 0;
    uint8_t StatusData[4];
    //设置中断系统分组
    NVIC_PriorityGroupConfig(NVIC_PriorityGroup_2);
    //初始化 delay
    delay_Init();
    //初始化 LED
    LED_Init();
    //初始化 KEY
    KEY_Init();
    //初始化 USART
    UART_IT_Init(9600);
    while(1)
    { //按键扫描
        key_Val = KEY_Scan(0);
        if(key_Val == KEY1_PRES)
        {
            key_Val = 0x00;
            //获取 LED 状态,组装状态帧,并发送状态
            StatusData[0] = 0x55;
            StatusData[1] = GPIO_ReadOutputDataBit(GPIOB,LED1);
            StatusData[2] = GPIO_ReadOutputDataBit(GPIOB,LED2);
            StatusData[3] = GPIO_ReadOutputDataBit(GPIOB,LED3);
            Send_HEXData(StatusData,4);
        }
    }
}
```

(6) 编译工程项目,将生成的可执行目标 HEX 文件下载到实验开发板,启动运行应用程序。

(7) 将 PC 上串口调试助手设置为十六进制显示和十六进制发送模式。

(8) 按下 KEY1,观察串口调试助手接收窗口显示的内容是否为“55 01 01 01”,表明所有 LED 灯均未点亮。

(9) 在单条发送窗口输入十六进制控制命令“02 00”,再单击“发送”按钮,可以观察到实验开发板上 LED2 灯点亮。按下 KEY1 键,串口调试助手接收窗口收到“55 01 00 01”状态信息,与当前 LED 灯的状态一致。

13.4　本章小结

本章主要对 STM32 单片机的 USART 串行通信进行实验,以了解片上外设 USART 收发原理及其收发控制。通过前 5 个实验内容充分展示了 USART 通信的各种控制方式及其用法,通过实验内容六展示了基于串行通信的设备控制与信息传输。

第 14 章 通用定时器定时实验

CHAPTER 14

STM32 单片机不同系列拥有不同性能和数量的定时器，但用法大体相似。本书配套的实验开发板是中等容量 STM32F103C8T6 增强型单片机，包含 2 个高级定时器 TIM1 和 TIM8、4 个通用定时器 TIM2-TIM5（4 个通用定时器的硬件结构、功能、用法完全一样）、2 个基本定时器 TIM6 和 TIM7、1 个实时时钟 RTC、2 个看门狗和 1 个系统滴答定时器 SysTick。本章主要针对通用定时器 TIMx（x=2，3，4，5）的定时应用展开实验，为今后利用通用定时器 TIMx 进行定时应用奠定基础。

14.1 实验背景

【实验目的】

（1）了解通用定时器 TIMx 的内部结构、定时时钟来源、时基单元组成。

（2）掌握通用定时器 TIMx 计数器工作模式及计数器溢出条件。

（3）掌握通用定时器 TIMx 定时时间计算及时基单元参数配置。

（4）掌握通用定时器 TIMx 常用固件库函数的用法。

（5）掌握通用定时器 TIMx 定时程序编程方法及步骤。

【实验要求】

（1）利用 MDK 建立通用定时器 TIMx 定时实验程序项目。

（2）利用固件库函数建立通用定时器 TIMx 定时应用程序，实现查询定时、中断定时。

【实验内容】

（1）利用 TIM3 采用查询方式实现定时 1s 功能，定时 1s 到时将 LED1 状态反转。

（2）利用 TIM3 采用中断方式实现定时 1s 功能，定时 1s 到时将 LED1 状态反转。

（3）利用 TIM3 采用中断方式控制 LED1、LED2、LED3，使它们有规律地点亮形成流水灯。点亮时间间隔 1s，具体顺序：LED1 亮 1s，其他灯灭→LED2 亮 1s，其他灯灭→LED3 亮 1s，其他灯灭，如此反复。

【实验设备】

计算机、STM32F103C8T6 实验开发板、J-Link 仿真器。

14.2 实验原理

STM32单片机通用定时器TIMx是带预分频器的16位定时器，内部预分频器(PSC)、计数器(CNT)、自动重装载寄存器(ARR)均是16位的，CNT定时计数方式可以是向上、向下、双向计数，使得TIMx的应用非常灵活。TIMx的内部结构主要由时钟源选择、时基单元、输入捕获、比较输出四大功能单元构成，详细硬件结构可参考本书配套资料"STM32F10x参考手册V10.pdf"。TIMx作为定时应用时，仅使用到时钟源选择和时基单元两部分硬件。

14.2.1 定时时钟源选择

作为定时应用时，需要选择一个时钟频率固定、已知的时钟源作为定时器的定时时钟。TIMx的定时时钟来源有内部时钟CK_INT、外部时钟源TIx、外部触发时钟ETR和内部触发时钟ITRx。定时器TIMx的时钟源构成如图14.1所示，在4种时钟源中，仅有CK_INT的时钟频率是固定且已知的，因此一般选择CK_INT作为定时用的时钟源。时钟源的选择由定时器的从模式控制寄存器TIMx_SMCR设置，当TIMx_SMCR寄存器的外部时钟使能位ECE=0和从模式选择SMS=000时，选择内部时钟CK_INT作为PSC的时钟CK_PSC。上电复位后，寄存器TIMx_SMCR的值为0x0000，因此在上电复位后默认选择CK_INT为PSC的时钟CK_PSC。

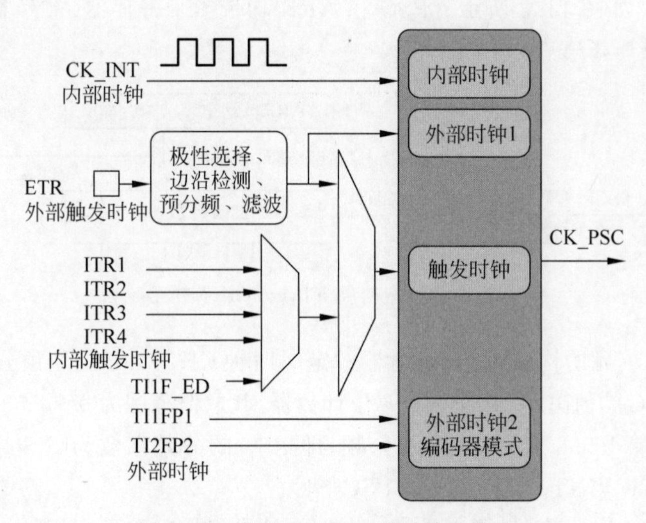

图14.1 定时器TIMx的时钟源构成

STM32单片机定时器是作为片内外设挂接在外设总线APB1和APB2上，其内部时钟CK_INT来自定时器所挂接的总线APB1或APB2。但不是直接来自外设总线APB1或APB2，而是来自输入为APB1或APB2外设总线时钟的一个倍频器，如图14.2所示。

当APB1或者APB2的预分频器系数为1时，定时器时钟倍频器系数为×1倍，否则为×2倍，其作用是当外设时钟频率较低时，仍能保证TIMx能得到较高的定时时钟频率。编程时若采用STM32F10x标准固件库默认的SystemInit()函数进行系统时钟配置，此时

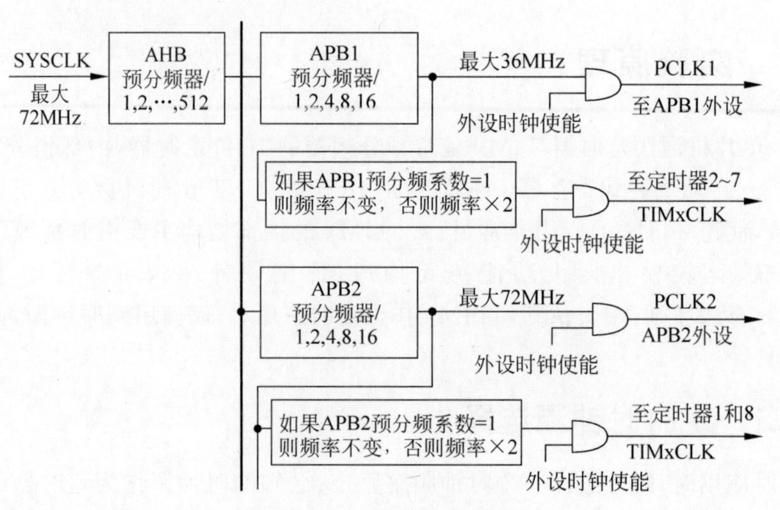

图 14.2　CK_INT 时钟来源

SYSCLK＝AHBCLK＝72MHz、PCLK1＝36MHz、PCLK2＝72MHz，定时器 TIMx 的 CK_INT 频率均为 72MHz。

14.2.2　时基单元

STM32 单片机定时器的时基单元由时钟预分频器 PSC、定时计数器 CNT 和自动装载寄存器 ARR 构成，如图 14.3 所示。PSC 和 ARR 均带影子寄存器(寄存器的阴影部分)，起控制作用的均是其影子寄存器。

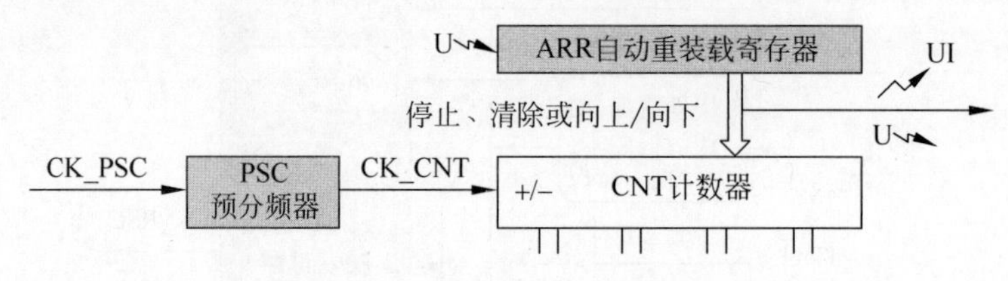

图 14.3　定时器 TIMx 的时基单元

(1) 根据时基单元的构成可知，定时器的定时时钟 CK_CNT 是经预分频器 PSC 分频得来，分频系数由 PSC 的值决定。PSC 是 16 位计数器，其取值范围为 0～65535。当 PSC＝0 时，为 1 分频，当 PSC＝65535 时，为 65536 分频，即 PSC 的分频系数为(PSC＋1)分频，因此定时器的定时时钟 CK_CNT＝CK_PSC/(PSC＋1)。

(2) CNT 是 16 位计数器，可选择加 1(向上)计数、减 1(向下)计数、加减 1(向上/向下双向)计数。

(3) ARR 是自动重装载寄存器，用于保存定时器定时初值。当定时计数器 CNT 溢出更新时，ARR 的值将自动装载到 CNT 寄存器，并继续开始新一轮的定时计数。

14.2.3　计数模式选择

由于定时计数器 CNT 可以选择向上、向下、双向计数，因此需要根据实际需要选择计数器的计数模式。计数模式不同，定时溢出经历的时钟个数将不同，只有明确了计数模式，才能实现精确定时。

(1) 向上计数模式：在向上计数模式中，计数器是从0开始向上加1计数到自动重装载寄存器ARR的值，再经过1个计数时钟，CNT的值溢出回归到0开始重新计数，并产生一个计数上溢更新事件。若此时使能了更新中断允许，将产生更新中断请求。从开始定时计数到溢出发生更新事件为止，总共经历了(ARR+1)个CK_CNT时钟。

(2) 向下计数模式：在向下计数模式中，计数器从自动重装载寄存器ARR的值开始向下减1计数到0，再经过1个计数时钟，CNT的值溢出回归到ARR开始重新计数，并产生一个计数下溢更新事件。若此时使能了更新中断允许，将产生更新中断请求。从开始定时计数到溢出发生更新事件为止，总共经历了(ARR+1)个CK_CNT时钟。

(3) 双向计数模式：双向计数模式又称中央对齐模式，计数器首先从0开始加1计数到ARR的值，同时产生上溢更新事件，然后向下减1计数直到0，同时产生下溢更新事件，随后进入下一次定时计数。在产生下溢更新事件的同时，若使能了更新中断允许，将产生更新中断请求。从定时器开始定时计数到发生下溢更新事件为止，总共经历了(ARR+ARR)个CK_CNT时钟。注意此计数模式下，在计数值达到ARR值的同时会产生上溢事件；在计数值归0的同时产生下溢事件，且产生更新中断请求。

14.2.4　定时时间计算

定时的关键问题是要知道定时时间到，然后才能处理定时时间到后的具体事务。在定时器定时过程中，TIMx硬件会发生计数溢出，并触发溢出更新事件或更新中断标志，因此可以根据溢出更新事件或更新中断标志来确定定时时间到的问题。在定时编程时，一般选择向上或向下计数模式，因此从定时器启动开始，需要经历(ARR+1)个定时时钟CK_CNT才会发生溢出更新事件或触发更新中断请求。假定定时 T 秒，则 $T=(\text{ARR}+1)/\text{CK\_CNT}$。又因为CK_CNT= CK_PSC/(PSC+1)，故有

$$T=\frac{(\text{ARR}+1)\times(\text{PSC}+1)}{\text{CK\_PSC}}$$

若选择CK_INT作为CK_PSC的时钟源，则有

$$T=\frac{(\text{ARR}+1)\times(\text{PSC}+1)}{\text{CK\_INT}}$$

作为定时应用，一般定时时间 T 是已知的，CK_INT也是已知的，随后确定ARR和PSC的值即可实现定时。但是定时计算仅1个方程式，无法通过计算的方式确定ARR和PSC两个未知量的值。ARR和PSC值的计算步骤如下：

(1) 可以先假定CK_CNT的频率。由于CK_PSC已知，故可以根据CK_CNT=CK_PSC/(PSC+1)计算出PSC的值，若计算出的PSC值在0～65535之间，则假设成立；否则重新假设CK_CNT的频率计算出PSC的值。

(2) 确定PSC的值后也就确定了CK_CNT的频率。由于定时时间 T 是已知的，故可根据 $T=(\text{ARR}+1)/\text{CK\_CNT}$ 计算出ARR的值，若计算出的ARR值在0～65535之间，则CK_CNT的频率可用；否则，重新取CK_CNT的频率，再次计算PSC和ARR的值，直至计算出的PSC和ARR值均在0～65535范围内。

(3) 一旦确定了PSC和ARR的值，也就实现了定时时间的计算。

14.2.5 TIMx 库函数

TIMx 属于 STM32 单片机的片上外设，对其控制一般通过操作 TIMx 的寄存器实现。TIMx 的寄存器众多，且每个寄存器都是 32 位寄存器，如果直接通过寄存器的存储器映射地址进行编程，将需要时刻查询 TIMx 各个寄存器的存储器映射地址，给程序编写带来不便。TIMx 是挂接在 APB1 和 APB2 总线上的设备，在文件 stm32f10x.h 中定义了 TIMx 的存储空间映射地址，并利用结构体指针建立起了 TIMx 寄存器与结构体及其成员的映射。具体定义如下：

```
//外设存储空间基地址
#define PERIPH_BASE              ((u32)0x40000000)
//外设存储器空间映射
#define APB1PERIPH_BASE          PERIPH_BASE
#define APB2PERIPH_BASE          (PERIPH_BASE + 0x10000)
#define TIM1_BASE                (APB2PERIPH_BASE + 0x2C00)
#define TIM2_BASE                (APB1PERIPH_BASE + 0x0000)
#define TIM3_BASE                (APB1PERIPH_BASE + 0x0400)
#define TIM4_BASE                (APB1PERIPH_BASE + 0x0800)
#define TIM5_BASE                (APB1PERIPH_BASE + 0x0C00)
#define TIM6_BASE                (APB1PERIPH_BASE + 0x1000)
#define TIM7_BASE                (APB1PERIPH_BASE + 0x1400)
#define TIM8_BASE                (APB2PERIPH_BASE + 0x3400)
//定义 TIMx 存储器映射寄存器结构体
typedef struct
{
  __IO uint16_t CR1;
  uint16_t RESERVED0;
  __IO uint16_t CR2;
  uint16_t RESERVED1;
  __IO uint16_t SMCR;
  …
  __IO uint16_t DCR;
  uint16_t RESERVED18;
  __IO uint16_t DMAR;
  uint16_t RESERVED19;
} TIM_TypeDef;
//TIMx 寄存器结构体存储器映射及宏定义
#define TIM1                     ((TIM_TypeDef *) TIM1_BASE)
#define TIM2                     ((TIM_TypeDef *) TIM2_BASE)
#define TIM3                     ((TIM_TypeDef *) TIM3_BASE)
#define TIM4                     ((TIM_TypeDef *) TIM4_BASE)
#define TIM5                     ((TIM_TypeDef *) TIM5_BASE)
#define TIM6                     ((TIM_TypeDef *) TIM6_BASE)
#define TIM7                     ((TIM_TypeDef *) TIM7_BASE)
#define TIM8                     ((TIM_TypeDef *) TIM8_BASE)
```

上述定义声明了 STM32 单片机片上定时器 TIMx 的设备宏名，建立起结构体寄存器与 TIMx 存储空间的映射关系,随后即可使用宏名 TIMx 对定时器的寄存器进行操作。

由于利用寄存器方式进行程序编写难度比较大,为降低外设控制程序编写难度,可使用 STM32F10x 标准固件库中的 TIM 库函数进行应用程序开发。STM32F10x 标准固件库提供了 stm32f10x_tim.h 和 stm32f10x_tim.c 两个库驱动文件,为 TIMx 提供了常用的功能操作函数,可快速进行定时应用程序编写。常用的 TIMx 库函数如表 14.1 所示,有关 TIM 库函数具体定义及使用细节,可查看本书配套资料"STM32F10x 固件函数库用户手册.pdf"。

表 14.1 通用定时器 TIMx 常用库函数

序 号	函 数 名	描 述
1	TIM_DeInit()	将 TIMx 寄存器重设为默认值
2	TIM_TimeBaseInit()	根据指定的参数初始化 TIMx 的时基单元
3	TIM_Cmd()	使能或禁止 TIMx,相当于启动或停止 TIMx
4	TIM_ITConfig()	使能或禁止指定的 TIMx 中断
5	TIM_InternalClockConfig()	设置 TIMx 内部时钟
6	TIM_ITRxExternalClockConfig()	设置 TIMx 内部触发为外部时钟模式
7	TIM_TIxExternalClockConfig()	设置 TIMx 触发为外部时钟
8	TIM_ETRClockMode1Config()	配置 TIMx 外部时钟模式 1
9	TIM_ETRClockMode2Config()	配置 TIMx 外部时钟模式 2
10	TIM_ETRConfig()	配置 TIMx 外部触发
11	TIM_PrescalerConfig()	设置 TIMx 预分频 PSC
12	TIM_CounterModeConfig()	设置 TIMx 计数器模式
13	TIM_ARRPreloadConfig()	使能或禁止 TIMx 在 ARR 上的预装载寄存器
14	TIM_UpdateDisableConfig()	使能或禁止 TIMx 更新事件
15	TIM_UpdateRequestConfig()	设置 TIMx 更新请求源
16	TIM_GetPrescaler()	获得 TIMx 预分频器 PSC 值
17	TIM_GetFlagStatus()	查询指定标志位是否置位
18	TIM_ClearFlag()	清除指定标志位
19	TIM_GetITStatus()	检查指定中断请求标志是否有效
20	TIM_ClearITPendingBit()	清除指定中断请求标志的挂起位

14.3 实验内容

14.3.1 实验内容一

【实验内容】

利用 TIM3 采用查询方式实现定时 1s 功能,定时 1s 到时将 LED1 状态反转。

【实验分析】

本实验要求采用查询的方式实现 1s 定时,也就在定时过程中要求 CPU 不断地查询时间是否达到。此方式将使 CPU 花费大量时间查询时间到达标志,导致 CPU 在查询期间不能处理其他事务。

实验要求定时 1s,选择内部时钟 CK_INT 作为预分频器 PSC 的时钟源 CK_PSC,且系统时钟配置采用 STM32F10x 标准固件库的默认配置,即 CK_INT=CK_PSC=72MHz。

假定 CK_CNT＝5kHz，则 PSC＝72MHz/5kHz－1＝14399，ARR＝T×CK_CNT－1＝4999。假定计算得到的 PSC 和 ARR 值在 0～65535 之间，假定成立。

采用查询方式实现定时功能，是利用定时器 TIMx 溢出时的更新事件标志来确定定时时间是否到。在进行定时程序编写时，可将 STM32 单片机的 TIMx 视为一个功能设备，参照标准固件库函数一样，编写一个 TIMx 的初始化函数，专门用于初始化 TIMx 设备，初始化完成后该 TIMx 设备就开始定时工作。当定时时间到时，TIMx 硬件会置位更新事件标志 TIM_FLAG_Update。CPU 通过调用标准固件库中的库函数 USART_GetFlagStatus()即可查询 TIM_FLAG_Update 标志的状态，以判断定时时间是否到达。以查询方式实现定时的程序流程图如图 14.4 所示。

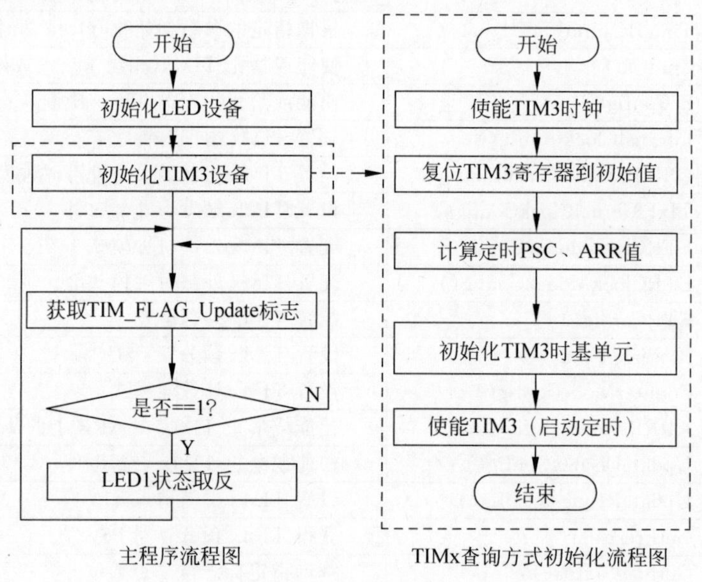

图 14.4　以查询方式实现定时的流程图

【实验步骤】

(1) 将第 13 章实验内容六创建的应用项目工程 Template_UARTEX6 复制到本次实验的某个存储位置，并修改项目工程文件夹名称为 Template_Query，进入项目的 user 子目录，双击 μVision5 工程项目文件名 Template.uvprojx 启动工程项目。

(2) 参照标准固件库外设驱动文件作用及编程规范，将通用定时器 TIMx 视为一个独立的 timer 外设，为其编写一些操作功能函数，构成 timer 驱动函数库。在 MDK IDE 中新建两个文件，分别以 timer.h 和 timer.c 为文件名，并保存到..\Template_Query\hardware 目录下。

(3) 将 timer.c 添加到工程项目 hardware 分组中，添加后的 Project 视图如图 14.5 所示。

(4) 考虑到 timer 作为一个标准外设，根据实验分析及编程流程图，可定义一个以查询方式工作的初始化函数 TIM3_Query_Init ()，用于初始化 timer 设备，使其开始定时。因此，打开 timer.h 文件，添加资源包含头文件 stm32f10x.h，声明相关功能函数。具体代码如下：

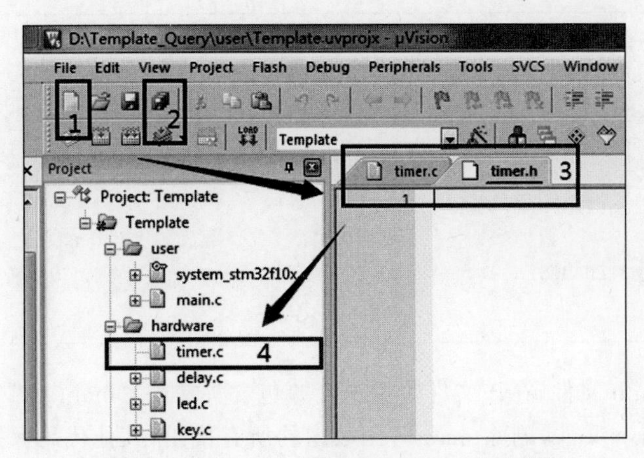

图 14.5 将 timer.c 添加到 hardware 分组视图

```
#ifndef __TIMER_H
#define __TIMER_H

#include "stm32f10x.h"
//声明查询方式的初始化函数
void TIM3_Query_Init(uint16_t arr,uint16_t psc);

#endif
```

(5) 打开 timer.c 文件,添加资源包含头文件 timer.h,根据 timer 初始化流程编写 TIM3_Query_Init()的具体实现代码:

```
#include "timer.h"

void TIM3_Query_Init(uint16_t arr,uint16_t psc)
{
    TIM_TimeBaseInitTypeDef TIM_TimeBaseStruct;
    //时钟使能
    RCC_APB1PeriphClockCmd(RCC_APB1Periph_TIM3, ENABLE);
    //复位 TIM3 到初始状态
    TIM_DeInit(TIM3);
    //定时器 TIM3 初始化
    //设置自动重装载寄存器的周期值
    TIM_TimeBaseStruct.TIM_Period = arr;
    //设置 CNT 计数器的计数时钟预分频值
    TIM_TimeBaseStruct.TIM_Prescaler = psc;
    //设置 TIM 计数模式:向上计数模式
    TIM_TimeBaseStruct.TIM_CounterMode = TIM_CounterMode_Up;
    //设置输入滤波单元的时钟分割系数:TDTS = Tck_tim
    //主要作用于滤波通道上,对于使用 CK_INT 作为定时时钟无意义
    TIM_TimeBaseStruct.TIM_ClockDivision = TIM_CKD_DIV1;
```

```
        //定义重复计数次数,高级定时器才有用
        TIM_TimeBaseStruct.TIM_RepetitionCounter = 0;
        //根据指定的参数初始化 TIMx 的时间基数单位
        TIM_TimeBaseInit(TIM3,&TIM_TimeBaseStruct);
        //清除标志
        TIM_ClearFlag(TIM3,TIM_FLAG_Update);
        //使能 TIM3
        TIM_Cmd(TIM3,ENABLE);
    }
```

（6）打开 main.h 文件，在该文件中添加资源包含头文件＃include "timer.h"。

（7）打开 main.c 文件，删除 main()函数内的所有代码，其他代码保持不变。利用前面实验编写的 LED、timer 设备驱动函数，再根据主程序流程图编写实验实现代码：

```
int main(void)
{
    //初始化 LED
    LED_Init();
    //初始化 TIM3
    //TIM3 位于 APB1(采用默认 RCC 配置,系统时钟为 72MHz,PCLK1 = 36MHz)
    //故 CLK_INT = 72MHz,即计数时钟未分频前是 72MHz
    //假设分频到 CK_CNT = 5kHz 的计数频率,计数 5000 个即为 1s
    TIM3_Query_Init(4999,14399);

    while(1)
    { //查询 CNT 溢出更新标志
        if(TIM_GetFlagStatus(TIM3,TIM_FLAG_Update) == SET)
        {
            //LED 状态取反
            LED_Inverstate(LED1);
            //清楚更新标志
            TIM_ClearFlag(TIM3,TIM_FLAG_Update);
        }
    }
}
```

（8）编译工程项目生成可执行目标 HEX 文件，下载到实验开发板，运行应用程序，可以观察到 LED1 的状态 1s 钟取反 1 次。

14.3.2 实验内容二

【实验内容】

利用 TIM3 采用中断方式实现定时 1s 功能，定时 1s 到时将 LED1 状态反转。

【实验分析】

本实验要求采用中断方式实现 1s 定时，与查询方式相比，定时时间到时 TIMx 硬件将通过中断请求的方式通知 CPU 时间到，CPU 不需要主动查询判断时间是否到。

实验仍然选择内部时钟 CK_INT 作为预分频器 PSC 的时钟源 CK_PSC，且系统时钟配置采用 STM32F10x 标准固件库默认配置，即 CK_INT= 72MHz。假定 CK_CNT=5kHz，则 PSC=72MHz/5kHz−1=14399，ARR=T×CK_CNT−1=4999。假定计算得到的 PSC 和 ARR 值在 0～65535 之间，假定成立。

采用中断方式实现定时功能，与查询方式时 TIM3 的初始化相似，但是需要在初始化函数中调用 TIM_ITConfig()使能溢出更新事件产生中断请求，控制主程序在定时时间到时跳转到中断服务程序中运行。实验程序流程如图 14.6 所示。注意在初始化 NVIC 之前需要进行中断优先级分组，以确定各优先级的等级个数及取值范围，随后才能对 NVIC 初始化。在应用程序代码执行过程中，不论含有多少个中断的应用，都只能设置一次中断优先级分组，且设置好分组之后一般不能再改变分组。若随意改变分组将会导致中断系统优先级混乱，程序执行将出现意想不到的执行结果。因此，程序流程将中断优先级分组放置在主程序的开始处，即进入 main()后立即对中断系统进行优先级分组设置，在其他任何位置都不再进行优先级分组配置。

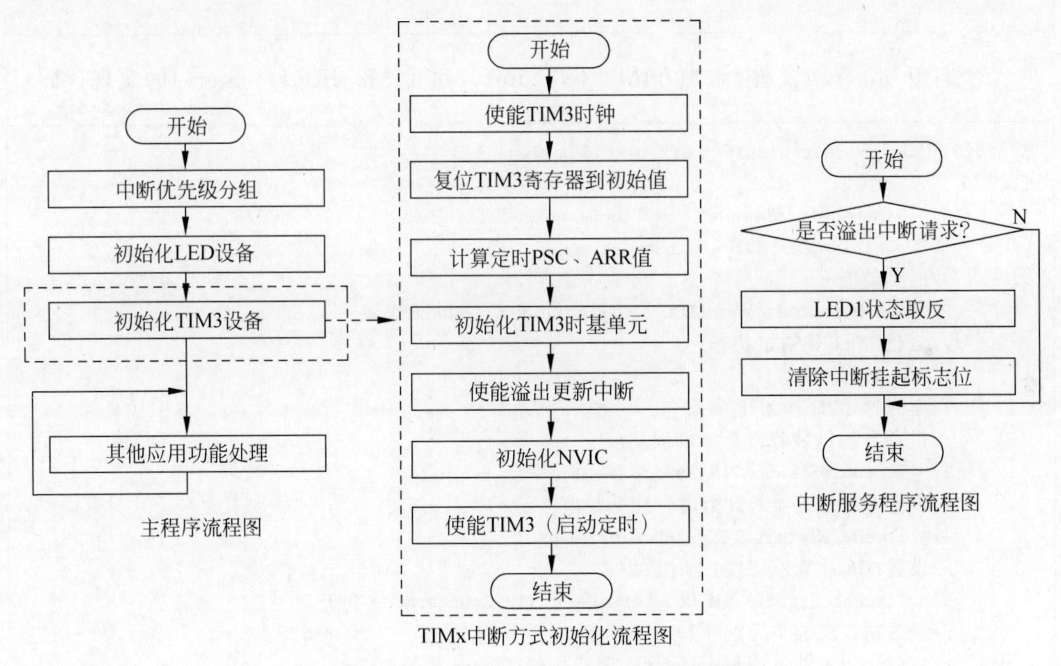

图 14.6 以中断方式实现定时的流程图

本实验内容使用 TIM3 进行实验，TIM3 对应的中断通道为 TIM3_IRQn，对应的中断服务程序名称为 TIM3_IRQHandler()，按照要求的中断服务功能撰写服务处理程序即可。

【实验步骤】

(1) 将实验内容一创建的应用项目工程 Template_Query 复制到本次实验的某个存储位置，并修改项目工程文件夹名称为 Template_INT1，进入项目的 user 子目录，双击 μVision5 工程项目文件名 Template. uvprojx 启动工程项目。

(2) 由于本次实验是设置定时 1s，1s 到后产生中断请求，从而进入中断服务程序中执行 LED1 状态取反。因此，需要在 timer 中控制 LED1，故需要在 timer. h 头文件中包含 led. h 资源文件。打开 timer. h 文件，添加资源包含 led. h，添加定时器中断方式初始化函数和 TIM3 中断服务程序函数声明。具体如下：

```
#ifndef __TIMER_H
#define __TIMER_H

#include "stm32f10x.h"
#include "led.h"

//声明查询方式的初始化函数
void TIM3_Query_Init(uint16_t arr,uint16_t psc);

//声明中断方式的初始化函数
void TIM3_INT_Init(uint16_t arr,uint16_t psc);
//TIM3 中断服务程序
void TIM3_IRQHandler(void);

#endif
```

（3）打开 timer.c 文件，添加 TIM3_INT_Init()和 TIM3_IRQHandler()的实现代码：

```
void TIM3_INT_Init(uint16_t arr,uint16_t psc)
{
    TIM_TimeBaseInitTypeDef TIM_TimeBaseStruct;
    NVIC_InitTypeDef NVIC_InitStruct;
    //时钟使能
    RCC_APB1PeriphClockCmd(RCC_APB1Periph_TIM3, ENABLE);
    //复位 TIM3 到初始状态
    TIM_DeInit(TIM3);
    //定时器 TIM3 初始化
    //设置自动重装载寄存器的周期值
    TIM_TimeBaseStruct.TIM_Period = arr;
    //设置 CNT 计数器的计数时钟预分频值
    TIM_TimeBaseStruct.TIM_Prescaler = psc;
    //设置 TIM 计数模式:向上计数模式
    TIM_TimeBaseStruct.TIM_CounterMode = TIM_CounterMode_Up;
    //设置输入滤波单元的采样时钟频率,时钟分割:TDTS = Tck_tim
    //主要作用于滤波通道上,对于定时应用的 Timer,无意义
    TIM_TimeBaseStruct.TIM_ClockDivision = TIM_CKD_DIV1;
    TIM_TimeBaseStruct.TIM_RepetitionCounter = 0;
    //根据指定的参数初始化 TIMx 的时基单位
    TIM_TimeBaseInit(TIM3,&TIM_TimeBaseStruct);
    //清除标志
    TIM_ClearFlag(TIM3,TIM_FLAG_Update);

    //开定时器中断
    TIM_ITConfig(TIM3,TIM_IT_Update,ENABLE);
    //清除中断请求挂起标志
    TIM_ClearITPendingBit(TIM3, TIM_IT_Update );
```

```
    //NVIC设置:中断通道、抢占优先级、响应优先级、使能
    NVIC_InitStruct.NVIC_IRQChannel = TIM3_IRQn;
    NVIC_InitStruct.NVIC_IRQChannelPreemptionPriority = 1;
    NVIC_InitStruct.NVIC_IRQChannelSubPriority = 1;
    NVIC_InitStruct.NVIC_IRQChannelCmd = ENABLE;
    NVIC_Init(&NVIC_InitStruct);

    //使能TIM3
    TIM_Cmd(TIM3,ENABLE);
}

void TIM3_IRQHandler()
{
    if(TIM_GetITStatus(TIM3,TIM_IT_Update) == SET)
    {
        //清除TIMx更新中断标志
        TIM_ClearITPendingBit(TIM3, TIM_IT_Update);
        //LED状态取反
        LED_Inverstate(LED1);
    }
}
```

(4) 打开 main.c 文件,删除 main()函数内的所有代码,其他代码保持不变。利用前面实验编写的 LED、timer 设备驱动函数,再根据主程序流程图编写实验实现代码:

```
int main(void)
{
    //设置中断系统分组
    NVIC_PriorityGroupConfig(NVIC_PriorityGroup_2);
    //初始化delay设备
    delay_Init();
    //初始化LED设备
    LED_Init();
    //初始化TIM3设备
    //TIM3位于APB1(采用默认RCC配置,系统时钟为72MHz,PCLK1 = 36MHz)
    //故CLK_INT = 72MHz,即计数时钟未分频前是72MHz
    //假设分频到CK_CNT = 5kHz的计数频率,计数5000个即为1s
    TIM3_INT_Init(4999,14399);

    while(1)
    {
        LED_Inverstate(LED3);
        delay_ms(500);
    }
}
```

(5) 编译工程项目生成可执行目标 HEX 文件,下载到实验开发板,运行应用程序,可以观察到 LED3 以 500ms 间隔进行状态取反,而 LED1 是 1s 钟间隔进行状态取反。

14.3.3 实验内容三

【实验内容】

采用中断方式控制LED1、LED2、LED3，使它们有规律地点亮形成流水灯。点亮时间间隔1s，具体顺序：LED1亮1s，其他灯灭→LED2亮1s，其他灯灭→LED3亮1s，其他灯灭，如此反复。

【实验分析】

本实验内容就是利用定时中断实现1s切换的流水灯，在实验内容二的基础上修改中断服务程序的功能即可实现。另外，由于流水灯要使用LED1、LED2和LED3，因此需要将实验内容二主程序中对LED3的状态取反功能删除。

【实验步骤】

(1) 将实验内二创建的应用项目工程Template_INT1复制到本次实验的某个存储位置，并修改项目工程文件夹名称为Template_INT2，进入项目的user子目录，双击μVision5工程项目文件名Template.uvprojx启动工程项目。

(2) 打开timer.h文件，添加一个静态计数变量，以统计进入1s中断服务程序的次数，如：

```
static uint16_t CNT_conuter = 0;
```

(3)打开timer.c文件，修改TIM3_IRQHandler()代码，以实现1s切换流水灯。

```
void TIM3_IRQHandler()
{
    if(TIM_GetITStatus(TIM3,TIM_IT_Update) == SET)
    {
        TIM_ClearITPendingBit(TIM3, TIM_IT_Update );
        //清除 TIMx 更新中断标志
        switch(CNT_conuter)
        {
            case 0:
                LED_ON(LED1);
                LED_OFF(LED2);
                LED_OFF(LED3);
                break;
            case 1:
                LED_OFF(LED1);
                LED_ON(LED2);
                LED_OFF(LED3);
                break;
            case 2:
                LED_OFF(LED1);
                LED_OFF(LED2);
                LED_ON(LED3);
                break;
```

```
        }
        //修改中断次数
        CNT_conuter++;
        //当中断3次后,也就是LED3已经点亮
        //下一次需要重新点亮LED1,故修改中断次数
        if(CNT_conuter == 3)
            CNT_conuter = 0;
    }
}
```

(4) 打开 main.c 文件,删除源 LED3 状态控制代码,将 main()函数中的 while 循环体改为空 while 循环,不执行任何功能,其他代码不变。修改后代码如下:

```
int main(void)
{
    //设置中断系统分组
    NVIC_PriorityGroupConfig(NVIC_PriorityGroup_2);
    //初始化delay设备
    delay_Init();
    //初始化LED设备
    LED_Init();
    //初始化TIM3设备
    //TIM3位于APB1(采用默认RCC配置,系统时钟为72MHz,PCLK1 = 36MHz)
    //故:CLK_INT = 72MHz,即计数时钟未分频前是72MHz
    //假设分频到CK_CNT = 5kHz的计数频率,计数5000个即为1s
    TIM3_INT_Init(4999,14399);

    while(1);
}
```

(5) 编译工程项目生成可执行目标 HEX 文件,下载到实验开发板,运行应用程序,可以观察到 LED1、LED2、LED3 以 1s 的间隔进行流水灯切换。

(6) 中断的作用主要是对紧急事务进行响应,因此中断服务程序不应该长时间被占用,以避免比该中断优先级低的中断得不到及时响应。若中断服务函数处理的功能需要占用相当长的处理时间,正常做法是将具体服务功能代码移植到主程序中执行,只需要在中断服务程序中置标志,标志设置后就能快速退出中断服务程序,释放中断资源,为后续中断提供及时响应。以本实验内容为例,在 TIM3 的 1s 定时中断服务程序中仅进行中断标志置位和中断次数统计,流水灯改在主程序中实现。

(7) 将项目工程 Template_INT2 复制到某个存储位置,并修改项目工程文件夹名称为 Template_INT3,进入项目的 user 子目录,双击 μVision5 工程项目文件名 Template.uvprojx 启动工程项目。

(8) 打开 timer.h 文件,删除前面定义的"static uint16_t CNT_conuter=0;"。

(9) 打开 timer.c 文件,在文件顶部开始处的 #include "timer.h"语句下面,添加两个全局变量声明,一用于是中断次数统计,一个用于定时中断是否发生标志(其值为 0 时表示

未发生中断,为1时表示发生了中断),如图14.7所示。

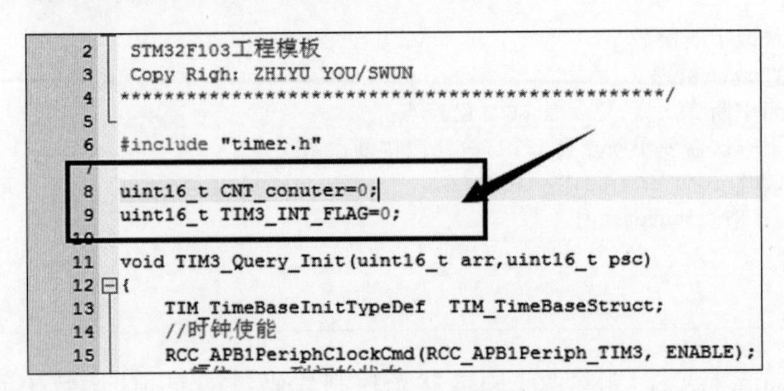

图14.7 添加全局变量

(10)修改TIM3中断服务程序,仅实现中断次数统计及中断是否发生标志更新,具体代码如下:

```
void TIM3_IRQHandler()
{
    if(TIM_GetITStatus(TIM3,TIM_IT_Update) == SET)
    {
        TIM_ClearITPendingBit(TIM3, TIM_IT_Update );
        //清除TIMx更新中断标志
        //中断标志置位
        TIM3_INT_FLAG = 1;
        //修改中断次数
        CNT_conuter++;
        //当中断3次后,也就是LED3已经点亮
        //下一次需要重新点亮LED1,故修改中断次数
        if(CNT_conuter == 3)
            CNT_conuter = 0;
    }
}
```

(11)打开main.h文件,添加外部变量声明,如图14.8所示。

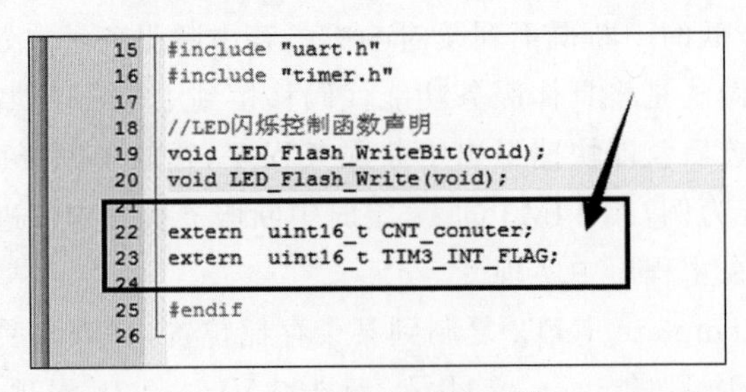

图14.8 外部变量声明

(12)打开main.c文件,修改main()函数中while循环体为如下代码:

```
while(1)
{
    if(TIM3_INT_FLAG)
    { //清除中断标志
        TIM3_INT_FLAG = 0;
        //根据中断次数,修改流水灯
        switch(CNT_conuter)
        {
        case 0:
            LED_ON(LED1);
            LED_OFF(LED2);
            LED_OFF(LED3);
            break;
        case 1:
            LED_OFF(LED1);
            LED_ON(LED2);
            LED_OFF(LED3);
            break;
        case 2:
            LED_OFF(LED1);
            LED_OFF(LED2);
            LED_ON(LED3);
            break;
        }
    }
}
```

(13) 编译工程项目生成可执行目标 HEX 文件,下载到实验开发板,运行应用程序,可以观察到 LED1、LED2、LED3 以 1s 的间隔进行流水灯切换。

14.4 本章小结

本章对 STM32 单片机通用定时器 TIMx 的定时功能进行实验,以了解 TIMx 的定时硬件结构与具体控制方法。通过 3 个实验内容的实验,能充分了解并掌握通用定时器 TIMx 以查询方式和中断方式进行定时的方法,并展示了定时器 TIMx 中断服务函数的实现。

第 15 章 通用定时器比较输出实验

CHAPTER 15

STM32 单片机的定时器除用于定时功能外，还可以用于输入捕获和比较输出。本章主要针对通用定时器的定时比较输出功能展开实验，以了解和掌握定时器比较输出功能的具体应用。定时比较输出功能的作用是将定时器当前计数值与事先设置的比较值进行比较，一旦比较条件匹配，就可以产生指定信号输出，同时将捕获/比较标志 CCy(y=1,2,3,4)置位。在具体应用时可利用 CCy 标志进行程序控制或产生中断，以实现当条件匹配时需要处理的事务。

15.1 实验背景

【实验目的】

(1) 了解通用定时器 TIMx 定时比较输出硬件结构及工作原理。

(2) 掌握通用定时器 TIMx 定时比较输出工作模式及输出参考信号 OCyRef 波形形状。

(3) 掌握通用定时器 TIMx 捕获/比较标志 CCy 的应用。

(4) 掌握通用定时器 TIMx 定时比较输出实现控制信号输出和 PWM 波形输出。

(5) 掌握通用定时器 TIMx 定时比较输出常用固件库函数的用法。

(6) 掌握通用定时器 TIMx 定时比较应用程序编程方法及步骤。

【实验要求】

(1) 利用 MDK 建立通用定时器定时比较输出实验程序项目。

(2) 利用固件库函数建立通用定时器定时比较输出应用程序，实现控制信号输出。

【实验内容】

(1) 利用 TIM3 的定时比较功能，采用查询方式实现 LED1 以 0.5s、LED2 以 1s、LED3 以 2s 为周期的闪烁控制。

(2) 利用 TIM3 的定时比较功能，采用中断方式实现 LED1 以 0.5s、LED2 以 1s、LED3 以 2s 为周期的闪烁控制。

(3) 利用 TIM3 的定时比较输出功能，实现 LED2 以 1s、LED3 以 2s 为周期的闪烁控制。

(4) 利用 TIM3 的定时比较输出功能，实现一定频率及占空比的 PWM 输出。

(5) 利用 TIM3 的定时比较输出功能，输出 PWM 控制 LED3 亮度，同时通过 KEY1 和 KEY2 按键控制 PWM 占空比的增与减，实现 LED 亮度调节。

【实验设备】

计算机、STM32F103C8T6 实验开发板、J-Link 仿真器、示波器。

15.2　实验原理

STM32 单片机通用定时器 TIMx 的定时比较输出功能是在定时功能的基础上，增加了比较输出功能硬件，以实现比较输出的应用需求。每个通用定时器 TIMx 拥有 4 个比较输出通道。每个比较输出通道相互独立，其硬件结构、功能作用、具体用法完全一样，只需了解一个比较输出通道的应用，就能掌握其他通道的使用。

15.2.1　定时比较输出硬件结构

通用定时器 TIMx 除定时功能外，还可以用于输入捕获和比较输出。定时比较输出通道的硬件除了包含定时功能的硬件电路（定时时钟源选择单元、时基单元）之外，还包含比较值寄存器 CCRy(y=1,2,3,4)、比较逻辑单元、输出极性选择单元、输出使能控制单元。其定时比较输出硬件单元结构框图如图 15.1 所示。

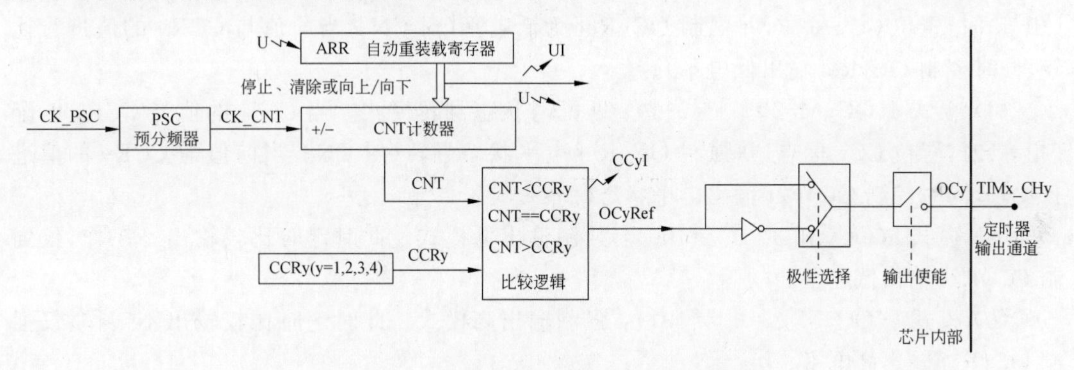

图 15.1　定时比较输出硬件单元结构框图

定时比较输出功能单元开始工作前，首先需要选择定时时钟源（一般选择内部时钟 CK_INT）、设置定时功能单元 PSC 和 ARR 的值，选择 CNT 的计数工作模式，让 CNT 对计数时钟 CK_CNT 进行计数。CNT 计数工作模式一般选择向上加 1 计数。当 CNT 的计数值达到 ARR 后，CNT 溢出归零，并开始下一周期的计数，周而复始地工作直到停止为止。随后需要设置 CCRy 的值、比较逻辑的工作模式（比较输出模式）、输出极性选择、输出使能。最后，启动定时器开始计数。在计数过程中，比较逻辑自动将当前 CNT 的值与 CCRy 的值进行比较，当比较匹配时，根据设置的输出工作模式输出相应的 OCyRef 信号，同时产生 CCy 标志。若使能了 CCy 中断允许，将产生 CCyI 中断请求。若使能了输出使能，将从定时器的输出通道 TIMx_CHy 输出选择极性的波形。

从定时比较输出硬件单元结构及工作原理可知，编程应用时的具体步骤如下：

(1) 初始化定时器，让其对 CK_CNT 进行不停计数；

(2) 设置比较值 CCRy，确定比较条件匹配时的工作模式（决定 OCyRef 信号形式）；

(3) 设置是否输出使能及输出极性；

(4) 如使能输出，还需要设置定时器 TIMx 输出通道引脚的工作模式，否则不需要设置；

(5) 启动定时器开始计数工作，比较逻辑将自动根据设置进行比较，产生相应波形输出。

15.2.2 定时比较输出工作模式

当 CNT 当前计数值与 CCRy 匹配时，是否输出参考信号 OCyRef、输出 OCyRef 波形形式等由比较输出工作模式决定。比较逻辑的比较输出工作模式共有 8 种模式，在捕获/比较模式寄存器 TIMx_CCMR1 和 TIMx_CCMR2 中的 OCyM[2：0]位进行设置。

(1) 模式 1(OCyM[2：0]=000)：定时比较模式。当 CNT 的值与 CCRy 匹配(相等)时，置位 CCy 标志，对 OCyRef 输出信号不产生影响(仅对 CNT 当前值与 CCRy 的值进行比较，不控制 OCyRef 输出)。

(2) 模式 2(OCyM[2：0]=001)：匹配强制输出高模式。当 CNT 的值与 CCRy 匹配(相等)时，置位 CCy 标志，并强制 OCyRef 为高电平(对 CNT 当前值与 CCRy 的值进行比较，同时控制 OCyRef 输出高电平)。

(3) 模式 3(OCyM[2：0]=010)：匹配强制输出低模式。当 CNT 的值与 CCRy 匹配(相等)时，置位 CCy 标志，并强制 OCyRef 为低电平(对 CNT 当前值与 CCRy 的值进行比较，同时控制 OCyRef 输出低电平)。

(4) 模式 4(OCyM[2：0]=011)：匹配时状态翻转模式。当 CNT 的值与 CCRy 匹配(相等)时，置位 CCy 标志，并强制 OCyRef 电平状态翻转(对 CNT 当前值与 CCRy 的值进行比较，同时控制 OCyRef 输出电平状态翻转)。

(5) 模式 5(OCyM[2：0]=100)：强制输出低模式。此时定时比较输出不工作，仅强制 OCyRef 输出低电平。

(6) 模式 6(OCyM[2：0]=101)：强制输出高模式。此时定时比较输出不工作，仅强制 OCyRef 输出高电平。

(7) 模式 7(OCyM[2：0]=110)：PWM 模式 1。当 CNT 的值与 CCRy 匹配(相等)时，置位 CCy 标志，并改变 OCyRef 电平状态。若 CNT 采用向上计数模式时，CNT＜CCRy 时 OCyRef 为高电平，否则 OCyRef 为低电平；若 CNT 采用向下计数模式时，CNT＞CCRy 时 OCyRef 为高电平，否则 OCyRef 为低电平。

(8) 模式 8(OCyM[2：0]=111)：PWM 模式 2。当 CNT 的值与 CCRy 匹配(相等)时，置位 CCy 标志，并改变 OCyRef 电平状态。OCyRef 输出电压状态改变与 PWM 模式 1 相反。

15.5.3 定时比较输出库函数

定时比较输出功能单元的控制可以通过相关寄存器的设置实现，但相对比较麻烦，需要知道寄存器的具体功能及详细位定义。为了降低编程难度，STM32F10x 标准固件库中的 TIM 驱动文件 stm32f10x_tim.h 和 stm32f10x_tim.c 为定时比较输出功能提供了常用的功能操作函数，可以快速进行定时比较输出应用程序编写。常用的定时比较输出库函数如

表 15.1 所示，有关库函数具体定义及使用细节可查看本书配套资料“STM32F10x 固件函数库用户手册.pdf”。

表 15.1 定时比较输出功能常用库函数

序号	函数名	描述
1	TIM_OC1Init()	以指定参数初始化定时比较输出通道 1
2	TIM_OC2Init()	以指定参数初始化定时比较输出通道 2
3	TIM_OC3Init()	以指定参数初始化定时比较输出通道 3
4	TIM_OC4Init()	以指定参数初始化定时比较输出通道 4
5	TIM_ForcedOC1Config()	强制定时比较输出通道 1 输出高电平或低电平
6	TIM_ForcedOC2Config()	强制定时比较输出通道 2 输出高电平或低电平
7	TIM_ForcedOC3Config()	强制定时比较输出通道 3 输出高电平或低电平
8	TIM_ForcedOC4Config()	强制定时比较输出通道 4 输出高电平或低电平
9	TIM_CCPreloadControl()	置位或复位捕获/比较寄存器 CCRy 的预装载控制位
10	TIM_OC1PreloadConfig()	使能或禁止捕获/比较通道 1 预装载寄存器 CCR1
11	TIM_OC2PreloadConfig()	使能或禁止捕获/比较通道 2 预装载寄存器 CCR2
12	TIM_OC3PreloadConfig()	使能或禁止捕获/比较通道 3 预装载寄存器 CCR3
13	TIM_OC4PreloadConfig()	使能或禁止捕获/比较通道 4 预装载寄存器 CCR4
14	TIM_ClearOC1Ref()	在一个外部事件时清除或者保持 OCREF1 信号
15	TIM_ClearOC2Ref()	在一个外部事件时清除或者保持 OCREF2 信号
16	TIM_ClearOC3Ref()	在一个外部事件时清除或者保持 OCREF3 信号
17	TIM_ClearOC4Ref()	在一个外部事件时清除或者保持 OCREF4 信号
18	TIM_OC1PolarityConfig()	设置 TIMx 定时比较输出通道 1 的极性
19	TIM_OC2PolarityConfig()	设置 TIMx 定时比较输出通道 2 的极性
20	TIM_OC3PolarityConfig()	设置 TIMx 定时比较输出通道 3 的极性
21	TIM_OC4PolarityConfig()	设置 TIMx 定时比较输出通道 4 的极性
22	TIM_SelectOCxM()	设置 TIMx 比较输出工作模式
23	TIM_SetCompare1()	设置 TIMx 捕获/比较寄存器 CCR1 的值
24	TIM_SetCompare2()	设置 TIMx 捕获/比较寄存器 CCR2 的值
25	TIM_SetCompare3()	设置 TIMx 捕获/比较寄存器 CCR3 的值
26	TIM_SetCompare4()	设置 TIMx 捕获/比较寄存器 CCR4 的值
27	TIM_GetCapture1()	获取 TIMx 捕获/比较寄存器 CCR1 的值
28	TIM_GetCapture2()	获取 TIMx 捕获/比较寄存器 CCR2 的值
29	TIM_GetCapture3()	获取 TIMx 捕获/比较寄存器 CCR3 的值
30	TIM_GetCapture4()	获取 TIMx 捕获/比较寄存器 CCR4 的值

15.3 实验内容

15.3.1 实验内容一

【实验内容】

利用 TIM3 的定时比较功能，采用查询方式实现 LED1 以 0.5s、LED2 以 1s、LED3 以 2s 为周期的闪烁控制。

【实验分析】

(1) 定时比较输出具有定时、比较和输出三个功能，本次实验主要使用其定时和比较两个功能。实验要求以周期 0.5s、1s 和 2s 分别控制 LED1、LED2、LED3 闪烁，实际就是定时时间到 0.5s、1s 和 2s 时分别控制 LED1、LED2、LED3 的状态翻转。本次实验定时时间到不用定时溢出更新标志或定时溢出更新中断实现，而要求使用比较功能实现。启动 TIMx 运行后，CCRy 与 CNT 进行比较，当定时时间到 0.5s、1s 和 2s 时，触发比较匹配条件，产生 CCy 标志，CPU 通过不断查询 CCy 标志来判断时间是否到达，实现对 LED1、LED2、LED3 状态的控制。

(2) 本次实验使用 TIM3 进行实验，假定 TIM3 的时基单元以 10kHz 进行计数，即一个 CK_CNT 的周期是 0.1ms，则计数到 5000 即为 0.5s，计数到 10000 即为 1s，计数到 20000 即为 2s。由于 TIM3 有 4 个 CCRy 通道，故实验可以使用其中 3 个通道来实现 3 个比较。假定使用 CCR1＝5000、CCR2＝10000、CCR3＝20000 来分别控制 3 个灯闪烁。

(3) 选定 CK_CNT＝10kHz，则 PSC＝7199。假定 TIM3 选择向上计数，则 TIM3 从 0 开始加 1 计数，当 CNT 的值达到 ARR 值时，定时器将溢出，发送更新事件，使 CNT 值归 0。由于本实验不使用定时溢出更新标志，仅仅是让 CNT 对固定频率进行计数，以触发 CNT 与 CCRy 固定值的比较来达到定时时间到的目的。由于 CNT 溢出时会使 CNT 归 0，所以定时溢出的时刻必然大于或等于最大比较值。CNT 和 ARR 均是 16 位寄存器，其最大值是 65535，为充分利用 CNT，可以设定 ARR 为最大值 65535，即 CNT 达到 65535 时再溢出归 0。

(4) 在 CNT 从 0～65535 的计数过程中，总共时间为 6.5535s，需要多次控制灯状态翻转。以 LED1 为例，为了实现 LED1 不停地闪烁，则需要在 5000、10000、15000、20000、25000、30000、35000、40000、45000、50000、55000、60000、65000 等位置分别对 LED1 状态取反，才能实现周期闪烁的目的。当 CNT 达到 65000，CNT 继续加 1 计数，当其加到 70000 时需要再次取反 LED1 的状态。但是 70000 已经超出 ARR＝65535，CNT 在达到 65535 时就已经归 0，并从 0 继续加 1 计数，所以 70000 这个时刻对应的 CNT 值实际是 4465，即在 CNT 达到 4465 时必须控制 LED1 状态翻转，而下一个时刻是 4465＋50000 的位置，这样周而复始才能实现 LED1 以 0.5s 为周期进行闪烁控制。因此，在每次比较匹配时，一方面要使 LED1 状态翻转，另一方面需要更新下一次的比较值 CCR1(CCR1＝前次比较值＋5000 周期间隔值)。由于 CCRy 也是 16 位寄存器，其最大值是 65535，当“CCR1＝前次比较值＋5000 周期间隔值”超过 65535 时是什么情况呢？由于 CCR1 是 16 位，故此时求和进位溢出，仅保留了低 16 位，实际就是 CCR1＝前次比较值＋5000 周期间隔值＝前次比较值＋5000 周期间隔值－65535。因此，在更新比较值 CCR1 时，只需将“前次比较值＋5000 周期间隔值”作为新的比较值即可。对于 LED2 和 LED3 的情况类似，可以参照设置更新比较值即可实现期望的 1s 和 2s 周期控制。

(5) 根据上述分析，实现 LED1、LED2、LED3 以 0.5s、1s 和 2s 为周期的闪烁控制的程序流程如图 15.2 所示。

【实验步骤】

(1) 将第 14 章实验内容三创建的应用项目工程 Template_INT3 复制到本次实验的某个存储位置，并修改项目工程文件夹名称为 Template_CMP1，进入项目的 user 子目录，双

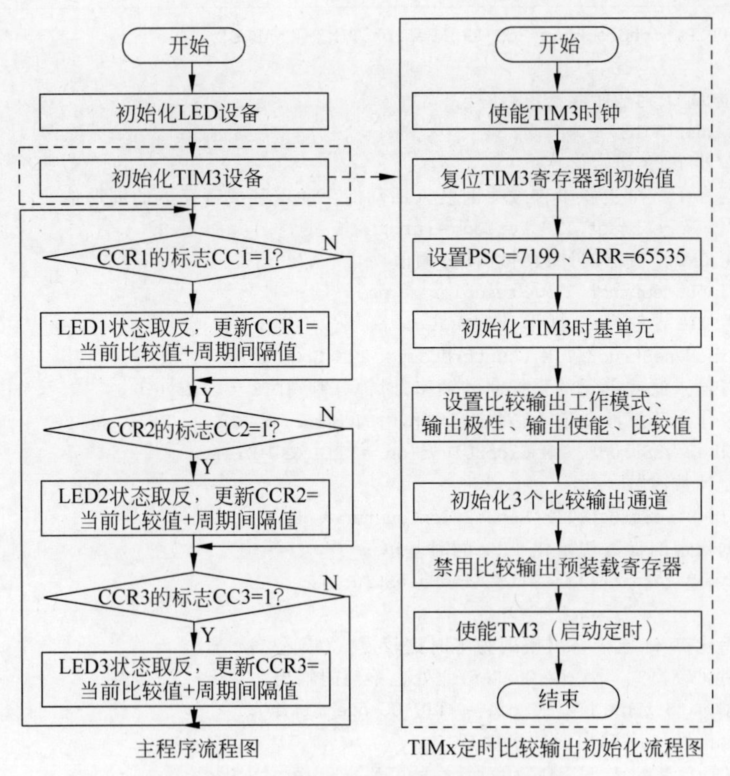

图 15.2　以查询方式实现程序的流程图

击 μVision5 工程项目文件名 Template.uvprojx 启动工程项目。

（2）打开 timer.h，添加 0.5s、1s、2s 对应的周期间隔比较值宏定义和查询方式定时比较输出初始化函数声明，代码如下：

```
#define LED1_VAL     5000
#define LED2_VAL     10000
#define LED3_VAL     20000
…
//声明查询方式定时比较输出初始化函数
void TIM3_Query_CMP(uint16_t arr,uint16_t psc);
…
```

（3）打开 timer.c 文件，根据图 15.2 中 TIMx 定时比较输出初始化流程图，添加 TIM3_Query_CMP()函数的具体实现代码：

```
void TIM3_Query_CMP(uint16_t arr,uint16_t psc)
{
    TIM_TimeBaseInitTypeDef    TIM_TimeBaseStruct;
    TIM_OCInitTypeDef    TIM_OCInitStruct;
    NVIC_InitTypeDef    NVIC_InitStruct;

    //时钟使能
```

```
    RCC_APB1PeriphClockCmd(RCC_APB1Periph_TIM3, ENABLE);

    //复位 TIM3 到初始状态
    TIM_DeInit(TIM3);
    //定时器 TIM3 初始化
    //设置在下一个更新事件发生时装入活动的自动重装载寄存器的周期值
    TIM_TimeBaseStruct.TIM_Period = arr;
    //设置 CNT 计数器的计数时钟预分频值
    TIM_TimeBaseStruct.TIM_Prescaler = psc;
    //设置 TIM 计数模式:向上计数模式
    TIM_TimeBaseStruct.TIM_CounterMode = TIM_CounterMode_Up;
    //设置输入滤波单元的采样时钟频率,时钟分割:TDTS = Tck_tim
    //主要作用于滤波通道上,对应定时作用的 Timer,无意义
    TIM_TimeBaseStruct.TIM_ClockDivision = TIM_CKD_DIV1;
    //重复计数次数
    TIM_TimeBaseStruct.TIM_RepetitionCounter = 0;
    //根据指定的参数初始化 TIMx 的时基单位
    TIM_TimeBaseInit(TIM3,&TIM_TimeBaseStruct);

    //初始化 TIM3 比较输出模式为定时比较模式(模式 1)
    //定时比较模式:不改变 OCxRef,此处也不使能输出
    TIM_OCInitStruct.TIM_OCMode = TIM_OCMode_Timing;
    //输出极性:TIM 输出比较极性高
    TIM_OCInitStruct.TIM_OCPolarity = TIM_OCPolarity_High;
    //比较输出禁止
    TIM_OCInitStruct.TIM_OutputState = TIM_OutputState_Disable;
    //设置待装入捕获比较寄存器的脉冲值,初始化通道 1
    TIM_OCInitStruct.TIM_Pulse = LED1_VAL;
    TIM_OC1Init(TIM3,&TIM_OCInitStruct);
    //通道 2
    TIM_OCInitStruct.TIM_Pulse = LED2_VAL;
    TIM_OC2Init(TIM3,&TIM_OCInitStruct);
    //通道 3
    TIM_OCInitStruct.TIM_Pulse = LED3_VAL;
    TIM_OC3Init(TIM3,&TIM_OCInitStruct);

    //禁止预装载寄存器
    TIM_OC1PreloadConfig(TIM3,TIM_OCPreload_Disable);
    TIM_OC2PreloadConfig(TIM3,TIM_OCPreload_Disable);
    TIM_OC3PreloadConfig(TIM3,TIM_OCPreload_Disable);

    //使能 TIM3
    TIM_Cmd(TIM3,ENABLE);
}
```

（4）打开 main.c 文件，删除 main()函数内的所有代码，其他代码保持不变。利用前面实验编写的 LED、timer 设备驱动函数，再根据图 15.2 的主程序流程图编写实验实现代码：

```
int main(void)
{
    uint16_t capVal = 0;
    //初始化 LED 设备
    LED_Init();
    //初始化 TIM3 设备
    //TIM3 位于 APB1(采用默认 RCC 配置,系统时钟为 72MHz,PCLK1 = 36MHz)
    //故 CLK_INT = 72MHz,即计数时钟未分频前是 72MHz
    //CK_CNT = 10kHz 的计数频率,计数 5000 个即为 0.5s
    TIM3_Query_CMP(65535,7199);
    while(1)
    {
        if(TIM_GetFlagStatus(TIM3,TIM_FLAG_CC1) == SET)
        {//通道 1
            TIM_ClearFlag(TIM3,TIM_FLAG_CC1);
            //LED1 状态取反
            LED_Inverstate(LED1);
            //获取通道 1 当前比较值
            capVal = TIM_GetCapture1(TIM3);
            //设置通道 1 新的比较值
            TIM_SetCompare1(TIM3,capVal + LED1_VAL);
        }
        else if(TIM_GetFlagStatus(TIM3,TIM_FLAG_CC2) == SET)
        {//通道 2
            TIM_ClearFlag(TIM3,TIM_FLAG_CC2);
            //LED2 状态取反
            LED_Inverstate(LED2);
            //获取通道 2 当前比较值
            capVal = TIM_GetCapture2(TIM3);
            //设置通道 2 新的比较值
            TIM_SetCompare2(TIM3,capVal + LED2_VAL);
        }
        else if(TIM_GetFlagStatus(TIM3,TIM_FLAG_CC3) == SET)
        {//通道 3
            TIM_ClearFlag(TIM3,TIM_FLAG_CC3);
            //LED3 状态取反
            LED_Inverstate(LED3);
            //获取通道 3 当前比较值
            capVal = TIM_GetCapture3(TIM3);
            //设置通道 3 新的比较值
            TIM_SetCompare3(TIM3,capVal + LED3_VAL);
        }
    }
}
```

(5) 编译工程项目生成可执行目标 HEX 文件,下载到实验开发板运行应用程序。可以观察到 LED1、LED2、LED3 启动时全部是熄灭的,即初始时全部不亮。LED1 首先点亮(经过 0.5s 后点亮的);在 LED1 熄灭时 LED2 点亮(又经历了 0.5s,所以 LED1 熄灭,而 LED2

刚好是1s,故点亮);在LED2熄灭的同时LED3点亮(从启动程序运行到LED2熄灭刚好经历了2s,故LED2熄灭的同时LED3点亮)。从运行状态看,程序实现了以0.5s、1s、2s为周期的LED1、LED2、LED3闪烁控制。

15.3.2 实验内容二

【实验内容】

利用TIM3的定时比较功能,采用中断方式实现LED1以0.5s、LED2以1s、LED3以2s为周期的闪烁控制。

【实验分析】

本次实验内容的目的是想启用比较匹配时产生中断请求CCyI,并利用定时器的中断服务程序实现LED1、LED2、LED3的闪烁控制。相对实验内容一而言,在初始化TIM3时,需要使能CCy中断请求、初始化NVIC,并编写中断服务程序实现LED1、LED2、LED3闪烁控制及更新下次比较值。在主程序中需要增加中断优先级分组,然后使主程序处于空运行状态即可。具体流程如图15.3所示。

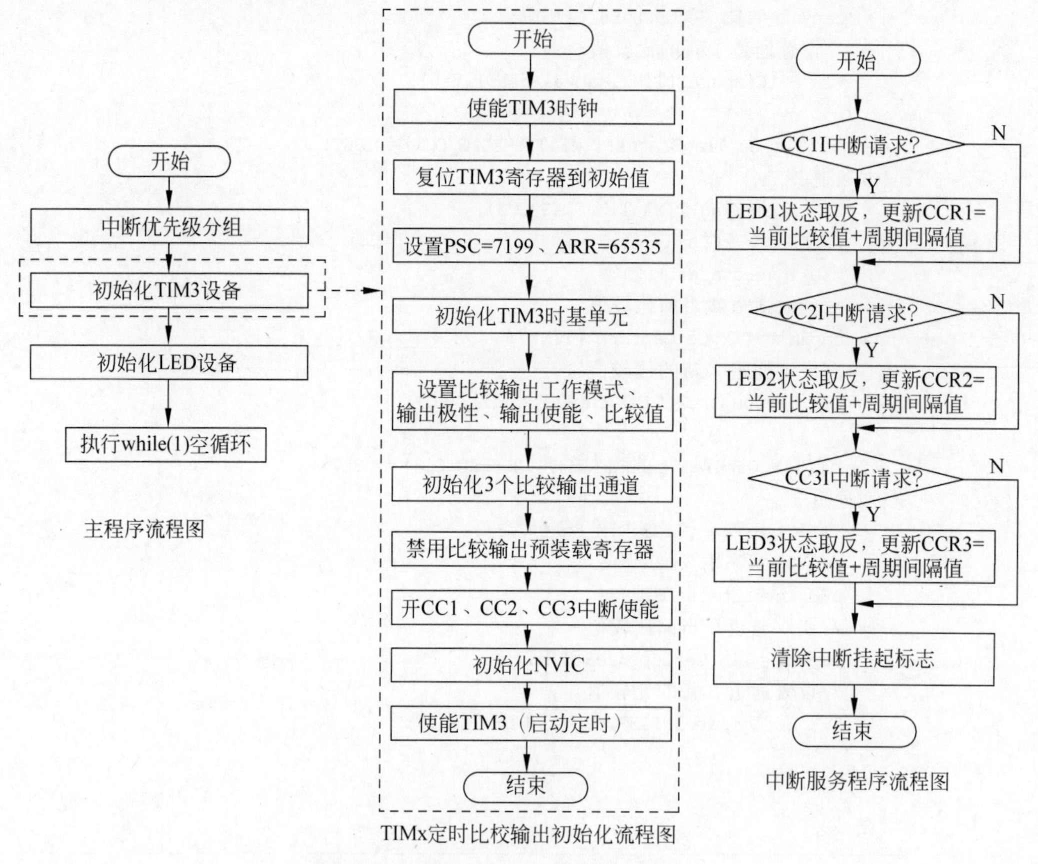

图15.3 以中断方式实现程序的流程图

【实验步骤】

(1) 将实验内容一创建的应用项目工程Template_CMP1复制到本次实验的某个存储

位置，并修改项目工程文件夹名称为 Template_CMP2，进入项目的 user 子目录，双击 μVision5 工程项目文件名 Template. uvprojx 启动工程项目。

（2）打开 timer. h，添加中断方式定时比较输出初始化函数声明，代码如下：

```
...
//声明查询方式定时比较输出初始化函数
void TIM3_INT_CMP(uint16_t arr,uint16_t psc);
...
```

（3）打开 timer. c 文件，根据图 15.3 中 TIMx 定时比较输出初始化流程图，添加 TIM3_INT_CMP()函数的具体实现代码：

```
void TIM3_INT_CMP(uint16_t arr,uint16_t psc)
{
    ...
    //省略部分的代码与查询方式代码一样，不再给出
    //使能捕获中断
    TIM_ITConfig(TIM3,TIM_IT_CC1|TIM_IT_CC2|TIM_IT_CC3,ENABLE);
    //中断优先级 NVIC 设置：中断通道、抢占优先级、响应优先级、使能
    NVIC_InitStruct.NVIC_IRQChannel = TIM3_IRQn;
    NVIC_InitStruct.NVIC_IRQChannelPreemptionPriority = 1;
    NVIC_InitStruct.NVIC_IRQChannelSubPriority = 1;
    NVIC_InitStruct.NVIC_IRQChannelCmd = ENABLE;
    NVIC_Init(&NVIC_InitStruct);
    //使能 TIM3
    TIM_Cmd(TIM3,ENABLE);
}
```

（4）根据图 15.3 中断服务程序流程，修改 TIM3 中断服务程序函数代码，实现比较匹配时的控制功能。

```
void TIM3_IRQHandler()
{
    uint16_t capVal = 0;
    if(TIM_GetITStatus(TIM3,TIM_IT_CC1) == SET)
    {//通道 1
        TIM_ClearITPendingBit(TIM3,TIM_IT_CC1);
        //LED1 状态取反
        LED_Inverstate(LED1);
        //获取通道 1 当前比较值
        capVal = TIM_GetCapture1(TIM3);
        //设置通道 1 新的比较值
        TIM_SetCompare1(TIM3,capVal + LED1_VAL);
    }
    else if(TIM_GetITStatus(TIM3,TIM_IT_CC2) == SET)
    {//通道 2
        TIM_ClearITPendingBit(TIM3,TIM_IT_CC2);
        //LED2 状态取反
```

```
        LED_Inverstate(LED2);
        //获取通道 2 当前比较值
        capVal = TIM_GetCapture2(TIM3);
        //设置通道 2 新的比较值
        TIM_SetCompare2(TIM3,capVal + LED2_VAL);
    }
    else if(TIM_GetITStatus(TIM3,TIM_IT_CC3) == SET)
    {//通道 3
        TIM_ClearITPendingBit(TIM3,TIM_IT_CC3);
        //LED3 状态取反
        LED_Inverstate(LED3);
        //获取通道 3 当前比较值
        capVal = TIM_GetCapture3(TIM3);
        //设置通道 3 新的比较值
        TIM_SetCompare3(TIM3,capVal + LED3_VAL);
    }
}
```

（5）打开 main.c 文件，删除 main()函数内的所有代码，其他代码保持不变。利用前面实验编写的 LED、timer 设备驱动函数，再根据图 15.3 的主程序流程图编写实验实现代码：

```
int main(void)
{
    //设置中断系统分组
    NVIC_PriorityGroupConfig(NVIC_PriorityGroup_2);
    //初始化 LED 设备
    LED_Init();
    //初始化 TIM3 设备
    //TIM3 位于 APB1(采用默认 RCC 配置,系统时钟为 72MHz,PCLK1 = 36MHz)
    //故:CLK_INT = 72MHz,即计数时钟未分频前是 72MHz
    //CK_CNT = 10Khz 的计数频率,计数 5000 个即为 0.5s
    TIM3_INT_CMP(65535,7199);
    while(1);
}
```

（6）编译工程项目生成可执行目标 HEX 文件，下载到实验开发板运行应用程序。可以观察到 LED1、LED2、LED3 运行状态与查询方式的状态一致。

15.3.3 实验内容三

【实验内容】

利用 TIM3 的定时比较输出功能，实现 LED2 以 1s、LED3 以 2s 为周期的闪烁控制。

【实验分析】

实验内容一和实验内容二分析了定时比较和查询比较匹配时产生中断请求进行灯控制的原理和具体程序编写。本次实验的目的是利用定时比较输出功能直接驱动 LED2 和 LED3 进行闪烁。本书配套的实验开发板 LED2 和 LED3 连接在芯片 GPIO 端口的 PB4 和 PB5 上，根据 STM32F103C8T6 的芯片数据手册可知，PB4 和 PB5 可以重定义为 TIM3 的 TIM3_CH1 和 TIM3_CH2 两个定时比较输出通道。因此可以直接用定时比较输出驱动外接的 LED2 和 LED3，注意此时 PB4 和 PB5 作为定时器 TIM3 的输出通道而不是 GPIO 引脚。

从 STM32F103C8T6 芯片引脚定义可知，PB4 默认为 JTAG 的 NJTRST 功能引脚。如果需要将 PB4 作为 TIM3_CH1 功能引脚使用，首先需要启用 PB4 作为 I/O 引脚功能，然后再重定义 PB4 为 TIM3_CH1 的功能引脚。表 15.2 是 JTAG 调试端口的引脚映射情况。要启用 PB4 作为 I/O 功能引脚，需将 SWJ_CFG[2：0]配置为 SWJ_CFG[2：0]＝001 或 010 或 100 模式。引脚功能重映射需要使能 AFIO 时钟，再调用 GPIO 固件库函数 GPIO_PinRemapConfig()进行引脚重映射。

表 15.2 JTAG 调试端口引脚映射情况

SWJ_CFG[2：0]	可能的调试端口	SWJ I/O 引脚分配				
		PA13/JTMS/SWDIO	PA14/JTCK/SWCLK	PA15/JTDI	PB3/JTDO/TRACESWO	PB4/NJTRST
000	完全 SWJ(JTAG-DP＋SW-DP)(复位状态)	I/O 不可用	I/O 不可用	I/O 不可用	I/O 不可用	I/O 不可用
001	完全 SWJ(JTAG-DP＋SW-DP)但没有 JNTRST	I/O 不可用	I/O 不可用	I/O 不可用	I/O 不可用	I/O 可用
010	关闭 JTAG-DP，启用 SW-DP	I/O 不可用	I/O 不可用	I/O 可用	I/O 可用①	I/O 可用
100	关闭 JTAG-DP，关闭 SW-DP	I/O 可用	I/O 可用	I/O 可用	I/O 可用	I/O 可用
其他	禁用					

① I/O 口只可在不使用异步跟踪时使用。

由于本次实验是要使用 TIM3_CH1 和 TIM3_CH2 两个功能引脚驱动 LED2 和 LED3，因此需要开启 GPIOB 端口时钟，并将 PB4 和 PB5 重定义为 TIM3_CH1 和 TIM3_CH2 功能引脚，并初始化成复用推挽输出模式(因 LED2 和 LED3 需要强低、强高电平进行亮灭控制)。TIM3 功能引脚重定义如表 15.3 所示，选择部分重定义就可以将 PB4 和 PB5 定义为 TIM3_CH1 和 TIM3_CH2 功能引脚。引脚重定义仍然需要使用到 AFIO 中的重映射寄存器 AFIO_MAPR，调用 GPIO 固件库函数 GPIO_PinRemapConfig()进行引脚重定义即可。

表 15.3 TIM3 复用功能重定义

复用功能	TIM3_REMAP[1：0]＝00(默认引脚位置)	TIM3_REMAP[1：0]＝10(部分重定义引脚)	TIM3_REMAP[1：0]＝11(全部重定义引脚)①
TIM3_CH1	PA6	PB4	PC6
TIM3_CH2	PA7	PB5	PC7
TIM3_CH3	PB0		PC8
TIM3_CH4	PB1		PC9

① 重定义只适用于 64、100 和 144 脚的封装。

由于要使能定时比较输出功能，因此在初始化比较输出时，应使能输出功能，并将比较输出模式设置为 OCyRef 状态翻转模式。在 LED2 和 LED3 的主控程序或 CCyI 中断服务程序中仅需要更新下一次的比较值即可，不需要再手动控制 LED2 和 LED3。本次实验采用中断方式实现，主程序流程图与图 15.3 一致，仅需修改 TIM3 的初始化流程图和中断服务程序流程图即可，如图 15.4 所示。

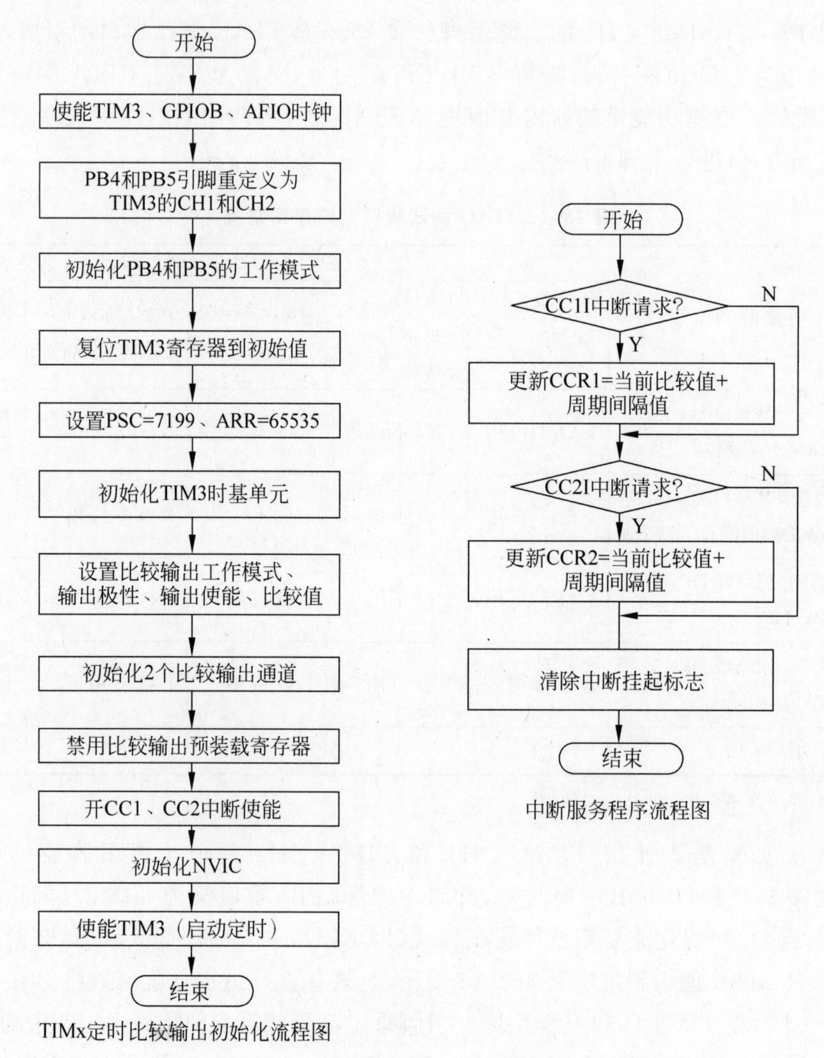

图 15.4　定时比较输出初始化及中断服务程序流程图

【实验步骤】

（1）将实验内容二创建的应用项目工程 Template_CMP2 复制到本次实验的某个存储位置，并修改项目工程文件夹名称为 Template_CMPOutput，进入项目的 user 子目录，双击 μVision5 工程项目文件名 Template.uvprojx 启动工程项目。

（2）打开 timer.h，添加中断方式定时比较输出初始化函数声明，代码如下：

```
…
//声明查询方式定时比较输出初始化函数
void TIM3_INT_CMPOutput(uint16_t arr,uint16_t psc);
…
```

(3) 打开 timer.c 文件,根据图 15.4 中 TIMx 定时比较输出初始化流程图,添加 TIM3_INT_CMPOutput()函数的具体实现代码:

```
void TIM3_INT_CMPOutput(uint16_t arr,uint16_t psc)
{
    TIM_TimeBaseInitTypeDef     TIM_TimeBaseStruct;
    TIM_OCInitTypeDef     TIM_OCInitStruct;
    NVIC_InitTypeDef    NVIC_InitStruct;
    GPIO_InitTypeDef    GPIO_InitStructure;
    //时钟使能
    RCC_APB2PeriphClockCmd(RCC_APB2Periph_GPIOB|RCC_APB2Periph_AFIO, ENABLE);
    RCC_APB1PeriphClockCmd(RCC_APB1Periph_TIM3, ENABLE);
    //关闭 JTAG,使能 SWD 接口,使能 PB3,PB4 可作为 GPIO 口使用
    GPIO_PinRemapConfig(GPIO_Remap_SWJ_JTAGDisable,ENABLE);
    //重定义引脚 PB.4 和 PB.5 的功能为 TIM3_CH1 和 TIM3_CH2
    GPIO_PinRemapConfig(GPIO_PartialRemap_TIM3,ENABLE);
    //初始化 PB.4 和 PB.5 工作模式
    GPIO_InitStructure.GPIO_Pin = GPIO_Pin_4|GPIO_Pin_5;
    GPIO_InitStructure.GPIO_Speed = GPIO_Speed_50MHz;
    GPIO_InitStructure.GPIO_Mode = GPIO_Mode_AF_PP;
    GPIO_Init(GPIOB,&GPIO_InitStructure);

    //复位 TIM3 到初始状态
    TIM_DeInit(TIM3);
    //定时器 TIM3 初始化
    //设置在下一个更新事件发生时装入活动的自动重装载寄存器的周期值
    TIM_TimeBaseStruct.TIM_Period = arr;
    //设置 CNT 计数器的计数时钟预分频值
    TIM_TimeBaseStruct.TIM_Prescaler = psc;
    //设置 TIM 计数模式:向上计数模式
    TIM_TimeBaseStruct.TIM_CounterMode = TIM_CounterMode_Up;
    //设置输入滤波单元的采样时钟频率,时钟分割:TDTS = Tck_tim
    //主要作用于滤波通道上,对应定时作用的 Timer,无意义
    TIM_TimeBaseStruct.TIM_ClockDivision = TIM_CKD_DIV1;
    //重复计数次数
    TIM_TimeBaseStruct.TIM_RepetitionCounter = 0;
    //根据指定的参数初始化 TIMx 的时间基数单位
    TIM_TimeBaseInit(TIM3,&TIM_TimeBaseStruct);

    //初始化 TIM3 比较输出模式:匹配时状态翻转模式(模式 4)
    //匹配时状态翻转模式:OCxRef 电平状态翻转
    TIM_OCInitStruct.TIM_OCMode = TIM_OCMode_Toggle;
    //输出极性:TIM 输出比较极性高
    TIM_OCInitStruct.TIM_OCPolarity = TIM_OCPolarity_High;
    //比较输出使能
    TIM_OCInitStruct.TIM_OutputState = TIM_OutputState_Enable;
    //设置待装入捕获比较寄存器的脉冲值,初始化通道 1
    TIM_OCInitStruct.TIM_Pulse = LED2_VAL;
```

```
    TIM_OC1Init(TIM3,&TIM_OCInitStruct);
    //通道 2
    TIM_OCInitStruct.TIM_Pulse = LED3_VAL;
    TIM_OC2Init(TIM3,&TIM_OCInitStruct);

    //禁止预装载寄存器
    TIM_OC1PreloadConfig(TIM3,TIM_OCPreload_Disable);
    TIM_OC2PreloadConfig(TIM3,TIM_OCPreload_Disable);

    //使能捕获中断
    TIM_ITConfig(TIM3,TIM_IT_CC1|TIM_IT_CC2,ENABLE);

    //中断优先级 NVIC 设置:中断通道、抢占优先级、响应优先级、使能
    NVIC_InitStruct.NVIC_IRQChannel = TIM3_IRQn;
    NVIC_InitStruct.NVIC_IRQChannelPreemptionPriority = 1;
    NVIC_InitStruct.NVIC_IRQChannelSubPriority = 1;
    NVIC_InitStruct.NVIC_IRQChannelCmd = ENABLE;
    NVIC_Init(&NVIC_InitStruct);

    //使能 TIM3
    TIM_Cmd(TIM3,ENABLE);
}
```

(4) 根据图 15.4 中断服务程序流程，修改 TIM3 中断服务程序函数代码，实现比较匹配时更新下一次比较值。

```
void TIM3_IRQHandler()
{
    uint16_t capVal = 0;
    if(TIM_GetITStatus(TIM3,TIM_IT_CC1) == SET)
    {//通道 1
        TIM_ClearITPendingBit(TIM3,TIM_IT_CC1);
        //获取通道 1 当前比较值
        capVal = TIM_GetCapture1(TIM3);
        //设置通道 1 新的比较值
        TIM_SetCompare1(TIM3,capVal + LED1_VAL);
    }
    else if(TIM_GetITStatus(TIM3,TIM_IT_CC2) == SET)
    {//通道 2
        TIM_ClearITPendingBit(TIM3,TIM_IT_CC2);
        //获取通道 2 当前比较值
        capVal = TIM_GetCapture2(TIM3);
        //设置通道 2 新的比较值
        TIM_SetCompare2(TIM3,capVal + LED2_VAL);
    }
}
```

(5) 打开 main.c 文件，去掉“LED_Init();”语句，将“TIM3_INT_CMP(65535,7199);”

替换成“TIM3_INT_CMPOutput(65535,7199);”其他代码保持不变。

```
int main(void)
{
    //设置中断系统分组
    NVIC_PriorityGroupConfig(NVIC_PriorityGroup_2);
    //初始化 TIM3 设备
    //TIM3 位于 APB1(采用默认 RCC 配置,系统时钟为 72MHz,PCLK1 = 36MHz)
    //故:CLK_INT = 72MHz,即计数时钟未分频前是 72MHz
    //CK_CNT = 10Khz 的计数频率,计数 5000 个即为 0.5s
    TIM3_INT_CMPOutput(65535,7199);
    while(1);
}
```

(6) 编译工程项目生成可执行目标 HEX 文件,下载到实验开发板运行应用程序。可以观察到启动时 LED2、LED3 全亮,随后 LED2 熄灭(过了 1s 后,LED2 状态取反),紧接着 LED2 亮、LED3 熄灭(刚好过了 2s)。

(7) 用示波器测量芯片引脚 PB4(3 号探针)和 PB5(2 号探针)上的波形,如图 15.5 所示。PB4 引脚波形周期为 2s 的方波,PB5 引脚波形周期为 4s 的方波,刚好为实验内容要求的驱动信号波形,与 LED2 和 LED3 的显示状态一致。

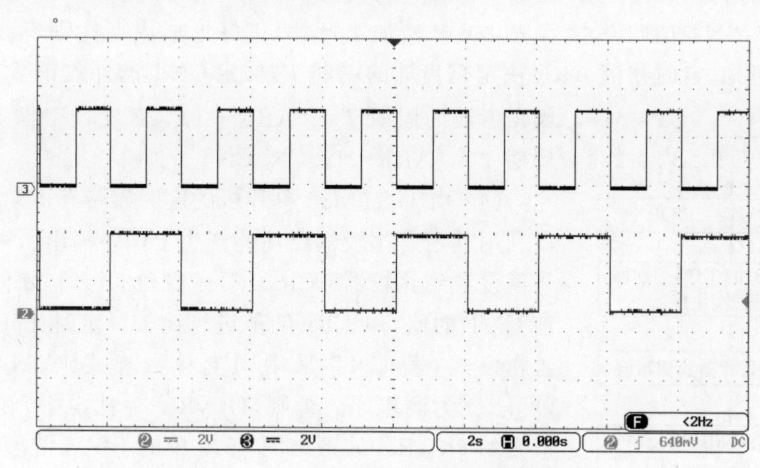

图 15.5　PB4 和 PB5 引脚输出电平波形

15.3.4　实验内容四

【实验内容】

利用 TIM3 的定时比较输出功能,实现一定频率及占空比的 PWM 输出。

【实验分析】

(1) 脉冲宽度调制(Pulse Width Modulation,PWM)技术通过对一系列脉冲的宽度进行调制来等效地获得所需波形(含形状和幅值)。对于 PWM 而言,比较重要的是 PWM 的频率和占空比。PWM 波形是周期性波形,一个周期内高电平时间与低电平时间之和即为 PWM 周期时间,其倒数即为 PWM 频率。占空比是 PWM 波一个周期中高电平保持时间与该 PWM 周期时间之比值。

(2) PWM 若用硬件电路来产生,实际就是用一定频率的锯齿波信号与一个固定值信号进行比较,如图 15.6 所示。当锯齿波信号值小于固定信号值 CCRx 时,令 PWM 信号为高电平;当锯齿波信号值等于固定信号值 CCRx 时,令 PWM 信号电平翻转,变成低电平;当锯齿波值达到上限值 ARR 时,即一个周期结束,锯齿波信号值归 0,在归 0 的同时,锯齿波信号值又小于固定信号值 CCRx,故此时 PWM 电平变成高电平,使状态再次翻转。这样周而复始就可以得到周期性的 PWM 波。

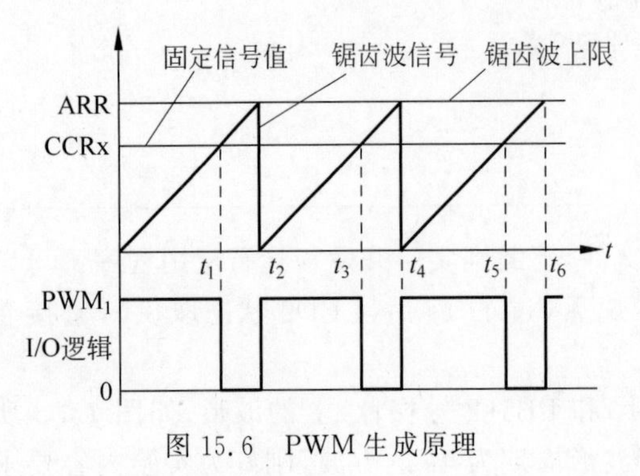

图 15.6　PWM 生成原理

从图 15.6 可知,PWM 的周期和占空比与锯齿波信号、固定信号值、锯齿波上限值有关。锯齿波的周期即为 PWM 波的周期,即锯齿波信号从 0 到锯齿波上限值所经历的时间 $0\sim t_2$。PWM 波的高电平时间即为锯齿波信号从 0 到固定信号值的时间 $0\sim t_1$。因此,占空比即为 t_1/t_2。

(3) 根据 PWM 生成原理,锯齿波刚好可以使用定时计数器 CNT 计数产生,图 15.6 中的锯齿波可采用向上加 1 计数模式计数获得。定时启动运行时,CNT 从 0 开始加 1 计数,当其值达到设置的定时初值 ARR 时,定时计数器 CNT 溢出,CNT 值归 0,接着从 0 又开始加 1 计数,正好形成周期性锯齿波。从形式周期性锯齿波可知,定时初值 ARR 决定锯齿波的周期 T,假定 CNT 的计数频率为 CK_CNT,则锯齿波的周期 $T=(\mathrm{ARR}+1)/\mathrm{CK\_CNT}$,即产生的 PWM 周期 $T=(\mathrm{ARR}+1)/\mathrm{CK\_CNT}$。

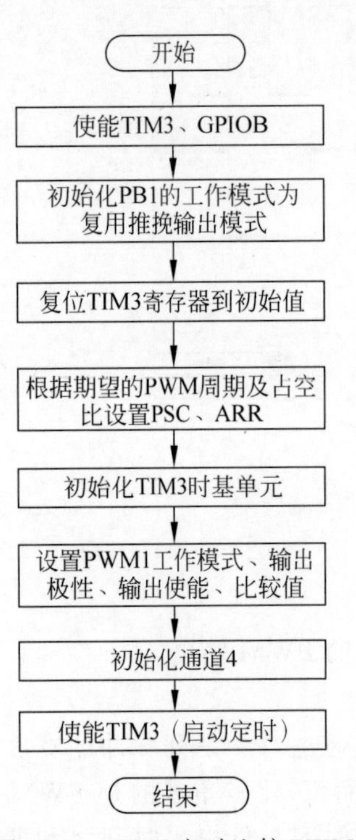

图 15.7　TIMx 定时比较 PWM 输出初始化流程图

(4) 由于 STM32 单片机的定时器带有比较功能,刚好可以利用其定时比较输出功能产生 PWM 输出。可以将固定信号值设置到比较器 CCRy 中,在启动工作后,硬件不停地将当前 CNT 的值与 CCRy 的值进行比较。定时比较输出 PWM1 工作模式(若 CNT 采用向上计数模式,CNT<CCRy 时,OCyRef 为高电平;否则,OCyRef 为低电平)在比较匹配时产生的 OCxRef 波形与图 15.6 中的 PWM 波形一致,因此可以利用 PWM1 工作模式产生 PWM 波形,此时 PWM 波形高电平的时间 t 对应的计数值就是 CCRy 的值,则 $t=\mathrm{CCRy}/\mathrm{CK\_CNT}$。此时,PWM 占空比即为 CCRy/(ARR+1)。

(5) 本次实验内容与实验内容三类似,就是利用 TIMx 的定时比较输出功能实现 PWM 输出。定时比较输出工作模式可选择 PWM1 和 PWM2 两种模式之一,这两种模式输出波形电平状态刚好相反。实验使用 TIM3 的默认复用功能引脚输出 PWM 波形,从表 15.3 TIM3 复用功能重定义关系,可选择 TIM3_CH4 通道输出 PWM,其对应的引脚为 PB1 引脚。因此 TIM3 的初始化流程与图 15.4 中 TIMx 定时比较输出初始化流程相似,但不进行引脚重定义及中断使能,具体流程如图 15.7

所示。主程序流程与图15.3中的主程序流程类似,不再给出。

本书配套的实验开发板PB1引脚外接的是KEY1按键,因此在输出PWM波形时,用示波器直接测量PB1引脚即可观察到输出的PWM波形。由于PB1引脚默认是GPIO引脚,故需要复用成TIM3_CH4输出通道引脚才可以作为PWM输出功能引脚。

【实验步骤】

(1) 将实验内容三创建的应用项目工程Template_CMPOutput复制到本次实验的某个存储位置,并修改项目工程文件夹名称为Template_PWM,进入项目的user子目录,双击μVision5工程项目文件名Template.uvprojx启动工程项目。

(2) 打开timer.h,添加PWM定时比较输出初始化函数声明,代码如下:

```
…
//声明 PWM 定时比较输出初始化函数
void TIM3_PWM_Init(uint16_t arr,uint16_t psc,uint16_t vplus);
…
```

(3) 打开timer.c文件,根据图15.7中TIMx定时比较输出初始化流程图,添加TIM3_PWM_Init()函数的具体实现代码:

```
//PWM 定时比较输出初始化函数实现
void TIM3_PWM_Init(uint16_t arr,uint16_t psc,uint16_t vplus)
{
    TIM_TimeBaseInitTypeDef     TIM_TimeBaseStruct;
    TIM_OCInitTypeDef    TIM_OCInitStruct;
    GPIO_InitTypeDef    GPIO_InitStructure;
    //时钟使能
    RCC_APB2PeriphClockCmd(RCC_APB2Periph_GPIOB, ENABLE);
    RCC_APB1PeriphClockCmd(RCC_APB1Periph_TIM3, ENABLE);
    //初始化 PB.1 工作模式
    GPIO_InitStructure.GPIO_Pin = GPIO_Pin_1;
    GPIO_InitStructure.GPIO_Speed = GPIO_Speed_50MHz;
    GPIO_InitStructure.GPIO_Mode = GPIO_Mode_AF_PP;
    GPIO_Init(GPIOB,&GPIO_InitStructure);

    //复位 TIM3 到初始状态
    TIM_DeInit(TIM3);
    //定时器 TIM3 初始化
    //设置在下一个更新事件发生时装入活动的自动重装载寄存器的周期值
    TIM_TimeBaseStruct.TIM_Period = arr;
    //设置 CNT 计数器的计数时钟预分频值
    TIM_TimeBaseStruct.TIM_Prescaler = psc;
    //设置 TIM 计数模式:向上计数模式
    TIM_TimeBaseStruct.TIM_CounterMode = TIM_CounterMode_Up;
    //设置输入滤波单元的采样时钟频率,时钟分割:TDTS = Tck_tim
    //主要作用于滤波通道上,对应定时作用的 Timer,无意义
    TIM_TimeBaseStruct.TIM_ClockDivision = TIM_CKD_DIV1;
    //重复计数次数
    TIM_TimeBaseStruct.TIM_RepetitionCounter = 0;
```

```
    //根据指定的参数初始化 TIMx 的时基单位
    TIM_TimeBaseInit(TIM3,&TIM_TimeBaseStruct);

    //初始化 TIM3 比较输出模式:PWM1
    TIM_OCInitStruct.TIM_OCMode = TIM_OCMode_PWM1;
    //输出极性:TIM 输出比较极性高
    TIM_OCInitStruct.TIM_OCPolarity = TIM_OCPolarity_High;
    //比较输出使能
    TIM_OCInitStruct.TIM_OutputState = TIM_OutputState_Enable;
    //设置待装入捕获比较寄存器的脉冲值,初始化通道 4
    TIM_OCInitStruct.TIM_Pulse = vplus;
    TIM_OC4Init(TIM3,&TIM_OCInitStruct);

    //使能 TIM3
    TIM_Cmd(TIM3,ENABLE);
}
```

(4) 打开 main.c 文件,删除 main()函数中的所有代码,其他代码保持不变。

```
int main(void)
{
    //初始化 TIM3 设备
    //TIM3 位于 APB1(采用默认 RCC 配置,系统时钟为 72MHz,PCLK1 = 36MHz)
    //故 CLK_INT = 72MHz,即计数时钟未分频前是 72MHz
    //设计数频率 CK_CNT = 1Mhz,PWM 频率 = 100kHz,占空比 = 50 %
    //因此,PSC = 71,ARR = CK_CNT/100kHz - 1 = 9,vplus = (ARR + 1)/2
    TIM3_PWM_Init(9,71,5);
    while(1);
}
```

(5) 编译工程项目生成可执行目标 HEX 文件,下载到实验开发板运行应用程序。用示波器测量芯片引脚 PB1(扩展引出排针 J3-PB1)的波形,如图 15.8 所示,测试频率为 100kHz。

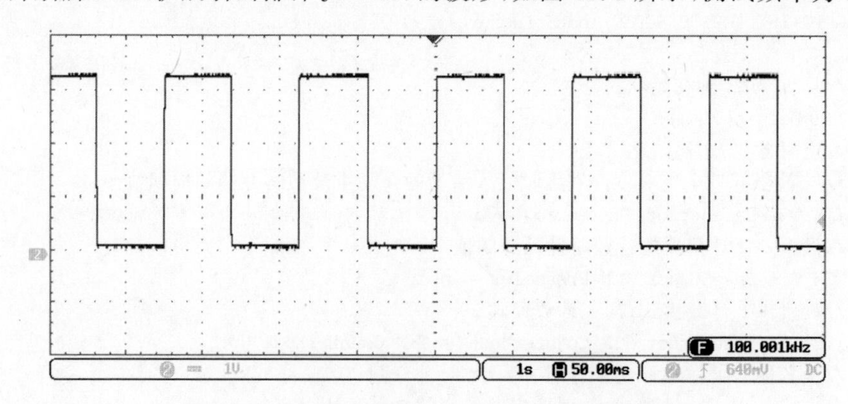

图 15.8 PB1 引脚输出 50%占空比 PWM 波形

(6) 将 main()函数中语句“TIM3_PWM_Init(9,71,5);”改成“TIM3_PWM_Init(9,71,2);”,编译生成可执行目标 HEX 文件,下载并运行应用程序,再用示波器测量芯片引脚

PB1 的波形如图 15.9 所示，其占空比变成 20%。

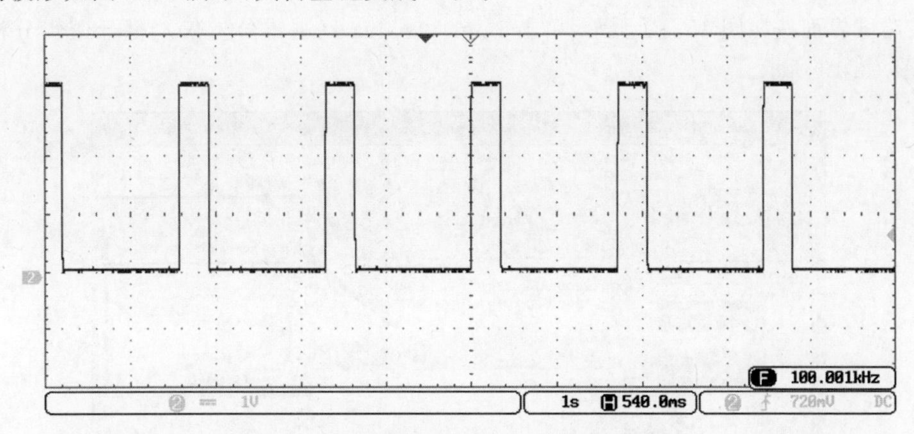

图 15.9　PB1 引脚输出 20%占空比 PWM 波形

(7) 单击 MDK 的工程属性设置图标，弹出工程项目属性设置对话框，切换到 Target 页面，将 Xtal(MHz)设置为 8.0，即与程序代码使用的外部晶振频率一致，如图 15.10 所示。

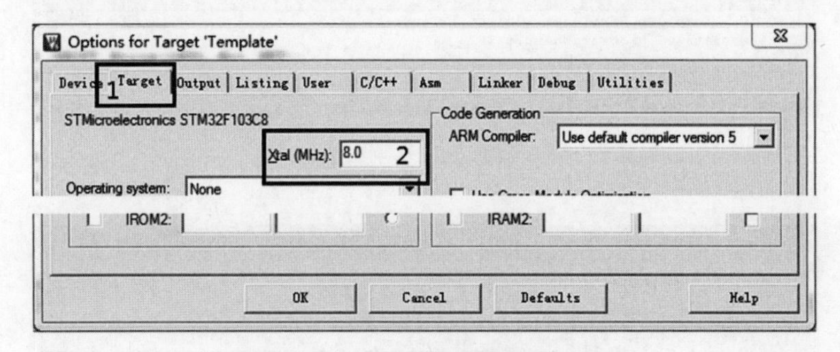

图 15.10　使用外部晶振频率设置

(8) 切换到 Debug 选项卡界面，按照图 15.11 所示进行设置，准备进行仿真测试。

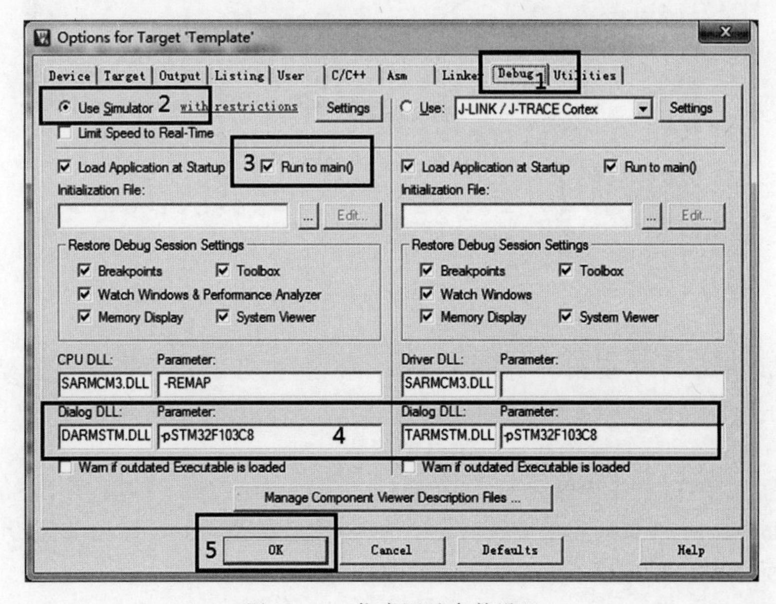

图 15.11　仿真调试参数设置

(9) 设置完后，单击 OK 按钮返回 MDK IDE 环境，然后单击图标 进入仿真调试模式。在调试界面按照图 15.12 所示，单击 Logic Analyzer（逻辑分析仪），打开逻辑分析仪界面，如图 15.13 所示。

图 15.12　仿真调试界面

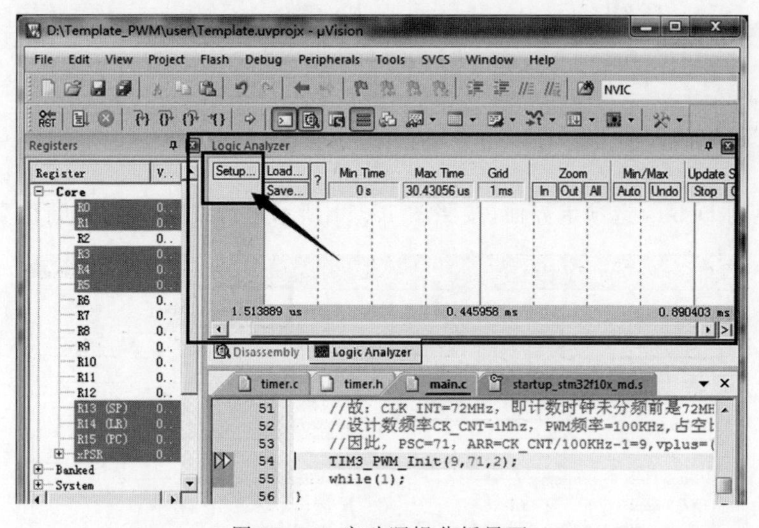

图 15.13　启动逻辑分析界面

(10) 单击图 5.13 中逻辑分析仪的 Setup 按钮，打开逻辑分析仪设置界面，并按照图 15.14 所示进行设置。单击新建图标 (箭头 1)，然后在使能的编辑框内(箭头 2)输入 PORTB.1，再按回车键，便设置好需要测量的引脚。

(11) 单击选中图 5.14 中输入的"(PORTB&0x00000002)>>1"项，并在 Signal Display 框中的 Display Type 下拉列表框中选择 Bit 选项，然后单击 Close 按钮关闭设置对话框返回仿真主界面，如图 15.15 所示。

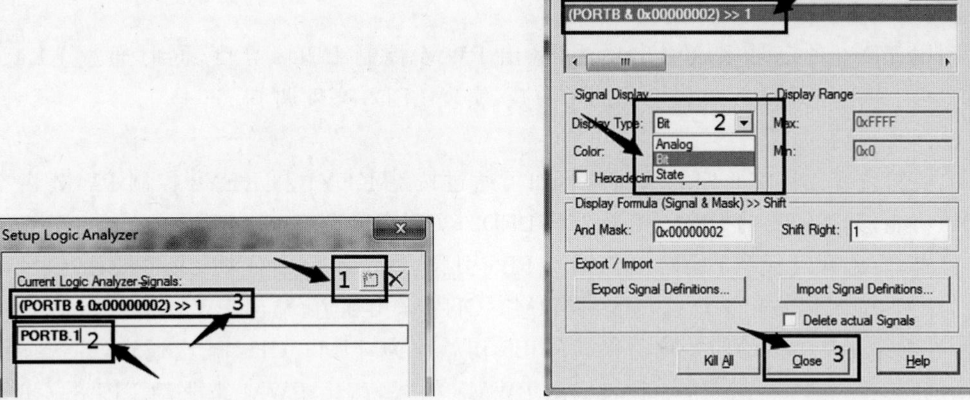

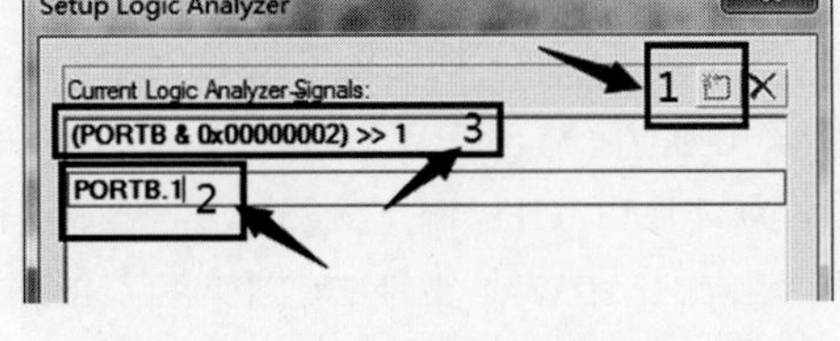

图 15.14　设置需要测量的 PB1 引脚　　　　图 15.15　信号显示类型设置

(12) 单击仿真环境界面的快捷工具图标进行全速运行程序，可以看到逻辑分析仪窗口显示出波形，如图 15.16 所示。如果逻辑分析仪窗口未出现波形，在 IDE 窗口选择 View→period Window Update 命令，选中 period Window Update(周期更新窗口)即可出现波形。

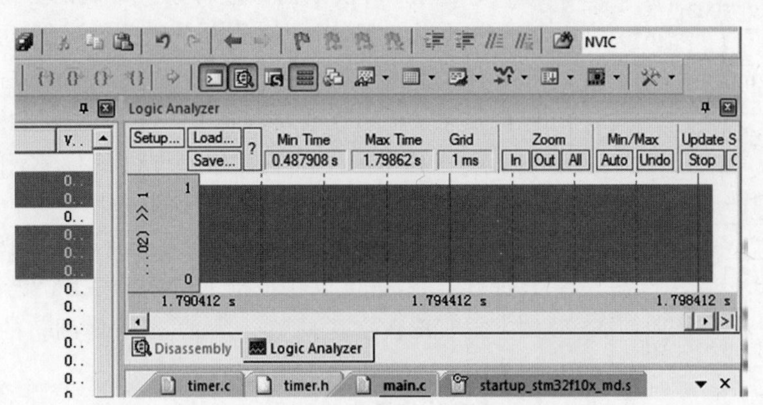

图 15.16　逻辑分析仪测试波形

(13) 单击逻辑分析仪窗口，滚动鼠标的滚轮，可以放大或缩小逻辑分析仪窗口的波形。如图 15.17 所示。逻辑分析仪测出的波形与示波器测出的波形一致。

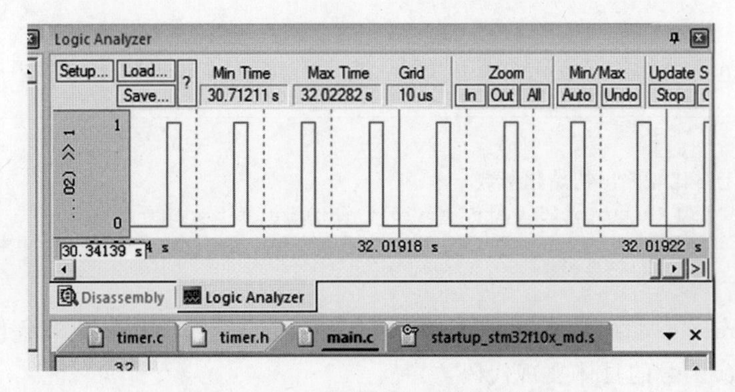

图 15.17　放大逻辑分析仪测试波形

15.3.5 实验内容五

【实验内容】

利用TIM3的定时比较输出功能，输出PWM控制LED3亮度，同时通过KEY1和KEY2两个按键控制PWM占空比的增与减，实现LED3亮度调节。

【实验分析】

本实验内容是在实验四的基础上增加了通过按键KEY1和KEY2控制PWM占空比增减的功能，并将输出的PWM信号驱动LED3，实现亮度调节。

首先，实验开发板上LED3是连接到PB5引脚，通过芯片的引脚定义可知，PB5默认是GPIO引脚，但可以重定义为TIM3的TIM3_CH2输出通道，输出PWM信号驱动LED3。因此，可以编写TIM3的初始化函数，将PB5初始化为TIM3_CH2输出通道，并选择定时比较输出PWM1模式，产生PWM来驱动LED3。初始化函数的程序流程与图15.7中TIMx定时比较输出初始化流程一致，仅仅需要改变初始程序代码中PWM使用的通道而已。

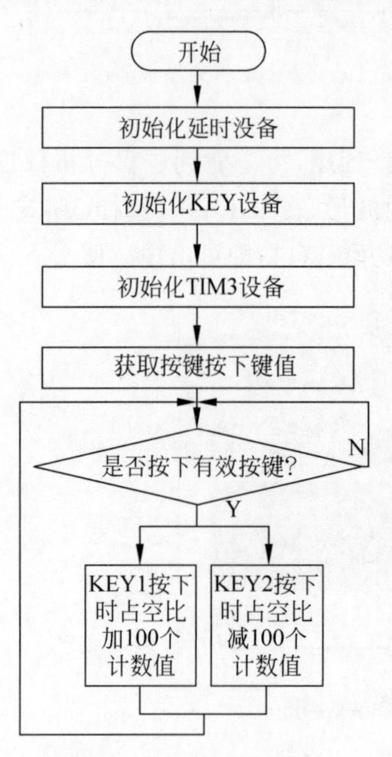

图15.18 主程序流程图

其次，LED3亮度调节实际就是调整PWM的占空比。PWM是一种对模拟信号进行数字编码的方法。通过使用高分辨率计数器，对方波的占空比进行调制，可以实现对一个具体的模拟信号进行控制。调整PWM波的占空比，实际就是调整输出比较寄存器CCRy的比较值。因此可以利用KEY1和KEY2来增减比较寄存器CCRy的值，达到调整占空比，实现LED3亮度的控制。

本次实验将KEY1和KEY2作为GPIO按键输入的方式进行实验，也可以将按键KEY1和KEY2当作外部中断的方式实现占空比调整。因此，占空比调整的主程序流程图如图15.18所示。

【实验步骤】

(1) 将实验内容四创建的应用项目工程Template_PWM复制到本次实验的某个存储位置，并修改项目工程文件夹名称为Template_PWMLED，进入项目的user子目录，双击μVision5工程项目文件名Template.uvprojx启动工程项目。

(2) 打开timer.h，添加PWM控制LED的定时比较输出初始化函数声明，代码如下：

```
…
//声明 PWM 定时比较输出初始化函数
void TIM3_PWMLED_Init(uint16_t arr,uint16_t psc,uint16_t vplus);
…
```

(3) 打开timer.c文件，根据图15.7中TIMx定时比较输出初始化流程图，添加TIM3_PWMLED_Init ()函数的具体实现代码：

```
//PWMLED 定时比较输出初始化函数实现
void TIM3_PWMLED_Init(uint16_t arr,uint16_t psc,uint16_t vplus)
{
    TIM_TimeBaseInitTypeDef    TIM_TimeBaseStruct;
    TIM_OCInitTypeDef    TIM_OCInitStruct;
    GPIO_InitTypeDef    GPIO_InitStructure;
    //时钟使能
    RCC_APB2PeriphClockCmd(RCC_APB2Periph_GPIOB|RCC_APB2Periph_AFIO, ENABLE);
    RCC_APB1PeriphClockCmd(RCC_APB1Periph_TIM3, ENABLE);
    //使能 TIM3 部分重映射,将 PB5 重定义为 TIM3_CH2 通道
    GPIO_PinRemapConfig(GPIO_PartialRemap_TIM3,ENABLE);
    //初始化 PB.5 工作模式
    GPIO_InitStructure.GPIO_Pin = GPIO_Pin_5;
    GPIO_InitStructure.GPIO_Speed = GPIO_Speed_50MHz;
    GPIO_InitStructure.GPIO_Mode = GPIO_Mode_AF_PP;
    GPIO_Init(GPIOB,&GPIO_InitStructure);

    //复位 TIM3 到初始状态
    TIM_DeInit(TIM3);
    //定时器 TIM3 初始化
    //设置在下一个更新事件发生时装入活动的自动重装载寄存器的周期值
    TIM_TimeBaseStruct.TIM_Period = arr;
    //设置 CNT 计数器的计数时钟预分频值
    TIM_TimeBaseStruct.TIM_Prescaler = psc;
    //设置 TIM 计数模式:向上计数模式
    TIM_TimeBaseStruct.TIM_CounterMode = TIM_CounterMode_Up;
    //设置输入滤波单元的采样时钟频率,时钟分割:TDTS = Tck_tim
    //主要作用于滤波通道上,对应定时作用的 Timer,无意义
    TIM_TimeBaseStruct.TIM_ClockDivision = TIM_CKD_DIV1;
    //重复计数次数
    TIM_TimeBaseStruct.TIM_RepetitionCounter = 0;
    //根据指定的参数初始化 TIMx 的时基单位
    TIM_TimeBaseInit(TIM3,&TIM_TimeBaseStruct);

    //初始化 TIM3 比较输出模式:PWM1
    TIM_OCInitStruct.TIM_OCMode = TIM_OCMode_PWM1;
    //输出极性:TIM 输出比较极性高
    TIM_OCInitStruct.TIM_OCPolarity = TIM_OCPolarity_High;
    //比较输出使能
    TIM_OCInitStruct.TIM_OutputState = TIM_OutputState_Enable;
    //设置待装入捕获比较寄存器的脉冲值,初始化通道 2
    TIM_OCInitStruct.TIM_Pulse = vplus;
    TIM_OC2Init(TIM3,&TIM_OCInitStruct);

    //使能 TIM3 在 CCR2 上的预装载寄存器
    TIM_OC2PreloadConfig(TIM3, TIM_OCPreload_Enable);

    //使能 TIM3
    TIM_Cmd(TIM3,ENABLE);
}
```

(4) 打开 main.c 文件,删除 main()函数中的所有代码,其他代码保持不变。按照占空比控制主程序流程编写控制代码,如下:

```
int main(void)
{
    uint16_t LED_pwmval = 100;
    uint8_t KeyVal = 0;
    //初始化延时
    delay_Init();
    //按键初始化
    KEY_Init();
    //初始化 TIM3 设备
    //TIM3 位于 APB1(采用默认 RCC 配置,系统时钟为 72MHz,PCLK1 = 36MHz)
    //故 CLK_INT = 72MHz,即计数时钟未分频前是 72MHz
    //设计数频率 CK_CNT = 72MHz,即不分频,PWM 频率 = 72kHz,占空比 = LED_pwmval
    //因此,PSC = 71,ARR = CK_CNT/100kHz - 1 = 9,vplus = (ARR + 1)/2
    TIM3_PWMLED_Init(999,0,LED_pwmval);
    while(1)
    {
        KeyVal = KEY_Scan(0);
        switch(KeyVal)
        {
            case KEY1_PRES:
                LED_pwmval += 100;
             TIM_SetCompare2(TIM3,LED_pwmval);
                break;
            case KEY2_PRES:
                LED_pwmval -= 100;
             TIM_SetCompare2(TIM3,LED_pwmval);
                break;
        }
    }
}
```

(5) 编译工程项目生成可执行目标 HEX 文件,下载到实验开发板运行应用程序。用示波器测量芯片引脚 PB5(引出排针 J6-PB5)的波形,测试频率为 72kHz。

(6) 不停地按 KEY1 键,LED3 的亮度逐渐变暗。不停地按 KEY2 键,LED3 的亮度逐渐变亮。用示波器测得的调整过程波形如图 15.19 所示。

(7) 单击 IDE 界面的快捷工具图标 进入仿真调试界面,启动逻辑分析仪窗口如图 15.20(a)所示,再单击"Setup…"添加观察 PB5 的波形信号,设置如图 15.20(b)所示。

(8) 删除 PB1 的观察,然后单击 Close 按钮返回 IDE 界面。选择 Peripherals→General Purpose I/O→GPIOA/GPIOB/GPIOC 命令,如图 15.21 所示。选择并启动的 GPIOA、GPIOB 和 GPIOB 端口窗口如图 15.22 所示。

(9) 由于按键扫描函数 KEY_Scan()需要扫描实验开发板上的 KEY1、KEY2、KEY3

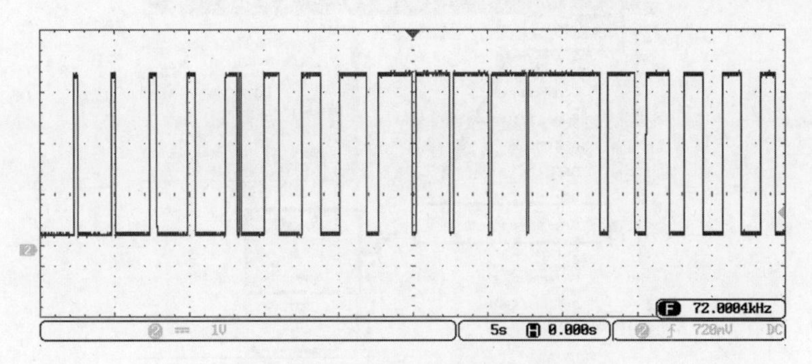

图 15.19 占空比调整过程波形

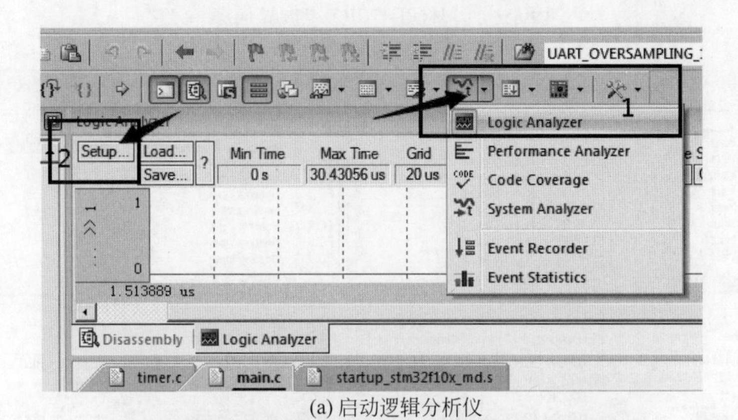

(a) 启动逻辑分析仪

(b) 设置待观察引脚位

图 15.20 添加观察引脚 PB5

和 WAKUP 四个按键,这四个按键分别对应 PB1、PB0、PC13、PA0 引脚。由于 KEY3 和 WAKUP 本次实验未使用到,默认引脚电平应该为高电平(根据实验开发板电路图可知为高电平),因此需要将 PC13、PA0 引脚设置为高电平。单击 MDK IDE 窗口 GPIOC 端口控制界面,在激活的 GPIOC 端口界面 Pins 对应的复选框位置,将 PC13 勾选中,如图 15.23 中箭头 1 所示位置。此时,可以看到 GPIOC_IDR 的值变成了 0x00002000,即 PC13 引脚被置为高电平。

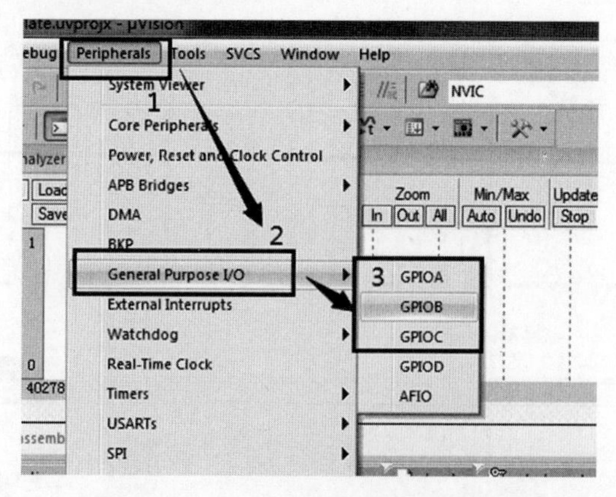

图 15.21　打开 GPIO 端口界面菜单

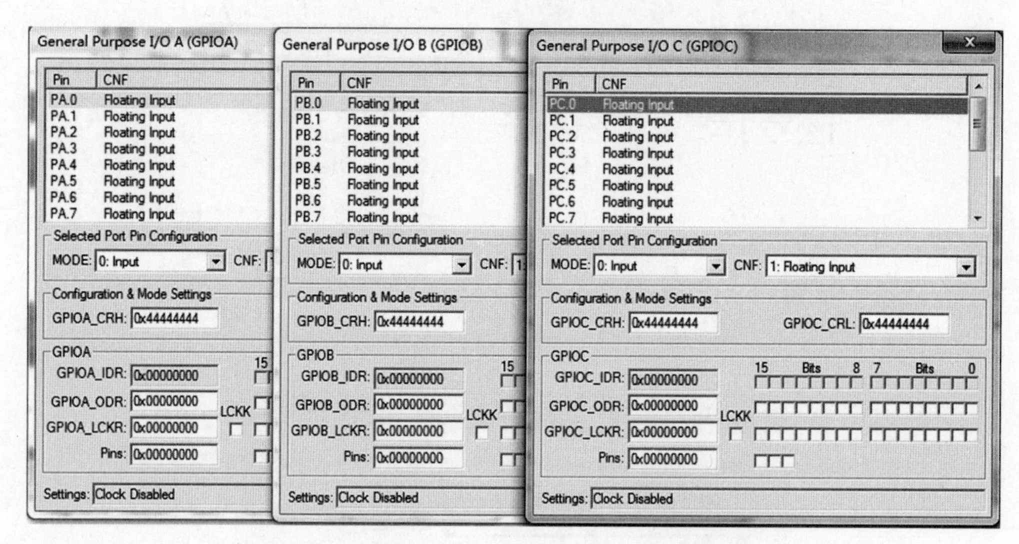

图 15.22　打开的 GPIOA、GPIOB 和 GPIOC 控制界面

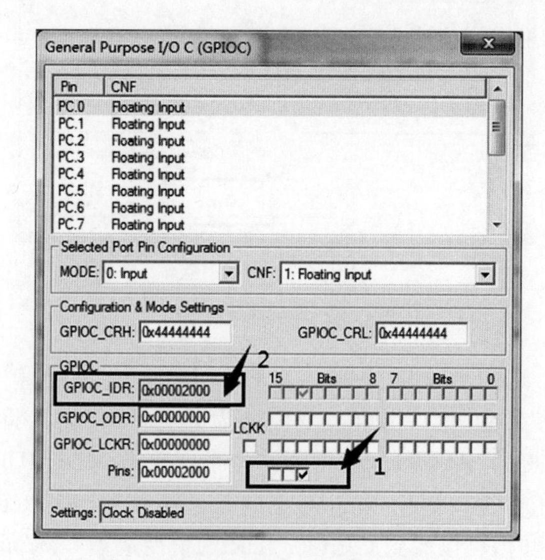

图 15.23　设置 PC13 引脚为高电平

(10) 同理,将 WAKUP 对应的 PA0 引脚设置为高电平。激活 GPIOA 端口界面,在 Pins 对应的复选框位置勾选 PA0,如图 15.24 中箭头 1 所示位置。此时,可以看到 GPIOC_IDR 的值变成了 0x00000001,即 PA0 引脚为高电平。

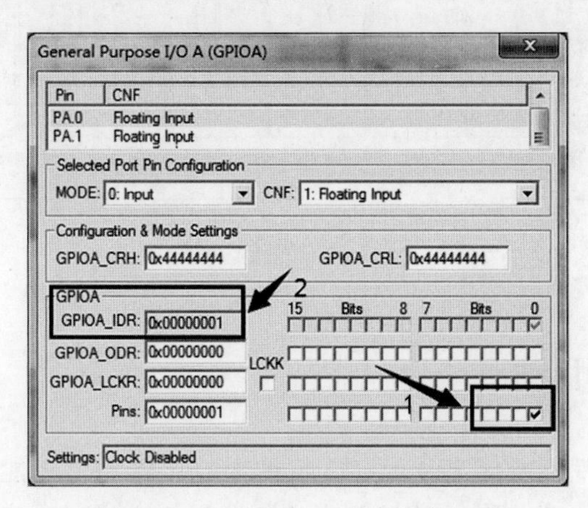

图 15.24　设置 PA0 引脚为高电平

(11) 同理,将 KEY1 和 KEY2 对应的 PB1 和 PB0 引脚设置高电平。激活 GPIOB 端口界面,在 Pins 对应的复选框位置,将 PB1 和 PB0 勾选中,如图 15.25 中箭头 1 所示位置。此时,可以看到 GPIOC_IDR 的值变成了 0x00000003,即 PB1 和 PB0 引脚为高电平。

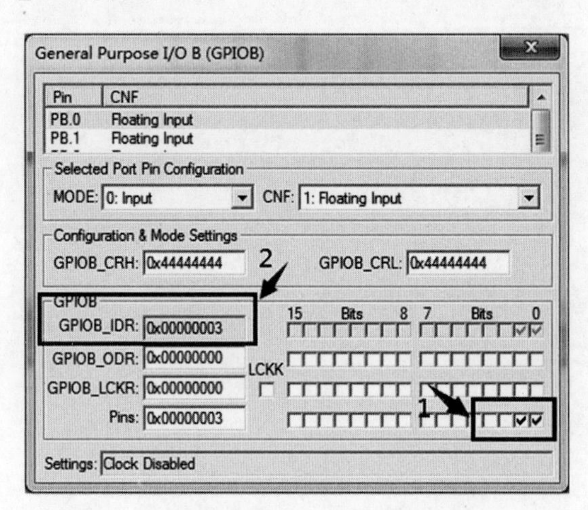

图 15.25　设置 PB1 和 PB0 引脚为高电平

(12) 单击仿真环境界面的快捷工具图标进行全速运行程序,可以看到逻辑分析仪窗口显示出波形。单击波形显示窗口,将波形放大到合适范围。再单击逻辑分析仪窗口右下角最后边的>|按钮,将显示波形移到最右边,如图 15.26 箭头所示。

(13) 单击 GPIO 端口界面的 PB0 或 PB1,改变引脚电平,模拟按下 KEY1 或 KEY2,可以观察到逻辑分析仪窗口波形的高电平在增减变化。与用示波器测试时按下 KEY1 和 KEY2 进行占空比调整波形类似。

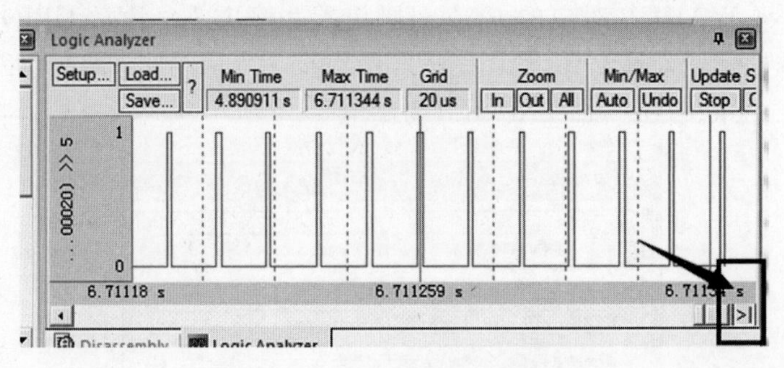

图 15.26 波形直接移植做右边

15.4 本章小结

本章对 STM32 单片机通用定时器 TIMx 的定时比较输出功能单元进行实验，以了解定时比较输出的硬件结构及具体应用控制方法。通过 5 个实验内容的实验，以查询方式和中断方式展示了具体应用编程步骤，同时也展示了模拟仿真调试和逻辑分析仪进行波形测试调试的方法，以充分了解并掌握定时比较输出功能单元的编程应用与调试。

第16章 串口时钟实验

CHAPTER 16

STM32单片机片上资源丰富，充分利用片上资源可以实现功能复杂的具体应用。本章将综合利用片上GPIO、中断系统、串行通信USART、定时器TIMx等资源，实现串口实时时钟，展示多种资源的综合应用编程与调试。

16.1 实验背景

【实验目的】

（1）了解利用定时器实现实时时钟的编程方法。

（2）掌握多种片上资源综合应用实现具体需求的编程方法。

（3）掌握串行通信控制协议设置与通信控制的编程方法。

【实验要求】

（1）利用通用定时器TIMx实现实时时钟。

（2）利用串行通信实现实时时钟输出与时钟设置。

（3）利用LED进行时钟运行状态指示。

（4）利用按键输入或按键中断方法进行时钟设置。

（5）利用固件库函数实现具体应用程序编程。

【实验内容】

利用通用定时器TIM3实现精确的实时时钟，并通过串口以hh:mm:ss的格式输出到串口助手进行显示，用LED3指示系统正在运行；通过KEY1、KEY2、KEY3三个按键实现时钟时、分、秒的位选择及增减调整，并用LED1和LED2进行当前修改位指示，在串口助手中实时显示修改后的当前值(修改立即生效)；通过串口发送修改命令，修改实时时钟的时、分、秒，根据不同命令可独立修改时、分、秒，也可同时修改时、分、秒。

【实验设备】

计算机、STM32F103C8T6实验开发板、J-Link仿真器。

16.2 实验原理

根据实验要求和实验内容，本次实验需要使用到实验开发板上的LED1～LED3、按键

KEY1～KEY3、串行通信接口 USART1 等功能硬件单元，需要使用的片上资源有 GPIO 端口、中断系统、定时器 TIMx、串行端口 USART 等资源，属于外设及资源的综合应用实验。有关 GPIO 端口、中断系统、定时器 TIMx、串行端口 USART 的硬件结构及其使用方法，相关外设常用固件库函数及其用法，在前面的实验中已经充分了解和掌握，此处不再赘述。

16.3 实验内容

【实验分析】

根据实验具体内容，可以分解为以下几个功能分步实现：

(1) 实时时钟。可以利用通用 TIM3 进行 1s 定时，并开启定时中断，在中断服务程序中进行实时时钟时、分、秒的计算，实现实时时钟。

(2) 实时时钟运行状态指示。实验要求用 LED3 进行运行指示，可每 1s 使其状态翻转一次，表明时钟系统正在运行，因此可以放在定时中断服务程序中实现。

(3) 实时时钟串口格式输出显示。由于实时时钟每秒更新一次数据，因此可以在时钟发生更新时输出显示。由于时钟更新是在定时器中断服务程序中进行，故输出也可以放在定时器中断服务程序中进行输出。由于要求按照 hh:mm:ss 的格式输出，因此可以利用重载的 printf()函数实现串行格式化输出。

(4) 按键修改位选择。实验要求通过按键 KEY3 进行时、分、秒修改位选择，因此可以利用按键输入或按键中断的方式进行位选择(本次实验用按键输入方式进行位选择，中断方式留待读者自行实验)。可以设置一个标志位 Sel_Flag 进行位选择(当 Sel_Flag＝0 时未选中任何位，当 Sel_Flag＝1 时选择“时”位，当 Sel_Flag＝2 时选择“分”位，当 Sel_Flag＝3 时选择“秒”位)，每按一次按键 KEY3，标志值自加 1 以选择下一位。当选择到最后 1 位时，自加 1 超出了现有位数，此时回归到 0，表示释放位选择。

(5) 位选择指示。由于有 4 种位选择模式(未选择，选择时，选择分，选择秒)，而位选择指示仅有 LED1 和 LED2 两个指示灯，故可以采用 LED1 和 LED2 以二进制编码(有 00/01/10/11 四种编码)的形式进行指示。因此在按键按下修改选择位标志的同时，控制 LED1 和 LED2 进行当前位指示即可。

(6) 时分秒值修改。利用按键 KEY1 和 KEY2 进行修改：按下 KEY1，根据选择的位进行加 1 调整；按下 KEY2，根据选择的位进行减 1 调整。

(7) 串口命令时钟设置。要求通过串口发送命令对实时时钟的时、分、秒进行修改，且可以独立修改时、分、秒，或一次性修改时、分、秒。因此可以设置 4 种修改指令进行时、分、秒、时分秒的修改，每种命令后面带将要修改的具体值，命令及格式如表 16.1 所示。命令以十六进制方式发送，以便 STM32 单片机在接收到命令时解析命令功能，并提取命令所带数据进行时钟修改设置。

表 16.1 修改时钟参数命令及格式

命令(CMD)	数据(DATA)	命令格式	作　用
0x01	hh	CMD hh	修改时，命令为 2 字节，第 2 字节为将要修改的时值 hh
0x02	mm	CMD mm	修改分，命令为 2 字节，第 2 字节为将要修改的分值 mm

续表

命令(CMD)	数据(DATA)	命令格式	作　用
0x03	ss	CMD ss	修改秒，命令为 2 字节，第 2 字节为将要修改的秒值 ss
0x04	hh mm ss	CMD hh mm ss	修改时，命令为 4 字节，第 2～4 字节为将要修改时分秒值 hh mm ss

根据上述分析，实时时钟形成、时钟运行状态指示、时钟输出均在 TIM3 的定时中断服务程序程序中实现；按键位选择、按键位选择指示、按键时钟调整均在主程序中实现；串口命令时钟设置在串口接收中断服务程序中实现，根据接收到的命令，直接修改实时时钟的时、分、秒的值即可。相应的程序流程如图 16.1 所示。

另外，由于在定时器中断服务程序、主程序、串口中断服务程序中都涉及时钟时、分、秒的调整修改，因此需要将时、分、秒三个设置为全局变量，以便在定时器中断服务程序、主程序、串口中断服务程序任一个位置修改调整时，都能影响到三个位置的值。

【实验步骤】

(1) 将第 15 章实验内容五创建的应用项目工程 Template_PWMLED 复制到本次实验的某个存储位置，并修改项目工程文件夹名称为 Template_UARTRTC，进入项目的 user 子目录，双击 μVision5 工程项目文件名 Template. uvprojx 启动工程项目。

(2) 根据实验分析可知，在定时器中断服务程序、主程序、串口中断服务程序中都涉及时、分、秒的调整修改，因此需要将时、分、秒设置为全局变量。打开 timer. c，在文件顶部开始处 #include "timer. h"语句下面，添加时、分、秒三个全局变量声明，如图 16.2 所示。

(3) 实时时钟需要用定时器精确定时实现，实验时若以 1s 进行定时中断，则在进行时、分、秒的计算时比较简单方便，故本实验用 TIM3 进行 1s 定时中断。根据 14.2.4 节定时时间计算，可以分别计算出 PSC 和 ARR 的值。由于实验程序采用的系统时钟配置为 STM32F10x 标准固件库的默认配置，即 CK_INT＝CK_PSC＝72MHz。假定 CK_CNT＝5kHz，则 PSC＝72MHz/5kHz－1＝14399，ARR＝T×CK_CNT－1＝4999。假定计算得到的 PSC 和 ARR 值在 0～65535 范围内，假定成立。定时器初始化函数可以直接使用第 14 章实验内容二所编写的定时器中断方式初始化函数 TIM3_INT_Init(uint16_t arr，uint16_t psc)进行初始化，此处不再详述。在主函数 main()中调用该函数初始化定时器即可。

(4) 根据前面的实验分析，实验内容要求的实时时钟形成、时钟运行状态指示、时钟输出均在 TIM3 的定时中断服务程序程序中实现。因此，定时中断服务程序中涉及 LED3 的状态更新、串口数据发送，需要 LED 和 UART 的支持。在第 11 章和第 13 章分别编写了 LED 和 UART 的驱动文件及相关功能函数，在定时中断服务程序中直接调用相关功能函数即可，但在调用之前需要包含它们的资源头文件。因此，打开 timer. h 文件，添加 led. h 和 uart. h 两个资源头文件，如图 16.3 所示。

(5) 由于要求定时器 1s 产生一次中断进入中断服务程序，根据图 16.1 所示定时中断服务程序流程，修改 TIM3 的中断服务程序。打开 timer. c 文件，找到 TIM3_IRQHandler()函数实现代码，添加时、分、秒的计时代码，利用串口格式发送功能函数 printf()实现格式化时钟发送，并将状态指示灯 LED3 状态取反使其闪烁。具体添加的代码如下：

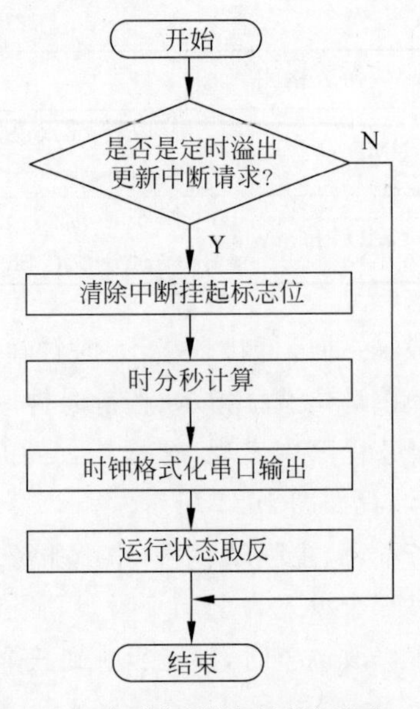

(a) 定时中断服务程序流程图

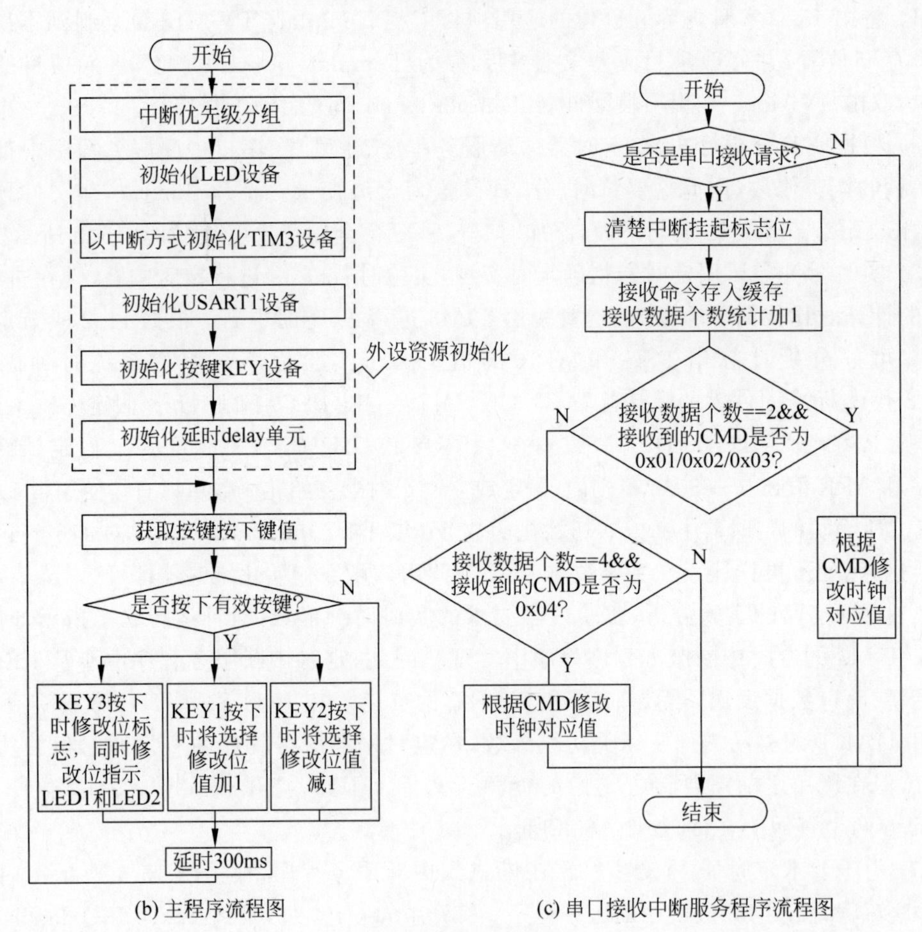

(b) 主程序流程图　　　(c) 串口接收中断服务程序流程图

图 16.1　程序流程图

```
Template
timer.c*   timer.h   main.c
4  *************************************************/
5
6  #include "timer.h"
7
8  uint16_t CNT_conuter=0;
9  uint16_t TIM3_INT_FLAG=0;
10 //时分秒全局变量声明
11 uint16_t Second=0;
12 uint16_t Minus=0;
13 uint16_t hours=0;
14
15 void TIM3_Query_Init(uint16_t arr,uint16_t psc)
16 {
17     TIM_TimeBaseInitTypeDef  TIM_TimeBaseStruct;
```

图 16.2　时、分、秒全局变量声明

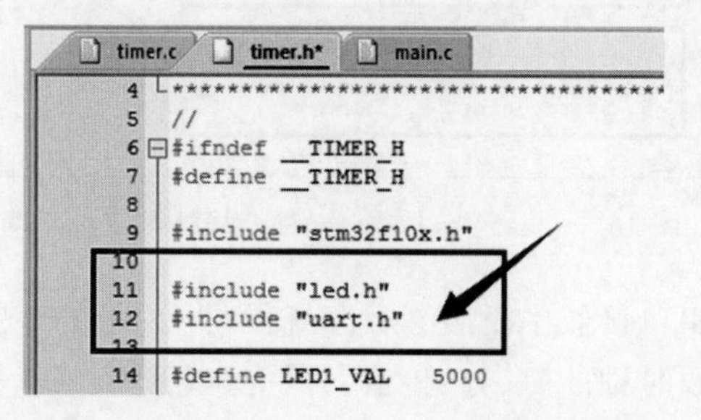

图 16.3　添加 led.h 和 uart.h 两个头文件

```
//实时时钟计时、数据串口发送及指示状态闪烁
    if(TIM_GetITStatus(TIM3,TIM_IT_Update) == SET)
    { //清除 TIMx 更新中断标志
        TIM_ClearITPendingBit(TIM3, TIM_IT_Update );
        //时、分、秒计时
        Second++;
        if(Second == 60)
        {
            Second = 0;
            Minus++;
            if(Minus == 60)
            {
                Minus = 0;
             hours++;
                if(hours == 24)
                {
                    hours = 0;
                }
            }
        }
        //发送实时时钟格式字符串进行显示
        printf("Time: %2d: %2d: %2d\r\n",hours,Minus,Second);
        //指示灯状态取反
        LED_Inverstate(LED3);
    }
```

(6) 实验分析已经确定串口命令时钟设置在串行接收中断服务程序中实现,根据接收到的命令,直接修改实时时钟的时、分、秒的值即可。由于涉及时分秒的修改,因此需要在串口驱动文件中声明时、分、秒变量为外部变量。打开 uart.h 文件,添加 3 个全局变量的外部变量声明,如图 16.4 箭头 1 所示。

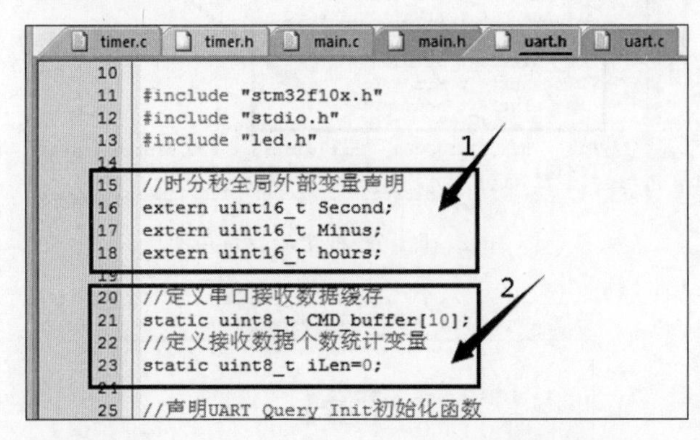

图 16.4 uart.h 中时、分、秒全局外部变量声明

(7)根据图 16.1 串口接收中断服务程序流程图,重新修改串口接收中断服务程序,实现根据接收到的命令修改时钟的时、分、秒值。因为串行通信是一个字节一个字节的传送,根据表 16.1 定义的修改时钟参数命令及格式,命令为多字节命令,所以需要有命令存储缓存及接收字节个数统计。因此需要保留以前实验在 uart.h 文件中定义的静态变量 CMD_buffer[10]和 iLen,如图 16.4 箭头 2 所示。然后在串口中断服务程序中就可以使用这两个静态变量来接收并保存命令,实现时、分、秒的修改。具体代码如下:

```
void USART1_IRQHandler()
{
    if(USART_GetITStatus(USART1,USART_IT_RXNE) == SET)
    {
        USART_ClearITPendingBit(USART1,USART_IT_RXNE);
        //接收发送过来的命令或数据
        CMD_buffer[iLen] = USART_ReceiveData(USART1);
        //接收数据个数自动加 1
        iLen++;
        //如果 iLen == 2,说明接收到 2 字节命令,可判断接收到的是否是 2 字节命令
        //如果是 2 字节命令,且是有效命令,则修改对应的时、分、秒,否则不修改
        if((iLen == 2)&&((CMD_buffer[0] == 0x01) || (CMD_buffer[0] == 0x02) || (CMD_buffer
        [0] == 0x03)))
        {
            if(CMD_buffer[0] == 0x01)
            {//修改时的 CMD
                hours = CMD_buffer[1];
            }
            else if(CMD_buffer[0] == 0x02)
            {//修改分的 CMD
                Minus = CMD_buffer[1];
            }
```

```
            else if(CMD_buffer[0] == 0x03)
            {//修改秒的 CMD
               Second = CMD_buffer[1];
            }
            //清除接收缓存,数据统计
            iLen = 0;
            CMD_buffer[0] = 0;
            CMD_buffer[1] = 0;
        }
        //如果 iLen == 4,且 CMD = 0x04,说明接收到有效 4 字节命令
        //如不是有效命令,则不修改
        if((CMD_buffer[0] == 0x04)&&(iLen == 4))
        { //根据命令修改时、分、秒
            hours = CMD_buffer[1];
            Minus = CMD_buffer[2];
            Second = CMD_buffer[3];
            //清除接收缓存,数据统计
            iLen = 0;
            CMD_buffer[0] = 0;
            CMD_buffer[1] = 0;
            CMD_buffer[2] = 0;
            CMD_buffer[3] = 0;
        }
    }
}
```

(8) 实验分析确定按键位选择、按键位选择指示、按键时钟调整功能在主程序中实现,也涉及时、分、秒的修改,因此需要在主程序文件中声明时、分、秒为外部变量。打开 main.h 文件,添加 3 个全局变量的外部变量声明,如图 16.5 所示。

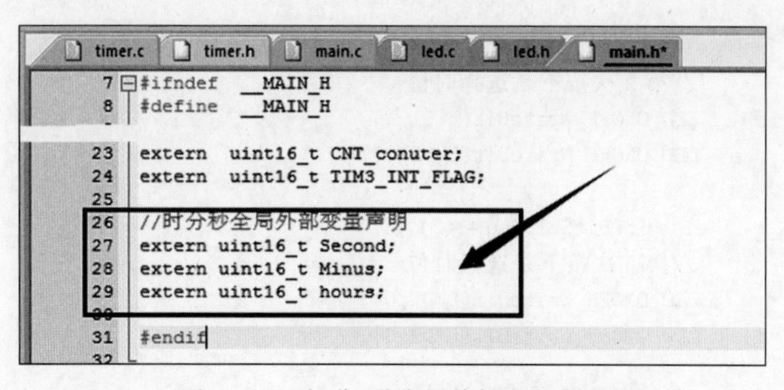

图 16.5 时、分、秒全局外部变量声明

(9) 根据图 16.1 主程序流程图,先删除 main()函数中的所有代码,然后在主程序 main()函数中实现按键位选择、位选择指示、按键时钟调整功能。根据主程序流程图编写实现代码:

```
//主程序
int main(void)
{ //按键扫描键值存放变量
```

```
uint16_t keyVal = 0;
//时钟待修改位选择标志
uint16_t BitSelFlag = 0;
//设置中断系统分组
NVIC_PriorityGroupConfig(NVIC_PriorityGroup_2);
//初始化 LED 灯
LED_Init();
//初始化 TIM3
//TIM3 位于 APB1(采用默认 RCC 配置,系统时钟为 72MHz,PCLK1 = 36MHz)
//故 CLK_INT = 72MHz,即计数时钟未分频前是 72MHz
//设 CK_CNT 为 5kHz 的计数频率,计数 5000 个为 1s
TIM3_INT_Init(4999,14399);
//以中断方式初始化串口
UART_IT_Init(9600);
//初始化按键 KEY
KEY_Init();
//初始化延时单元
delay_Init();
while(1)
{ //扫描按键
    keyVal =  KEY_Scan(0);
    switch(keyVal)
    { //如果按下 KEY3 键,则进行位选择
    case KEY3_PRES:
         //按下次数计数
         BitSelFlag++;
         if(BitSelFlag == 1)
            {//第 1 次按下是选择时位
             LED_ONOFF_WriteBit(LED1,0);
             LED_ONOFF_WriteBit(LED2,1);
            }
            else if(BitSelFlag == 2)
            {//第 2 次按下是选择时位
             LED_ONOFF_WriteBit(LED1,1);
             LED_ONOFF_WriteBit(LED2,0);
            }
            else if(BitSelFlag == 3)
            {//第 3 次按下是选择时位
             LED_ONOFF_WriteBit(LED1,0);
             LED_ONOFF_WriteBit(LED2,0);
            }
        else if(BitSelFlag == 4)
            {//第 4 次按下则取消位选择
                BitSelFlag = 0;
                LED_ONOFF_WriteBit(LED1,1);
                LED_ONOFF_WriteBit(LED2,1);
            }
        break;
        //如果是按下 KEY1 键,表明选中位进行加 1 修改
        case KEY1_PRES:
```

```
            if(BitSelFlag == 1)
            {
                hours++;
                if(hours == 24)
                    hours = 0;
            }
            else if(BitSelFlag == 2)
            {
                Minus++;
                if(Minus == 60)
                    Minus = 0;
            }
            else if(BitSelFlag == 3)
            {
                Second++;
                if(Second == 60)
                    Second = 0;
            }
            break;
        //如果是按下 KEY2 键,表明选中位进行减 1 修改
        case KEY2_PRES:
            if(BitSelFlag == 1)
            {
                hours--;
                if(hours > 24)
                    hours = 23;
            }
            else if(BitSelFlag == 2)
            {
                Minus--;
                if(Minus > 60)
                    Minus = 59;
            }
            else if(BitSelFlag == 3)
            {
                Second--;
                if(Second > 60)
                    Second = 59;
            }
            break;
        }
    }
    delay_ms(300);
}
```

(10) 编译工程项目生成可执行目标 HEX 文件,下载 HEX 文件到实验开发板。

(11) 将实验开发板按照 13.2.6 节实验开发板 USART 通信电路连接方式连接好实验硬件,打开实验开发板电源,给实验板供电。启动 PC 上的串口调试助手 XCOM V2.6,设置

串口通信参数，并打开串口，此时在串口接收区能收到发送过来的实时时钟，且是每秒接收到一个新数据，如图 16.6 所示。同时可以观察到实验板 LED3 在不停闪烁，表明系统在运行。

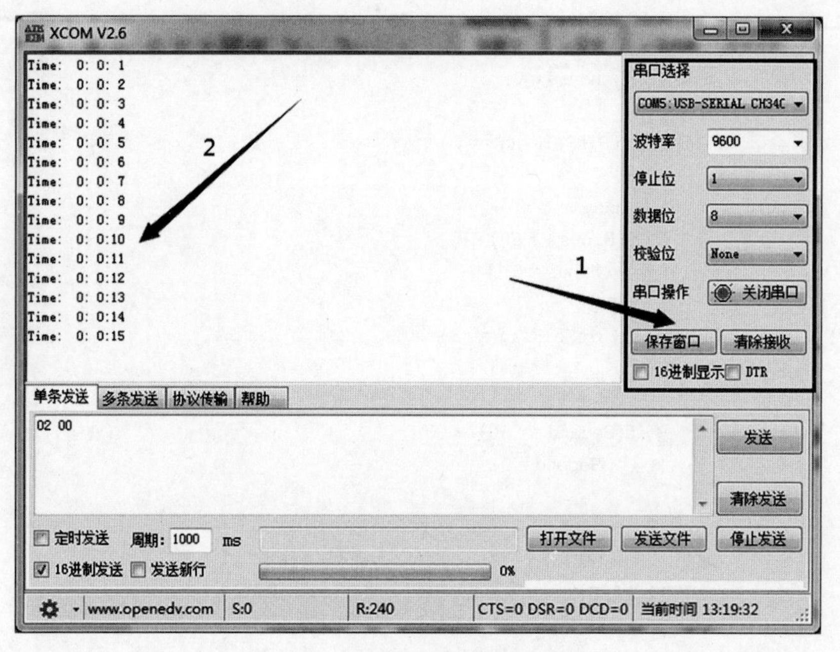

图 16.6　串口接收到的实时时钟

(12) 按实验板上的按键 KEY3，可以观察到 LED2-LED1 的状态在变化。上电启动后 LED2 灭、LED1 灭，表明此时没有选择任何修改位，当第 1 次按下 KEY3 时，LED2 灭、LED1 亮，表明选择了时位；当第 2 次按下时，LED2 亮、LED1 灭，表明选择了分位；当第 3 次按下时，LED2 亮、LED1 亮，表明选择了秒位；当第 4 次按下时，LED2 灭、LED1 灭，表明未选中任何位。

(13) 首先按下 KEY3 键，选择修改时位，然后按 KEY1 键，可以看到串口接收显示窗的时位加 1；按 KEY2 键，可以看到串口接收显示窗的时位减 1。修改过程串口显示情况如图 16.7 所示。

图 16.7　按键修改时位时串口接收显示

（14）再按下 KEY3 键，选择修改分位，然后按 KEY1 键或 KEY2 键，可以修改时钟的分值。

（15）再按下 KEY3 键，选择修改秒位，然后按 KEY1 键或 KEY2 键，可以修改时钟的秒值。

（16）再按下 KEY3 键，取消修改位选择，此时按 KEY1 键或 KEY2 键，时、分、秒无变化。

（17）在串口调试助手的命令发送窗口选中“16 进制发送”复选框，然后在单条发送命令窗口输入命令“01 0A”，单击“发送”按钮发送命令，此时串口接收窗口接收到的实时时钟时位被设置为 10 点，如图 16.8 所示。

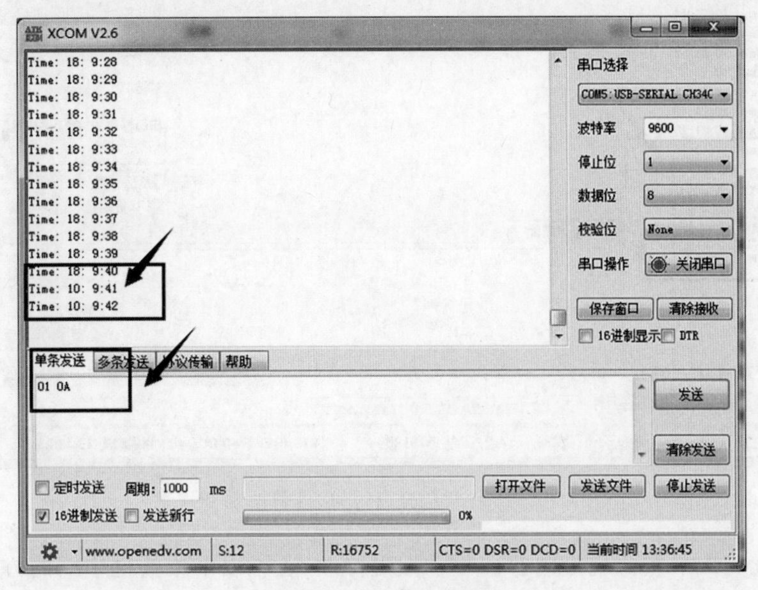

图 16.8　命令修改时位

（18）在单条发送命令窗口输入命令“02 12”，单击“发送”按钮，时钟的分被修改成 18。在单条发送命令窗口输入命令“03 20”，单击“发送”按钮，时钟的秒被修改成 32（发送修改为 32s，但定时器在加秒定时，所以是 33s），如图 16.9 所示。

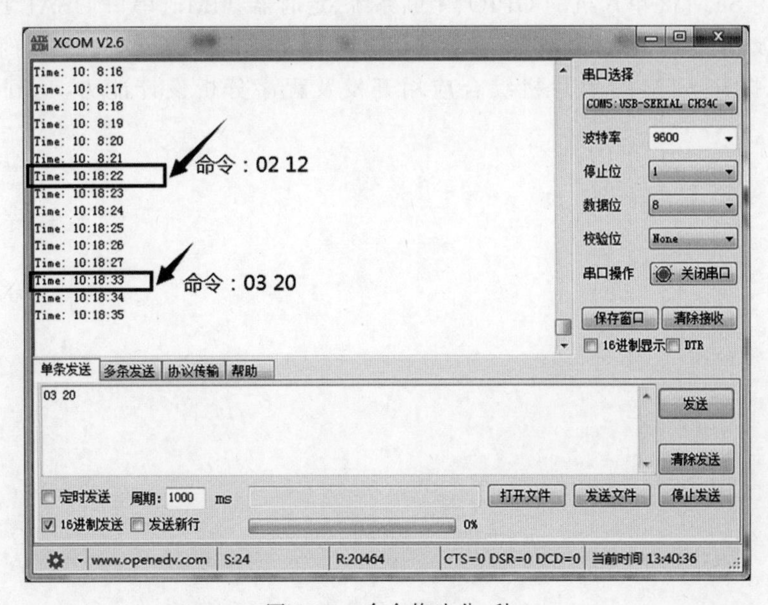

图 16.9　命令修改分、秒

(19) 在单条发送命令窗口输入命令"04 0B 0D 0E",单击"发送"按钮,时钟被修改为11:13:15(发送修改为14s,但定时器在加秒定时,所以是15s),如图16.10所示。

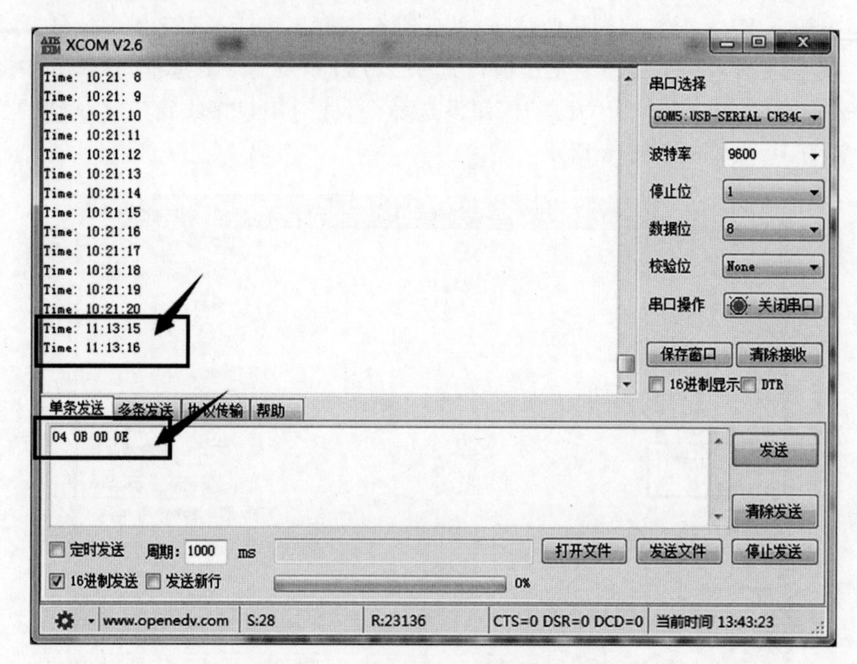

图16.10 时、分、秒一次性修改命令

(20)到此完成了实验规定内容。手动按键修改,还可以采用按键中断的方式实现,留待读者自行研究。

16.4 本章小结

本章利用STM32单片机的GPIO、中断系统、定时器TIMx、串口USART等片上资源和实验开发板上LED指示灯、按键、串口通信电路等片外资源进行串口实时时钟综合应用开发实验,以提升STM32单片机综合应用开发及程序分析设计能力,达到学以致用的目的。

第 17 章 I^2C 串行通信实验

CHAPTER 17

集成电路总线(Inter-Integrated Circuit,I^2C)是飞利浦公司推出的用于集成电路器件间进行数据传输的一种简单、双向两线制同步串行通信总线,具备多主机系统所需的包括总线裁决和高低速器件同步功能。I^2C 结合了 SPI 和 UART 的优点,可以将多个从设备连接到单个主设备上,也可以让多个主设备控制单个或多个从设备,非常适合器件之间进行近距离、非经常性的数据通信。本章利用 STM32 单片机片上 I^2C 外设和 I^2C 通信协议,结合实验开发板上的 I^2C 接口 E^2PROM 存储器芯片 AT24C02 进行 I^2C 串行通信实验,以展示如何利用 STM32 单片机实现 I^2C 串行通信应用程序编程。

17.1 实验背景

【实验目的】

(1) 了解 I^2C 总线结构、主从设备定义。

(2) 掌握 I^2C 总线通信协议,包括总线时序、数据帧格式、总线寻址。

(3) 掌握 AT24C02 E^2PROM 存储器芯片的读写方法。

(4) 掌握片上 I^2C 外设实现 E^2PROM 存储器芯片读写编程方法。

(5) 掌握 I/O 端口模拟 I^2C 总线通信协议实现 E^2PROM 存储器芯片读写编程方法。

【实验要求】

(1) 利用片上 I^2C 外设和固件库函数实现 E^2PROM 存储器芯片读写编程。

(2) 利用 I/O 端口模拟 I^2C 总线通信协议实现 E^2PROM 存储器芯片读写编程。

【实验内容】

(1) 利用片上 I^2C1 外设和固件库函数对 E^2PROM 存储器芯片进行读写访问,实现从指定地址写入再读出,并将读出数据从串口输出,以检验读出访问是否正常。

(2) 利用 I/O 端口模拟 I^2C 总线通信协议对 E^2PROM 存储器芯片进行读写访问,实现从指定地址写入再读出,并将读出数据从串口输出,以检验读出访问是否正常。

【实验设备】

计算机、STM32F103C8T6 实验开发板、J-Link 仿真器。

17.2 实验原理

I^2C通信总线包含一条串行数据线(SDA)和一条串行时钟线(SCL),用于连接通信的设备。设备SDA和SCL是集电极开路或开漏输出的双向I/O线,在总线空闲时SDA和SCL需保持高电平状态,因此必须将SDA和SCL通过上拉电阻连接到正电源。I^2C总线标准传输速率为100kb/s,快速传输速率为400kb/s,高速传输速率可达3.4Mb/s。

17.2.1 I^2C总线结构

I^2C总线是支持多主机系统的双向两线制同步串行总线,支持一主(Master)一从(Slaver)结构的双机通信,也支持一主多从或多主多从结构的双机通信,如图17.1所示。I^2C总线虽然支持多主机通信,但为了保证数据的可靠传输,在任一时刻总线只能由一个主机控制,其他设备此时均为从机,且连接的每一个设备均有一个唯一的地址,以便主机寻访。I^2C总线每次数据传输均由主机控制,主机通过SCL发送数据传输同步时钟,随后主机或从机通过SDA进行串行数据传输。主机控制就是主机发出起始信号和时钟信号,控制传输过程结束时发出停止信号。I^2C总线主机与从机间的数据传输,可以是主机发送数据到从机,也可以是从机发送数据到主机。

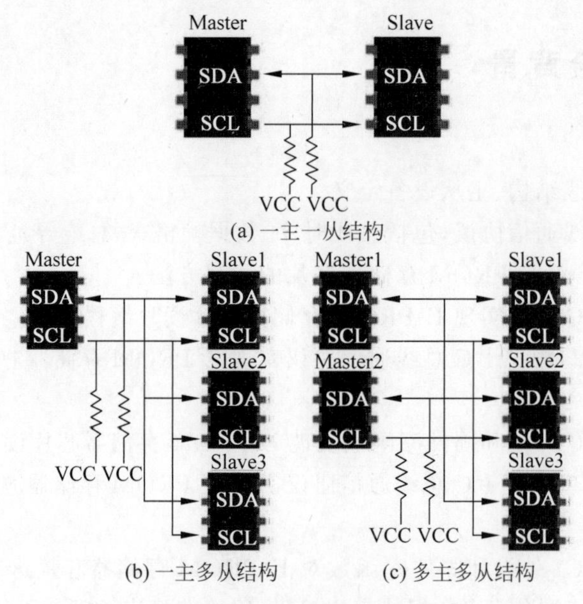

图17.1 I^2C设备连接形式

STM32单片机与外部I^2C设备通信时,STM32单片机可作为主机,也可以作为从机,具体情况需根据实际应用确定。单片机作为微控制器,一般作为主机,连接示意图如图17.2所示。

在进行I^2C数据传输时,主机首先发送起始信号,接着主机发出与之通信的从机地址(从机根据接收到的地址信息判断是否与本机地址匹配,若匹配便与主机进行数据传输,否则忽略不响应主机的通信请求),随后主机与从机间即可进行数据传输,当数据传输完成后,

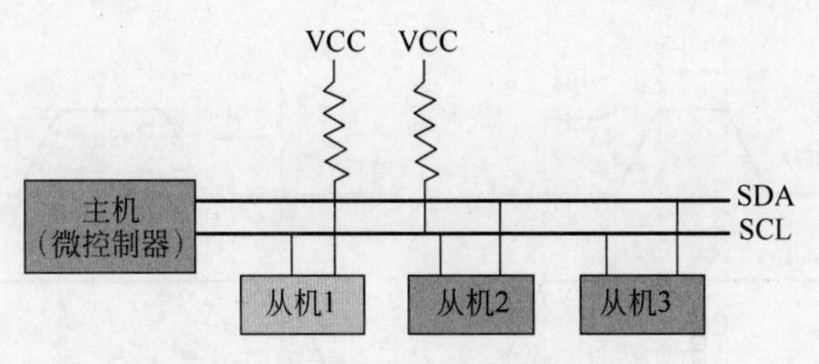

图 17.2 单片机 I²C 连接形式

主机发送停止信号完成一次 I²C 串行通信。

17.2.2 I²C 总线信号时序

I²C 是同步串行半双工通信，因此它按照 SCL 上的时钟节拍在 SDA 上一位一位地进行数据传输。在 I²C 总线进行数据传输时，SCL 每产生 1 个时钟脉冲，SDA 上传输 1 位数据。在进行 I²C 通信过程中，其时序涉及数据位有效信号、起始信号、停止信号、应答(ACK)信号(SDA＝0)、非应答(NACK)信号(SDA＝1)等几个典型信号。

1. 数据位有效信号

I²C 总线进行数据传输时，要求 SCL 为高电平期间，SDA 上的数据必须保持稳定不变；SCL 为低电平期间，SDA 上的数据才可以改变。数据位有效性时序如图 17.3 所示。故 I²C 数据接收方在 SCL 为高电平期间接收 SDA 上的数据，I²C 数据发送方在 SCL 为低电平期间发送数据到 SDA 上。

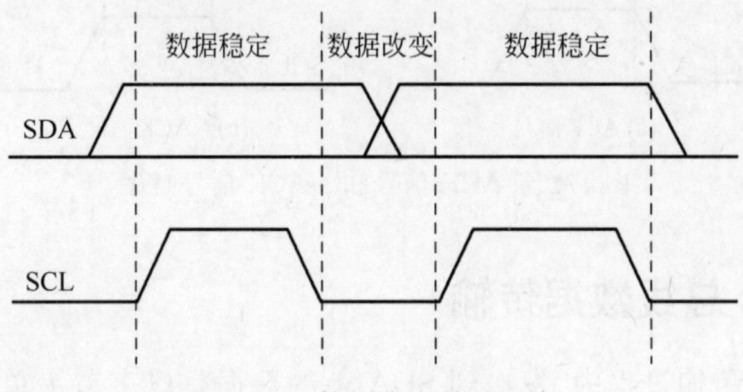

图 17.3 数据位有效性时序

2. 起始/停止信号

I²C 通信的开始与结束是主机发出的起始信号和停止信号进行标识的，如图 17.4 所示。当 SCL 处于高电平时，SDA 上由高电平向低电平的跳变，表示一个起始信号，标识一个 I²C 通信的开始；当 SCL 处于高电平时，SDA 上由低电平向高电平的跳变，表示一个停止信号，标识一个 I²C 通信的结束。

在起始信号产生后，总线就处于占用状态；在停止信号发出后，总线处于空闲状态，此时 SCL 和 SDA 均处于高电平状态。具有 I²C 总线接口的器件设备将时刻监测起始和停止信号，以判断 I²C 通信是否开始或停止。

3. 应答/非应答信号

每当 I²C 发送设备传输完 1 字节数据后，I²C 接收设备必须紧跟接收数据之后发送一

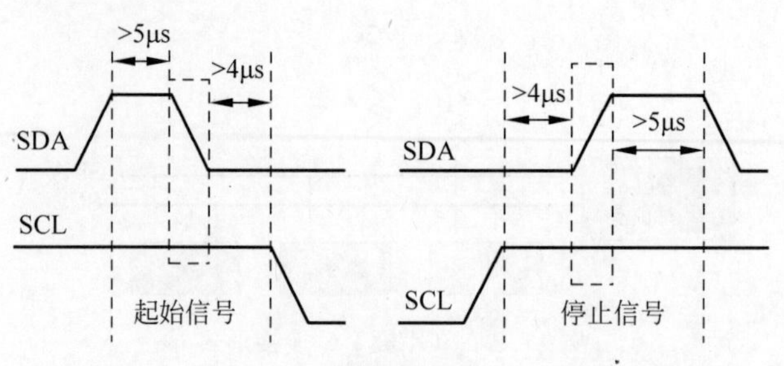

图 17.4　起始/停止信号时序

个应答位 ACK 来通知发送设备数据已经被接收完成，可以继续进行数据传输。I^2C 总线上的所有数据都是以 8 位/字节传送的，发送设备每发送一个字节，就在第 9 个时钟脉冲期间释放数据线，由接收设备反馈一个 ACK 信号。ACK 信号为低电平时，规定为有效应答信号，表示接收设备已经成功接收了该字节；应答信号为高电平时，规定为 NACK 信号，表示接收设备接收该字节没有成功。但是当接收设备是主控器（比如单片机对 E^2PROM 进行读操作，则单片机即为接收设备），则它在收到最后一个字节后，可以发送一个 NACK 信号通知被控发送设备结束数据发送，并释放 SDA 总线，以便主控器发送一个停止信号。ACK 信号和 NACK 信号时序如图 17.5 所示。

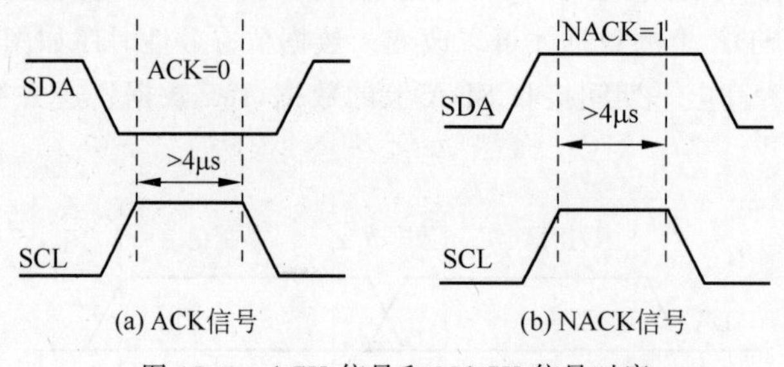

图 17.5　ACK 信号和 NACK 信号时序

17.2.3　I^2C 总线数据传输

在 I^2C 总线数据传输过程中，发送到 SDA 上的数据是以字节为单位的，每个字节必须为 8 位。字节数据发送时必须高位在前、低位在后，且每次发送的字节数不受限制。

1. 字节传送与应答

在数据传输过程中，每发送完 1 字节数据，都必须等待接收设备返回一个应答信号 ACK。应答信号占 1 位，紧跟在 8 个数据位之后，因此发送 1 字节数据需要 9 个 SCL 时钟脉冲。应答时钟脉冲也是由主机产生，且主机在应答时钟脉冲期间释放 SDA，使其处于高电平，如图 17.6 所示。

2. 总线寻址

挂在 I^2C 总线上的设备器件均有器件地址，方便 I^2C 总线访问时进行寻址。I^2C 接口设备器件在出厂时设定了器件地址编码，不同类型的设备其器件地址编码不同。以 7 位器件地址编码为例进行说明，其器件地址编码格式如图 17.7 所示。

其中，$DA_3 \sim DA_0$ 为器件固有地址编码，不同类型器件的固有地址编码不同。

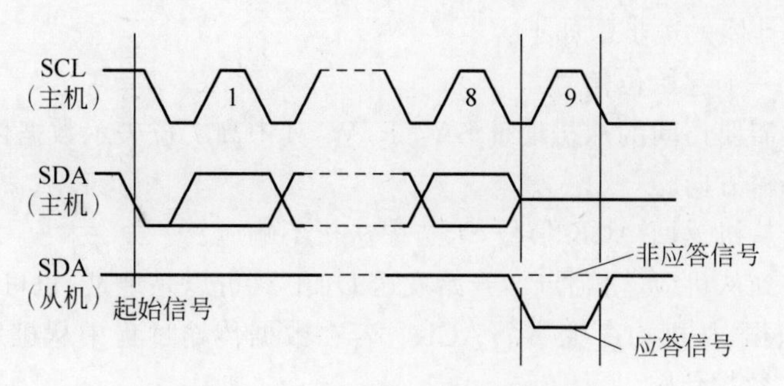

图 17.6 字节传送与应答时序

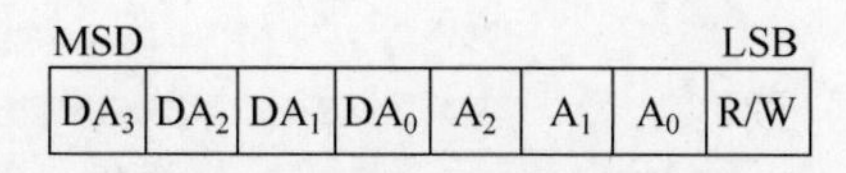

MSD							LSB
DA_3	DA_2	DA_1	DA_0	A_2	A_1	A_0	R/W

图 17.7 7 位器件地址编码格式

AT24CXX 器件的器件固有地址编码为 1010，占 4 位。$A_2 \sim A_0$ 是相同地址编码器件的识别码，用于识别挂接在同一个 I^2C 总线上具有相同器件地址编码的不同芯片。对于 AT24CXX 器件而言，$A_2 \sim A_0$ 共有 8 种编码，故在同一个 I^2C 总线上可以连接 8 个 AT24CXX 器件。R/W 位用来指示数据传输的方向，R/W＝1 时，主机接收(读)，R/W＝0 时，主机发送(写)。在进行 I^2C 数据传输开始时，主机首先通过 SDA 发送从机地址编码。在从机接收到与之匹配的地址编码时，从机在根据 R/W 位状态确定自己是接收或发送数据。

3. 总线数据帧格式

I^2C 总线只有一根 SDA，因此 SDA 上需要传送地址信号和数据信号。一次 I^2C 数据传输是由 1 个起始信号位 S、7 个从机地址位 SA、1 个数据传输方向位 R/W、1 应答位 ACK、9N 个数据应答位(数据应答位由 8 位数据 DATA 和 1 个应答位 ACK 构成，N 为传送的数据字节个数)和 1 个停止位 P 构成。根据数据传输的方向不同，其数据帧格式稍有不同，如图 17.8 所示。

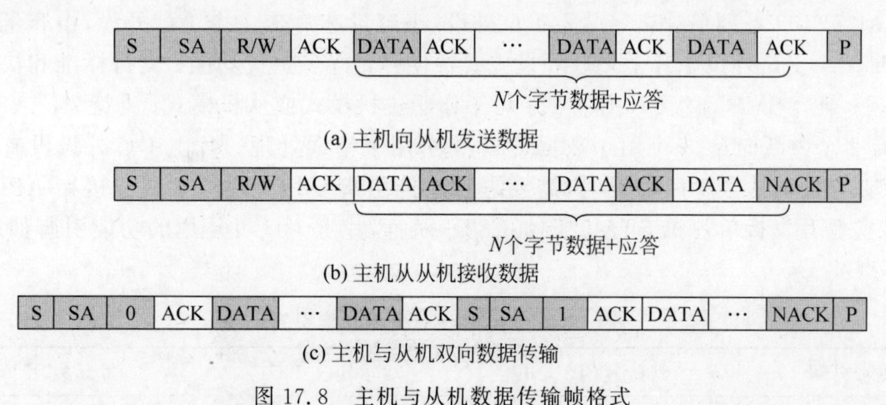

图 17.8 主机与从机数据传输帧格式

1) 主机向从机发送数据(写)

主机向从机发送 N 个字节数据，且在传送过程中不改变数据传送方向，其帧格式如

图 17.8(a)所示。具体发送步骤如下：

(1) 主机产生一个起始位信号。

(2) 主机发送需要访问的从机地址 SA+R/W,其中高 7 位表示数据传输的目标从机地址；最低 1 位是传输方向。

(3) 等待选中从机返回 ACK 信号,未选中从机不响应。

(4) 当主机收到从机应答信号后,开始发送 DATA(可以是地址,也可以是数据)。主机每发送一个字节数据,从机均产生一个 ACK。若在数据传输过程中从机发送了 NACK,则主机提前结束本次数据传输。

(5) 当主机传送数据完成,主机产生一个停止信号结束数据传输,或产生一个新的起始信号,开始新一轮数据发送。

2) 主机从从机接收数据(读)

主机从从机读取 N 个字节数据,且在传送过程中不改变数据传送方向,其帧格式如图 17.8(b)所示。具体发送步骤如下：

(1) 主机产生一个起始位信号。

(2) 主机发送需要读取数据的从机地址 SA 及 R/W。

(3) 等待从机返回 ACK 信号。

(4) 当主机接收到 ACK 信号后,从机向主机发送 DATA,主机每接收一个字节数据,主机均给出 ACK 信号。当主机读取完最后一个数据或者主机想结束读取数据时,可以向从机返回 NACK 信号,从机接收到非应答信号自动停止数据发送。

(5) 当主机读取数据完成后,产生一个停止信号结束数据传输,或产生一个新的起始信号,开始新一轮数据发送。

3) 主机与从机双向数据传输

在数据传输过程中,若需要改变数据的传输方向,起始信号和停止信号需要重新产生一次,但两次的数据传输方向 R/W 正好相反。SDA 上的数据流帧格式如图 17.8(c)所示。

17.2.4 STM32 片上 I^2C 特性

STM32F103 系列单片机带片上 I^2C 外设,小容量芯片带 1 个 I^2C 外设,中容量和大容量芯片带 2 个 I^2C 外设。片上 I^2C 外设主要特性：支持多主机功能；支持标准和快速两种传输速率；兼容 SMBus 2.0 工作方式；可工作于主机模式或从机模式；支持 7 位或 10 位寻址；具有 2 个中断向量,1 个用于数据传输,1 个用于错误处理。片上 I^2C 外设没有专用的功能引脚,在使能片上 I^2C 外设时,需要进行功能引脚复用。片上 I^2C 挂接在 APB1 总线上,对应实验开发板单片机 STM32F103C8T6 而言,片上 I^2C 可复用的功能引脚如表 17.1 所示。

表 17.1 I^2C 外设可复用功能引脚

功能引脚	默认复用 I^2C1	重定义 I^2C1	默认复用 I^2C2
SCL	PB6	PB8	PB10
SDA	PB7	PB9	PB11
功能模式	开漏复用输出	开漏复用输出	开漏复用输出

片上 I^2C 默认工作于从机模式，在接口生成起始条件时自动从从机模式切换到主机模式。当仲裁丢弃或产生停止信号时，自动从主机模式切换到从机模式，并允许多主机功能。主机模式时 I^2C 外设启动数据传输并产生时钟信号。串行数据传输总是以起始信号开始传输，并以停止信号结束。起始信号和停止信号都是在主机模式下由软件控制产生。数据和地址均是以 8 位/字节进行传输，高位在前、低位在后，且传输 1 字节数据需要 8 个时钟，第 9 个时钟必须发送或接收 ACK 信号。

17.2.5　I^2C 固件库函数

对 STM32 单片机片上 I^2C 的控制一般通过操作 I^2C 的寄存器实现。I^2C 的寄存器众多，且每个寄存器都是 32 位，如果直接通过寄存器的存储器映射地址进行编程，将需要时刻查询 I^2C 各个寄存器的存储器映射地址，给程序编写带来不便。I^2C 是挂接在 APB1 总线上的外设，在文件 stm32f10x.h 中定义了 I^2C 存储空间映射地址，并利用结构体指针建立起了 I^2C 寄存器与结构体及其成员的映射。具体定义如下：

```
//外设存储器地址映射
#define PERIPH_BASE          ((uint32_t)0x40000000)
#define APB1PERIPH_BASE      PERIPH_BASE

#define I2C1_BASE            (APB1PERIPH_BASE + 0x5400)
#define I2C2_BASE            (APB1PERIPH_BASE + 0x5800)

//定义 I2C 存储器映射寄存器结构体
typedef struct
{
  __IO uint16_t CR1;
  uint16_t RESERVED0;
  __IO uint16_t CR2;
  uint16_t RESERVED1;
  __IO uint16_t OAR1;
  uint16_t RESERVED2;
  __IO uint16_t OAR2;
  uint16_t RESERVED3;
  __IO uint16_t DR;
  uint16_t RESERVED4;
  __IO uint16_t SR1;
  uint16_t RESERVED5;
  __IO uint16_t SR2;
  uint16_t RESERVED6;
  __IO uint16_t CCR;
  uint16_t RESERVED7;
  __IO uint16_t TRISE;
  uint16_t RESERVED8;
} I2C_TypeDef;
//I2C 寄存器结构体存储器映射及宏定义
#define I2C1                 ((I2C_TypeDef *) I2C1_BASE)
#define I2C2                 ((I2C_TypeDef *) I2C2_BASE)
```

上述定义声明了STM32单片机片上I^2C设备宏名，建立起结构体与I^2C存储空间的映射关系，随后即可使用宏名I2C1和I2C2对片上I^2C设备寄存器进行操作，实现I^2C应用编程。

由于利用寄存器方式对I^2C进行程序设计难度比较大，为降低程序编写难度，可使用STM32F10x标准固件库中的I^2C库函数进行应用程序开发。STM32F10x标准固件库提供了stm32f10x_i2c.h和stm32f10x_i2c.c两个库驱动文件，为I^2C提供了常用的功能操作函数，可快速进行I^2C应用程序编写。常用I^2C库函数如表17.2所示，有关I^2C库函数具体定义及使用细节，可查看本书配套资料"STM32F10x固件函数库用户手册.pdf"。

表17.2 常用I^2C库函数

序号	函数名	描述
1	I2C_DeInit()	将指定I2Cx寄存器重设为默认值
2	I2C_Init()	根据指定的参数初始化I^2Cx的时基单元
3	I2C_Cmd()	使能或禁止指定I2Cx
4	I2C_DMACmd()	使能或禁止指定I2Cx的DMA请求
5	I2C_GenerateSTART()	产生指定I2Cx传输的起始信号
6	I2C_GenerateSTOP()	产生指定I2Cx传输的停止信号
7	I2C_AcknowledgeConfig()	使能或禁止指定I2Cx的应答功能
8	I2C_ITConfig()	使能或禁止指定I2Cx的中断请求
9	I2C_SendData()	通过指定I2Cx发送1字节数据
10	I2C_ReceiveData()	通过指定I2Cx接收1字节数据
11	I2C_Send7bitAddress()	向指定的从I^2C设备发送一个地址字
12	I2C_SoftwareResetCmd()	使能或禁止指定I2Cx的软件复位
13	I2C_CheckEvent()	检查最近一次I2C事件是否是输入的事件
14	I2C_GetLastEvent()	返回最近一次I2C事件
15	I2C_GetFlagStatus()	检查I2Cx指定标志位是否置位
16	I2C_ClearFlag()	清除I2Cx指定标志位
17	I2C_GetITStatus()	检查指定中断请求标志是否有效
18	I2C_ClearITPendingBit()	清除I2Cx中断请求挂起位

17.2.6 AT24C02接口电路

配套实验开发板扩展了一片AT24C02 E^2PROM存储芯片，其连接电路原理图如图17.9所示。芯片A0～A2全部接地，故该芯片的识别地址为000。I^2C通信总线SCL和SDA分别与GPIOB端口的PB6和PB7连接，而PB6和PB7是片上外设I2C1的功能复用

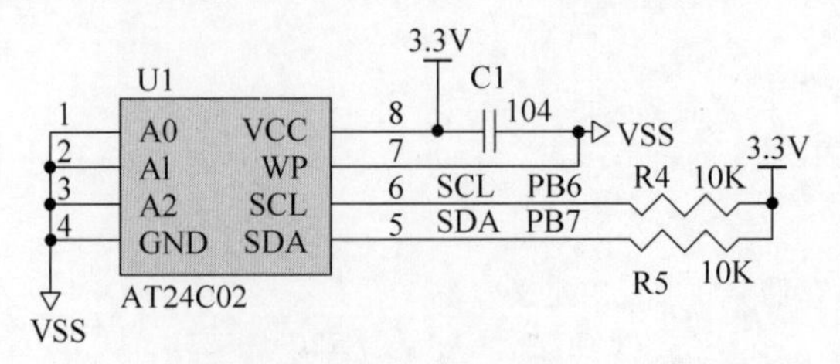

图17.9 I^2C接口AT24C02 E^2PROM驱动电路

引脚,因此可以使用片上外设 I2C1 进行通信,或利用 PB6 和 PB7 模拟 I²C 通信协议进行 I²C 通信。根据 AT24C02 数据手册可知其固有地址编码为 1010,再加上芯片识别地址 000,则 AT24C02 的设备地址为 0xA0,读地址为 0xA1,写地址为 0xA0。

17.2.7 AT24CXX 读写操作

AT24CXX 是 I²C 接口的 E²PROM 存储器,在嵌入式应用中主要用来存储系统配置参数或重要采集数据,其保存的数据掉电不丢失。AT24CXX 芯片固有地址编码为 1010,并带有芯片识别地址引脚 A3～A0,用来对 I²C 总线上多个 AT24CXX 芯片设置识别地址,与固有地址编码一起形成芯片寻访的绝对地址。常用 AT24CXX 芯片型号、片内存储位个数、片内存储单元个数(以字节为单位)、片内存储单元地址范围等如表 17.3 所示。

表 17.3 常用 AT24CXX 芯片型号及片内存储单元

AT24CXX 型号	01	02	04	08	16	32	64	128	256
存储位数/b	1k	2k	4k	8k	16k	32k	64k	128k	256k
字节单元数	128	256	512	1024	2048	4096	8192	16384	32768
地址范围 0x000～	0x07F	0x07F	0x1FF	0x3FF	0x7FF	0xFFF	0x1FFF	0x3FFF	0x7FFF

1. AT24CXX 存储单元地址发送

对于 AT24CXX 储单元个数小于或等于 2048 的 AT24C01、AT24C02、AT24C04、AT24C08、AT24C16 芯片,其地址编码需用 11 位表示,分成高 3 位和低 8 位。在对 AT24CXX 存储单元数据进行读写过程中,在发送从机地址的同时将存储单元高 3 位地址合并到 AT24CXX 设备地址中一起发送,紧接着继续发送低 8 位存储单元地址,AT24CXX 芯片内部逻辑会将接收到的两次地址组合成将要操作存储单元地址。

对于 AT24CXX 储单元个数大于 2048 的芯片,其地址编码需用 16 位表示,分成高 8 位和低 8 位。在对存储单元数据进行读写过程中,存储单元地址需要单独发送,先发送高 8 位地址,紧接着发送低 8 位存储单元地址,AT24CXX 芯片内部逻辑会将接收到的两次地址组合成将要操作存储单元地址。

2. AT24CXX 数据写操作

AT24CXX 数据写操作可以每次写 1 字节数据,称为字节写;也可以一次写一个存储页内的多个字节数据(不能超过一页的最大存储单元数),称为页写。

(1) 字节写:每次写 1 字节数据,意味着在写数据之前先发送将要写入的存储单元地址,接着发送将要写入的字节数据。若需要再写入第 2 字节数据,则需要依次发送第 2 个存储单元地址及需要写入的字节数据。

(2) 页写:若需要对一个存储页内(AT24C01 和 AT24C02 每存储页包含 8 个存储单元,其他芯片每存储页包含 16 个存储单元)多个单元写入数据,可以只写入一次地址,随后写入多个字节数据即可。此种方式在每写入 1 字节数据后,写地址自动加 1。

AT24CXX 数据写操作的具体步骤如下:

(1) 主机发送起始信号;

(2) 主机发送写入从机器件地址;

(3) 主机等待从机返回应答 ACK;

(4) 主机发送将要写入存储单元的地址;

(5) 主机等待从机返回应答 ACK;

(6) 主机发送要写入从机的字节数据;

(7) 主机等待从机返回应答 ACK;

(8) 发送数据结束时发送停止信号结束传输,否则重复步骤(4)~(7)发送后续字节数据。

3. AT24CXX 数据读操作

AT24CXX 数据读操作时,可以只读一个存储单元数据,也可以连续读多个存储单元数据。当连续读多个存储单元的数据时,不管连续读的存储单元是否在同一页,每次读完一个单元次数据后,读取地址都会自动加 1。因此连续读多个存储单元数据时,只需发送读取存储单元的第一个单元地址即可。AT24CXX 数据读操作的具体步骤如下:

(1) 主机发送起始信号;

(2) 主机发送写入从机器件地址,选中从机;

(3) 主机等待从机返回应答 ACK;

(4) 主机发送将要读取存储单元的地址;

(5) 主机等待从机返回应答 ACK;

(6) 主机再次发送起始信号;

(7) 主机发送读入从机器件地址;

(8) 主机等待从机返回应答 ACK;

(9) 主机接收数据;

(10) 若数据接收未完成,主机发送应答 ACK 给从机;

(11) 重复步骤(9)和(10)步,直到接收完所有数据,主机发送非应答 NACK 给从机;

(12) 主机发送停止信号结束传输。

17.3 实验内容

17.3.1 实验内容一

【实验内容】

利用片上 I2C1 外设和固件库函数对 E^2PROM 存储器芯片进行读写访问,实现从指定地址写入再读出,并将读出数据从串口输出,以检验读出访问是否正常。

【实验分析】

本次实验内容要求利用 STM32 单片机片上 I2C1 进行 AT24CXX 数据的读写操作,并检验数据访问是否正确。在进行 AT24CXX 读写前,可以利用 I2C 固件库函数构建片上 I2C1 的初始化函数和 AT24CXX 存储单元读写操作函数。储单元读写操作函数主要涉及存储单元读函数、存储单元字节写函数、存储单元写函数和存储单元页写函数。

1. 片上 I2C1 初始化函数

片上 I2C1 初始化函数主要实现对 STM32 单片机片上 I2C1 进行初始化,使之处于待工作状态,随后可以利用 I2C1 进行 I^2C 数据传输。I2C1 初始化主要是使能 GPIOB 端口时钟、I2C1 时钟,设置功能引脚工作模式为复用开漏模式 GPIO_Mode_AF_OD,设置 I2C1 的参数并初始化 I2C1。设初始化函数名为 AT24CXXLib_Init()，其函数流程图如图 17.10 所示。

2. 存储单元读函数

AT24CXX 存储单元读函数主要是从指定存储单元地址开始，读取指定个数的字节数据。设存储单元读函数名为 AT24CXXLib_Read()，根据 AT24CXX 数据读操作步骤，其函数流程图如图 17.11 所示。

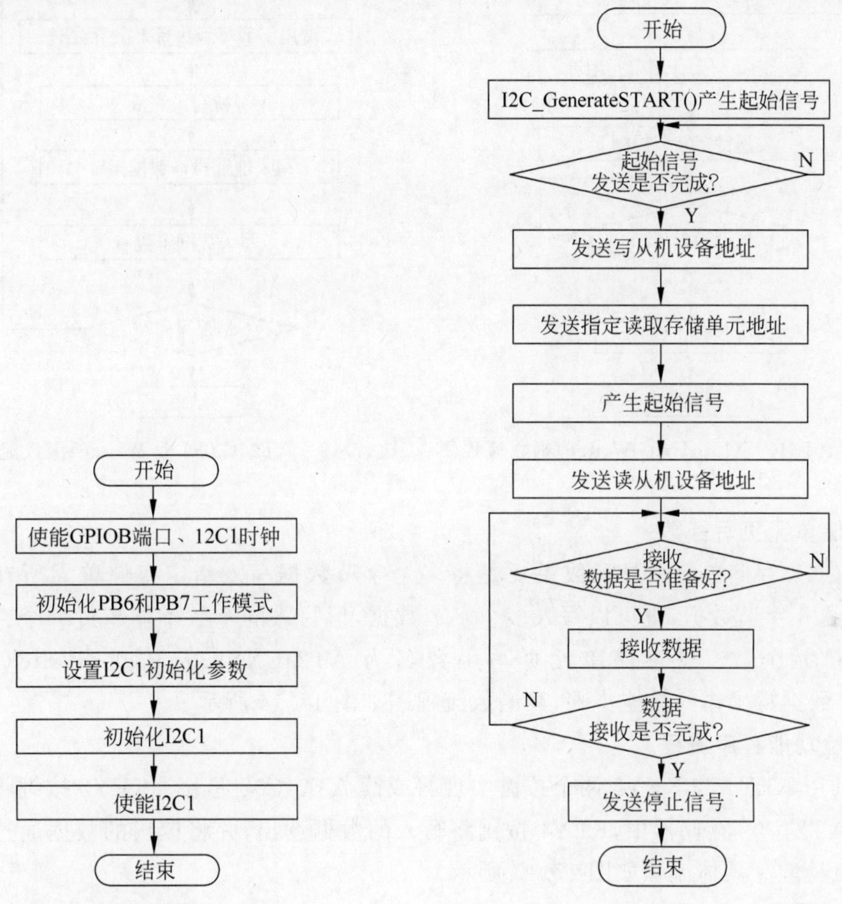

图 17.10 I2C1 初始化函数 AT24CXXLib_Init()流程图　　图 17.11 AT24CXXLib_Read()函数流程图

3. 存储单元字节写函数

AT24CXX 存储单元字节写函数主要是将一个字节数据写入指定存储单元，采用字节写操作。设存储单元字节写函数名为 AT24CXXLib_Byte_Write()，根据 AT24CXX 数据写操作的具体步骤，其函数流程图如图 17.12 所示。

4. 存储单元写函数

AT24CXX 存储单元写函数是利用字节写函数 AT24CXXLib_Byte_Write()进行指定数量的数据写入从指定地址开始的存储单元中。设 AT24CXX 存储单元写函数名为 AT24CXXLib_Write()，其程序流程图如图 17.13 所示。

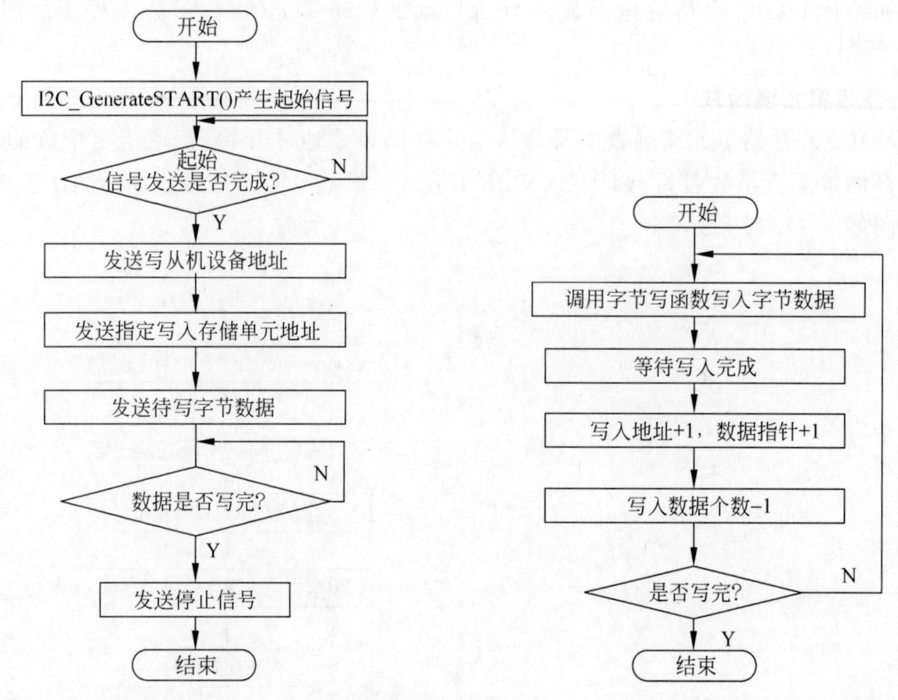

图 17.12　AT24CXXLib_Byte_Write()函数流程图　　图 17.13　AT24CXXLib_Write()函数流程图

5. 存储单元页写函数

AT24CXX 存储单元页写函数主要是将多个字节数据写入指定存储单元所在的存储页,可以写入 1 字节数据,也可以写入多个字节数据,但写入的个数不能超过一个存储页的最大存储单元个数。设存储单元页写函数名为 AT24CXXLib_Page_Write(),根据 AT24CXX 数据写操作的具体步骤,其函数流程图如图 17.14 所示。

6. 实验功能程序流程

实验利用 KEY1 和 KEY2 两个按键实现写或读 AT24C02 芯片。KEY2 按键将指定字符串写入 AT24C02 存储器中,KEY1 按键将写入的数据读出,并将读出的数据通过串口发送出来进行检验。具体流程如图 17.15 所示。

【实验步骤】

(1) 将第 16 章创建的应用项目工程 Template_UARTRTC 复制到本次实验的某个存储位置,并修改项目工程文件夹名称为 Template_LIB_I2C,进入项目的 user 子目录,双击 μVision5 工程项目文件名 Template. uvprojx 启动工程项目。

(2) 参照标准固件库外设驱动文件作用及编程规范,将 AT24CXX 读写操作视为一个独立的 AT24CXX 设备,为其编写一些操作功能函数,构成 AT24CXX 驱动函数。在 MDK IDE 中新建两个文件,并分别以 AT24CXXLib. h 和 AT24CXXLib. c 为文件名,并保存到 ..\Template_LIB_I2C\hardware 目录下。

(3) 将 AT24CXXLib. c 添加到工程项目 hardware 分组中。

(4) 打开 AT24CXXLib. h 文件,进行 AT24CXX 常用参量的宏定义,便于 AT24CXX 驱动具有通用性,并添加实验分析中涉及的几个操作功能函数声明。具体代码如下:

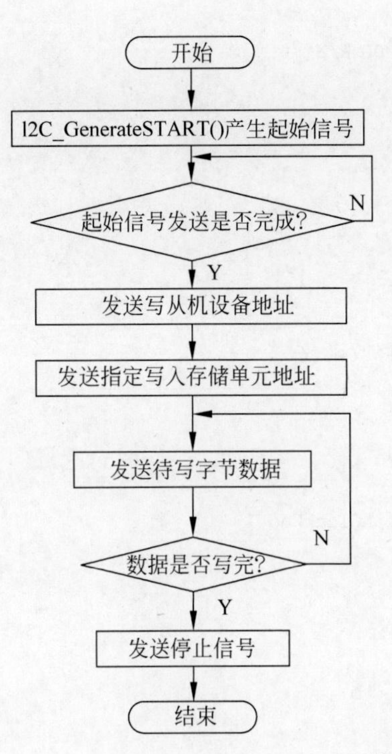

图 17.14　AT24CXXLib_Page_Write()函数流程图

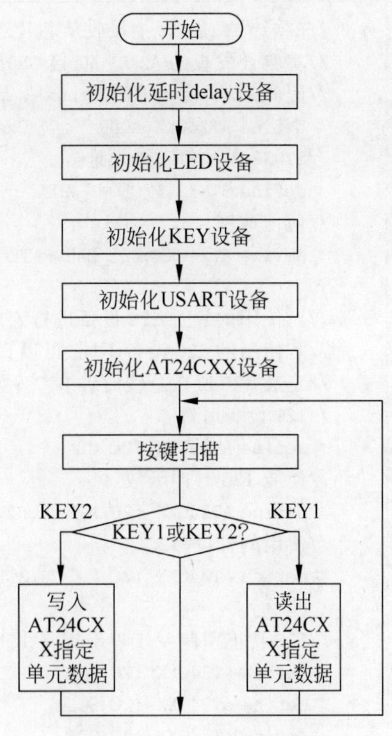

图 17.15　主程序流程图

```
#ifndef __AT24CXXLIB_H
#define __AT24CXXLIB_H

#include "stm32f10x.h"

//定义 AT24CXX 芯片的存储容量大小
//24C16 及以下容量芯片的片内单元地址是紧跟设备地址后的 1 字节地址
//24C32 及以上容量芯片的片内单元地址是紧跟设备地址后的 2 字节地址
#define AT24C01      127
#define AT24C02      255
#define AT24C04      511
#define AT24C08      1023
#define AT24C16      2047
#define AT24C32      4095
#define AT24C64      8191
#define AT24C128      16383
#define AT24C256      32767
//实验开发板使用 AT24C02,所以定义 AT24CXX_TYPE 为 AT24C02
#define AT24CXX_TYPE AT24C02

//AT24CXX EEPROM 设备地址(8 位)
//AT24CXX 系列地址:1 0 1 0 A2 A1 A0 R/W
//R/W = 0 ,是写,主向从芯片写数据
```

```
//R/W = 1 ,是读,主接收从芯片送出的数据
//实验开发板的 A2 A1 A0 接 GND,故设备地址为 1010 000 R/W
//因此,0xA0 是写的地址,0xA1 是读的地址
#define AT24CXX_ADDR        0xA0
//STM32 单片机 I2C 地址
#define STM32_I2C_OWN_ADDR        0x5E
//通信速率
#define AT24CXX_I2C_BAUDRATE        50000

//对使用的片上 I2C 设备进行宏定义
//若使用的 I2C 设备不同,可以直接修改此处,而不需修改函数
//定义 I2C 所在总线时钟 RCC 库函数及设备宏定义
//I2C 设备时钟
#define AT24CXX_I2C_CLK        RCC_APB1Periph_I2C1
//使能 I2C 时钟函数
#define AT24CXX_I2C_APBxClkCmd        RCC_APB1PeriphClockCmd
//使用的外设:I2C1
#define AT24CXX_I2C        I2C1

//I2C 功能引脚及端口宏定义 PIN 引脚
#define AT24CXX_I2C_PORT        GPIOB
#define AT24CXX_I2C_SCL        GPIO_Pin_6
#define AT24CXX_I2C_SDA        GPIO_Pin_7
//I2C 功能引脚所在端口 GPIO 时钟
//GPIO 时钟
#define AT24CXX_I2C_GPIO_CLK        RCC_APB2Periph_GPIOB
//使能 GPIO 时钟
#define AT24CXX_I2C_GPIO_APBxClkCmd RCC_APB2PeriphClockCmd

//初始化 AT24CXX EEPROM
void AT24CXXLib_Init(void);
//写 1 字节
void AT24CXXLib_Byte_Write(uint16_t addr,uint8_t data);
//等待写完成
void AT24CXXLib_WaitForWriteEnd(void);

//对 EEPROM 写入数据
void AT24CXXLib_Write(uint16_t addr,uint8_t * data,uint8_t numByteToWrite);
//从 EEPROM 读取数据
void AT24CXXLib_Read(uint16_t addr,uint8_t * data,uint8_t numByteToRead);

//向 EEPROM 写入多个字节(页写入),每次写入不能超过 8 字节
void AT24CXXLib_Page_Write(uint8_t addr,uint8_t * data,uint8_t numByteToWrite);

//检查 AT24C02 是否正常
//这里用指定地址存储一个检测标志进行检测
//返回 1:检测失败 ;返回 0:检测成功
uint8_t AT24CXXLib_Check(uint8_t addr,uint8_t checkdata);

#endif
```

(5) 打开 AT24CXXLib.c 文件，根据实验分析中给出的流程图，对在 AT24CXXLib.h 文件中声明的 7 个函数添加实现代码：

```
//初始化 IIC
void AT24CXXLib_Init(void)
{
    GPIO_InitTypeDef GPIO_InitStructure;
    I2C_InitTypeDef I2C_InitStructure;

    //使能外设功能引脚所在 GPIO 端口时钟
    AT24CXX_I2C_GPIO_APBxClkCmd(AT24CXX_I2C_GPIO_CLK, ENABLE );
    //初始化 SCL 和 SDA 引脚的工作模式
    GPIO_InitStructure.GPIO_Pin = AT24CXX_I2C_SCL|AT24CXX_I2C_SDA;
    GPIO_InitStructure.GPIO_Mode = GPIO_Mode_AF_OD ;
    GPIO_InitStructure.GPIO_Speed = GPIO_Speed_50MHz;
    GPIO_Init(GPIOB, &GPIO_InitStructure);

    //使能 AT24CXX I2C 的时钟
    AT24CXX_I2C_APBxClkCmd(AT24CXX_I2C_CLK,ENABLE);
    //配置 I2C 模式:为普通 I2C 模式
    I2C_InitStructure.I2C_Mode = I2C_Mode_I2C ;
    I2C_InitStructure.I2C_DutyCycle = I2C_DutyCycle_2;
    I2C_InitStructure.I2C_OwnAddress1 = STM32_I2C_OWN_ADDR;
    //使能自动应答 ACK,
    //若未使能,后面可以调用函数 I2C_AcknowledgeConfig(I2C1, ENABLE),进行使能
    I2C_InitStructure.I2C_Ack = I2C_Ack_Enable;
    I2C_InitStructure.I2C_AcknowledgedAddress = I2C_AcknowledgedAddress_7bit;
    I2C_InitStructure.I2C_ClockSpeed = AT24CXX_I2C_BAUDRATE;
    //AT24CXX I2C 外设初始化
    I2C_Init(AT24CXX_I2C, &I2C_InitStructure);
    // 使能 AT24CXX I2C 外设
    I2C_Cmd (AT24CXX_I2C,ENABLE);
}

//向 AT24CXX EEPROM 写入 1 字节
void AT24CXXLib_Byte_Write(uint16_t addr,uint8_t data)
{
    //产生起始信号
    I2C_GenerateSTART(AT24CXX_I2C,ENABLE);
    // BUSY, MSL and SB flag ,SB = 1,起始信号发送成功
    while(I2C_CheckEvent(AT24CXX_I2C,I2C_EVENT_MASTER_MODE_SELECT) == ERROR);

    if(AT24CXX_TYPE > AT24C16)
    {
        //EV5 事件被检测到,发送设备地址
        I2C_Send7bitAddress(AT24CXX_I2C,AT24CXX_ADDR,I2C_Direction_Transmitter);
        while(I2C_CheckEvent(AT24CXX_I2C,I2C_EVENT_MASTER_TRANSMITTER_MODE_SELECTED ) =
        = ERROR);
        //发送高 8 位地址
```

```
        //EV6 事件被检测到,发送要操作的存储单元地址
        I2C_SendData (AT24CXX_I2C,(addr >> 8));
        while(I2C_CheckEvent(AT24CXX_I2C,I2C_EVENT_MASTER_BYTE_TRANSMITTING ) == ERROR);
    }
    else
    {
        //EV5 事件被检测到,发送设备地址
        I2C_Send7bitAddress(AT24CXX_I2C,(AT24CXX_ADDR + (addr/256)),I2C_Direction_
        Transmitter);
        while(I2C_CheckEvent(AT24CXX_I2C,I2C_EVENT_MASTER_TRANSMITTER_MODE_SELECTED ) ==
        ERROR);
    }

    //EV6 事件被检测到,发送要操作的存储单元低 8 位地址
    I2C_SendData (AT24CXX_I2C,addr % 256);
    while(I2C_CheckEvent(AT24CXX_I2C,I2C_EVENT_MASTER_BYTE_TRANSMITTING ) == ERROR);

    //EV8 事件被检测到,发送要存储的数据
    I2C_SendData (AT24CXX_I2C,data);
    while(I2C_CheckEvent(AT24CXX_I2C,I2C_EVENT_MASTER_BYTE_TRANSMITTED ) == ERROR);

    //EV8_2 事件被检测到,数据传输完成
    I2C_GenerateSTOP(AT24CXX_I2C,ENABLE);
}

//对 AT24CXX EEPROM 写入多字节数据
void AT24CXXLib_Write(uint16_t addr,uint8_t * data,uint8_t numByteToWrite)
{
    while(numByteToWrite--)
    {
        AT24CXXLib_Byte_Write(addr, * data);
        //等待写入操作完成
        AT24CXXLib_WaitForWriteEnd();
        addr++;
        data++;
    }
}

//从 EEPROM 读取数据
void AT24CXXLib_Read(uint16_t addr,uint8_t * data,uint8_t numByteToRead)
{
    //产生起始信号
    I2C_GenerateSTART(AT24CXX_I2C,ENABLE);
    while(I2C_CheckEvent(AT24CXX_I2C,I2C_EVENT_MASTER_MODE_SELECT) == ERROR);

    if(AT24CXX_TYPE > AT24C16)
    {
        //EV5 事件被检测到,发送设备地址
        I2C_Send7bitAddress(AT24CXX_I2C,AT24CXX_ADDR,I2C_Direction_Transmitter);
        while(I2C_CheckEvent(AT24CXX_I2C,I2C_EVENT_MASTER_TRANSMITTER_MODE_SELECTED ) =
        = ERROR);
```

```
        //发送高 8 位地址
        //EV6 事件被检测到,发送要操作的存储单元地址
        I2C_SendData (AT24CXX_I2C,(addr >> 8));
        while(I2C_CheckEvent(AT24CXX_I2C,I2C_EVENT_MASTER_BYTE_TRANSMITTING ) == ERROR);
    }
    else
    {
        //EV5 事件被检测到,发送设备地址
        I2C_Send7bitAddress(AT24CXX_I2C,(AT24CXX_ADDR + (addr/256)),I2C_Direction_
        Transmitter);
        while(I2C_CheckEvent(AT24CXX_I2C,I2C_EVENT_MASTER_TRANSMITTER_MODE_SELECTED ) ==
        ERROR);
    }

    //EV6 事件被检测到,发送要操作的存储单元低 8 位地址
    I2C_SendData (AT24CXX_I2C,addr % 256);
    while(I2C_CheckEvent(AT24CXX_I2C,I2C_EVENT_MASTER_BYTE_TRANSMITTING ) == ERROR);

    //EV8 事件被检测到
    //第二次产生起始信号
    I2C_GenerateSTART(AT24CXX_I2C,ENABLE);
    while(I2C_CheckEvent(AT24CXX_I2C,I2C_EVENT_MASTER_MODE_SELECT) == ERROR);

    //EV5 事件被检测到,发送设备地址,选择方向 receiver
    I2C_Send7bitAddress(AT24CXX_I2C,AT24CXX_ADDR,I2C_Direction_Receiver);
    while(I2C_CheckEvent(AT24CXX_I2C,I2C_EVENT_MASTER_RECEIVER_MODE_SELECTED ) ==
ERROR);

    //EV6 事件被检测到
    while(numByteToRead)
    {
        if(numByteToRead == 1)
        {
            //如果为最后 1 字节,产生 NAck 信号
            I2C_AcknowledgeConfig (AT24CXX_I2C,DISABLE);
        }
        while(I2C_CheckEvent(AT24CXX_I2C,I2C_EVENT_MASTER_BYTE_RECEIVED ) == ERROR);
        //EV7 事件被检测到,即数据寄存器有新的有效数据
        *data = I2C_ReceiveData(AT24CXX_I2C);

        data++;
        numByteToRead--;
    }
    //数据传输完成
    I2C_GenerateSTOP(AT24CXX_I2C,ENABLE);
    //重新配置 ACK 使能,以便下次通信
    I2C_AcknowledgeConfig (AT24CXX_I2C,ENABLE);
}

//等待 EEPROM 内部时序完成
```

```
void AT24CXXLib_WaitForWriteEnd(void)
{
    do
    {
        //产生起始信号
        I2C_GenerateSTART(AT24CXX_I2C,ENABLE);

        //这里不能用 I2C_CheckEvent 这个函数
        //会有未知错误,可能是检查过多标志位
        //这里用 I2C_GetFlagStatus 代替
        while(I2C_GetFlagStatus (AT24CXX_I2C,I2C_FLAG_SB) == RESET);
        //EV5 事件被检测到,发送设备地址
        I2C_Send7bitAddress(AT24CXX_I2C,AT24CXX_ADDR,I2C_Direction_Transmitter);
    }
    while(I2C_GetFlagStatus (AT24CXX_I2C,I2C_FLAG_ADDR) == RESET );
    //EV6 事件被检测到,EEPROM 内部时序完成传输完成
    I2C_GenerateSTOP(AT24CXX_I2C,ENABLE); //结束
}

//向 EEPROM 写入多字节(页写入),每次写入不能超过 8 字节
void AT24CXXLib_Page_Write(uint8_t addr,uint8_t * data,uint8_t numByteToWrite)
{
    //产生起始信号
    I2C_GenerateSTART(AT24CXX_I2C,ENABLE);
    while(I2C_CheckEvent(AT24CXX_I2C,I2C_EVENT_MASTER_MODE_SELECT) == ERROR);

    //EV5 事件被检测到,发送设备地址,选择方向 transmitter
    I2C_Send7bitAddress(AT24CXX_I2C,AT24CXX_ADDR,I2C_Direction_Transmitter);
    while(I2C_CheckEvent(AT24CXX_I2C,I2C_EVENT_MASTER_TRANSMITTER_MODE_SELECTED ) ==
    ERROR);

    //EV6 事件被检测到,发送要操作的存储单元地址
    I2C_SendData (AT24CXX_I2C,addr);
    while(I2C_CheckEvent(AT24CXX_I2C,I2C_EVENT_MASTER_BYTE_TRANSMITTING ) == ERROR);

    while(numByteToWrite)
    {
        //EV8 事件被检测到,发送要存储的数据
        I2C_SendData (AT24CXX_I2C, * data);
        while(I2C_CheckEvent(AT24CXX_I2C,I2C_EVENT_MASTER_BYTE_TRANSMITTED ) == ERROR);

        data++;
        numByteToWrite--;
    }
    //数据传输完成
    I2C_GenerateSTOP(AT24CXX_I2C,ENABLE);
}

//检查 AT24C02 是否正常
//这里用指定地址存储一个检测标志进行检测
```

```
//返回 1:检测失败 ;返回 0:检测成功
uint8_t AT24CXXLib_Check(uint8_t addr,uint8_t checkdata)
{
    u8 temp;
    //避免每次开机都写 AT24CXX
    AT24CXXLib_Read(addr,&temp,1);
    if(temp == checkdata)
        return 0;
    else
    { //排除第一次初始化的情况
        AT24CXXLib_Byte_Write(addr,checkdata);
        AT24CXXLib_Read(addr,&temp,1);
        if(temp == checkdata)
            return 0;
    }
    return 1;
}
```

(6) 打开 main. h 文件,添加包含文件 #include "AT24CXXLib. h"。

(7) 打开 main. c 文件,在文件顶部 #include "main. h"下面添加一个常量字符串及长度宏定义,如下:

```
#include "main.h"

//I2C 实验
//要写入到 AT24C02 的字符串数组
const uint8_t TEXT_Buffer[ ] = {"SWUN STM32F103C8T6 I2C LIB TEST"};
#define SIZE sizeof(TEXT_Buffer)
```

(8) 删除 main()函数中的所有代码,根据实验主程序流程编写实验功能代码,如下:

```
//主程序
int main(void)
{ //按键扫描键值存放变量
    uint16_t keyVal = 0;
    uint8_t datatemp[SIZE];
    //初始化延时单元
    delay_Init();
    //初始化 LED 灯
    LED_Init();
    //初始化按键 KEY
    KEY_Init();
    //以查询方式初始化串口
    UART_Query_Init(9600);
    //初始化 AT24CXX EEPROM
    AT24CXXLib_Init();
```

```
    //检测 AT24c02 是否正常
    while(AT24CXXLib_Check(255,0x55))
    {
        printf("24C02 Check Failed!\r\n");
        delay_ms(500);
        printf("Please Check! \r\n");
        delay_ms(500);
        //LED3 闪烁
        LED_Inverstate(LED3);
    }

    while(1)
    { //扫描按键
        keyVal = KEY_Scan(0);
        switch(keyVal)
        { //如果是 KEY1 按下,则读
            case KEY1_PRES:
                 printf("Start Read 24C02....\r\n");
                AT24CXXLib_Read(100,datatemp,SIZE);
                printf("The Data Readed Is: ");
                printf("%s\r\n",datatemp);
                break;
            //如果是 KEY2 按下,则写
            case KEY2_PRES:
                printf("Start Write 24C02....\r\n");
                AT24CXXLib_Write(100,(u8 *)TEXT_Buffer,SIZE);
                printf("24C02 Write Finished!\r\n");
                break;
        }
        //LED1 闪烁
        LED_Inverstate(LED1);
        delay_ms(500);
    }
}
```

(9) 编译工程项目生成可执行目标 HEX 文件,下载 HEX 文件到实验开发板运行,看到 LED1 在闪烁,表明已经检测到 AT24C02 芯片且工作正常。

(10) 启动 PC 上的串口调试助手 XCOM V2.6,设置串口通信参数,并打开串口。按下 KEY2 键,可观察到串口调试窗口接收到写入"Start Write 24C02.... 24C02 Write Finished!"提示信息,再 KEY1 键进行读写入的存储单元,可观察到串口调试窗口输出的读出信息如图 17.16 所示。表明本次实验利用固件库及片上 I^2C 实现了 AT234C02 的读写操作,实现了 I^2C 通信。

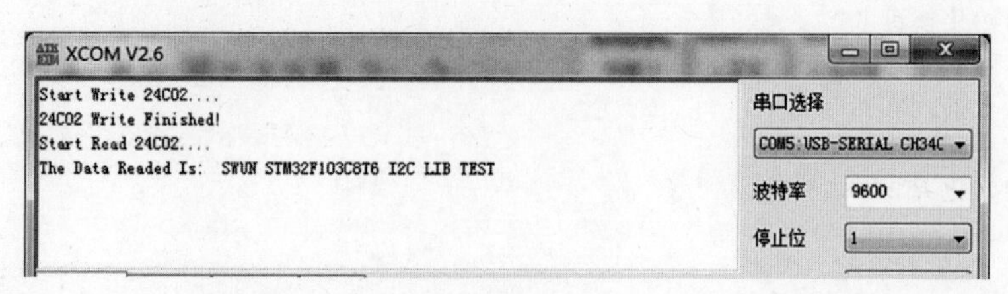

图 17.16 片上 I^2C1 读写 AT24C02 提示信息

17.3.2 实验内容二

【实验内容】

利用 I/O 端口模拟 I^2C 总线通信协议对 E^2PROM 存储器芯片进行读写访问，实现从指定地址写入再读出，并将读出数据从串口输出，以检验读出访问是否正常。

【实验分析】

STM32 单片机片上 I^2C 外设功能非常复杂，且不好用，很难调试，因此大部分不会选择使用片上 I^2C 外设实现 I^2C 通信。鉴于 I^2C 协议时序非常简单，多数情况下使用 I/O 端口模拟 I^2C 协议来实现 I^2C 通信。本次实验就是要求使用 PB6 和 PB7 作为通用 I/O 端口来模式 I^2C 协议，实现对 AT24C02 的读写操作。完成本实验内容，首先需要实现 I^2C 通信协议的模拟，再利用模拟 I^2C 通信协议实现 AT24CXX 的操作功能函数，最后实现实验内容的主程序。

AT24CXX 操作功能函数主要有 AT24CXX 初始化函数和 AT24CXX 存储单元读写操作函数。存储单元读写操作函数主要涉及存储单元读一个字节函数、存储单元写一个字节函数、存储单元读多个字节函数、存储单元写多个字节函数，其实现函数流程图与图 17.11～图 17.14 类似，不再赘述。实验内容主程序函数流程也与流程图 17.15 一致。

在进行 I^2C 通信时，主要涉及协议的模拟，包括总线初始化、发送起始信号、发送停止信号、发送 ACK 信号、发送 NACK 信号、等待应答信号、发送 1 字节数据、接收 1 字节函数等 8 个典型动作信号的协议时序，因此可以根据 17.2.2 节和 17.2.3 节描述的 I^2C 总线信号时序及总线数据传输，定义 8 个对应操作函数来实现。具体如下：

(1) 总线初始化函数 IIC_Init()。主要对 PB6、PB7 端口引脚工作模式设置，并使能端口时钟，使之能正常工作。

(2) 发送起始信号函数 IIC_Start()。主要发送 I^2C 通信的起始信号，根据图 17.4 起始信号时序，其实现流程如图 17.17(a)所示。

(3) 发送停止信号函数 IIC_Stop()。主要发送 I^2C 通信的停止信号，根据图 17.4 停止信号时序，其实现流程如图 17.17(b)所示。

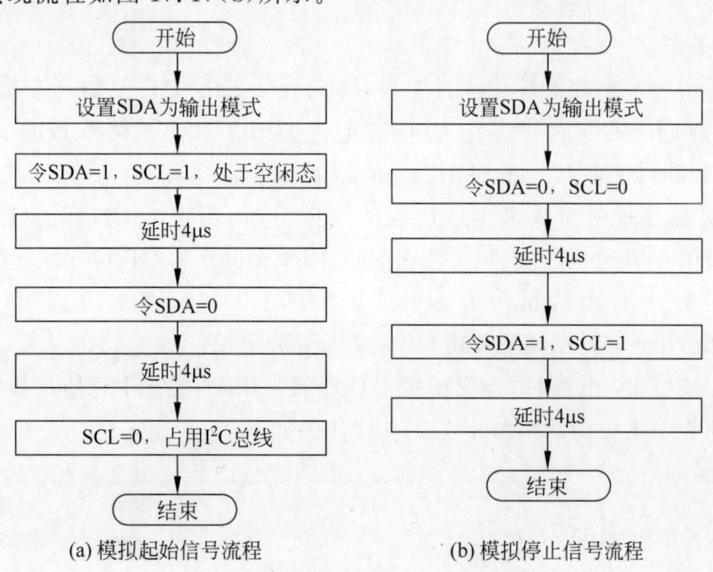

图 17.17 起始/停止信号模拟流程图

(4) 产生 ACK 信号函数 IIC_Ack()。主要发送 I^2C 通信的 ACK 信号,根据图 17.5(a) ACK 信号时序,其实现流程如图 17.18(a)所示。

(5) 产生 NACK 信号函数 IIC_NAck()。主要发送 I^2C 通信的 NACK 信号,根据图 17.5(b)NACK 信号时序,其实现流程如图 17.18(b)所示。

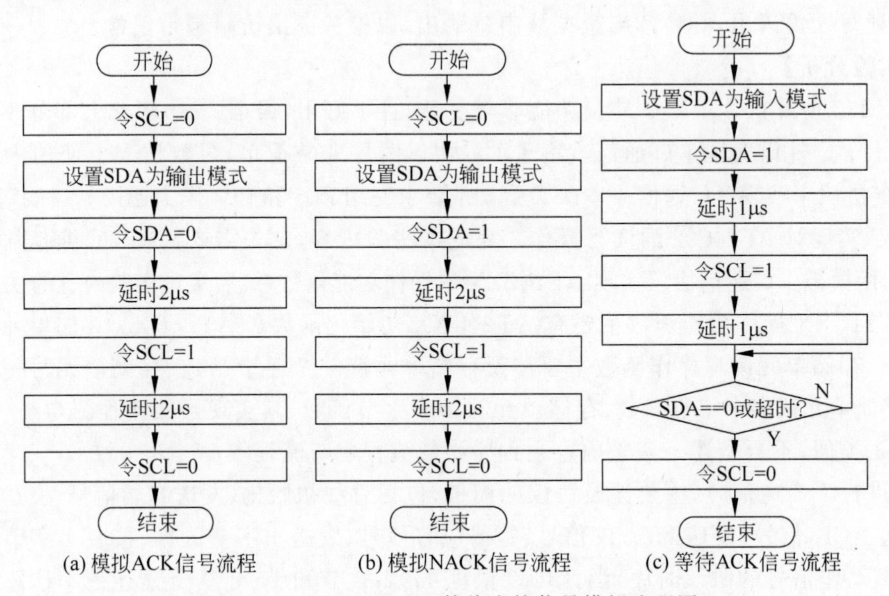

(a) 模拟ACK信号流程　(b) 模拟NACK信号流程　(c) 等待ACK信号流程

图 17.18 ACK/NACK/等待应答信号模拟流程图

(6) 等待应答 ACK 信号函数 IIC_Wait_Ack()。主要功能是等待应答信号到来,其实现流程图如图 17.18(c)所示。

(7) 发送一个字节数据函数 IIC_Send_Byte()。主要用来通过 SDA 发送 1 字节数据,其实现流程如图 17.19(a)所示。

(8) 接收一个字节数据函数 IIC_Read_Byte()。主要用来通过 SDA 接收 1 字节数据,其实现流程如图 17.19(b)所示。

【实验步骤】

(1) 将实验内容一创建的应用项目工程 Template_LIB_I2C 复制到本次实验的某个存储位置,并修改项目工程文件夹名称为 Template_GPIO_I2C,进入项目的 user 子目录,双击 μVision5 工程项目文件名 Template.uvprojx 启动工程项目。

(2) 根据实验分析中对模拟 I^2C 协议时序的分析,创建 GPIO 模拟 I^2C 协议驱动函数。在 MDK IDE 中新建两个文件,并分别以 GPIO_i2c.h 和 GPIO_i2c.c 为文件名,并保存到..\Template_GPIO_I2C\hardware 目录下。

(3) 将 GPIO_i2c.c 添加到工程项目 hardware 分组中。

(4) 打开 GPIO_i2c.h 文件,定义模拟 I^2C 协议常用宏,便于 I^2C 协议模拟操作,并添加 I^2C 协议实现的 8 个操作功能函数声明。具体代码如下:

```
#ifndef __GPIO_I2C_H
#define __GPIO_I2C_H
```

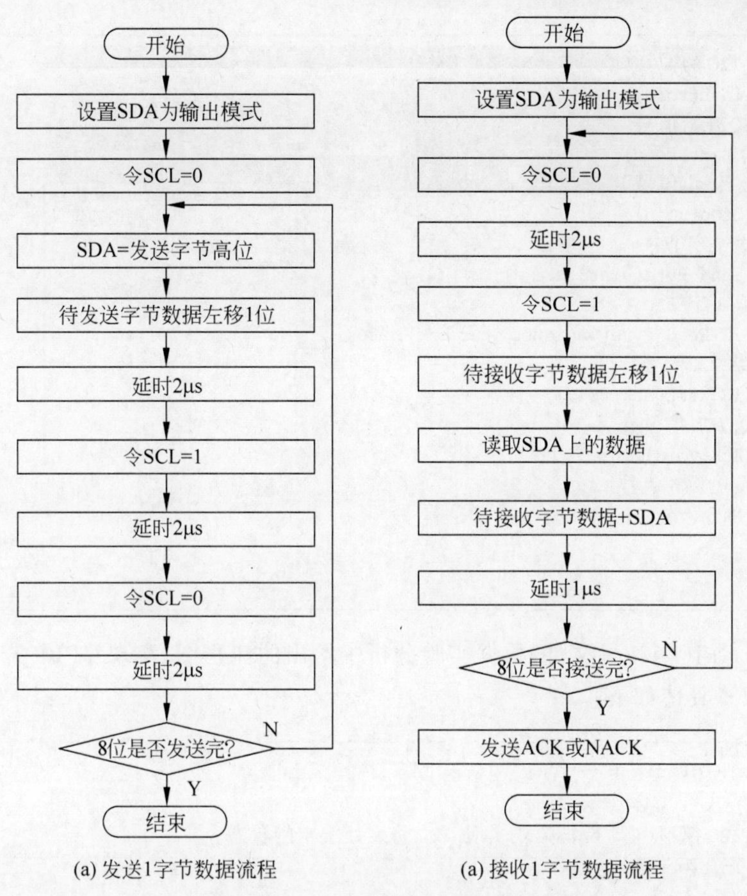

图 17.19 发送/接收 1 字节数据函数流程图

```
#include "stm32f10x.h"
#include "delay.h"

//IO 方向设置
//SDA PIN PB7
//上拉/下拉输入模式
#define SDA_IN() {GPIOB->CRL&=0X0FFFFFFF;GPIOB->CRL|=8<<28;}
//通用推挽输出,50MHz
#define SDA_OUT() {GPIOB->CRL&=0X0FFFFFFF;GPIOB->CRL|=3<<28;}

//I/O 操作函数
//SDA PIN PB7
//SCL PIN PB6
#define IIC_SCL(n)    GPIO_WriteBit(GPIOB,GPIO_Pin_6,n)
//输出 SCL
#define IIC_SDA(n)    GPIO_WriteBit(GPIOB,GPIO_Pin_7,n)
//输出 SDA
#define READ_SDA    GPIO_ReadInputDataBit(GPIOB,GPIO_Pin_7)
//输入 SDA

//-- I2C 协议模拟操作函数 --------------------------
```

```
//初始化 I2C 的 I/O 口
void IIC_Init(void);
//发送 I2C 开始信号
void IIC_Start(void);
//发送 I2C 停止信号
void IIC_Stop(void);
//I2C 发送 1 字节
void IIC_Send_Byte(uint8_t txd);
//I2C 读取 1 字节
uint8_t IIC_Read_Byte(unsigned char ack);
//I2C 等待 ACK 信号
uint8_t IIC_Wait_Ack(void);
//I2C 发送 ACK 信号
void IIC_Ack(void);
//I2C 不发送 ACK 信号
void IIC_NAck(void);

#endif
```

(5) 打开 GPIO_i2c.c 文件，根据实验分析中给出的流程图，实现 GPIO_i2c.h 文件中声明的 8 个函数。具体如下：

```
#include "GPIO_i2c.h"

//初始化 I2C 模拟引脚工作模式，并使 I2C 总线处于空闲状态
void IIC_Init(void)
{
    GPIO_InitTypeDef GPIO_InitStructure;
    //使能外设 I/O PORTC 时钟
    RCC_APB2PeriphClockCmd(RCC_APB2Periph_GPIOB, ENABLE );
    //初始化引脚工作模式
    GPIO_InitStructure.GPIO_Pin = GPIO_Pin_7|GPIO_Pin_6;
    GPIO_InitStructure.GPIO_Mode = GPIO_Mode_Out_PP ;
    GPIO_InitStructure.GPIO_Speed = GPIO_Speed_50MHz;
    GPIO_Init(GPIOB, &GPIO_InitStructure);
    //使 I2C 总线处于空闲状态
    IIC_SCL(1);
    IIC_SDA(1);
    //初始化延时单元
    delay_Init();
}

//产生 I2C 起始信号
void IIC_Start(void)
{ //设置 SDA 线输出
    SDA_OUT();
    IIC_SDA(1);
    IIC_SCL(1);
    delay_us(4);
```

```
    //START:when CLK is high,DATA change form high to low
    IIC_SDA(0);
    delay_us(4);
    //钳住 I2C 总线,准备发送或接收数据
    IIC_SCL(0);
}

//产生 I2C 停止信号
void IIC_Stop(void)
{ //设置 SDA 线输出
    SDA_OUT();
    IIC_SCL(0);
    //STOP:when CLK is high DATA change form low to high
    IIC_SDA(0);
    delay_us(4);
    IIC_SCL(1);
    //发送 I2C 总线结束信号
    IIC_SDA(1);
    delay_us(4);
}
//等待应答信号到来
//返回值:1,接收应答失败;0,接收应答成功
uint8_t IIC_Wait_Ack(void)
{
    uint8_t ucErrTime = 0;
    //SDA 设置为输入
    SDA_IN();
    IIC_SDA(1);
    delay_us(1);
    IIC_SCL(1);
    delay_us(1);

    while(READ_SDA)
    {
        ucErrTime++;
        if(ucErrTime > 250)
        {
            IIC_Stop();
            return 1;
        }
    }
    //时钟输出 SCL 为低
    IIC_SCL(0);
    return 0;
}

//产生 ACK 应答
void IIC_Ack(void)
{
    IIC_SCL(0);
    SDA_OUT();
    IIC_SDA(0);
    delay_us(2);
    IIC_SCL(1);
    delay_us(2);
```

```
    IIC_SCL(0);
}

//不产生 ACK 应答
void IIC_NAck(void)
{
    IIC_SCL(0);
    SDA_OUT();
    IIC_SDA(1);
    delay_us(2);
    IIC_SCL(1);
    delay_us(2);
    IIC_SCL(0);
}
//I2C 发送 1 字节
//返回从机有无应答
//1,有应答 ;0,无应答
void IIC_Send_Byte(uint8_t txd)
{
    uint8_t t;
    SDA_OUT();
    //拉低时钟开始数据传输
    IIC_SCL(0);
    for(t = 0;t < 8;t++)
    {
        IIC_SDA((txd&0x80)>> 7);
        txd <<= 1;
        delay_us(2);
        IIC_SCL(1);
        delay_us(2);
        IIC_SCL(0);
        delay_us(2);
    }
}

//读 1 字节,ack = 1 时,发送 ACK,ack = 0,发送 nACK
uint8_t IIC_Read_Byte(unsigned char ack)
{
    unsigned char i,receive = 0;
    SDA_IN(); //SDA 设置为输入
    for(i = 0;i < 8;i++)
    {
        IIC_SCL(0);
        delay_us(2);
        IIC_SCL(1);
        receive <<= 1;
        if(READ_SDA)
            receive++;
        delay_us(1);
    }
    if (!ack)
        IIC_NAck();              //发送 nACK
    else
        IIC_Ack();               //发送 ACK
    return receive;
}
```

(6) 参照标准固件库外设驱动文件作用及编程规范，将 AT24CXX 读写操作视为一个独立的 AT24CXX 设备，为其编写读写操作功能函数，构成 AT24CXX 驱动函数。在 MDK IDE 中新建两个文件，并分别以 AT24CXXGpio.h 和 AT24CXXGpio.c 为文件名，并保存到..\Template_GPIO_I2C \hardware 目录下。

(7) 将 AT24CXXGpio.c 添加到工程项目 hardware 分组中。

(8) 打开 AT24CXXGpio.h 文件，包含 I^2C 协议驱动资源头文件 GPIO_i2c.h，添加 AT24CXX 器件相关宏定义，添加 AT24CXX 读写操作功能函数声明。具体代码如下：

```
#ifndef __AT24CXXGPIO_H
#define __AT24CXXGPIO_H

#include "GPIO_i2c.h"

//定义 AT24CXX 芯片的存储容量大小
//24C16 及以下容量芯片的片内单元地址是紧跟设备地址后的 1 字节地址
//24C32 及以上容量芯片的片内单元地址是紧跟设备地址后的 2 字节地址
#define AT24C01     127
#define AT24C02     255
#define AT24C04     511
#define AT24C08     1023
#define AT24C16     2047
#define AT24C32     4095
#define AT24C64     8191
#define AT24C128    16383
#define AT24C256    32767
//实验开发板使用的是 AT24C02,所以定义 AT24CXX_TYPE 为 AT24C02
#define AT24CXX_TYPE AT24C02

//初始化 AT24CXX
void AT24CXX_Init(void);
//指定地址读取 1 字节
uint8_t AT24CXX_ReadOneByte(uint16_t ReadAddr);
//指定地址写入 1 字节
void AT24CXX_WriteOneByte(uint16_t WriteAddr,uint8_t DataToWrite);

//从指定地址开始写入指定长度的数据
void AT24CXX_Write(uint16_t WriteAddr,uint8_t *pBuffer,uint16_t NumToWrite);
//从指定地址开始读出指定长度的数据
void AT24CXX_Read(uint16_t ReadAddr,uint8_t *pBuffer,uint16_t NumToRead);

//检查 AT24C02 是否正常
//这里用指定地址存储一个检测标志进行检测
//返回 1:检测失败 ;返回 0:检测成功
uint8_t AT24CXX_Check(uint8_t addr,uint8_t checkdata);

#endif
```

(9) 打开 AT24CXXGpio.c 文件，根据图 17.11～图 17.14 类似程序流程图，对在 AT24CXXGpio.h 文件中声明的 6 个函数添加实现代码。具体如下：

```
#include "AT24CXXGpio.h"

//初始化 AT24CXX 器件接口
void AT24CXX_Init(void)
{
    IIC_Init();
}

//在 AT24CXX 指定地址读出一个数据
//ReadAddr:开始读数的地址
//返回值:读到的数据
uint8_t AT24CXX_ReadOneByte(uint16_t ReadAddr)
{
    uint8_t temp = 0;
    IIC_Start();
    if(AT24CXX_TYPE > AT24C16)
    {
        //发送写命令
        IIC_Send_Byte(0XA0);
        IIC_Wait_Ack();
        //发送高 8 位地址
        IIC_Send_Byte(ReadAddr >> 8);
        IIC_Wait_Ack();
    }
    else
    {
        //发送器件地址 0XA0 + 数据内部单元页地址 + 写控制命令
        IIC_Send_Byte(0XA0 + ((ReadAddr/256)<< 1));
    }

    IIC_Wait_Ack();
    //发送低 8 位地址
    IIC_Send_Byte(ReadAddr % 256);
    IIC_Wait_Ack();
    IIC_Start();
    //进入接收模式
    IIC_Send_Byte(0XA1);
    IIC_Wait_Ack();
    temp = IIC_Read_Byte(0);
    //产生一个停止信号
    IIC_Stop();
    return temp;
}

//在 AT24CXX 指定地址写入一个数据
//WriteAddr :写入数据的目的地址
//DataToWrite:要写入的数据
void AT24CXX_WriteOneByte(uint16_t WriteAddr,uint8_t DataToWrite)
{
    IIC_Start();
    if(AT24CXX_TYPE > AT24C16)
    {
        //发送写命令
```

```
        IIC_Send_Byte(0XA0);
        IIC_Wait_Ack();
        //发送高 8 位地址
        IIC_Send_Byte(WriteAddr >> 8);
    }
    else
    {
        //发送器件地址 0XA0,写数据
        IIC_Send_Byte(0XA0 + ((WriteAddr/256)<< 1));
    }
    IIC_Wait_Ack();
    //发送低 8 位地址
    IIC_Send_Byte(WriteAddr % 256);
    IIC_Wait_Ack();
    //发送字节
    IIC_Send_Byte(DataToWrite);
    IIC_Wait_Ack();
    //产生一个停止信号
    IIC_Stop();
    delay_ms(10);
}

//在 AT24CXX 里面的指定地址开始读出指定个数的数据
//ReadAddr:开始读出的地址 对 24c02 为 0～255
//pBuffer:数据数组首地址
//NumToRead:要读出数据的个数
void AT24CXX_Read(uint16_t ReadAddr,uint8_t * pBuffer,uint16_t NumToRead)
{
    while(NumToRead)
    {
        * pBuffer++ = AT24CXX_ReadOneByte(ReadAddr++);
        NumToRead--;
    }
}

//在 AT24CXX 里面的指定地址开始写入指定个数的数据
//WriteAddr:开始写入的地址 对 24c02 为 0～255
//pBuffer:数据数组首地址
//NumToWrite:要写入数据的个数
void AT24CXX_Write(uint16_t WriteAddr,uint8_t * pBuffer,uint16_t NumToWrite)
{
    while(NumToWrite--)
    {
        AT24CXX_WriteOneByte(WriteAddr, * pBuffer);
        WriteAddr++;
        pBuffer++;
    }
}

//检查 AT24C02 是否正常
```

```
//这里用指定地址存储一个检测标志进行检测
//返回 1:检测失败
//返回 0:检测成功
uint8_t AT24CXX_Check(uint8_t addr,uint8_t checkdata)
{
    u8 temp;
    //避免每次开机都写 AT24CXX
    temp = AT24CXX_ReadOneByte(addr);
    if(temp == checkdata)
        return 0;
    else
    { //排除第一次初始化的情况
        AT24CXX_WriteOneByte(addr,checkdata);
     temp = AT24CXX_ReadOneByte(addr);
        if(temp == checkdata)
            return 0;
    }
    return 1;
}
```

(10) 打开 main.h 文件,添加包含文件 #include "AT24CXXGpio.h"。

(11) 打开 main.c 文件,在文件顶部 #include "main.h"下面添加一个常量字符串及长度宏定义。具体如下:

```
#include "main.h"
//I2C 实验
//要写入到 AT24C02 的字符串数组
const uint8_t TEXT_Buffer[ ] = {"SWUN STM32F103C8T6 GPIO Simulation I2C TEST"};
#define SIZE sizeof(TEXT_Buffer)
```

(12) 将 main()函数中与 AT24CXX 操作相关的函数用模拟操作函数替换,其他代码不变。

```
//主程序
int main(void)
{ //按键扫描键值存放变量
    …
   //省略部分代码与实验内容一中的代码保持不变
   //初始化 AT24CXX EEPROM
    AT24CXX_Init();
    //检测 AT24c02 是否正常
    while(AT24CXX_Check(255,0x55))
    {
        printf("24C02 Check Failed!\r\n");
        delay_ms(500);
        printf("Please Check! \r\n");
```

```
        delay_ms(500);
        //LED3 闪烁
        LED_Inverstate(LED3);
    }

    while(1)
    { //扫描按键
        keyVal = KEY_Scan(0);
        switch(keyVal)
        { //如果是 KEY1 按下,则读
            case KEY1_PRES:
            printf("Start Read 24C02....\r\n");
                AT24CXX_Read(100,datatemp,SIZE);
                printf("The Data Readed Is: ");
                printf("%s\r\n",datatemp);
                break;
            //如果是 KEY2 按下,则写
            case KEY2_PRES:
                printf("Start Write 24C02....\r\n");
                AT24CXX_Write(100,(u8 *)TEXT_Buffer,SIZE);
                printf("24C02 Write Finished!\r\n");
                break;
        }
        //LED1 闪烁
        LED_Inverstate(LED1);
        delay_ms(500);
    }
```

(13) 编译工程项目生成可执行目标 HEX 文件,下载 HEX 文件到实验开发板进行运行,看到 LED1 灯在闪烁,表明已经检测到 AT24C02 芯片且工作正常。

(14) 启动 PC 上的串口调试助手 XCOM V2.6,设置串口通信参数,并打开串口。按下 KEY1 键,可观察到串口调试窗口接收到读出实验内容一写入的信息。按 KEY2 键写入新信息到指定存储单元,再按 KEY1 键读出刚写入的存储单元,可观察到串口调试窗口收到新读出的信息,如图 17.20 所示。表明本次实验利用 GPIO 引脚模拟 I²C 协议进行 AT24C02 读写操作成功,实现了 I²C 通信。

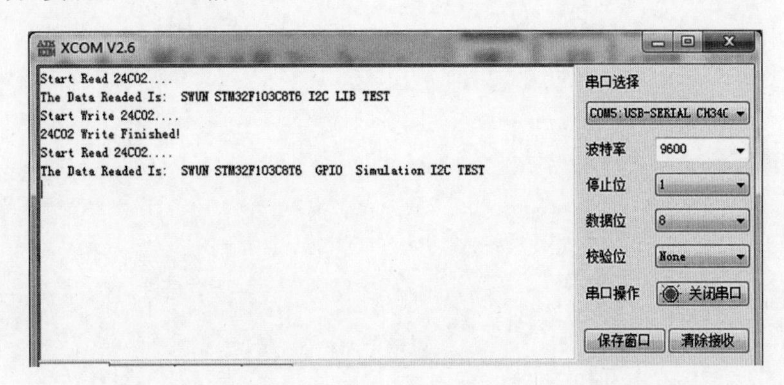

图 17.20　GPIO 模式 I²C 协议读写 AT24C02 提示信息

17.4 本章小结

本章在对 I^2C 总线结构、总线信号时序、总线数据传输、AT24CXX 读写操作分析的基础上，利用 STM32 单片机片上外设 I2C1 及 I^2C 固件库函数对 AT24C02 E^2PROM 进行读写实验，以展示如何利用片上 I^2C 及固件库函数进行 I^2C 通信，实现数据传输。在充分理解 I^2C 协议的基础上，本章利用 GPIO 端口模拟 I^2C 协议实现对 AT24C02 E^2PROM 进行读写实验，以充分理解和掌握 I^2C 协议时序，为读者掌握并应用 I^2C 协议进行通信编程奠定理论和应用基础。

第 18 章 DMA 数据传输实验

CHAPTER 18

直接存储器访问(Direct Memory Acess,DMA)是一种高速数据传输操作,支持外部设备与存储器之间利用系统总线直接进行数据读/写传输。DMA 数据传输期间 CPU 不参与控制,但在 DMA 传输开始和结束时需要 CPU 进行设置。本章对 STM32 单片机片上集成的 DMA 控制器进行实验,以体会 DMA 进行数据传输的原理、编程方法,为后续 DMA 数据传输应用奠定基础。

18.1 实验背景

【实验目的】

(1) 了解 STM32 单片机 DMA 结构及数据传输原理。

(2) 掌握 DMA 数据传输初始配置具体参数。

(3) 掌握 DMA 数据传输常用固件库函数的用法。

(4) 掌握 DMA 数据传输应用程序编程方法及步骤。

【实验要求】

(1) 利用 MDK 建立 DMA 数据传输实验程序项目。

(2) 利用 DMA 实现内存到内存数据块的传输及编程。

(3) 利用 DMA 实现内存输出到 USART 外设的输出传输及编程。

(4) 利用固件库函数实现 DMA 数据传输应用程序设计。

【实验内容】

(1) 利用 DMA 内存到内存的数据传输功能,编写将一段内存数据传输到另一个内存空间的 DMA 数据传输程序。当数据传输完成时,CPU 以主动查询传输完成标志(TCIF)了解 DMA 传输是否完成,若完成,则点亮 LED1 给予指示。同时,利用模拟仿真调试模式,在传输完成后通过查看内存数据以验证内存数据传输是否成功。

(2) 利用 DMA 内存到内存的数据传输功能,编写将一段内存数据传输到另一个内存空间的 DMA 数据传输程序。当数据传输完成时,产生 TCIF 中断请求,通过中断的方式主动通知 CPU 数据传输完成,同时在中断服务程序中点亮 LED1 给予指示。

(3) 利用 DMA 内存到外设的数据传输功能,编写通过 USART1 将内存中的一段数据通过 DMA 方式发送出去。实验使用按键 KEY1、KEY2 和 KEY3 触发 DMA 串口数据传输,实现不同长度的数据发送,并在数据发送完成时将状态指定灯 LED3 状态取反。

【实验设备】

计算机、STM32F103C8T6 实验开发板、J-Link 仿真器。

18.2 实验原理

STM32 单片机片上集成了 DMA 控制器,用于协助 CPU 进行数据传输,相当于 CPU 的数据传输助手。STM32F103 系列单片机最多集成了两个 DMA,根据存储容量不同集成 DMA 控制器数量不同。中小容量集成了 DMA1 控制器,大容量集成了 DMA1 和 DMA2 两个控制器。DMA1 带 7 个通道,DMA2 带 5 个通道。DMA 数据传输是以 DMA 通道进行控制的,不同外设使用的 DMA 传输通道不同,具体使用哪个 DMA 通道进行数据传输,可查询 STM32 单片机的参考手册。

18.2.1 DMA 传输配置

DMA 数据传输是将数据从一个地址空间复制到另一个地址空间,传输时仅需 CPU 初始化这个传输动作,传输动作本身是由 DMA 控制器来实现和完成的。因此,实现 DMA 数据传输,在启动传输前必须对 DMA 传输通道进行必要配置,方能实现 DMA 数据传输。DMA 传输主要实现外设到内存间、内存到内存间的数据传输。内存可视为一个特殊的外设,因此内存到内存间的传输可归结为外设到内存间传输的特例。实现 DMA 数据传输,需要具备有三个要素:

(1) 传输数据源地址:需要指定数据源地址,以便 DMA 控制器从传输源地址取得数据进行传输。传输数据源地址一般为外设数据寄存器(若是内存到内存传输,内存地址可作为一个特殊外设地址)。

(2) 传输目标地址:需要指定数据目标地址,以便 DMA 将数据传输到指定位置。传输目标地址一般是内存地址。

(3) 传输启动触发信号:用于触发一次 DMA 数据传输动作,执行一个单位的数据源至目标地址的数据传输,可用于控制启动传输的时刻。触发信号一般由外设产生 DMA 传输请求触发,内存到内存数据传输时,由软件模拟产生触发信号。

根据传输三要素,在进行 DMA 数据传输前需要对 DMA 控制器传输通道进行初始化设置,告诉 DMA 控制器使用的 DMA 通道、传输数据源地址、传输目标地址、数据传输长度、数据传输地址是否增量、数据传输宽度、DMA 工作模式、DMA 传输优先级、是否内存到内存传输等。初始化完成后,即可启动 DMA 进行数据传输,当传输触发信号到达,即开始数据传输。

(1) DMA 通道:DMA 控制器具有多个通道,每个通道专门用来管理来自一个或多个外设对存储器访问的请求。各外设产生的 DMA 请求通过或逻辑形成通道 DMA 请求信号,每个通道可产生一个 DMA 请求,各通道的 DMA 请求通过或逻辑连接到 DMAx(x=1,2)控制器,也意味着同一时刻只有一个 DMA 请求有效。DMAx 还有一个仲裁器来协调各个 DMA 请求的优先权,具有软件优先权和硬件优先权,软件优先权高于硬件优先权。软件优先权有最高、高、中、低四个等级,如果两个 DMA 请求具有相同的软件优先级,则由硬件优先级决定哪个 DMA 请求被 DMAx 控制器优先响应。硬件优先级是由通道编号确定的，较低编号的通道比较高编号的通道具有较高的优先权。另外，每个通道的 DMA 请求由所管理的外设形成外，外设的 DMA 请求可以通过设置外设寄存器中的 DMA 控制位被独立地使能或禁止。每个通道还支持软件触发，可通过软件配置模拟产生一个 DMA 请求，启动 DMA 传输。

(2) 传输数据源地址(外设地址)：指明将要进行数据传输的数据源地址，一般是外设数据寄存器地址。若使能内存到内存的传输，此时可以是一个内存地址。DMA 传输不能实现随机地址、间隔地址传输，不能完成任意数据段的传输操作，仅能实现事先设定好起始地址和传输数据大小的数据传输。

(3) 传输目标地址(内存地址)：指明数据传输的目的地址，一般是内存存储器地址。

(4) 数据传输方向：用于指明数据传输的方向，是外设到内存间的传输，还是内存到外设间的传输。

(5) 数据传输长度：用于指定启动 DMA 传时需要传送以数据传输宽度为单位的数据个数。数据传输长度寄存器为 16 位，故最大长度为 65535。DMA 每次传输后其值减 1，数据传输结束后其值为 0。若值为 0，无论通道是否开启，都不会发生任何数据传输。若选择循环传输模式，在其值归 0 时将自动重新加载为之前配置的长度值。

(6) 数据传输地址是否增量：指定外设和内存的地址指针在每次传输后是否自动增量，用于指示下一个将要传输的数据地址或将要存放的存储单元地址。外设地址一般不做增量(外设地址即为外设数据寄存器，一般一个外设只有一个数据寄存器)，内存地址可做增量(数据存放在开辟的一段存储单元，后续数据不覆盖前面的数据)，也可不增量(数据始终存放在同一个存储单元，后续数据覆盖前面的数据)。地址每次增量的值取决于所选的数据宽度，为 1、2 或 4。

(7) 数据传输宽度：用于指示每次 DMA 数据传输的数据宽度，可以是字节(8 位)、半字(16 位)、字(32 位)。一般情况源和目标采用相同的数据传输宽度。若双方宽度不等，需要注意数据丢失或数据填充问题。

(8) DMA 工作模式：DMA 有循环传输模式或正常缓存传输(单轮传输)模式。循环传输用于处理一个环形的缓冲区和连续的数据传输(如 ADC 的扫描模式)。每轮 DMA 传输结束后数据传输的配置会自动地更新为初始配置状态(数据传输长度变为 0 时，DMA 将会自动地恢复成配置通道时设置的初值)，并继续进行下一轮的 DMA 传输。正常缓存传输模式即为单轮传输模式，在 DMA 传输结束(数据传输长度变为 0)时，将自动关闭 DMA 传输通道，停止 DMA 传输。需要注意，内存到内存的数据传输不能使用循环传输模式，否则将导致 DMA 进入死循环，失去控制。

(9) DMA 传输优先级：用于设置 DMA 通道的软件优先级，可设置为最高、高、中、低四个等级中的一个。

(10) 是否内存到内存传输：此位用于指定是内存到内存传输，还是外设与内存间的传输。若使能内存到内存间的传输，则传输数据源地址为一个内存存储单元地址，同时在使能 DMA 时软件触发 DMA 传输，即由软件配置模拟产生一个 DMA 请求，开启 DMA 传输动作。

根据 DMA 传输进度及传输状态，DMA 传输过程中会在每个通道产生 DMA 传输过半

HTIF、DMA传输完成TCIF和DMA传输错误TEIF三个事件标志，以指示DMA控制器传输状态。若使能了标志中断使能位，这三个事件标志将通过或逻辑形成通道的中断请求，以触发中断服务，在中断服务中进行相关事件的特殊处理。DAM控制器每个通道都有独立的中断通道，用于处理其中断请求。在进行中断服务程序编写时只需实现对应DMA通道的中断服务程序即可。

18.2.2 DMA存储器映射

DMA控制器是STM32单片机的片上外设，对其配置与控制主要通过DMA内部寄存器进行。DMA寄存器众多，且是32位寄存器，如果直接通过寄存器的存储器映射地址进行编程，则将需要时刻查询DMA各个寄存器的存储器映射地址，给程序编写带来不便。DMA是挂接在AHB总线上的设备，在stm32f10x.h文件中定义了DMA的存储空间映射地址，并利用结构体指针建立起了DMA寄存器与结构体及其成员的映射关系。具体定义如下：

```
/*外设存储器映射*/
#define AHBPERIPH_BASE           (PERIPH_BASE + 0x20000)
#define DMA1_BASE                (AHBPERIPH_BASE + 0x0000)
#define DMA1_Channel1_BASE       (AHBPERIPH_BASE + 0x0008)
#define DMA1_Channel2_BASE       (AHBPERIPH_BASE + 0x001C)
#define DMA1_Channel3_BASE       (AHBPERIPH_BASE + 0x0030)
#define DMA1_Channel4_BASE       (AHBPERIPH_BASE + 0x0044)
#define DMA1_Channel5_BASE       (AHBPERIPH_BASE + 0x0058)
#define DMA1_Channel6_BASE       (AHBPERIPH_BASE + 0x006C)
#define DMA1_Channel7_BASE       (AHBPERIPH_BASE + 0x0080)
#define DMA2_BASE                (AHBPERIPH_BASE + 0x0400)
#define DMA2_Channel1_BASE       (AHBPERIPH_BASE + 0x0408)
#define DMA2_Channel2_BASE       (AHBPERIPH_BASE + 0x041C)
#define DMA2_Channel3_BASE       (AHBPERIPH_BASE + 0x0430)
#define DMA2_Channel4_BASE       (AHBPERIPH_BASE + 0x0444)
#define DMA2_Channel5_BASE       (AHBPERIPH_BASE + 0x0458)
//DMA通道寄存器结构体
typedef struct
{
  __IO uint32_t CCR;
  __IO uint32_t CNDTR;
  __IO uint32_t CPAR;
  __IO uint32_t CMAR;
} DMA_Channel_TypeDef;
//DMA控制器寄存器结构体
typedef struct
{
  __IO uint32_t ISR;
  __IO uint32_t IFCR;
} DMA_TypeDef;
//DMA控制器及DMA通道结构体寄存器映射及宏定义
#define DMA1                     ((DMA_TypeDef *) DMA1_BASE)
#define DMA2                     ((DMA_TypeDef *) DMA2_BASE)
```

```
#define DMA1_Channel1        ((DMA_Channel_TypeDef *) DMA1_Channel1_BASE)
#define DMA1_Channel2        ((DMA_Channel_TypeDef *) DMA1_Channel2_BASE)
#define DMA1_Channel3        ((DMA_Channel_TypeDef *) DMA1_Channel3_BASE)
#define DMA1_Channel4        ((DMA_Channel_TypeDef *) DMA1_Channel4_BASE)
#define DMA1_Channel5        ((DMA_Channel_TypeDef *) DMA1_Channel5_BASE)
#define DMA1_Channel6        ((DMA_Channel_TypeDef *) DMA1_Channel6_BASE)
#define DMA1_Channel7        ((DMA_Channel_TypeDef *) DMA1_Channel7_BASE)
#define DMA2_Channel1        ((DMA_Channel_TypeDef *) DMA2_Channel1_BASE)
#define DMA2_Channel2        ((DMA_Channel_TypeDef *) DMA2_Channel2_BASE)
#define DMA2_Channel3        ((DMA_Channel_TypeDef *) DMA2_Channel3_BASE)
#define DMA2_Channel4        ((DMA_Channel_TypeDef *) DMA2_Channel4_BASE)
#define DMA2_Channel5        ((DMA_Channel_TypeDef *) DMA2_Channel5_BASE)
```

上述定义声明了 STM32 单片机片上 DMA 控制器和 DMA 通道宏名，并建立起 DMA 控制器和 DMA 通道与对应结构体的映射关系，随后即可使用其宏名进行寄存器操作，实现 DMA 应用程序编写。

18.2.3 DMA 库函数

利用寄存器方式进行程序设计难度比较大，为降低外设控制程序编写难度，可使用 STM32F10x 标准固件库中的 DMA 库函数进行应用程序开发。STM32F10x 标准固件库提供了 stm32f10x_dma.h 和 stm32f10x_dma.c 两个驱动文件，为 DMA 提供了常用功能操作函数，可快速进行应用程序编写。常用 DMA 库函数如表 18.1 所示，有关 DMA 库函数具体定义及使用细节，可查看本书配套资料“STM32F10x 固件函数库用户手册.pdf”。

表 18.1 常用 DMA 库函数

序号	函 数 名	描 述
1	DMA_DeInit()	将 DMA 通道 x 的寄存器重设为默认值
2	DMA_Init()	根据指定参数初始化 DMA 通道 x 的寄存器
3	DMA_Cmd()	使能或禁止指定 DMA 通道 x
4	DMA_ITConfig()	使能或禁止指定 DMA 通道 x 的中断
5	DMA_SetCurrDataCounter()	设置当前 DMA 通道 x 待传输数据个数
6	DMA_GetCurrDataCounter()	返回当前 DMA 通道 x 剩余的待传输数据个数
7	DMA_GetFlagStatus()	查询指定 DMA 通道 x 的标志位是否置位
8	DMA_ClearFlag()	清除指定 DMA 通道 x 的标志位
9	DMA_GetITStatus()	检查指定 DMA 通道 x 的中断请求标志是否有效
10	DMA_ClearITPendingBit()	清除指定 DMA 通道 x 的中断请求标志的挂起位

18.3 实验内容

18.3.1 实验内容一

【实验内容】

利用 DMA 内存到内存的数据传输功能，编写将一段内存数据传输到另一个内存空间的 DMA 数据传输程序。当数据传输完成时，CPU 主动查询 TCIF 标志来了解 DMA 传输是否完成,若完成,点亮 LED1 给予指示。同时,利用模拟仿真调试模式,在传输完成后通过查看内存数据以验证内存数据传输是否成功。

【实验分析】

DMA 内存到内存数据传输,实际是 DMA 外设到内存数据传输的特例,将此时内存中的源数据地址视为外设即可。但需要注意,内存到内存的数据传输只能采用正常缓存传输(单轮传输)模式。

实验时可以定义两个数组,一个数组作为数据源,另一个数组作为数据目标,利用 DMA 控制器实现两个数组间的数据传输。在进行 DMA 数据传输之前,需要先初始化 DMA,然后启动 DMA 传输。

启动 DMA 传输后,CPU 不停查询 TCIF,当标志置位时,表明数据传输完成,此时可查看目标数组中的数据是否与源数组数据一致,即可判断数据是否传输成功。本次实验具体程序流程如图 18.1 所示。

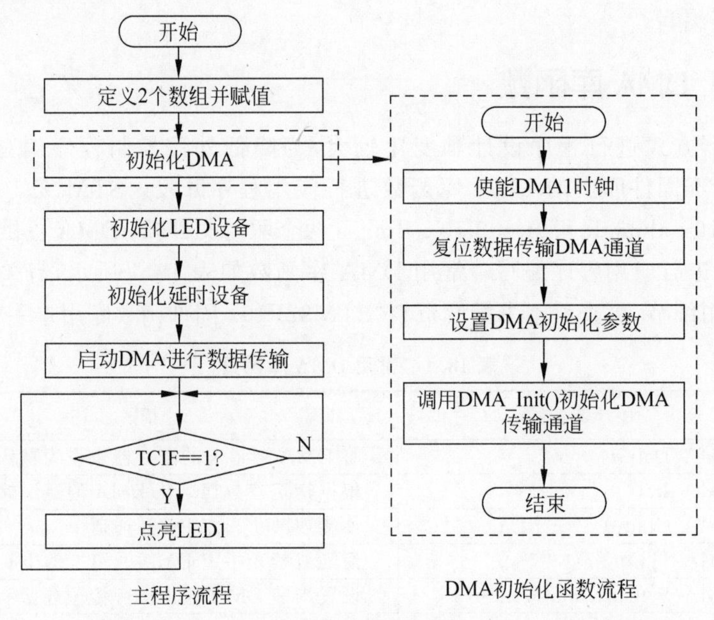

图 18.1　DMA 内存到内存数据传输查询方式程序流程

【实验步骤】

(1) 将第 17 章创建的应用项目工程 Template_GPIO_I2C 复制到本次实验的某个存储位置,并修改项目工程文件夹名称为 Template_Query_DMAM2M,进入项目的 user 子目录,双击 μVision5 工程项目文件名 Template.uvprojx 启动工程项目。

(2) 参照标准固件库外设驱动文件作用及编程规范,将 DMA 数据传输视为一个独立的 DMA 设备,为其编写一些操作功能函数,构成 dma 驱动函数库。在 MDK IDE 中新建两个文件,分别以 dma.h 和 dma.c 为文件名,并保存到..\Template_Query_DMAM2M\hardware 目录下。

(3) 将 dma.c 添加到工程项目 hardware 分组中,添加后的 Project 视图如图 18.2 所示。

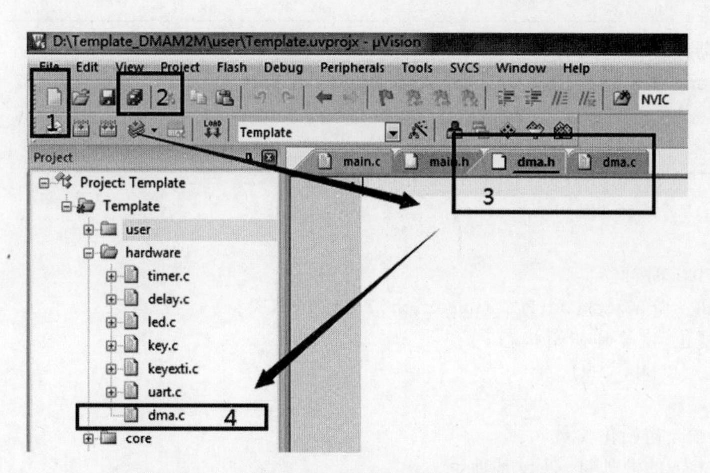

图 18.2 添加 dma.c 到 hardware 分组视图

(4) 根据实验分析可知，在进行数据传输前需要先初始化 DMA 控制器，配置相关参数，之后才能启动 DMA 工作。因此可以定义一个 DMA 初始化函数，并设计 4 个参数分别告知初始化函数有关 DMA 传输使用的 DMA 通道、数据源地址、目标地址和数据长度。在 DMA 初始化时不使能 TCIF 产生中断，CPU 通过主动查询的方式来了解 DMA 传输是否完成。因此，打开 dma.h 文件，添加资源包含头文件 stm32f10x.h，声明 DMA_Query_M2M_Init ()函数和启动一次 DMA 传输的启动函数 DMA_SendEnable()。具体代码如下：

```
#ifndef __DMA_H
#define __DMA_H

#include "stm32f10x.h"

//DMA 存储器到存储器间的数据传输初始化
void DMA_Query_M2M_Init(DMA_Channel_TypeDef * DMA_CHx,uint32_t src, uint32_t dst, uint32_t
ilen);

//启动一次 DMA 传输
void DMA_SendEnable(DMA_Channel_TypeDef * DMA_CHx);

#endif
```

(5) DMA 初始化主要是告知 DMA 控制器进行数据传输时使用的 DMA 通道、传输数据源地址、传输目标地址、数据传输方向、数据传输长度、数据传输地址是否增量、数据传输宽度、DMA 工作模式、DMA 输出优先级、是否内存到内存传输等参数，参数设置是通过控制寄存器配置实现的。由于对寄存器直接配置难度大，STM32F10x 标准固件库提供了表 18.1 所示的常用库函数来实现 DMA 的初始化及控制操作。因此，DMA_Query_M2M_Init ()函数和 DMA_SendEnable()函数可以利用库函数实现。打开 dma.c 文件，添加资源包含头文件 dma.h，根据 DMA 初始化函数流程编写 DMA_Query_M2M_Init()函数的具体实现代码：

```
//DMA 存储器到存储器间的数据传输初始化
void DMA_Query_M2M_Init(DMA_Channel_TypeDef * DMA_CHx,uint32_t src, uint32_t dst, uint32_t
ilcn)
{
    //定义 DMA 初始化结构体变量,存放初始化参数
    DMA_InitTypeDef DMA_InitStruct;

    //开启 DMA 时钟
    RCC_AHBPeriphClockCmd(RCC_AHBPeriph_DMA1,ENABLE);
    //DMA 复位,恢复到初始状态
    DMA_DeInit(DMA_CHx);

    //设置 DMA 初始化参数
    //设置 DMA 的源地址:外设基地址
    DMA_InitStruct.DMA_PeripheralBaseAddr = src;
    //设置 MDA 的目的地址:内存 RAM 基地址
    DMA_InitStruct.DMA_MemoryBaseAddr = dst;
    //设置 DMA 传输方向:外设作为数据传输的来源
    DMA_InitStruct.DMA_DIR = DMA_DIR_PeripheralSRC;
    //设置外设地址增量方式:外设地址寄存器递增
    DMA_InitStruct.DMA_PeripheralInc = DMA_PeripheralInc_Enable;
    //设置内存地址增量方式:内存地址寄存器递增
    DMA_InitStruct.DMA_MemoryInc = DMA_MemoryInc_Enable;
    //设置 DMA 传送数据大小
    DMA_InitStruct.DMA_BufferSize = ilen;
    //设置 DMA 传送的数据宽度
    DMA_InitStruct.DMA_PeripheralDataSize = DMA_PeripheralDataSize_Word;
    DMA_InitStruct.DMA_MemoryDataSize = DMA_MemoryDataSize_Word;
    //设置 DMA 传输模式:工作在正常缓存模式
    DMA_InitStruct.DMA_Mode = DMA_Mode_Normal;
    //设置 DMA 优先级:DMA 通道 x 拥有高优先级
    DMA_InitStruct.DMA_Priority = DMA_Priority_High;
    //使能存储器到存储器的数据传输(内存到内存传输)
    DMA_InitStruct.DMA_M2M = DMA_M2M_Enable;
    //初始化 MDA
    DMA_Init(DMA_CHx,&DMA_InitStruct);
}
```

(6) DMA_Query_M2M_Init()函数实现了 DMA 参数配置,随后即可启动 DMA 进行数据传输。因为本次实验是实现内存到内存的数据传输,其 DMA 传输触发信号由软件产生,只需使能进行数据传输的 DMA 通道,就自动产生触发信号并触发 DMA 进行数据传输因此,启动 DMA 传输的 DMA_SendEnable()函数实现代码如下:

```
//启动一次 DMA 传输
void DMA_SendEnable(DMA_Channel_TypeDef * DMA_CHx)
{ //使能指定 DMA 通道开始传输
    DMA_Cmd(DMA_CHx, ENABLE);
}
```

(7) 打开 main. h 文件,在该文件中添加资源包含头文件#include "dma. h"。

(8) 打开 main. c 文件,删除 main()函数内的所有代码,再根据图 18.1 主程序流程图编写内存数据传输实现代码:

```
//主程序
int main(void)
{
    uint32_t srcbuffer[10] = {0x01,0x02,0x03,0x04,0x05,0x06,0x07,0x08,0x09,0x0A};
    uint32_t dstbuffer[10] = {0x31,0x32,0x33,0x34,0x35,0x36,0x37,0x38,0x39,0x3A};

    //初始化 DMA
    DMA_Query_M2M_Init(DMA1_Channel1,(uint32_t)srcbuffer,(uint32_t)dstbuffer, 10);
    //初始化 LED
    LED_Init();
    //初始化延迟
    delay_Init();
    //启动 DMA 传输
    DMA_SendEnable(DMA1_Channel1);
    while(1)
    {
        if(DMA_GetFlagStatus(DMA1_FLAG_TC1) == SET)
        {
            LED_ON(LED1);
        }
    }
}
```

(9) 编译工程项目生成可执行目标 HEX 文件,下载应用程序到实验开发板,可以看到 LED1 被点亮,说明 DMA 实现了 srcbuffer[10]到 dstbuffer[10]的数据传输。

(10) 在主程序 main()函数的第 57 行和第 62 行设置断点,如图 18.3 所示。

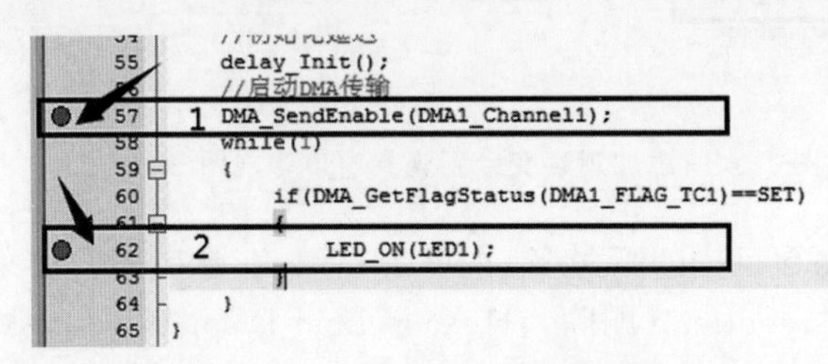

图 18.3　断点设置

(11) 单击 MDK IDE 窗口快捷工具栏的图标,进入工程项目属性设置对话框,切换到 Debug 页面,按照图 18.4 选中 Use Simulator 项,然后单击 OK 按钮确认。

(12) 单击 MDK IDE 窗口快捷工具栏图标,进入仿真运行界面。选中源数据数组名 srcbuffer,右击弹出右键菜单,然后选择 Add 'srcbuffer' to...→Watch 1,将数组添加到观察窗口 1,如图 18.5 所示。

(13) 同理,将数组 dstbuffer[10] 添加到观察窗口 1,添加后的视图如图 18.6 所示。

(14) 可以展开数组名前面的"+"号,查看整个数组成员,可以看到数组成员的值为

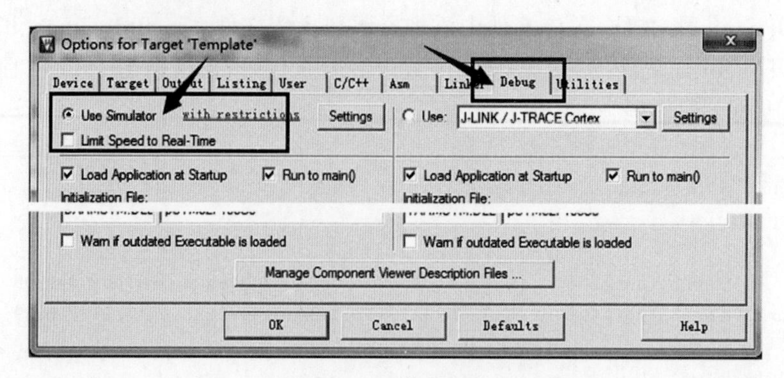

图 18.4 设置 Debug 模式为模拟仿真模式

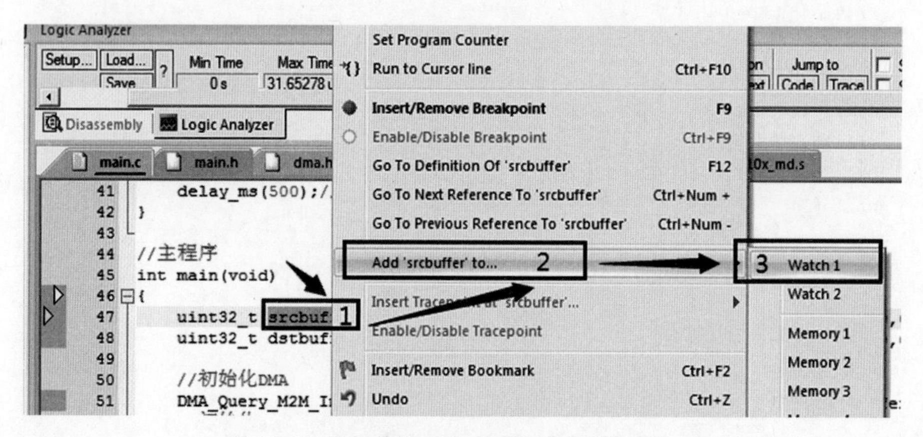

图 18.5 添加数组 srcbuffer[10]到观察窗口 1

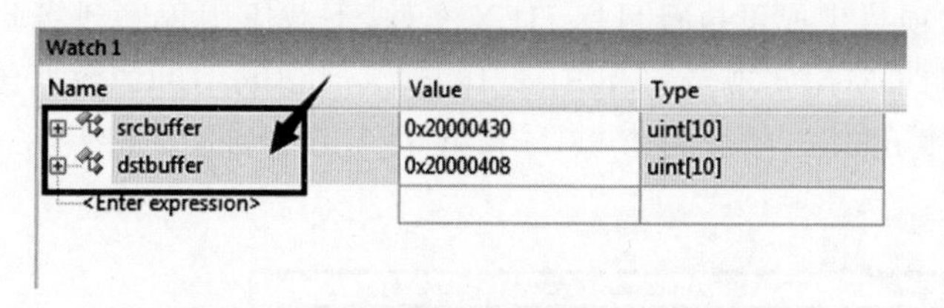

图 18.6 添加观察变量到观察窗口 1 视图

0x00000000。可以选择观察窗口中的变量名,再单击右键,在弹出的右键菜单中可以根据需要选择 Remove Watch 'srcbuffer'(删除)、Hexadecimal Display 显示模式等操作项对观察变量进行操作。如图 18.7 显示的是选择 Remove Watch 'srcbuffer'变量。

(15) 将两个数组添加到 Watch 1 观察窗口后,单击工具栏快捷图标,全速运行程序,运行到第 57 行断点处暂停。此时查看 Watch 1 观察窗口中数组 srcbuffer 和 dstbuffer 各成员的值已经变成变量定义时设置的初始值,如图 18.8 所示。

(16) 单击工具栏快捷图标,全速运行程序,运行到第 62 行断点处暂停。此时查看 Watch 1 观察窗口中数组 dstbuffer 各成员的值已经变成了数组 srcbuffer 的值,数据已经从数组 srcbuffer[10]传送到数组 dstbuffer[10],实现了数据传输,如图 18.9 所示。

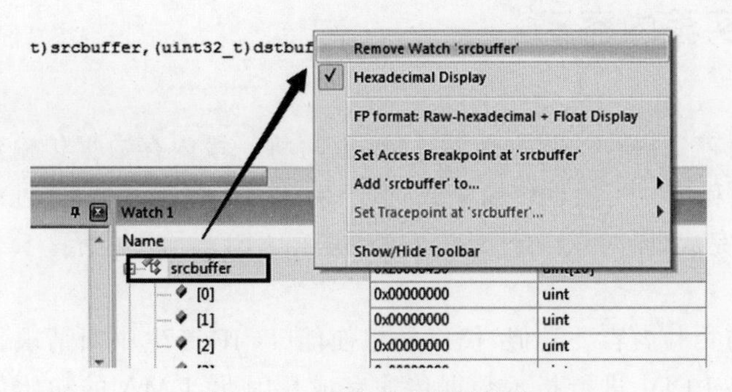

图 18.7 观察变量右键菜单

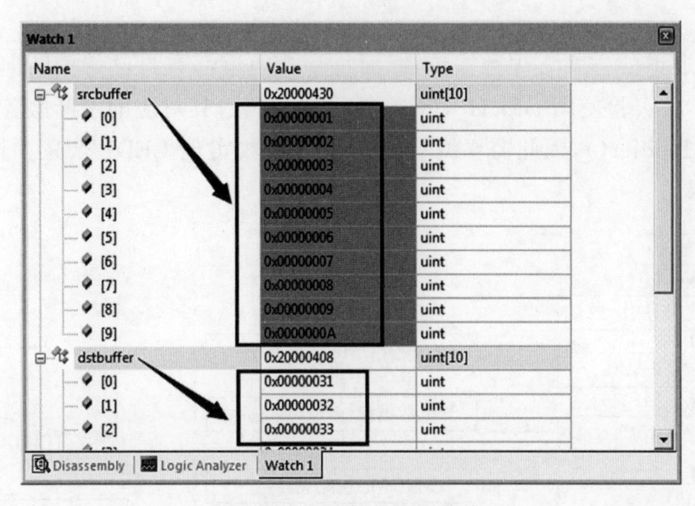

图 18.8 观察变量初始值

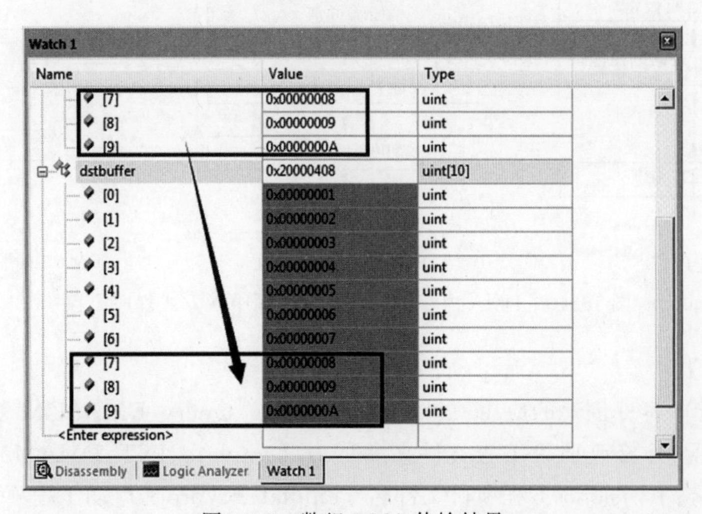

图 18.9 数组 DMA 传输结果

18.3.2 实验内容二

【实验内容】

利用DMA内存到内存的数据传输功能，编写将一段内存数据传输到另一个内存空间的DMA数据传输程序。当数据传输完成时，产生TCIF中断请求，通过中断的方式主动通知CPU数据传输完成，同时在中断服务程序中点亮LED1给予指示。

【实验分析】

实验内容二与实验内容一类似，仅仅是想使能TCIF产生中断请求，触发中断服务，并在中断服务中点亮LED1进行指示数据传输完成。因此，DMA的初始化函数需要在实验一的初始化函数中使能TCIF中断允许，同时编写对应的中断服务程序实现LED1点亮控制。

DMA是以通道的方式实现数据传输，而每一个通道都有自己的中断向量，即对应的中断服务函数。本次实验使用DMA1_Channel1进行实验，其对应的中断服务函数为DMA1_Channel1_IRQHandler()，因此需要编写中断服务函数实现LED1点亮。其实验程序流程如图18.10所示。

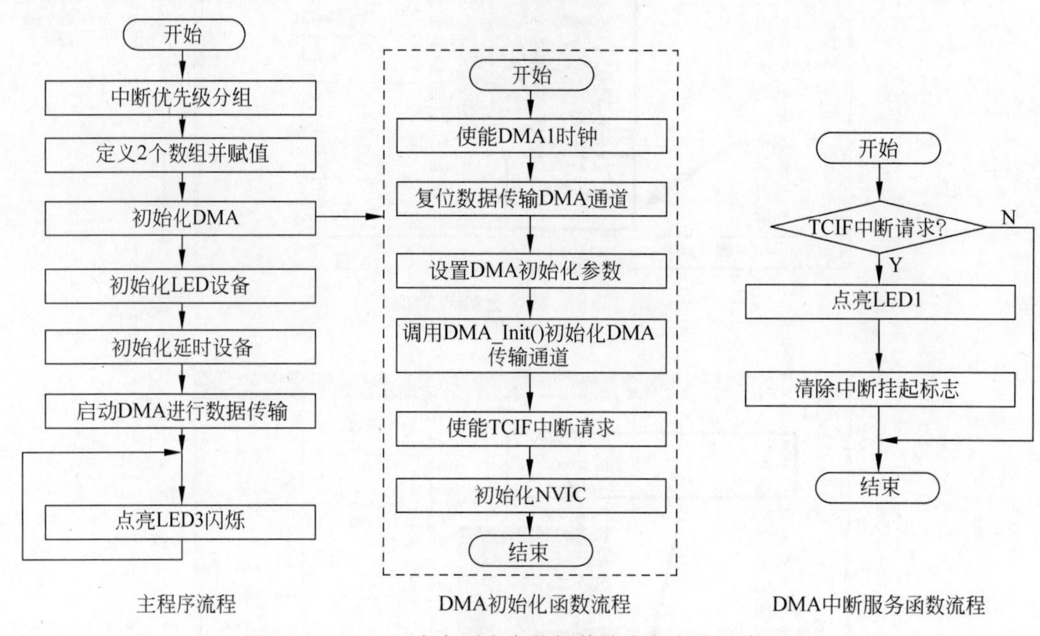

图18.10 DMA内存到内存数据传输中断方式程序流程

【实验步骤】

(1) 将实验内容一创建的应用项目工程Template_Query_DMAM2M复制到本次实验的某个存储位置，并修改项目工程文件夹名称为Template_INT_DMAM2M，进入项目的user子目录，双击μVision5工程项目文件名Template.uvprojx启动工程项目。

(2) 实验要求采用中断方式实现传输完成判断，并在中断服务程序中点亮LED1进行指示。因此，需要在dma.h文件中添加#include "led.h"包含LED设备的驱动函数资源。添加使能TCIF中断的初始函数DMA_INT_M2M_Init()和中断服务函数的声明，具体代码如下：

```
#include "led.h"

//DMA 存储器到存储器间使能中断方式数据传输初始化
void DMA_INT_M2M_Init(DMA_Channel_TypeDef * DMA_CHx,uint32_t src, uint32_t dst, uint32_t
ilen);
//DMA1 通道 1 的中断服务函数声明
void DMA1_Channel1_IRQHandler();
```

(3) 打开 dma.c 文件，根据图 18.10 中 DMA 初始化函数流程，添加 DMA_INT_M2M_Init()函数的实现代码。DMA_INT_M2M_Init()函数仅仅是在实验内容一的 DMA_Query_M2M_Init()函数基础上增加了 TCIF 标志中断使能及 NVIC 初始化，其他代码不变。

```
void DMA_INT_M2M_Init(DMA_Channel_TypeDef * DMA_CHx,uint32_t src, uint32_t dst, uint32_t
ilen)
{
    //定义 DMA 初始化结构体变量，存放初始化参数
    DMA_InitTypeDef DMA_InitStruct;
    //定义 NVIC 初始化结构体变量，存放初始化参数
    NVIC_InitTypeDef NVIC_InitStruct;

    //开启 DMA 时钟，
    RCC_AHBPeriphClockCmd(RCC_AHBPeriph_DMA1,ENABLE);
    …
    //中间的代码与 DMA_Query_M2M_Init()函数中的代码一样，此处不再给出
    … … … … … … … … … … … … … …
    //初始化 MDA
    DMA_Init(DMA_CHx,&DMA_InitStruct);

    //使能 TC 中断
    DMA_ITConfig(DMA_CHx,DMA_IT_TC,ENABLE);
    //初始化 NVIC
    NVIC_InitStruct.NVIC_IRQChannel = DMA1_Channel1_IRQn;
    NVIC_InitStruct.NVIC_IRQChannelPreemptionPriority = 1;
    NVIC_InitStruct.NVIC_IRQChannelSubPriority = 1;
    NVIC_InitStruct.NVIC_IRQChannelCmd = ENABLE;
    NVIC_Init(&NVIC_InitStruct);
}
```

(4) 在 dma.c 文件中添加 DMA1 通道 1 中断服务函数 DMA1_Channel1_IRQHandler()实现代码。

```
void DMA1_Channel1_IRQHandler()
{
    if(DMA_GetITStatus(DMA1_IT_TC1) == SET)
    {
```

```
        DMA_ClearITPendingBit(DMA1_IT_TC1);
        LED_ON(LED1);
        //关闭指定 DMA 通道
        DMA_Cmd(DMA1_Channel1, DISABLE );
    }
}
```

(5) 打开 main.c 文件,根据图 18.10 中的主程序流程图,修改 main()的实现代码。

```
//主程序
int main(void)
{
    uint32_t srcbuffer[10] = {0x01,0x02,0x03,0x04,0x05,0x06,0x07,0x08,0x09,0x0A};
    uint32_t dstbuffer[10] = {0x31,0x32,0x33,0x34,0x35,0x36,0x37,0x38,0x39,0x3A};
    //中断优先级分组
    NVIC_PriorityGroupConfig(NVIC_PriorityGroup_2);
    //初始化 DMA
    DMA_INT_M2M_Init(DMA1_Channel1,(uint32_t)srcbuffer,(uint32_t)dstbuffer, 10);
    //初始化 LED
    LED_Init();
    //初始化延迟
    delay_Init();
    //启动 DMA 传输
    DMA_SendEnable(DMA1_Channel1);
    while(1)
    {
        LED_ON(LED3);
        delay_ms(1000);
        LED_OFF(LED3);
        delay_ms(1000);
    }
}
```

(6) 编译工程项目生成可执行目标 HEX 文件,下载应用程序到实验开发板,可以看到 LED1 被点亮,说明 DMA 实现了 srcbuffer[10]到 dstbuffer[10]的数据传输,同时 LED3 在闪烁。

(7) 在 main()函数的第 58 行、第 63 行和中断服务程序 DMA1_Channel1_IRQHandler()中第 103 行设置断点,可以利用类似实验内容一的仿真调试方法,进入调试界面,然后单击全速运行图标,运行到断点处观察目标数组的值已经变成源数组的值,表明数据已经完成传输,并触发了中断。

18.3.3 实验内容三

【实验内容】

利用 DMA 内存到外设的数据传输功能,编写通过 USART1 将内存中的一段数据通过 DMA 方式发送出去。实验使用按键 KEY1、KEY2 和 KEY3 触发 DMA 串口数据传输,实现不同长度的数据发送,并在数据发送完成时将状态指定灯 LED3 状态取反。

【实验分析】

本次实验目的是使用 DMA 控制器实现串口数据发送功能，其用法与内存到内存间数据传输相似，仅仅是在初始化时禁止内存到内存的传输，也就使能外设与内存间的传输。

在进行外设与内存间的 DMA 数据传送时，触发 DMA 传输的请求信号来自外设。本次实验要求将内存中的一段数据通过 USART1，以 DMA 的方式进行数据发送，因此 DMA 触发请求信号来之 USART1，必须使能 USART1 的 DMA 请求。另外，DMA 控制器对应不同的片上外设，根据 STM32F103C8T6 芯片参考手册，可知 USART1 发送(USART1_TxD)所在的 DMA 通道是 DMA1 控制器的第 4 通道，因此需要针对 DMA1 的第 4 通道进行初始化配置。在配置完成后才能使能数据发送。在 DMA 数据发送过程中，可以利用 DMA 传输完成中断来主动通知 CPU 数据传输完成，并在中断服务程序中做数据传输完成后的处理动作。本次实验在数据传输完成中断服务程序中实现指示灯 LED3 的状态取反。结合实验分析，本次实验的程序流程如图 18.11 所示。

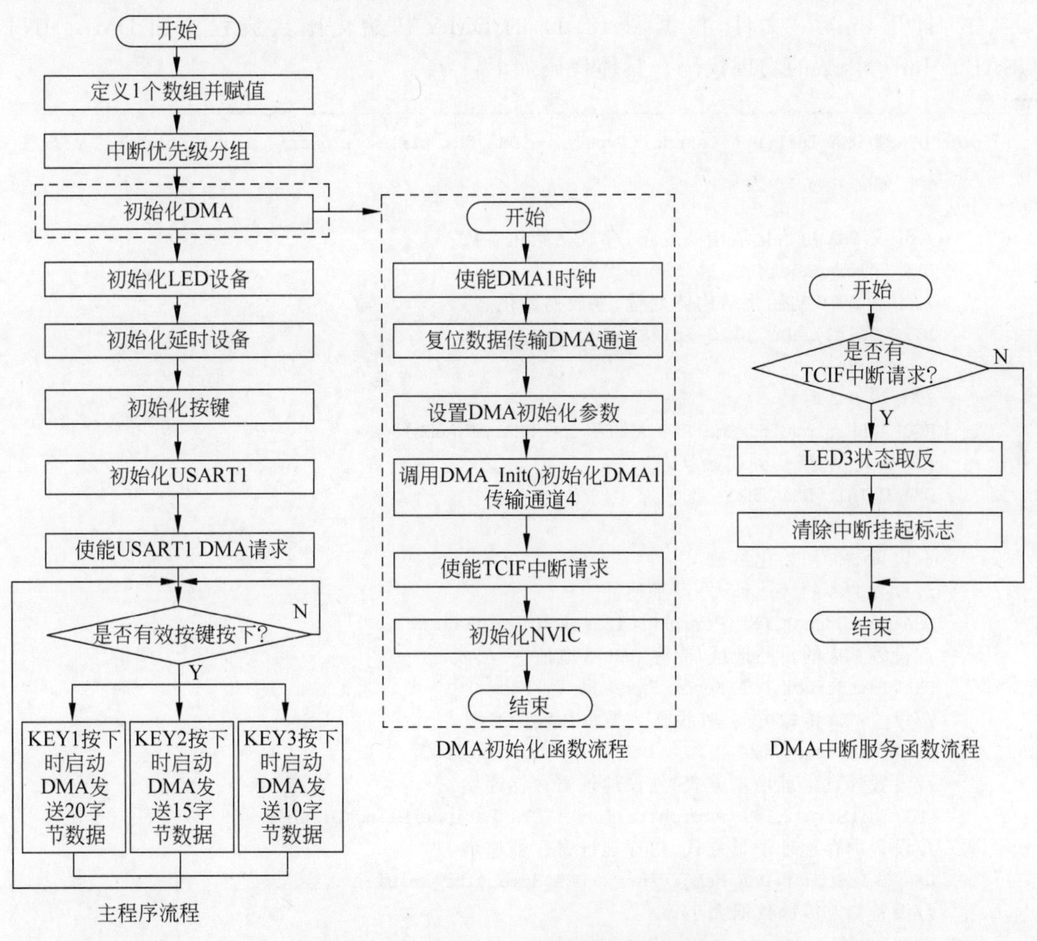

图 18.11　DMA 串行数据发送程序流程

【实验步骤】

(1) 将实验内容二创建的应用项目工程 Template_INT_DMAM2M 复制到本次实验的某个存储位置，并修改项目工程文件夹名称为 Template_INT_DMAUSART，进入项目的

user 子目录，双击 μVision5 工程项目文件名 Template. uvprojx 启动工程项目。

（2）由于本次实验需要使用DMA1的第4通道实现串口数据发送，因此设计一个通道4的初始化函数，实现对DMA1通道4的数据传输配置。打开 dma. h 文件，添加DMA串行数据发送初始函数 DMA_INT_USART_Init()、DMA传输数据发送使能 DMA_EnableDMAUSARTSend()函数和通道4中断服务程序函数 DMA1_Channel4_IRQHandler()的声明。具体代码如下：

```
//DMA 存储器到 USART 间使能中断方式数据传输初始化
void DMA_INT_USART_Init(DMA_Channel_TypeDef * DMA_CHx, uint32_t pAdrr, uint32_t mAdrr,
uint32_t ilen);
//开启一次 DMA 传输,并指定传输数据长度
void DMA_EnableDMAUSARTSend(DMA_Channel_TypeDef * DMA_CHx,uint16_t iLen);
//DMA1 通道 4 的中断服务函数声明
void DMA1_Channel4_IRQHandler();
```

（3）打开 dma. c 文件，根据图 18. 11 的 DMA 初始化函数流程添加 DMA_INT_USART_Init()函数的实现代码。具体代码如下：

```
void USART_DMA_Init(DMA_Channel_TypeDef * DMA_CHx,uint32_t pAdrr, uint32_t mAdrr, uint16_t
iLen)
{
    //定义 DMA 初始化结构体变量,存放初始化参数
    DMA_InitTypeDef DMA_InitStruct;
    //定义 NVIC 初始化结构体变量,存放初始化参数
    NVIC_InitTypeDef NVIC_InitStruct;

    //开启 DMA 时钟
    RCC_AHBPeriphClockCmd(RCC_AHBPeriph_DMA1,ENABLE);
    //DMA 复位,恢复到初始状态
    DMA_DeInit(DMA_CHx);

    //设置 DMA 初始化参数
    //设置 DMA 的源地址:外设基地址
    DMA_InitStruct.DMA_PeripheralBaseAddr = pAdrr;
    //设置 MDA 的目的地址:内存 RAM 基地址
    DMA_InitStruct.DMA_MemoryBaseAddr = mAdrr;
    //设置 DMA 传输方向:外设作为数据传输的来源
    DMA_InitStruct.DMA_DIR = DMA_DIR_PeripheralDST;
    //设置外设地址增量方式:外设地址寄存器递增
    DMA_InitStruct.DMA_PeripheralInc = DMA_PeripheralInc_Disable;
    //设置内存地址增量方式:内存地址寄存器递增
    DMA_InitStruct.DMA_MemoryInc = DMA_MemoryInc_Enable;
    //设置 DMA 传送数据大小
    DMA_InitStruct.DMA_BufferSize = ilen;
    //设置 DMA 传送的数据宽度
    DMA_InitStruct.DMA_PeripheralDataSize = DMA_PeripheralDataSize_Byte;
    DMA_InitStruct.DMA_MemoryDataSize = DMA_MemoryDataSize_Byte;
```

```
    //设置 DMA 传输模式:工作在正常缓存模式
    DMA_InitStruct.DMA_Mode = DMA_Mode_Normal;
    //设置 DMA 优先级:DMA 通道 x 拥有高优先级
    DMA_InitStruct.DMA_Priority = DMA_Priority_High;
    //禁止存储器到存储器的数据传输(使能外设到内存传输)
    DMA_InitStruct.DMA_M2M = DMA_M2M_Disable;
    //初始化 MDA
    DMA_Init(DMA_CHx,&DMA_InitStruct);

    //使能 TC 中断
    DMA_ITConfig(DMA_CHx,DMA_IT_TC,ENABLE);
    //初始化 NVIC
    NVIC_InitStruct.NVIC_IRQChannel = DMA1_Channel4_IRQn;
    NVIC_InitStruct.NVIC_IRQChannelPreemptionPriority = 1;
    NVIC_InitStruct.NVIC_IRQChannelSubPriority = 1;
    NVIC_InitStruct.NVIC_IRQChannelCmd = ENABLE;
    NVIC_Init(&NVIC_InitStruct);
}
```

(4) 添加 DMA 传输数据发送使能函数实现代码:

```
void DMA_EnableDMAUSARTSend(DMA_Channel_TypeDef * DMA_CHx,uint16_t iLen)
{
    //关闭所指示的通道
    DMA_Cmd(DMA_CHx, DISABLE);
    //设置 DMA 通道传输数据长度
    DMA_SetCurrDataCounter(DMA_CHx,iLen);
    //使能指定 DMA 通道进行数据传输
    DMA_Cmd(DMA_CHx, ENABLE);
}
```

(5) 根据图 18.11 中 DMA 中断服务函数流程,添加 DMA1_Channel4_IRQHandler()函数的实现代码,实现数据传输完成时 LED3 状态取反。具体代码如下:

```
void DMA1_Channel4_IRQHandler()
{
    if(DMA_GetITStatus(DMA1_IT_TC4) == SET)
    {
        DMA_ClearITPendingBit(DMA1_IT_TC4);
        LED_Inverstate(LED3);
        //关闭 指定 DMA 通道
        DMA_Cmd(DMA1_Channel4, DISABLE );
    }
}
```

(6) 打开 main.c 文件,根据图 18.11 中的主程序流程,修改 main()函数的实现代码。具体代码如下:

```
//主程序
int main(void)
{
    uint8_t KeyVal = 0;
    uint8_t srcbuffer[20] = {0x01,0x02,0x03,0x04,0x05,0x06,0x07,0x08,0x09,0x0A,0x31,
0x32,0x33,0x34,0x35,0x36,0x37,0x38,0x39,0x3A};

    //中断优先级分组
    NVIC_PriorityGroupConfig(NVIC_PriorityGroup_2);
    //初始化延时
    delay_Init();
    //初始化 LED
    LED_Init();
    //初始化串口,不需要开始中断使能
    UART_Query_Init(9600);
    //初始化按键
    KEY_Init();
    //初始化 DMA
    DMA_INT_USART_Init(DMA1_Channel4,(uint32_t)&USART1->DR,(uint32_t)srcbuffer,10);
    //使能串口 USART1 DMA 发送
    USART_DMACmd(USART1, USART_DMAReq_Tx, ENABLE);
    while(1)
    {
        LED_Inverstate(LED1);
        delay_ms(500);
        KeyVal = KEY_Scan(0);
        if(KeyVal == KEY3_PRES)
        {
            //启动 DMA 传输
            DMA_EnableDMAUSARTSend(DMA1_Channel4,10);
        }
        if(KeyVal == KEY2_PRES)
        {
            //启动 DMA 传输
            DMA_EnableDMAUSARTSend(DMA1_Channel4,15);
        }
        if(KeyVal == KEY1_PRES)
        {
            //启动 DMA 传输
            DMA_EnableDMAUSARTSend(DMA1_Channel4,20);
        }
    }
}
```

（7）编译工程项目生成可执行目标 HEX 文件，下载应用程序到实验开发板。

（8）将实验开发板按照 13.2.6 节实验开发板 USART 通信电路连接说明连接好实验硬件，打开实验开发板电源给实验板供电。此时 LED1 不断闪烁，LED3 熄灭，代表单片机程序在运行。启动 PC 上的串口调试助手 XCOM V2.6，设置串口通信参数，并打开串口准备接收数据。

(9) 按下 KEY1 键,串口助手接收到 srcbuffer[20]数组中的前 10 字节数据,同时 LED3 点亮;按下 KEY2 键,串口助手接收到 srcbuffer[20]数组中的前 15 字节数据,同时 LED3 熄灭;按下 KEY3 键,串口助手接收到 srcbuffer[20]数组中的 20 字节数据,同时 LED3 点亮。

18.4　本章小结

本章对 STM32 单片机的 DMA 数据传输进行实验,以了解 DMA 控制器的结构与 DMA 数据传输编程方法。经过对实验内容的分析,给出实验程序实现流程图,并采用查询、中断的方式来判断 DMA 数据传输是否完成,实验如何根据数据传输完成后的标志来执行指定的功能。另外,实验还对 MDK 仿真调试数据查看进行讲解,使读者可以通过本次实验掌握 MDK 调试数据观察窗口的使用,给调试过程中查看变量值带来方便。

第19章 模/数转换实验

CHAPTER 19

模拟信号到数字信号的转换是单片机应用中常用功能之一。STM32单片机集成了12位ADC(Analog-to-Digital Converter,模/数转换器),可以直接将连续变化的模拟信号转换成离散的数字信号,实现模拟信号采集。本章对STM32单片机片上ADC单元进行实验,以掌握ADC转换的工作原理及应用编程方法,为STM32单片机ADC应用奠定基础。

19.1 实验背景

【实验目的】

(1) 了解ADC的功能特性、供电电源与模拟输入电压范围、模拟输入通道对应引脚。

(2) 了解ADC的硬件结构及转换工作原理。

(3) 了解ADC的转换时钟、采样时间、转换时间。

(4) 掌握ADC的转换触发方式。

(5) 掌握ADC的转换模式及转换分组。

(6) 掌握ADC常用固件库函数的用法。

(7) 掌握ADC中断服务程序、应用程序编程方法及步骤。

【实验要求】

(1) 利用ADC固件库函数以查询、中断方式实现规则组单通道模/数转换。

(2) 利用ADC库函数以中断方式实现规则组模/数转换。

(3) 利用ADC库函数实现规则组多通道模/数转换。

【实验内容】

(1) 采用查询方式编写单通道ADC采样实验程序(单通道单次转换模式),实现对实验开发板上固定电压通道AIN3、可调电压通道AIN1、芯片内部温度传感器通道AIN16、内部参考电压通道AIN17的采集,并将采集的模拟电压转换成对应的实际电压值,通过串口输出,在串口助手中进行实时显示。

(2) 采用中断方式编写单通道ADC采样实验程序(单通道单次转换模式),实现对实验开发板上固定电压通道AIN3、可调电压通道AIN1、芯片内部温度传感器通道AIN16、内部参考电压通道AIN17的采集,并将采集的模拟电压转换成对应的实际电压值,通过串口输出,在串口助手中进行实时显示。

(3) 采用查询方式编写单通道 ADC 采样实验程序(单通道连续转换模式),实现对实验开发板上可调电压通道 AIN1 的采集,并将采集的模拟电压转换成对应的实际电压值,通过串口输出,在串口助手中进行实时显示。

(4) 采用中断方式编写单通道 ADC 采样实验程序(单通道连续转换模式),实现对实验开发板上可调电压通道 AIN1 的采集,并将采集的模拟电压转换成对应的实际电压值,通过串口输出,在串口助手中进行实时显示。

(5) 采用 DMA 数据传输功能,以单通道连续转换模式实现对实验开发板上可调电压通道 AIN1 的采集,并将采集的模拟电压转换成对应的实际电压值,通过串口输出,在串口助手中进行实时显示。

(6) 采用通道单次转换模式(扫描模式)实现对实验开发板上固定电压通道 AIN3、可调电压通道 AIN1、芯片内部温度传感器通道 AIN16、内部参考电压通道 AIN17 的采集,并将采集的模拟电压转换成对应的实际电压值,通过串口输出,在串口助手中进行实时显示。

(7) 采用多通道连续转换模式实现对实验开发板上固定电压通道 AIN3、可调电压通道 AIN1、芯片内部温度传感器通道 AIN16、内部参考电压通道 AIN17 的采集,并将采集的模拟电压转换成对应的实际电压值,通过串口输出,在串口助手中进行实时显示。

(8) 采用间断转换模式、TIM2_CC2 外部触发方式实现对实验开发板上固定电压通道 AIN3、可调电压通道 AIN1、内部参考电压通道 AIN17 进行采集,并将 TIM2_CC2 触发次数、每次触发转换次数、采集转换的模拟电压通过串口输出,在串口助手中进行实时显示。

【实验设备】

计算机、STM32F103C8T6 实验开发板、J-Link 仿真器、万用表。

19.2 实验原理

STM32 单片机片上集成了 1～3 个 ADC(中小容量芯片集成了 ADC1 和 ADC2,大容量芯片集成了 ADC1、ADC2 和 ADC3),可以独立工作,也可以工作在双 ADC 模式下(提高采样率)。

19.2.1 ADC 电气特性与模拟输入通道

STM32 单片机片上集成 ADC 是 12 位逐次逼近型 ADC,其模拟供电电压范围为 2.4～3.6V,一般选择 3.3V 供电。支持 18 个模拟输入通道采样,其中可测量 16 个外部模拟电压信号和 2 个内部模拟信号(内部温度传感器通道和内部参考电压通道)。外部模拟电压信号输入范围为 Vref－≤Vin≤Vref＋(一般 Vref－与 VSSA 连接在一起,Vref＋与 VDDA 连接在一起),有关模拟 ADC 单元供电、参考电压范围、供电引脚连接等请参考 1.5.1 节电源电路的描述,此处不再赘述。

ADC 作为片上外设,若需要对芯片外部模拟电压信号进行采样,则外部模拟电压信号需要输入到 ADC 的模拟输入通道上才可以。由于 STM32 单片机片上外设均未设置专用功能引脚进行信息的输入/输出,因此需要采用引脚复用的方式实现片上外设功能引脚。有关引脚复用方法在 13.2.1 节进行了说明,ADC 模拟输入引脚的复用方法与之类似,此处不再介绍。本书配套实验开发板单片机为 STM32F103C8T6,根据其引脚定义可知 16 个外部模拟输入通道与芯片复用功能引脚的对应关系如表 19.1 所示。表中给出了 ADC1、ADC2 和 ADC3 的引脚对应关系(ADC3 仅在大容量芯片才具有,实验开发板 MCU 不具有)。2 个内部模拟通道信号仅连接到 ADC1 上,即仅 ADC1 支持对模拟通道 16(内部温度传感器)和模拟通道 17(内部参考电压 V_{REFIN})的采样。

表 19.1 模拟通道与模拟输入引脚对应关系

<table>
<tr><th colspan="2"></th><th>ADC1</th><th>ADC2</th><th>ADC3</th></tr>
<tr><td rowspan="16">16 个外部信号源</td><td>通道 0</td><td colspan="3">PA.0</td></tr>
<tr><td>通道 1</td><td colspan="3">PA.1</td></tr>
<tr><td>通道 2</td><td colspan="3">PA.2</td></tr>
<tr><td>通道 3</td><td colspan="3">PA.3</td></tr>
<tr><td>通道 4</td><td colspan="2">PA.4</td><td>PF.6</td></tr>
<tr><td>通道 5</td><td colspan="2">PA.5</td><td>PF.7</td></tr>
<tr><td>通道 6</td><td colspan="2">PA.6</td><td>PF.8</td></tr>
<tr><td>通道 7</td><td colspan="2">PA.7</td><td>PF.9</td></tr>
<tr><td>通道 8</td><td colspan="2">PB.0</td><td>PF.10</td></tr>
<tr><td>通道 9</td><td colspan="2">PB.1</td><td>PF.3</td></tr>
<tr><td>通道 10</td><td colspan="3">PC.0</td></tr>
<tr><td>通道 11</td><td colspan="3">PC.1</td></tr>
<tr><td>通道 12</td><td colspan="3">PC.2</td></tr>
<tr><td>通道 13</td><td colspan="3">PC.3</td></tr>
<tr><td>通道 14</td><td colspan="2">PC.4</td><td>PF.4</td></tr>
<tr><td>通道 15</td><td colspan="2">PC.5</td><td>PF.5</td></tr>
<tr><td rowspan="2">2 个内部信号源</td><td>温度传感器</td><td colspan="3" rowspan="2"></td></tr>
<tr><td>V_{REFINT}</td></tr>
</table>

从表 19.1 可知,在进行模拟电压采集硬件电路设计时,外部 16 个模拟电压仅能连接到指定的复用功能引脚上,才能将需要采集的模拟电压输入到 ADC 的电压采集通道上,否则将不能实现模拟电压采集。

19.2.2 ADC 硬件结构及工作原理

STM32 单片机内部集成 ADC 的结构及工作原理类似,掌握其中一个 ADC 的用法,其他 ADC 也能正确应用。因此,本书以 ADC1 为例展开说明,并在未明确区分 ADC1、ADC2 和 ADC3 的地方均用 ADC 代替 ADC1 进行讲解,当然也适用于 ADC2 和 ADC3。

1. ADC 内部构成

ADC 内部包含模拟多路切换开关、转换触发信号单元、ADC、规则通道组和注入通道组数据寄存器、模拟看门狗(AWD)、转换状态标志和中断使能单元,其硬件结构如图 19.1 所示。ADC 的核心单元是模拟至数字转换器,它由软件或硬件产生的触发信号触发,并启动转换,在 ADC 转换时钟 ADCCLK 的驱动下对送入规则通道组或注入通道组中的模拟通道进行采样、量化和编码,转换结束后将转换结果转存到规则通道组或注入通道组的数据寄存器中,并根据转换序列是否结束而产生转换结束标志 EOC 或 JEOC。若使能了 AWD,也会使 AWD 标志置位。最后,CPU 可以通过读取规则通道组或注入通道组的数据寄存器来获取对应的模拟转换结果。

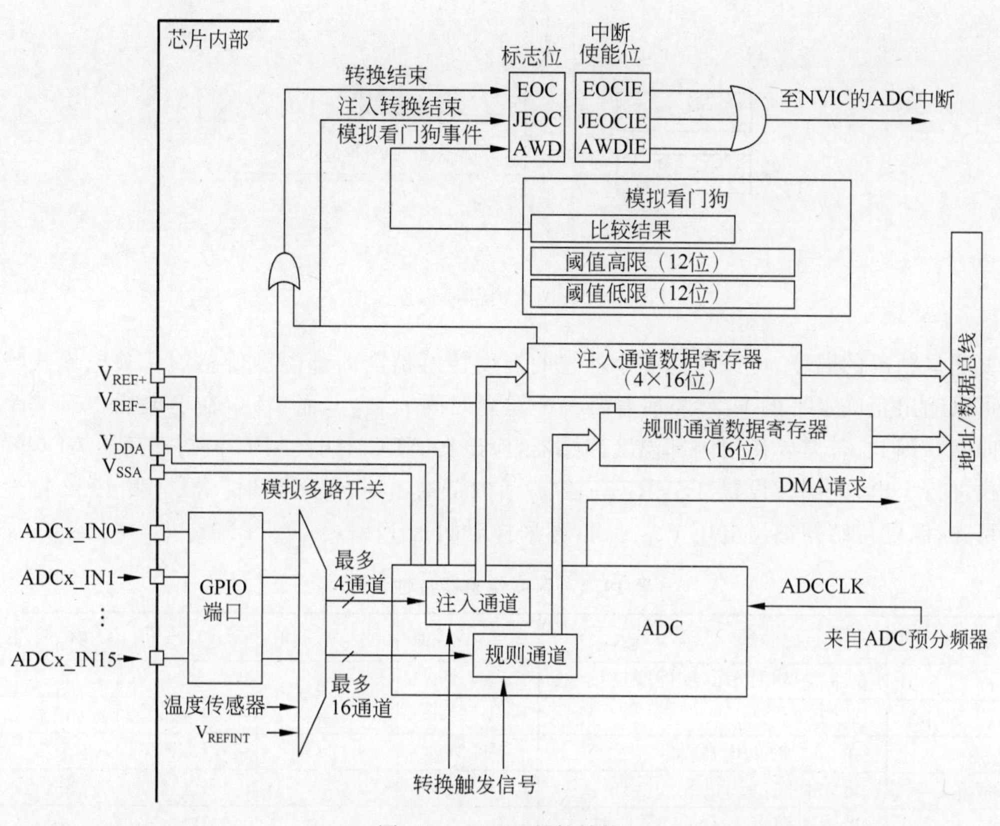

图 19.1 ADC 硬件结构

2. 外部模拟电压输入

在进行模拟电压采集时，需要根据 ADC 模拟通道与芯片模拟电压输入引脚的对应关系（表 19.1），将要采集的模拟电压连接到对应的模拟输入引脚上。由于模拟输入引脚是复用 GPIO 端口引脚，因此需要先使能端口时钟，再配置引脚为模拟输入工作模式，随后该引脚才能作为模拟电压输入引脚，将需要采集的模拟电压输入到指定的模拟通道上供 ADC 转换。

3. 内部模拟电压输入

STM32 单片机片上 ADC 支持内部温度传感器 V_{SENSE} 和内部电压参考 V_{REFINT} 两个通道的采样，使用前需要通过 TSVREFE 控制位进行使能控制，如图 19.2 所示。默认情况内部通道未使用，处于关电模式以降低功耗。当需要使用内部通道时，必须设置 TSVREFE 位以激活内部通道 ADC1_IN16（温度传感器）和 ADC1_IN17（V_{REFINT}）。内部参考电压 V_{REFINT} 典型值为 1.2V，其范围为 1.16～1.26V。内部温度传感器将产生一个随温度线性变化的电压 V_{SENSE}，其电压范围为 2～3.6V，电压与温度的对应关系为 $T(°C) = \{(V_{25} - V_{SENSE}) / \text{Avg\_Slope}\} + 25$。其中，$V_{25}$ 是在 25°C 时传感器输出的电压值，Avg_Slope 为温度-V_{SENSE} 曲线的平均斜率（单位为 mV/°C 或 μV/°C），V_{SENSE} 是当前温度对应的模拟电压。V_{25} 和 Avg_Slope 的值可以查阅单片机数据手册获得，其特性参数如表 19.2 所示。

内部温度传感器精度有限，仅适用于检测温度的变化，而不能用于测量绝对温度。如果

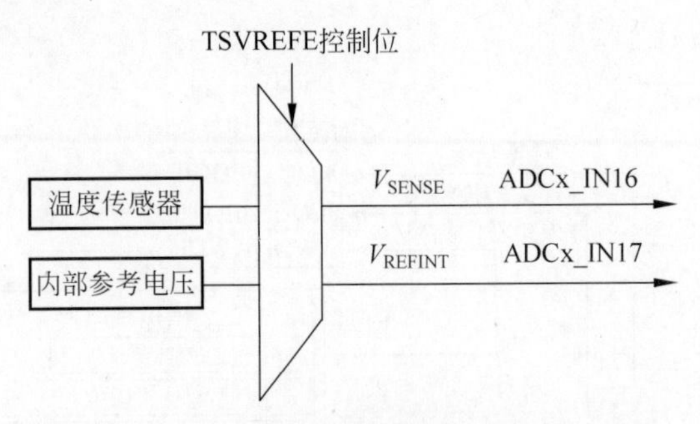

图 19.2　两个内部通道连接图

需要测量精确的温度，应该使用一个外置的温度传感器。内部温度传感器从关电模式唤醒到可以输出正确水平的 V_{SENSE} 前需要一个建立时间 t_{START}，而 ADC 在上电后也有一个建立时间。因此，若需要使用内部温度传感器，应该在 ADC 上电(ADC 控制寄存器 ADON 位置位进行上电)的同时设置 TSVREFE 位激活内部通道，以缩短延时。根据表 19.2 特性参数可知，温度传感器输出电压 V_{SENSE} 推荐采样时间是 17.1μs。

表 19.2　温度传感器特性参数

符　号	参　数	最小值	典型值	最大值	单　位
T_L	V_{SENSE} 相对于温度的线性度		±1	±2	℃
Avg_Slope	平均斜率	4.0	4.3	4.6	mV/℃
V_{25}	在 25℃时的电压	1.34	1.43	1.52	V
t_{START}	建立时间	4		10	μs
T_{S_temp}	当读取温度时，ADC 采样时间			17.1	μs

4. ADC 上电/断电控制

默认情况下 ADC 是处于断电(掉电)状态，以降低芯片模拟部分的损耗。在使用 ADC 进行模/数转换之前，应该给 ADC 上电，使之处于待机准备转换的状态。对 ADC 的上电/断电控制是通过设置 ADC 控制寄存器 ADC_CR2 的 ADON 位进行上电/断电控制的。当第一次将 ADON 置位时，ADC 从断电状态唤醒并开始上电，在经过一段建立时间 t_{START} 后上电完成，此时 ADC 处于待转换状态；若再次置位 ADON 位，则 ADC 开始进行转换；若清除 ADON 位可以停止转换，并将 ADC 置于断电状态，使模拟电路部分掉电，降低耗电。ADC 上电/断电控制除直接操作寄存器进行控制外，还可以使用固件库函数 ADC_Cmd()进行控制，在标准固件库文件 stm32f10x_adc.h 和 stm32f10x_adc.c 中，声明并定义了 ADC_Cmd()函数，用于实现对 ADC_CR2 寄存器 ADON 位的控制，进而实现 ADC 上电/断电控制。

5. 模拟通道分组设置

为了提高 ADC 转换的灵活性，STM32 单片机片上 ADC 采用成组转换的方式对模拟通道进行采样转换。因此，在启动转换之前需要将待转换的模拟通道分配到对应的规则通道组或注入通道组中，随后再触发 ADC 进行成组转换。ADC 的 16 个外部和 2 个内部模拟输入通道经模拟多路开关进行切换分时送往 ADC 进行转换，在 ADC 转换之前需对待转换的模拟通道 AIN0～AIN17 排序到规则通道组或注入通道组中。在分组设置完后即可触发

ADC 进行按组转换，转换结果会自动按照设置的对齐方式转存到对应的数据寄存器中，随后 CPU 可从数据寄存器读取转换结果值。模拟通道分组可通过寄存器 ADC_SQRx 和 ADCJSQR 进行设置，也可以通过固件库函数 ADC_RegularChannelConfig()和 ADC_InjectedChannelConfig()进行设置。

6. ADC 转换参数配置

在触发 ADC 转换之前，还需要配置 ADC 转换时钟 ADCCLK 的频率、ADC 工作方式、ADC 转换模式、ADC 转换结果数据对齐方式、ADC 启动转换触发方式及每次触发 ADC 需要转换的通道个数等参数。只有配置了正确的 ADC 转换参数，ADC 才能按照期望的方式进行转换工作，输出正确的转换结果。对 ADC 的配置可以通过 ADC 的控制寄存器 ADC_CRx 进行，也可以采用固件库函数 ADC_Init()进行配置。

7. 数据对齐方式

ADC 转换结果是 12 位，而规则通道组或注入通道组对应的数据寄存器是 16 位，因此结果数据转存时存在左对齐或右对齐选择，如图 19.3 所示。为方便，一般选择数据右对齐方式。

注入通道组

SEXT	SEXT	SEXT	SEXT	D11	D10	D9	D8	D7	D6	D5	D4	D3	D2	D1	D0

规则通道组

0	0	0	0	D11	D10	D9	D8	D7	D6	D5	D4	D3	D2	D1	D0

(a) 数据右对齐

注入通道组

SEXT	D11	D10	D9	D8	D7	D6	D5	D4	D3	D2	D1	D0	0	0	0

规则通道组

D11	D10	D9	D8	D7	D6	D5	D4	D3	D2	D1	D0	0	0	0	0

(b) 数据左对齐

图 19.3 数据对齐方式

数据对齐方式中，注入通道组的转换结果数值已经减去了 ADC_JOFRx 寄存器中的偏移量，其结果值可能是负值，故图 19.3 中的 SEXT 位是符号扩展位。对于规则通道组不存在偏移值寄存器，因此其转换结果数值不存在符号扩展位，仅有 12 个数据有效位。

8. ADC 校准

STM32 单片机片上 ADC 带一个内置的校准电路，在进行 ADC 转换前可对 ADC 进行校准，以降低 ADC 模拟电路内部电容元件的误差。在执行校准前必须使 ADC 上电至少 2 个 ADCCLK 时钟，且需要复位校准电路，在复位校准电路完成后才可以启动 ADC 校准。ADC 校准可以通过设置寄存器 ADC_CR2 的 RSTCAL 和 CAL 位进行，一旦校准结束，RSTCAL 和 CAL 位被硬件复位，然后即可开始正常的转换。因此，为提高 ADC 转换精度，建议在 ADC 上电时进行一次 ADC 校准。校准具体步骤如下：

(1) 复位校准电路。复位校准电路可通过设置 ADC_CR2 的 RSTCAL 位启动，复位完成后该位被硬件复位。固件库提供了 ADC_ResetCalibration()函数启动复位，CPU 可以利用固件库函数 ADC_GetResetCalibrationStatus()不停查询 RSTCAL 位的状态来判断复位是否完成，以进入正式的校准动作。

(2) 启动校准。可通过设置 ADC_CR2 的 CAL 位启动校准，校准完成后该位被硬件复位。固件库提供了 ADC_StartCalibration ()函数启动校准，CPU 可以利用固件库函数 ADC_GetCalibrationStatus ()不停查询 CAL 位的状态来判断校准是否完成。

9. 转换触发信号

在分组设置、参数配置、校准完成后，ADC 即处于待转换状态，但是并未启动 ADC 转换。要使 ADC 按照配置的参数启动转换，需要给 ADC 转换器发送一个启动转换触发信号才能开始转换。转换触发信号可由外部事件触发(如定时器捕获或 TRGO 触发、EXTI 外部事件触发)，也可以由软件触发事件进行触发(属于内部触发)。ADC 转换一般采用软件触发方式启动 ADC 转换，固件库提供了 ADC_SoftwareStartConvCmd ()函数来实现规则通道组的软件触发，ADC_SoftwareStartinjectedConvCmd()函数来实现注入通道组的软件触发，启动 ADC 转换。

10. ADC 事件标志与中断请求

当规则通道组或注入通道组中规定通道均转换完后，ADC 硬件会产生一个转换结束事件标志 EOC 或 JEOC。如果待转换的模拟电压值在设置的模拟看门狗监控阈值范围之外，还会产生模拟看门狗事件。CPU 可以利用固件库函数 ADC_GetFlagStatus()查询这 3 个标志的状态，以了解规则通道组或注入通道组转换是否结束，转换结果是否超出模拟看门狗监控范围，并根据事件标志执行对应的处理动作。如需要 ADC 转换结束或超出模拟看门狗监控范围时主动通知 CPU 进行相应处理，则可以使能这 3 个事件标志的中断使能位，使其置位时产生相应中断请求，通过中断的方式主动通知 CPU 进行相关动作处理。使能事件标志中断请求固件库函数是 ADC_ITConfig()，对应的中断服务程序函数是 ADC1_2_IRQHandler()。

注意：转换结束事件标志 EOC 或 JEOC 何时产生与 ADC 转换模式、转换组中通道个数、是否是组序列中最后一个通道等有关，因此若需要使用 EOC 或 JEOC 事件标志进行功能控制或数据处理，需要注意 EOC 或 JEOC 事件标志何时置位，否则将得不到期望的效果。

11. DMA 请求

规则通道组可支持 1～16 个模拟通道进行排序构成规则通道组，但规则通道组共享同一个数据寄存器 ADC_DR。由于规则通道组只有一个数据寄存器，在进行多个规则通道转换时，各规则通道转换结果均会转存至同一个数据寄存器中暂存。若 CPU 不及时取走前一通道的转换结果，将会导致前一通道转换结果数据被后一通道转换结果数据覆盖。为及时取走规则通道转换结果数据，规则通道在转换结束时可产生 DMA 请求，触发 DMA 控制器进行数据传输，从而实现转换结果数据从 ADC_DR 中及时转存。要使规则通道在转换结束时产生 DMA 请求，需要提前使能 ADC 的 DMA 请求。可调用固件库函数 ADC_DMACmd()使能规则通道转换结束时产生 DMA 请求，触发 DMA 控制器将 ADC 数据寄存器中的转换结果转移到指定的内存存储单元存放，以避免数据被覆盖的问题。

注入通道组可支持 1～4 个模拟通道进行排序构成注入通道组，且每个注入模拟通道对应一个数据寄存器 ADC_JDRx，故不存在数据被覆盖的问题，因此注入通道转换结束时不能触发 DMA 请求。

19.2.3 ADC 转换时钟及转换时间

ADC 转换是在其转换时钟 ADCCLK 的控制下进行的。STM32 单片机片上 ADC 的转换时钟要求不超过 14MHz,否则转换结果将不准确。ADC 转换时钟 ADCCLK 由时钟控制器 RCC 提供,由其挂接外设总线 APB2 时钟经可编程 ADC 预分频器分频而来,如图 19.4 所示。

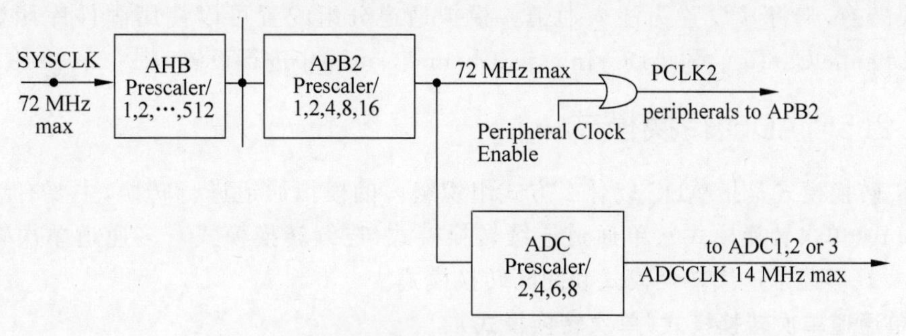

图 19.4 ADCCLK 时钟

ADC 可编程预分频器属于 RCC 中的一个功能单元,其分频系数可选 2、4、6、8 分频。其默认分频系数为 2,若需更改分频系数,可调用 RCC 库函数 RCC_ADCCLKConfig()进行配置。

若应用编程时采用 STM32F10x 标准固件库的默认时钟初始化函数 SystemInit()初始化系统时钟,此时 APB2 总线时钟为 72MHz。由于 ADC 可编程预分频器默认为 2 分频,此时 ADCCLK=36MHz,不符合 ADCCLK 时钟不高于 14MHz 的要求。因此需要设置分频系数为 6 或 8 分频,才能使 ADCCLK 的频率不超过 14MHz。

STM32 单片机片上 ADC 转换时间由信号采样时间和转换时间构成。转换时间固定为 12.5 个 ADCCLK 周期,而采样时间可根据实际被测信号通过 ADC_SMPR1 和 ADC_SMPR2 两个寄存器中的 SMP[2:0]位进行配置。每个模拟通道的采样时间可以独立设置,可选择 1.5、7.5、13.5、28.5、41.5、55.5、71.5 或 239.5 个 ADCCLK 周期。若 ADCCLK 时钟为 14MHz,采样时间选择 1.5 个 ADCCLK 周期,则 ADC 转换时间为 14(12.5+1.5)个 ADCCLK 周期(1μs)。

19.2.4 ADC 转换分组

STM32 单片机引入了成组转换模式,可以由程序设置好分组的通道构成后,对多个模拟通道自动地进行逐个通道采样转换。成组转换是指在任意多个通道上以任意顺序进行的一系列转换。如需要按顺序对 AIN3 通道、AIN16 通道、AIN17 通道、AIN1 通道进行转换,则可将 AIN3、AIN16、AIN17、AIN1 构成一个转换组,然后触发该组进行成组转换。

ADC 转换通道可分成规则通道组和注入通道组两种。划分到规则通道组中的通道称为规则通道,划分到注入通道组中的通道称为注入通道。规则通道相当于正常运行的程序,而注入通道相当于中断。在程序正常执行时,中断是可以打断程序的执行。与之类似,注入通道的转换可以打断规则通道的转换,且在注入通道被转换完成之后,规则通道又可以继续转换。

规则通道组可支持1～16个规则通道，每个规则通道转换结束后，会将转换结果转存到规则组数据寄存器中，同时会产生DMA请求(若使能了DMA请求允许才可以产生DMA请求)。注入通道组可支持1～4个注入通道，每个注入通道转换结束后，会将转换结果转存到注入通道对应的数据寄存器中。因此，在进行模拟信号采集时，可以根据实际情况事先将需要采集的模拟通道设置为规则通道或注入通道。一般情况下，若模拟通道需要按照指定顺序依次逐个采集转换，则将其设置为规则通道。若模拟通道仅仅在某个需求的情况下才进行采集转换，则将其设置为注入通道。模拟通道分组配置可以使用固件库函数ADC_RegularChannelConfig()和ADC_InjectedChannelConfig()进行设置。

19.2.5 ADC转换模式

ADC转换模式是指ADC以什么方式组织组内的模拟通道进行转换，主要有单通道单次转换模式(单次转换模式)、单通道连续转换模式(连续转换模式)、多通道单次转换模式(扫描模式)、多通道连续转换模式和间断转换模式。

1. 单通道单次转换模式(单次转换模式)

单通道单次转换模式可用于规则通道组或注入通道组的转换。该模式下每次触发ADC转换，ADC仅执行一个通道的转换，转换结束后ADC立即停止转换。若需要继续启动ADC转换，则需要重新触发ADC转换。

在该种模式下，规则通道组或注入通道组仅加入一个转换通道，当该通道转换结束后，可以产生EOC或JEOC标志。如使能了中断使能和DMA请求使能，可以产生中断请求和DMA请求。因此，此模式可以利用EOC或JEOC标志事件、中断请求或DMA请求进行转换结果数据处理。由于此模式下可以产生标志事件或中断请求，因此一般不用DMA进行数据传输。

2. 单通道连续转换模式(连续转换模式)

单通道连续转换模式可用于规则通道组或注入通道组的转换。一旦触发ADC启动转换，待当前ADC通道转换结束后，ADC不会停止转换，将会立即启动另一次ADC转换。

在该种模式下，规则通道组或注入通道组仅加入一个待转换通道，当该通道转换结束后可以产生EOC或JEOC标志，并根据使能情况触发DMA请求或中断请求。此时可以利用EOC或JEOC标志事件、中断请求或DMA请求进行转换结果数据处理，同时ADC将自动启动下一次ADC转换。由于此模式下可以产生标志事件或中断请求，因此一般不用DMA进行数据传输。

3. 多通道单次转换模式(扫描模式)

多通道单次转换模式可用于规则通道组或注入通道组的转换。该模式下每次触发ADC转换，ADC将对转换组中所有通道进行单次转换，并在转换组最后一个通道转换结束后立即停止ADC转换，同时产生EOC或JEOC标志。若使能了中断请求和DMA请求允许，将产生中断请求和DMA请求。

若待转换组为规则通道组，由于多通道单次转换模式会对多个通道进行转换，故必须使能DMA请求对转换结果数据寄存器中的数据进行转存，否则将会发生数据覆盖问题。

4. 多通道连续转换模式

多通道连续转换模式可用于规则通道组或注入通道组的转换，它可以用来执行多个通道的连续转换。该模式下一旦触发 ADC 启动转换，ADC 将连续对指定的多个通道进行转换。触发 ADC 启动转换后，将对规则通道组或注入通道组中指定待转换数量的通道依次进行转换（前一个通道转换完后，自动启动第下一个通道的转换）。待指定转换数量的通道转换结束后，ADC 又自动从通道组中的第一个通道开始新一轮的转换。规则通道组或注入通道组中的通道个数可以大于、等于、小于指定待转换通道个数。

（1）若大于指定转换通道个数，仅转换规则通道组或注入通道组中指定转换通道个数，超出通道将不会被转换。如规则通道组列入 4 个通道，而 ADC 初始化时指定转换序列中通道个数为 3，则规则通道组中前 3 个通道会被转换，第 4 个通道会被忽略，永不被转换。在指定通道个数转换结束后，ADC 将自动从组中第一个通道开始新一轮的转换。

（2）若等于指定转换通道个数，则所有通道都会被转换，且在指定通道个数转换结束后，ADC 将自动从组中第一个通道开始新一轮的转换。

（3）若小于指定转换通道个数，则需要转换指定个数通道，且转换结果中多转换的通道数据结果无意义，仅规则通道组或注入通道组中实际通道个数的转换结果值有效。在指定通道个数转换结束后，ADC 将自动从组中第一个通道开始新一轮的转换。

5. 间断转换模式

间断转换模式可用于规则通道组或注入通道组的转换，它可以用来执行规则通道组或注入通道组中 $n(n\leqslant 8)$ 次转换。该模式下每次触发 ADC 转换将执行组中 n 个通道的单次转换，待指定 n 个通道转换结束后，ADC 立即停止转换；若再次触发 ADC 转换，ADC 将从组中排序为第 $n+1$ 的通道开始转换，直到第 $2n$ 个通道转换完后立即停止转换；若转换过程中第 $2n$ 个通道不存在（$2n$ 大于通道组总个数），则在本组通道转换完后立即停止 ADC 转换。若再次触发 ADC 转换，则又从组中第 1 个通道开始新一轮的转换。规则通道组或注入通道组中的通道个数可以大于、等于或小于指定待转换通道个数。

以规则通道组为例，说明间断转换模式的转换规则。假设规则通道组中将要转换的排序通道＝0，1，2，3，4，5，6，7，8，9，10，设间断转换模式每次触发转换个数 $n=3$，则：

（1）第 1 次触发：依次转换 0，1，2，然后 ADC 停止转换。

（2）第 2 次触发：依次转换 3，4，5，然后 ADC 停止转换。

（3）第 3 次触发：依次转换 6，7，8，然后 ADC 停止转换。

（4）第 4 次触发：依次转换 9，10，然后 ADC 停止转换。

（5）第 5 次触发：依次转换 0，1，2，然后 ADC 停止转换。即从规则通道组的第 1 个待转通道开始新一轮的转换。

间断转换模式在单通道单次转换模式下，每个通道转换结束后均会产生 EOC 或 JEOC 事件标志，可根据此标志进行数据处理。间断转换模式在多通道单次转换模式下，仅在整个序列转换结束后才会产生 EOC 或 JEOC 事件标志，可根据此标志进行数据处理。

19.2.6　ADC 端口存储器映射

ADC 是 STM32 单片机的片上外设，对其配置与控制主要通过 ADC 内部寄存器进行。ADC 的寄存器众多，且是 32 位寄存器，如果直接通过寄存器的存储器映射地址进行编程，将需要时刻查询 ADC 各个寄存器的存储器映射地址，给程序编写带来不便。ADC 是挂接在 APB2 总线上的外设，在 stm32f10x.h 文件中定义了 ADC 的存储空间映射地址，并利用结构体指针建立起了ADC寄存器与结构体及其成员的映射关系。具体定义如下：

```
/*外设存储器地址映射*/
#define PERIPH_BASE            ((uint32_t)0x40000000)
#define APB2PERIPH_BASE        (PERIPH_BASE + 0x10000)
#define ADC1_BASE              (APB2PERIPH_BASE + 0x2400)
#define ADC2_BASE              (APB2PERIPH_BASE + 0x2800)
#define ADC3_BASE              (APB2PERIPH_BASE + 0x3C00)
//ADC寄存器结构体
typedef struct
{
  __IO uint32_t SR;
  __IO uint32_t CR1;
  __IO uint32_t CR2;
  __IO uint32_t SMPR1;
  __IO uint32_t SMPR2;
  __IO uint32_t JOFR1;
  __IO uint32_t JOFR2;
  __IO uint32_t JOFR3;
  __IO uint32_t JOFR4;
  __IO uint32_t HTR;
  __IO uint32_t LTR;
  __IO uint32_t SQR1;
  __IO uint32_t SQR2;
  __IO uint32_t SQR3;
  __IO uint32_t JSQR;
  __IO uint32_t JDR1;
  __IO uint32_t JDR2;
  __IO uint32_t JDR3;
  __IO uint32_t JDR4;
  __IO uint32_t DR;
} ADC_TypeDef;
//ADC结构体寄存器映射及宏定义
#define  ADC1                  ((ADC_TypeDef *) ADC1_BASE)
#define  ADC2                  ((ADC_TypeDef *) ADC2_BASE)
#define  ADC3                  ((ADC_TypeDef *) ADC3_BASE)
```

上述定义声明了STM32单片机片上ADC外设的宏名，并建立起了ADC寄存器结构体的映射关系，随后即可使用ADC外设宏名进行寄存器操作，实现ADC应用程序编写。

19.2.7 ADC库函数

利用寄存器方式进行程序设计难度比较大，为降低ADC外设程序编写难度，可使用STM32F10x标准固件库中的ADC库函数进行应用程序开发。STM32F10x标准固件库提供了stm32f10x_adc.h和stm32f10x_adc.c两个驱动文件，为ADC提供了常用的功能操作函数，可快速进行ADC应用程序编写。常用ADC库函数如表19.3所示，有关ADC库函数具体定义及使用细节，可查看本书配套资料“STM32F10x固件函数库用户手册.pdf”。

表 19.3 常用 ADC 库函数

序 号	函 数 名	描 述
1	ADC_DeInit()	将指定 ADCx 的寄存器重设为默认值
2	ADC_Init()	根据指定参数初始化指定 ADCx 的寄存器
3	ADC_Cmd()	使能或禁止指定的 ADCx
4	ADC_DMACmd()	使能或禁止指定 ADCx 的 DMA 请求
5	ADC_ITConfig()	使能或禁止指定 ADCx 的指定中断请求
6	ADC_ResetCalibration()	复位指定 ADCx 的校准寄存器
7	ADC_GetResetCalibrationStatus()	查询指定 ADCx 的复位校准状态
8	ADC_StartCalibration()	校准指定 ADCx
9	ADC_GetCalibrationStatus()	查询指定 ADCx 的校准状态
10	ADC_SoftwareStartConvCmd()	使能或禁止指定 ADCx 的软件转换触发启动功能
11	ADC_ExternalTrigConvCmd()	使能或禁止 ADCx 的经外部触发启动转换功能
12	ADC_DiscModeChannelCountConfig()	对 ADC 规则通道组配置间断模式触发转换的通道个数
13	ADC_DiscModeCmd()	使能或禁止指定的 ADC 规则组通道的间断模式
14	ADC_RegularChannelConfig()	设置指定 ADCx 规则通道组,并配置它们的转化顺序和采样时间
15	ADC_GetConversionValue()	返回最近一次 ADCx 规则组的转换结果
16	ADC_AnalogWatchdogCmd()	使能或禁止指定单个/全体通道上的模拟看门狗
17	ADC_AnalogWatchdogThresholdsConfig()	设置模拟看门狗的高/低阈值
18	ADC_AnalogWatchdogSingleChannelConfig()	对单个 ADC 通道设置模拟看门狗
19	ADC_TempSensorVrefintCmd()	使能或禁止温度传感器和内部参考电压通道
20	ADC_GetFlagStatus()	检查指定 ADCx 的标志位置位与否
21	ADC_ClearFlag()	清除 ADCx 的指定标志位
22	ADC_GetITStatus()	检查指定 ADC 中断请求是否发生
23	ADC_ClearITPendingBit()	清除 ADCx 的指定中断请求挂起位
24	ADC_AutoInjectedConvCmd()	使能或禁止指定 ADC 在规则组转化后自动开始注入组转换
25	ADC_InjectedDiscModeCmd()	使能或禁止指定 ADC 的注入组间断模式
26	ADC_ExternalTrigInjectedConvConfig()	配置 ADCx 外部触发启动注入组转换功能
27	ADC_ExternalTrigInjectedConvCmd()	使能或禁止 ADCx 的经外部触发启动注入组转换功能
28	ADC_SoftwareStartInjectedConvCmd()	使能或禁止 ADCx 软件启动注入组转换功能
29	ADC_InjectedChannelConfig()	设置指定 ADC 的注入组通道,并设置它们的转化顺序和采样时间
30	ADC_InjectedSequencerLengthConfig()	设置注入组通道的转换序列长度
31	ADC_SetInjectedOffset()	设置注入组通道的转换偏移值
32	ADC_GetInjectedConversionValue()	返回 ADC 指定注入通道的转换结果

19.2.8 ADC模拟通道电路

实验开发板设计了3路模拟电压产生电路用于产生待测外部模拟电压，如图19.5所示。R9和R10对3.3V进行分压，产生固定电压1.65V从PA3引脚输入到单片机的ADC模拟通道AIN3；电压3.3V通过一个1kΩ可调电位器R11形成一个可调的模拟电压从PA1引脚输入到单片机的ADC模拟通道AIN1；R12和R13对3.3V进行分压，产生一个随温度变化的模拟电压从PA2引脚输入到单片机的ADC模拟通道AIN2。R13为负温度系数热敏电阻，其阻值随温度增高而减小，因此可以得到一个随温度变化的模拟电压PA2。

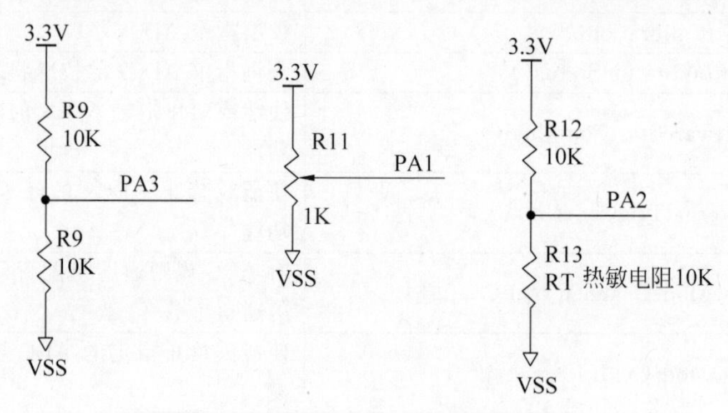

图19.5 ADC采样模拟通道电路

19.3 实验内容

19.3.1 实验内容一

【实验内容】

采用查询方式编写单通道ADC采样实验程序(单通道单次转换模式)，实现对实验开发板上固定电压通道AIN3、可调电压通道AIN1、芯片内部温度传感器通道AIN16、内部参考电压通道AIN17的采集，并将采集的模拟电压转换成对应的实际电压值，通过串口输出，在串口助手中进行实时显示。

【实验分析】

实验内容要求对实验开发板上的AIN3(PA3)、AIN1(PA1)、AIN16、AIN17采用单通道单次转换模式进行转换，实际是对某个指定模拟通道进行单次转换。因此，可以先将ADC的转换模式配置为单次转换模式，然后将需要转换的通道列入待转换的规则通道组或注入通道组序列，接着触发规则通道组或注入通道组进行转换。由于规则通道组或注入通道组中只有一个待转换的模拟通道，故通道转换结束后会产生EOC或JEOC事件标志，因此CPU可以通过查询EOC或JEOC事件标志判断通道是否转换完成。待转换完成后，可以将下一个待转换模拟通道列入待转换组中，并再次触发ADC转换，这样周而复始即可实现对4个需要采样的模拟通道进行查询方式的模/数转换。

另外，可以将以查询方式单通道单次ADC转换视为一个独立功能，因此可以为该方式编写一些操作功能函数，然后通过调用功能函数实现指定通道的模数转换。根据ADC转换原理及本实验内容需求分析，本次实验内容的程序流程图如图 19.6 所示。

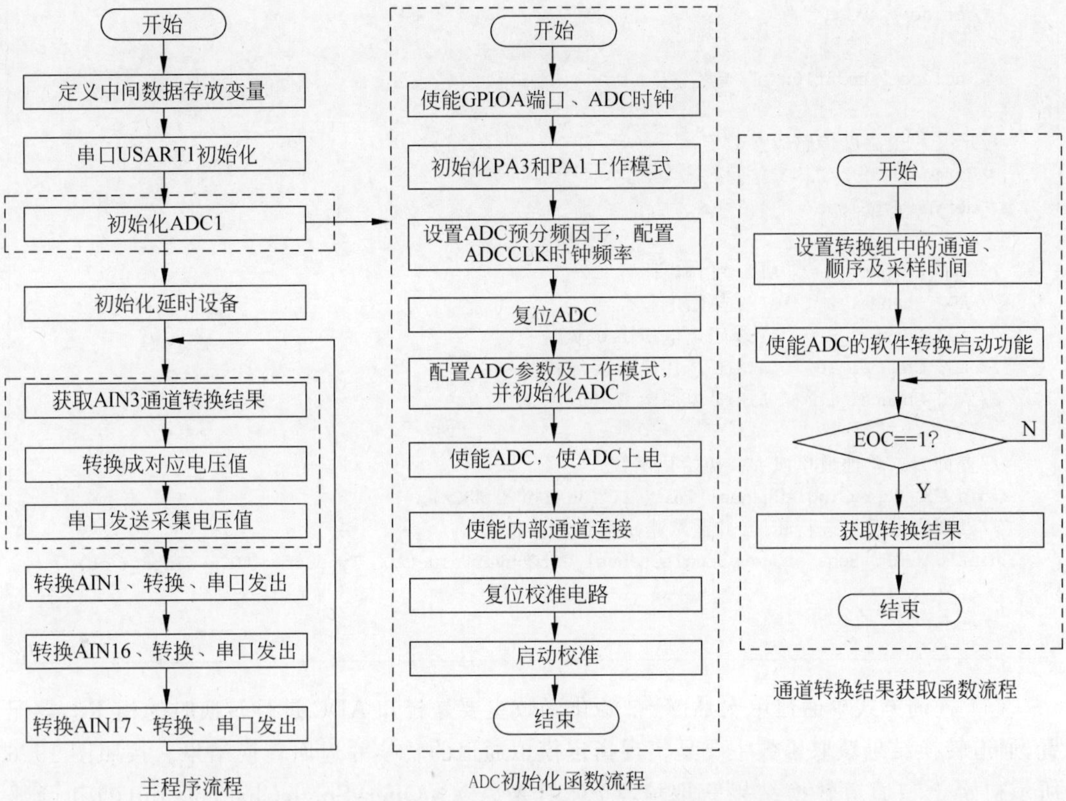

图 19.6 查询方式单通道单次 ADC 转换程序流程图

【实验步骤】

(1) 将第 18 章创建的应用项目工程 Template_INT_DMAUSART 复制到本次实验的某个存储位置，并修改项目工程文件夹名称为 Template_Query_RegularADC，进入项目的 user 子目录，双击 μVision5 工程项目文件名 Template. uvprojx 启动工程项目。

(2) 参照标准固件库外设驱动文件作用及编写规范，将 ADC 转换视为一个独立的 ADC 设备，为其编写一些应用功能函数，构成 ADC 转换驱动函数。在 MDK IDE 中，新建两个文件，并分别以 adc. h 和 adc. c 为文件名保存到..\Template_Query_RegularADC\hardware 目录下。

(3) 将 dma. c 添加到工程项目 hardware 分组中。

(4) 根据实验分析和 ADC 转换原理，在进行模数转换前需要先初始化 ADC，配置相关参数，之后才能启动 ADC 进行转换工作。因此可以先定义一个查询方式单通道单次转换 ADC 初始化函数，并设计 1 个参数告知初始化函数使用哪个 ADCx 进行转换。在 ADC 初始化时不使能事件标志产生中断请求，CPU 通过主动查询的方式来了解 ADC 转换是否完成。因此，打开 adc. h 文件，添加资源包含头文件 stm32f10x. h，添加宏定义及函数声明。具体代码如下：

```
#ifndef __ADC_H
#define __ADC_H

#include "stm32f10x.h"

//定义片内温度传感器参数宏
#define V25     1.43
#define AvgSlope     4.3

// ADC_Channel_1     AIN1 可调电阻
// ADC_Channel_2     AIN2 热敏电阻
// ADC_Channel_3     AIN3 固定电压 1.65V
// ADC_Channel_16     AIN16 芯片内温度传感器
// ADC_Channel_17     AIN17 内部参考电压 1.2V

//查询方式单通道单次 ADC 初始化函数
void ADC_QuerySingleChannel_Init(ADC_TypeDef * ADCx);
//以规则通道组进行转换,并获取指定通道转换值
uint16_t ADC_RegularQuerySingleChannel_GetConverValue(ADC_TypeDef * ADCx,uint8_t ch);

#endif
```

（5）查询方式单通道单次ADC初始化函数主要是告知ADC进行转换时的相关参数配置，通道转换结果获取函数主要是实现指定模拟通道的转换并返回转换结果。按照图19.6所示初始化和通道转换结果获取流程，对函数ADC_QuerySingleChannel_Init()和函数ADC_RegularQuerySingleChannel_GetConverValue()编写实现代码。打开adc.c文件，添加资源包含头文件adc.h，根据函数流程编写具体实现代码：

```
#include "adc.h"

//查询方式进行单通道单次 ADC 初始化函数
void ADC_QuerySingleChannel_Init(ADC_TypeDef * ADCx)
{
    uint16_t status = 0;
    GPIO_InitTypeDef GPIO_InitStruct;
    ADC_InitTypeDef ADC_InitStruct;

    //使能 GPIOA、ADC 通道时钟
    if(ADCx == ADC1)
        RCC_APB2PeriphClockCmd(RCC_APB2Periph_GPIOA|RCC_APB2Periph_ADC1,ENABLE);
    else
        RCC_APB2PeriphClockCmd(RCC_APB2Periph_GPIOA|RCC_APB2Periph_ADC2,ENABLE);

    //配置 GPIO 模式为模拟输入模式
    GPIO_InitStruct.GPIO_Pin = GPIO_Pin_1|GPIO_Pin_2|GPIO_Pin_3;
    GPIO_InitStruct.GPIO_Mode = GPIO_Mode_AIN;
    GPIO_Init(GPIOA,&GPIO_InitStruct);
```

```
    //设置 ADC 分频因子为 6(72MHz/6 = 12MHz),使 ADC 的时钟频率不超过最大值 14MHz
    RCC_ADCCLKConfig(RCC_PCLK2_Div6);

    //复位 ADC
    ADC_DeInit(ADCx);

    //ADC 工作模式:ADC1 和 ADC2 工作在独立模式
    ADC_InitStruct.ADC_Mode = ADC_Mode_Independent;
    //模数转换工作在单通道模式
    ADC_InitStruct.ADC_ScanConvMode = DISABLE;
    //模数转换工作在单次转换模式
    ADC_InitStruct.ADC_ContinuousConvMode = DISABLE;
    //转换由软件而不是外部触发启动
    ADC_InitStruct.ADC_ExternalTrigConv = ADC_ExternalTrigConv_None;
    //ADC 数据右对齐
    ADC_InitStruct.ADC_DataAlign = ADC_DataAlign_Right;
    //顺序进行规则转换的 ADC 通道的数目
    ADC_InitStruct.ADC_NbrOfChannel = 1;
    //根据 ADC_InitStruct 中指定的参数初始化外设 ADCx 的寄存器
    ADC_Init(ADCx,&ADC_InitStruct);

    //使能指定的 ADC,使 ADON 位置 1
    ADC_Cmd(ADCx, ENABLE);

    //使能内部通道连接
    ADC_TempSensorVrefintCmd(ENABLE);

    //复位校准,注意在校准前必须使 ADC 上电至少 2 个 ADCCLK 时钟
    ADC_ResetCalibration(ADCx);
    //等待复位校准结束
    while(ADC_GetResetCalibrationStatus(ADCx));
    //开启 AD 校准
    ADC_StartCalibration(ADCx);
    //等待校准结束
    while(ADC_GetCalibrationStatus(ADCx));
}

//以规则通道组进行转换,并获取指定通道转换值
uint16_t ADC_RegularQuerySingleChannel_GetConverValue(ADC_TypeDef * ADCx,uint8_t ch)
{
    //设置指定 ADC 采样通道在规则组中的序号,采样时间
    //排序为位置 1,ADC 通道采样时间为 239.5 周期
    ADC_RegularChannelConfig(ADCx, ch, 1, ADC_SampleTime_239Cycles5 );
    //使能指定的 ADC 的软件转换启动功能
    ADC_SoftwareStartConvCmd(ADCx, ENABLE);

    //等待转换结束
    while(!ADC_GetFlagStatus(ADCx, ADC_FLAG_EOC ));
    //返回最近一次 ADC1 规则组的转换结果
    return ADC_GetConversionValue(ADCx);
}
```

（6）打开 main. h 文件，在该文件中添加资源包含头文件＃include "adc. h"。

（7）打开 main. c 文件，删除 main()函数内的所有代码，再根据图 19.6 主程序流程图编写指定通道模数转换实现功能代码：

```
//主程序
int main(void)
{
    uint16_t tmp_Val = 0;
    float ftmp_Val = 0.0;
    float fT = 0.0;

    //初始化串口
    UART_Query_Init(9600);
    //初始化 ADC1
    ADC_QuerySingleChannel_Init(ADC1);
    //初始化延迟
    delay_Init();

    while(1)
    {
        tmp_Val = ADC_RegularQuerySingleChannel_GetConverValue(ADC1,ADC_Channel_3);
        //保留低 12bit
        tmp_Val = tmp_Val&0xFFF;
        //转换成对应的电压值,并放大 1000 倍
        tmp_Val = (tmp_Val * 3300)/4095;
        //转换成对应电压值,并保留 3 位精度
        ftmp_Val = ((float)tmp_Val)/1000.0;
        //调用 printf 重载函数实现串口发送
        printf("AIN3 通道: %0.3f\r\n",ftmp_Val);

        tmp_Val = ADC_RegularQuerySingleChannel_GetConverValue(ADC1,ADC_Channel_1);
        tmp_Val = tmp_Val&0xFFF;
        tmp_Val = (tmp_Val * 3300)/4095;
        ftmp_Val = ((float)tmp_Val)/1000.0;
        printf("AIN1 通道: %0.3f\r\n",ftmp_Val);

        //芯片内部温度传感器
        tmp_Val = ADC_RegularQuerySingleChannel_GetConverValue(ADC1,ADC_Channel_16);
        tmp_Val = tmp_Val&0xFFF;
        tmp_Val = (tmp_Val * 3300)/4095;
        ftmp_Val = ((float)tmp_Val)/1000.0;
        fT = ((V25 - ftmp_Val)/AvgSlope) + 25;
        printf("芯片片内温度: %0.3f\r\n",fT);

        tmp_Val = ADC_RegularQuerySingleChannel_GetConverValue(ADC1,ADC_Channel_17);
        tmp_Val = tmp_Val&0xFFF;
        tmp_Val = (tmp_Val * 3300)/4095;
        ftmp_Val = ((float)tmp_Val)/1000.0;
```

```
        printf("芯片片内参考:%0.3f\r\n",ftmp_Val);
        printf("=====\r\n");

        delay_ms(1000);
    }
}
```

(8) 编译工程项目生成可执行目标 HEX 文件,下载应用程序到实验开发板。

(9) 将实验开发板按照 13.2.6 节实验开发板 USART 通信电路连接方式连接好实验硬件,打开实验开发板电源,给实验板供电。启动 PC 上的串口调试助手 XCOM V2.6,设置串口通信参数,以字符串方式接收数据,打开串口。在串口助手接收窗口可以收到如图 19.7 所示的转换结果数据。

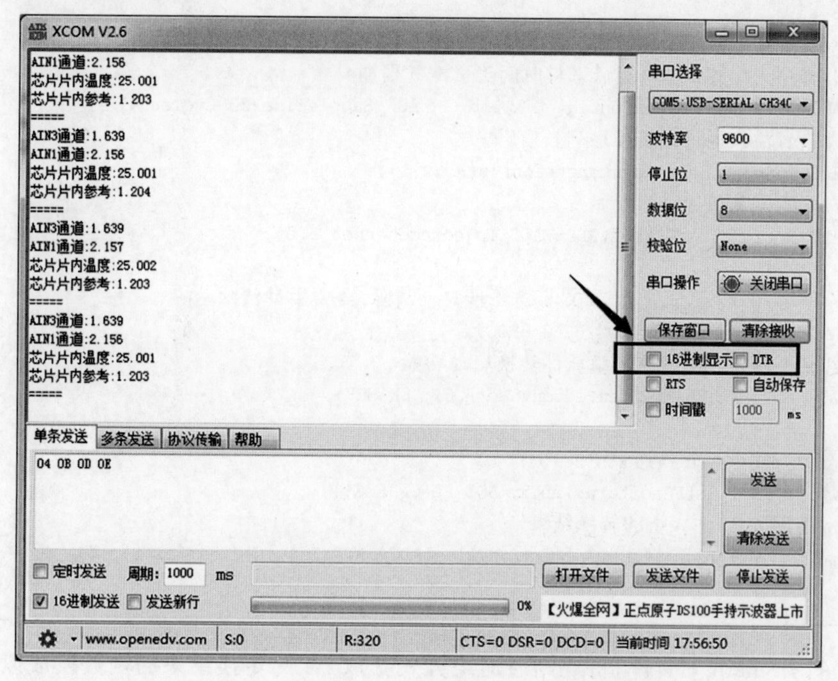

图 19.7　查询方式单通道单次 ADC 转换结果

(10) 用万用表或示波器分别测量 PA3 和 PA1 上的电压,测得值分别为 1.63V 和 2.16V,与 ADC 采样转换后的结果基本一致,存在一定的测量误差。根据 AIN3 通道外部模拟电路可知,PA3 通道的理论电路值是 1.65V,ADC 转换结果与之接近,表明 ADC 转换结果正确。

(11) 函数 ADC_RegularQuerySingleChannel_GetConverValue()是以规则通道组方式进行 ADC 转换的,查询方式单通道单次 ADC 转换同样适用于注入通道组的转换。关闭应用工程项目,将项目 Template_Query_RegularADC 复制一份,并将工程文件夹名称改为 Template_Query_InjectedADC,进入项目的 user 子目录,双击 μVision5 工程项目文件名 Template.uvprojx 启动工程项目。

(12) 打开工程中的 adc.h 文件,添加一个注入通道组转换结果获取函数

ADC_InjectedQuerySingleChannel_GetConverValue()的声明,如:

```
//以注入通道组进行转换,并获取指定通道转换值
uint16_t ADC_InjectedQuerySingleChannel_GetConverValue(ADC_TypeDef * ADCx,uint8_t ch);
```

(13) 打开 adc.c 文件,按照程序流程图 19.6 中转换结果获取函数流程,采用注入通道组方式实现 ADC_InjectedQuerySingleChannel_GetConverValue()函数,具体代码如下:

```
//以注入通道组进行转换,并获取指定通道转换值
uint16_t ADC_InjectedQuerySingleChannel_GetConverValue(ADC_TypeDef * ADCx,uint8_t ch)
{
    //设置规则通道转换由软件而不是外部触发启动
    ADC_ExternalTrigInjectedConvConfig(ADCx,ADC_ExternalTrigInjecConv_None);

    //设置指定 ADC 采样通道在注入组中的序号,采样时间
    //排序为位置 1,ADC 通道采样时间为 239.5 周期
    ADC_InjectedChannelConfig(ADCx, ch, 1, ADC_SampleTime_239Cycles5);
    //设置注入通道组转换序列长度
    ADC_InjectedSequencerLengthConfig(ADCx,1);
    //设置偏移值为 0
    ADC_SetInjectedOffset(ADCx,ADC_InjectedChannel_1,0);

    //清除 JEOC 标志,注意 JEOC 标志不能自动清除,需要手动清除
    ADC_ClearFlag(ADCx,ADC_FLAG_JEOC);
    //使能指定 ADC 的注入组软件转换启动功能
    ADC_SoftwareStartInjectedConvCmd(ADCx, ENABLE);

    //等待注入组转换结束
    while(!ADC_GetFlagStatus(ADCx, ADC_FLAG_JEOC));
    //返回 ADC1 注入组的转换结果
    return ADC_GetInjectedConversionValue(ADCx,ADC_InjectedChannel_1);
}
```

(14) 打开 main.c 文件,将规则通道组方式获取 ADC 转换结果的函数换成以注入通道组方式获取 ADC 转换结果的 ADC_InjectedQuerySingleChannel_GetConverValue()函数,其他保持不变。编译工程项目生成可执行目标 HEX 文件,下载应用程序到实验开发板。

(15) 程序运行后,可观察到串口调试助手接收窗口显示的数据与图 19.7 所示一致。

19.3.2 实验内容二

【实验内容】

采用中断方式编写单通道 ADC 采样实验程序(单通道单次转换模式),实现对实验开发板上固定电压通道 AIN3、可调电压通道 AIN1、芯片内部温度传感器通道 AIN16、内部参考电压通道 AIN17 的采集,并将采集的模拟电压转换成对应的实际电压值,通过串口输出,在串口助手中进行实时显示。

【实验分析】

实验内容二与实验内容一的转换实现方式类似，仅仅是在通道转换结束后产生 EOC 或 JEOC 事件标志的同时触发中断请求，通过中断请求的方式主动通知 CPU 通道转换结束。因此，需要在 ADC 的初始化函数中使能 EOC 或 JEOC 中断请求，并初始化 NVIC。

根据实验内容二要求，需要在前一个通道转换结束后启动下一个通道的转换。因此，在进入中断服务程序后首先读取当前通道的转换结果，然后设置下一个通道为待转换通道，并启动转换。为在中断服务程序中实现通道切换，可以安排一个计数器进行计数实现通道切换。另外，通道转换结果送串口输出安排在主程序中实现，因此需要设置一个全局变量，在中断服务程序中更新通道转换结果值，在主程序中使用该变量实现转换结果输出。实验二的具体程序流程如图 19.8 所示。

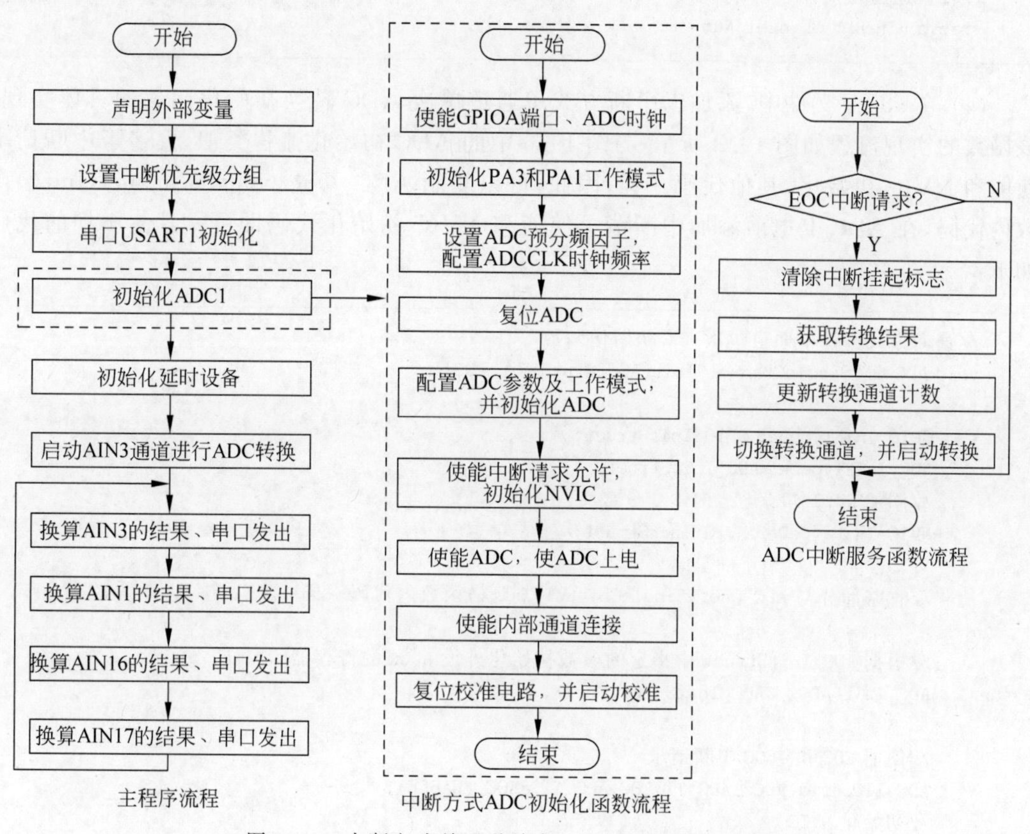

图 19.8　中断方式单通道单次 ADC 转换程序流程图

【实验步骤】

(1) 将应用项目工程 Template_Query_InjectedADC 复制到本次实验的某个存储位置，并修改项目工程文件夹名称为 Template_INT_RegularADC，进入项目的 user 子目录，双击 μVision5 工程项目文件名 Template.uvprojx 启动工程项目。

(2) 打开 adc.h 文件，添加以中断方式单通道单次 ADC 转换初始化函数、启动指定通道以规则通道方式进行转换的函数和重载 ADC 中断服务处理程序函数的声明。具体代码如下：

```
//中断方式单通道单次 ADC 初始化函数
void ADC_INTSingleChannel_Init(ADC_TypeDef * ADCx);
//启动指定通道以规则通道方式进行转换
void ADC_StartRegularChannelConversion(ADC_TypeDef * ADCx,uint8_t ch);
//重载 ADC1 和 ADC1 的中断服务处理程序
void ADC1_2_IRQHandler(void);
```

(3) 打开 adc.c 文件,在"#include "adc.h""语句下面添加全局变量定义:

```
//转换结果保存数组
uint16_t iConverChannelVal[4] = {0,0,0,0};
//转换通道切换计数
static uint8_t Channel_Num = 0;
```

(4) 在 adc.c 文件中,添加以中断方式单通道单次 ADC 转换初始化函数的具体实现。该函数的实现流程如图 19.8 所示,与图 19.6 中的 ADC 初始化流程类似,仅多了中断请求使能和 NVIC 初始化,其他代码一样,因此,可以复制 ADC_QuerySingleChannel_Init()函数内代码,在 ADC 上电前添加中断请求使能和 NVIC 初始化代码即可。具体添加的代码如下:

```
//查询方式进行单通道单次 ADC 初始化函数
void ADC_INTSingleChannel_Init(ADC_TypeDef * ADCx)
{
    GPIO_InitTypeDef GPIO_InitStruct;
    ADC_InitTypeDef ADC_InitStruct;
    //添加 NVIC 初始化结构体变量定义
    NVIC_InitTypeDef NVIC_InitStruct;
    …
    //省略部分与 ADC_QuerySingleChannel_Init()函数内代码一样
    …
    //根据 ADC_InitStruct 中指定的参数初始化外设 ADCx 的寄存器
    ADC_Init(ADCx,&ADC_InitStruct);

    //使能 EOC 和 JEOC 中断请求
    ADC_ITConfig(ADCx,ADC_IT_EOC|ADC_IT_JEOC,ENABLE);
    //初始化 NVIC
    NVIC_InitStruct.NVIC_IRQChannel = ADC1_2_IRQn;
    NVIC_InitStruct.NVIC_IRQChannelPreemptionPriority = 1;
    NVIC_InitStruct.NVIC_IRQChannelSubPriority = 1;
    NVIC_InitStruct.NVIC_IRQChannelCmd = ENABLE;
    NVIC_Init(&NVIC_InitStruct);

    //使能指定的 ADC,使 ADON 位置 1
    ADC_Cmd(ADCx, ENABLE);
    …
    //省略部分代码与 ADC_QuerySingleChannel_Init()函数内代码一样
}
```

（5）在 adc.c 文件添加 ADC_StartRegularChannelConversion()函数的实现代码。该函数功能就是实现通道切换，并启动转换。

```
//启动指定通道以规则通道方式进行转换
void ADC_StartRegularChannelConversion(ADC_TypeDef * ADCx,uint8_t ch)
{
    //设置指定 ADC 采样通道在规则组中的序号,采样时间
    //ADC1,ADC 通道,采样时间为 239.5 周期
    ADC_RegularChannelConfig(ADCx, ch, 1, ADC_SampleTime_239Cycles5 );
    //使能指定的 ADC 的软件转换启动功能
    ADC_SoftwareStartConvCmd(ADCx, ENABLE);
}
```

（6）在 adc.c 文件中根据图 19.8 的中断服务程序流程添加中断服务程序函数 ADC1_2_IRQHandler()的处理代码。具体代码如下：

```
void ADC1_2_IRQHandler(void)
{
    if(ADC_GetITStatus(ADC1,ADC_IT_EOC) == SET)
    { //清除中断请求挂起位
        ADC_ClearITPendingBit(ADC1,ADC_IT_EOC);
        //获取转换结果并保持到数组中
        iConverChannelVal[Channel_Num] = ADC_GetConversionValue(ADC1);
        //通道切换计数
        Channel_Num++;
        if(Channel_Num == 4)
            Channel_Num = 0;
        //切换通道
        switch(Channel_Num)
        {
            case 0:
                ADC_StartRegularChannelConversion(ADC1, ADC_Channel_3);
                break;
            case 1:
                ADC_StartRegularChannelConversion(ADC1, ADC_Channel_1);
                break;
            case 2:
                ADC_StartRegularChannelConversion(ADC1, ADC_Channel_16);
                break;
            case 3:
                ADC_StartRegularChannelConversion(ADC1, ADC_Channel_17);
                break;
        }
    }
}
```

（7）打开 main.h 文件，在该文件中添加通道转换结果存储全局变量外部声明。

```
extern uint16_t iConverChannelVal[4];
```

(8) 打开 main.c 文件,删除 main()函数内的所有代码,再根据图 19.8 主程序流程图编写指定通道模数转换实现功能代码。具体代码如下:

```
//主程序
int main(void)
{
    uint16_t tmp_Val = 0;
    float ftmp_Val = 0.0;
    float fT = 0.0;
    //中断优先级分组
    NVIC_PriorityGroupConfig(NVIC_PriorityGroup_2);
    //初始化串口
    UART_Query_Init(9600);
    //初始化 ADC1
    ADC_INTSingleChannel_Init(ADC1);
    //初始化延迟
    delay_Init();
    //第一次转换启动
    ADC_StartRegularChannelConversion(ADC1, ADC_Channel_3);
    while(1)
    {
        tmp_Val = iConverChannelVal[0];
        //保留低 12bit
        tmp_Val = tmp_Val&0xFFF;
        //转换成对应的电压值,并放大 1000 倍
        tmp_Val = (tmp_Val * 3300)/4095;
        //转换成对应电压值,并保留 3 位精度
        ftmp_Val = ((float)tmp_Val)/1000.0;
        //调用 printf 重载函数实现串口发送
        printf("AIN3 通道: %0.3f\r\n",ftmp_Val);

        tmp_Val = iConverChannelVal[1];
        tmp_Val = tmp_Val&0xFFF;
        tmp_Val = (tmp_Val * 3300)/4095;
        ftmp_Val = ((float)tmp_Val)/1000.0;
        printf("AIN1 通道: %0.3f\r\n",ftmp_Val);

        //芯片内部温度传感器
        tmp_Val = iConverChannelVal[2];
        tmp_Val = tmp_Val&0xFFF;
        tmp_Val = (tmp_Val * 3300)/4095;
        ftmp_Val = ((float)tmp_Val)/1000.0;
        fT = ((V25 - ftmp_Val)/AvgSlope) + 25;
        printf("芯片片内温度: %0.3f\r\n",fT);

        tmp_Val = iConverChannelVal[3];
```

```
        tmp_Val = tmp_Val&0xFFF;
        tmp_Val = (tmp_Val * 3300)/4095;
        ftmp_Val = ((float)tmp_Val)/1000.0;
        printf("芯片片内参考: %0.3f\r\n",ftmp_Val);
        printf(" ===== \r\n");

        delay_ms(1000);
    }
}
```

(9) 编译工程项目生成可执行目标 HEX 文件,下载应用程序到实验开发板。启动 PC 上的串口调试助手,在串口调试助手的接收窗口可以收到如图 19.7 所示一样的转换结果数据。

(10) 前面是以规则通道组方式进行 ADC 转换的,同样也可以以注入通道组方式进行中断 ADC 转换。关闭应用工程项目,将项目 Template_INT_RegularADC 复制一份,并将工程文件夹名称改为 Template_INT_InjectedADC,进入项目的 user 子目录,双击 μVision5 工程项目文件名 Template.uvprojx 启动工程项目。

(11) 打开工程中的 adc.h 文件,添加一个以注入通道方式启动指定通道进行转换的 ADC_StartInjectedChannelConversion()函数声明。具体代码如下:

```
//启动指定通道以注入通道方式进行转换
void ADC_StartInjectedChannelConversion(ADC_TypeDef * ADCx,uint8_t ch);
```

(12) 打开 adc.c 文件,添加 ADC_StartInjectedChannelConversion()函数实现代码。具体代码如下:

```
//启动指定通道以注入通道方式进行转换
void ADC_StartInjectedChannelConversion(ADC_TypeDef * ADCx,uint8_t ch)
{
    //设置规则通道转换由软件而不是外部触发启动
    ADC_ExternalTrigInjectedConvConfig(ADCx,ADC_ExternalTrigInjecConv_None);
    //设置注入通道组转换序列长度
    ADC_InjectedSequencerLengthConfig(ADCx,1);
    //设置偏移值为 0
    ADC_SetInjectedOffset(ADCx,ADC_InjectedChannel_1,0);
    //以上代码可以放到初始化函数中
    //本处为了不更改初始函数,故将这部分代码放到此处

    //设置指定 ADC 采样通道在注入组中的序号,采样时间
    //排序为位置 1,ADC 通道采样时间为 239.5 周期
    ADC_InjectedChannelConfig(ADCx, ch, 1, ADC_SampleTime_239Cycles5);
    //需要手动清除状态寄存器,否则转换将失败
    ADC1 -> SR = 0x00;
    //使能指定 ADC 的注入组软件转换启动功能
    ADC_SoftwareStartInjectedConvCmd(ADCx, ENABLE);
}
```

（13）修改中断服务函数处理代码，添加JEOC中断请求处理代码。具体代码如下：

```
void ADC1_2_IRQHandler(void)
{
    if(ADC_GetITStatus(ADC1,ADC_IT_JEOC) == SET)
    {
        ADC_ClearITPendingBit(ADC1,ADC_IT_JEOC);
        //获取转换结果并保持到数组中
        iConverChannelVal [ Channel _ Num ] = ADC _ GetInjectedConversionValue ( ADC1, ADC _
InjectedChannel_1);
        //通道切换计数
        Channel_Num++;
        if(Channel_Num == 4)
            Channel_Num = 0;
        //切换通道
        switch(Channel_Num)
        {
            case 0:
                ADC_StartInjectedChannelConversion(ADC1, ADC_Channel_3);
                break;
            case 1:
                ADC_StartInjectedChannelConversion(ADC1, ADC_Channel_1);
                break;
            case 2:
                ADC_StartInjectedChannelConversion(ADC1, ADC_Channel_16);
                break;
            case 3:
                ADC_StartInjectedChannelConversion(ADC1, ADC_Channel_17);
                break;
        }
    }
}
```

（14）打开main.c文件，将第一次转换启动函数ADC_StartRegularChannelConversion()改成ADC_StartInjectedChannelConversion()，其他保持不变。编译工程项目生成可执行目标HEX文件，下载应用程序到实验开发板。程序运行后，可观察到串口调试助手接收窗口显示的数据与图19.7所示一致。

19.3.3 实验内容三

【实验内容】

采用查询方式编写单通道ADC采样实验程序（单通道连续转换模式），实现对实验开发板上可调电压通道AIN1的采集，并将采集的模拟电压转换成对应的实际电压值，通过串口输出，在串口助手中进行实时显示。

【实验分析】

本次实验要求采用单通道连续转换模式对AIN1通道进行模/数转换，并用查询方式实现转换结果数据的读取及处理。本实验的实现方法和步骤与实验内容一类似，仅几处存在区别：

(1) 对 ADC 以查询方式初始化时，ADC 转换模式需要改为单通道连续转换模式。

(2) 实验内容一使用函数 ADC_RegularQuerySingleChannel_GetConverValue()来触发通道转换，并等待转换结束返回转换结果。在实验内容三中，触发通道 AIN1 转换，需要放到 ADC 初始化函数的最后面，即 ADC 初始完成后即可立即触发 ADC 开始转换。由于实验要求采用连续转换模式，故一旦触发完成，ADC 将一直工作，直到收到停止为止，因此不需要每次都触发 ADC 启动转换。

(3) 本次实验要求连续转换的结果获取采用查询方式，CPU 依然查询 EOC 或 JEOC 标志，当标志置位时，表示当前模拟通道转换结束，可以从相应的数据寄存器获取转换结果。因此，可以单独设置一个转换结果读取函数。

根据上述分析，本次实验主程序流程图和 ADC 初始化函数流程图与图 19.6 所示一致，通道转换结果获取函数流程如图 19.9 所示。

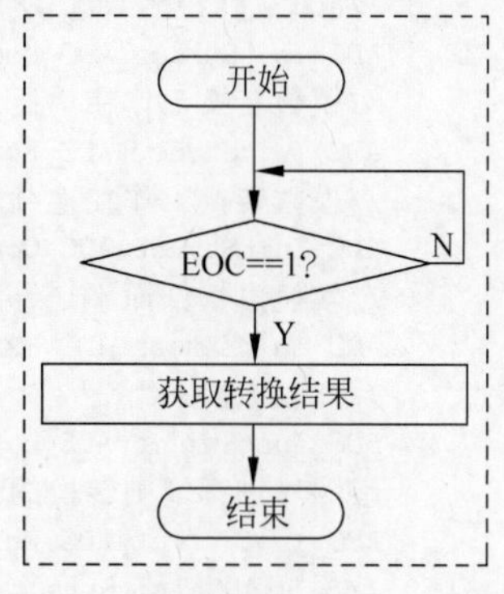

图 19.9 通道转换结果获取函数流程图

【实验步骤】

(1) 将应用项目工程 Template_Query_RegularADC 复制到本次实验的某个存储位置，并修改项目工程文件夹名称为 Template_Query_RegularContinueADC，进入项目的 user 子目录，双击 μVision5 工程项目文件名 Template.uvprojx 启动工程项目。

(2) 打开 adc.h 文件，添加以查询方式单通道连续转换 ADC 初始化函数和以规则通道进行连续转换的结果获取函数声明。具体代码如下：

```
//查询方式单通道连续转换 ADC 初始化函数
void ADC_QueryContinueChannel_Init(ADC_TypeDef * ADCx);
//以规则通道进行连续转换的结果获取函数
uint16_t ADC_RegularQueryContinue_GetConverValue(ADC_TypeDef * ADCx);
```

(3) 打开 adc.c 文件，根据图 19.6 所示 ADC 初始化流程图，添加单通道连续转换 ADC 初始化函数的具体实现代码。其代码与 ADC_QueryContinueChannel_Init()函数类似，仅修改 3 个位置。因此，先复制 ADC_QueryContinueChannel_Init()函数的实现代码，然后进行修改即可，修改和添加部分以粗体表示，修改后的具体代码如下：

```
//查询方式单通道连续转换 ADC 初始化函数
void ADC_QueryContinueChannel_Init(ADC_TypeDef * ADCx)
{
    GPIO_InitTypeDef GPIO_InitStruct;
    ADC_InitTypeDef ADC_InitStruct;

    //使能 GPIOA、ADC 通道时钟
if(ADCx == ADC1)
     RCC_APB2PeriphClockCmd(RCC_APB2Periph_GPIOA|RCC_APB2Periph_ADC1,ENABLE);
else
    RCC_APB2PeriphClockCmd(RCC_APB2Periph_GPIOA|RCC_APB2Periph_ADC2,ENABLE);
```

```
    //配置 GPIO 模式为模拟输入模式
    GPIO_InitStruct.GPIO_Pin = GPIO_Pin_1;
    GPIO_InitStruct.GPIO_Mode = GPIO_Mode_AIN;
    GPIO_Init(GPIOA,&GPIO_InitStruct);

    //设置 ADC 分频因子为 6(72MHz/6 = 12MHz),使 ADC 时钟频率不超过最大值 14MHz
    RCC_ADCCLKConfig(RCC_PCLK2_Div6);
    //复位 ADC
    ADC_DeInit(ADCx);
    //ADC 工作模式:ADC1 和 ADC2 工作在独立模式
    ADC_InitStruct.ADC_Mode = ADC_Mode_Independent;
    //模数转换工作在单通道模式
    ADC_InitStruct.ADC_ScanConvMode = DISABLE;
    //模数转换工作在连续转换模式
    ADC_InitStruct.ADC_ContinuousConvMode = ENABLE;
    //转换由软件而不是外部触发启动
    ADC_InitStruct.ADC_ExternalTrigConv = ADC_ExternalTrigConv_None;
    //ADC 数据右对齐
    ADC_InitStruct.ADC_DataAlign = ADC_DataAlign_Right;
    //顺序进行规则转换的 ADC 通道的数目
    ADC_InitStruct.ADC_NbrOfChannel = 1;
    //根据 ADC_InitStruct 中指定的参数初始化外设 ADCx 的寄存器
    ADC_Init(ADCx,&ADC_InitStruct);

   //使能指定的 ADC,使 ADON 位置 1
    ADC_Cmd(ADCx, ENABLE);

    //复位校准,注意在校准前必须使 ADC 上电至少 2 个 ADCCLK 时钟
    ADC_ResetCalibration(ADCx);
    //等待复位校准结束
    while(ADC_GetResetCalibrationStatus(ADCx));
    //开启 AD 校准
    ADC_StartCalibration(ADCx);
    //等待校准结束
    while(ADC_GetCalibrationStatus(ADCx));

    //设置指定 ADC 采样通道在规则组中的排序及采样时间
    //排序为位置 1,ADC 通道采样时间为 239.5 周期
    ADC_RegularChannelConfig(ADCx, ADC_Channel_1, 1, ADC_SampleTime_239Cycles5 );
    //使能指定的 ADC 的软件转换启动功能
    ADC_SoftwareStartConvCmd(ADCx, ENABLE);
}
```

（4）根据图 19.9 所示流程，添加转换结果获取函数的具体实现代码。具体代码如下：

```
//以规则通道进行连续转换的结果获取函数
uint16_t ADC_RegularQueryContinue_GetConverValue(ADC_TypeDef * ADCx)
{
    //等待转换结束
    while(!ADC_GetFlagStatus(ADCx, ADC_FLAG_EOC ));
    //返回最近一次 ADC1 规则组的转换结果
```

```
    return ADC_GetConversionValue(ADCx);
}
```

(5) 打开 main.c 文件,根据图 19.6 主程序流程,利用新增加的两个功能函数修改主程序代码,实现 AIN1 通道连续转换功能代码。具体代码如下:

```
//主程序
int main(void)
{
    uint16_t tmp_Val = 0;
    float ftmp_Val = 0.0;

    //初始化串口
    UART_Query_Init(9600);
    //初始化 ADC1
    ADC_QueryContinueChannel_Init(ADC1);
    //初始化延迟
    delay_Init();

    while(1)
    {
        tmp_Val = ADC_RegularQueryContinue_GetConverValue(ADC1);
        tmp_Val = tmp_Val&0xFFF;
        tmp_Val = (tmp_Val * 3300)/4095;
        ftmp_Val = ((float)tmp_Val)/1000.0;
        printf("AIN1 通道: %0.3f\r\n",ftmp_Val);
        delay_ms(500);
    }
}
```

(6) 编译工程项目生成可执行目标 HEX 文件,下载应用程序到实验开发板。程序运行后,可观察到串口调试助手接收到 AIN1 通道转换出来的电压值。手动调整实验开发板上的可调电阻 R11,串口助手接收到的采集转换值也发生了改变,用万用表测量 J3-PA1 排针,其电压与接收窗口中显示的电压值一致,表明 AIN1 单通道连续转换程序已实现。调整可调电阻 R11 时,采集电压变化情况如图 19.10 所示。

图 19.10 调整 R11 改变 AIN1 通道电压

19.3.4 实验内容四

【实验内容】

采用中断方式编写单通道ADC采样实验程序(单通道连续转换模式),实现对实验开发板上可调电压通道AIN1的采集,并将采集的模拟电压转换成对应的实际电压值,通过串口输出,在串口助手中进行实时显示。

【实验分析】

本次实验内容与实验内容三类似,仅仅是在当前通道转换结束时,需要产生中断请求,利用中断的方式主动通知CPU通道转换已结束,随后CPU在中断服务程序中读取转换结果数据即可。因此,相对于实验内容三,需要做如下修改:

(1) 在ADC初始化函数中,需使能EOC标志中断允许,同时初始化NVIC。

(2) 添加ADC的中断服务处理函数,并在中断处理函数中实现转换结果的读取与转存。

(3) 在主程序中,设置中断优先级分组,在转换数据处理部分直接使用中断中转存的结果进行计算处理。

【实验步骤】

(1) 将创建的应用项目工程Template_Query_RegularContinueADC复制到本次实验的某个存储位置,并修改项目工程文件夹名称为Template_INT_RegularContinueADC,进入项目的user子目录,双击μVision5工程项目文件名Template. uvprojx启动工程项目。

(2) 打开adc. h文件,添加以中断方式单通道连续转换ADC初始化函数和中断服务函数声明。具体代码如下:

```
//中断方式单通道连续转换 ADC 初始化函数
void ADC_INTContinueChannel_Init(ADC_TypeDef * ADCx);
//重载 ADC1 和 ADC1 的中断服务处理程序
void ADC1_2_IRQHandler(void);
```

(3) 打开adc. c文件,在"#include "adc. h""语句下面添加全局变量定义:

```
//转换结果保存数组
uint16_t iConverChannelVal = 0;
```

(4) 在adc. c文件中,添加以中断方式单通道连续ADC转换初始化函数具体实现。该函数与查询方式相比,仅多了使能中断请求和NVIC初始化,其他代码一样。因此可以复制ADC_QueryContinueChannel_Init()函数内代码,在ADC上电后添加中断请求使能和NVIC初始化代码即可。具体添加的代码如下:

```
//中断方式单通道连续转换 ADC 初始化函数
void ADC_INTContinueChannel_Init(ADC_TypeDef * ADCx)
{
    GPIO_InitTypeDef  GPIO_InitStruct;
```

```
    ADC_InitTypeDef   ADC_InitStruct;
    //添加 NVIC 初始化结构体变量定义
    NVIC_InitTypeDef  NVIC_InitStruct;

    …
    //省略代码与 ADC_QueryContinueChannel_Init()函数内代码一样
    //使能指定的 ADC,使 ADON 位置 1
    ADC_Cmd(ADCx, ENABLE);

    //使能 EOC 和 JEOC 中断请求
    ADC_ITConfig(ADCx,ADC_IT_EOC,ENABLE);
    //初始化 NVIC
    NVIC_InitStruct.NVIC_IRQChannel = ADC1_2_IRQn;
    NVIC_InitStruct.NVIC_IRQChannelPreemptionPriority = 1;
    NVIC_InitStruct.NVIC_IRQChannelSubPriority = 1;
    NVIC_InitStruct.NVIC_IRQChannelCmd = ENABLE;
    NVIC_Init(&NVIC_InitStruct);
    //省略代码与 ADC_QueryContinueChannel_Init()函数内代码一样
    …
}
```

(5) 在 adc.c 文件中添加中断服务程序函数 ADC1_2_IRQHandler()的处理代码。具体代码如下:

```
//重载 ADC1 和 ADC1 的中断服务处理程序
void ADC1_2_IRQHandler(void)
{
    if(ADC_GetITStatus(ADC1,ADC_IT_EOC) == SET)
    { //清除中断请求挂起位
        ADC_ClearITPendingBit(ADC1,ADC_IT_EOC);
        //获取转换结果并保持到数组中
        iConverChannelVal = ADC_GetConversionValue(ADC1);
    }
}
```

(6) 打开 main.h 文件,在该文件中添加通道转换结果存储全局变量外部声明。

```
extern uint16_t iConverChannelVal;
```

(7) 打开 main.c 文件,在 main()函数开始处添加中断优先级分组设置,并修改 ADC 初始化函数为 ADC_INTContinueChannel_Init(ADC1),转换结果直接从 iConverChannelVal 获取,具体代码如下:

```
//主程序
int main(void)
{
```

```
    uint16_t tmp_Val = 0;
    float ftmp_Val = 0.0;
    //中断优先级分组
    NVIC_PriorityGroupConfig(NVIC_PriorityGroup_2);
    //初始化串口
    UART_Query_Init(9600);
    //初始化 ADC1
    ADC_INTContinueChannel_Init(ADC1);
    //初始化延迟
    delay_Init();
    while(1)
    {
        tmp_Val = iConverChannelVal;
        tmp_Val = tmp_Val&0xFFF;
        tmp_Val = (tmp_Val * 3300)/4095;
        ftmp_Val = ((float)tmp_Val)/1000.0;
        printf("AIN1 通道: % 0.3f\r\n",ftmp_Val);
        delay_ms(500);
    }
}
```

(8) 编译工程项目生成可执行目标 HEX 文件,下载应用程序到实验开发板。程序运行后,可观察到串口调试助手接收到 AIN1 通道转换出来的电压值。手动调整实验开发板上的可调电阻 R11,串口助手接收到的采集转换值也发生了改变,用万用表测量 J3-PA1 排针,其电压与接收窗口中显示的电压值一致。

19.3.5 实验内容五

【实验内容】

采用 DMA 数据传输功能,以单通道连续转换模式实现对实验开发板上可调电压通道 AIN1 的采集,并将采集的模拟电压转换成对应的实际电压值,通过串口输出,在串口助手中进行实时显示。

【实验分析】

(1) 本实验内容要求利用 DMA 进行数据转存,因此涉及 DMA 控制器初始化和 ADC 转换结束时 DMA 请求使能。

(2) 对于要使用 DMA 进行 ADC 转换结果数据的转存,必须对 DMA 控制器进行初始化。DMA 初始化与第 18 章中 DMA 的初始化流程类似,此处不再给出 DMA 初始化流程图。但在初始化 DMA 控制器时需要注意:

① DMA 控制器传输的数据源是 ADC 转换的规则组数据寄存器,因此外设地址为 &(ADC1→DR),且其地址增量需要禁止(因为 ADC 数据寄存器只有一个)。

② 数据传输的方式应该是 ADC1→DR 到内存的传输,因此外设是数据源,并禁用内存到内存的传送。

③ DMA 传输的目的地址是 ADC 转换结果将要保存的内存存储单元地址,其地址增量使能,以便每次转换结果存在不同的存储单元。

④ 由于 ADC 转换结果数据寄存器是 16 位，故传输数据宽度为半字。

⑤ 启动 DMA 传输后，希望 DMA 控制器不断的进行数据传输，即只要 ADC 发出 DMA 传输请求，DMA 控制器都要进行数据转存，故 DMA 工作方式选择循环模式。

⑥ 在初始化 DMA 通道后，一定要使能 DMA 通道进行数据传输，以使 DMA 处于待机状态，只要有 DMA 请求到达，DMA 就可以立即进行数据传输。

(3) 对于 ADC 转换结束时使能 DMA 请求，需要在前面 ADC 单通道连续转换模式的初始化函数中增加一条 DMA 请求使能代码"ADC_DMACmd(ADCx,ENABLE);"即可，其他代码不变。

(4)在主程序中，首先需要定义保存 ADC 转换结果的内存存储单元，然后初始化 DMA 和 ADC，随后 DMA 和 ADC 就自动工作并将转换结果转存到指定的内存单元中。对得到的转换结果就可以按照实验要求进行计算，并从串口输出进行显示。具体程序流程图不再给出，读者可自行根据实验代码分析其详细流程。

【实验步骤】

(1) 将应用项目工程 Template_INT_RegularContinueADC 复制到本次实验的某个存储位置，并修改项目工程文件夹名称为 Template_DMA_RegularContinueADC，进入项目文件 user 子目录，双击 μVision5 工程项目文件名 Template. uvprojx 启动工程项目。

(2) 打开 adc. h 文件，添加以 DMA 方式进行转换结果传输的初始化函数声明。具体代码如下。

```
//DMA 控制器初始化函数,实现 ADC 转换结果 DMA 传输
void DMA_ADCResultSend_Init(uint32_t pAdrr, uint32_t mAdrr, uint32_t ilen);
//单通道连续转换 DMA 传输初始化函数
void ADC_RegularDMAEnablContinue_Init(ADC_TypeDef * ADCx);
```

(3) 在 adc. c 文件中，添加以 DMA 方式进行转换的 DMA 控制器初始化函数实现代码。根据第 18 章 DMA 实验时 DMA 控制器初始步骤及流程，将 DMA 控制器初始化为外设到内存的循环数据传送方式，且外设地址增量禁止，内存地址增量使能，传输数据宽度为半字(16 位)。ADC 使用 DMA1 通道 1 进行数据传输，因此需要对 DMA1 的第 1 通道进行初始化，并使能。具体代码如下：

```
//DMA 控制器初始化函数,实现 ADC 转换结果 DMA 传输
void DMA_ADCResultSend_Init(uint32_t pAdrr, uint32_t mAdrr, uint32_t ilen)
{ //定义 DMA 初始化参数结构体变量
    DMA_InitTypeDef DMA_InitStruct;

    //使能 DMA 时钟
    RCC_AHBPeriphClockCmd(RCC_AHBPeriph_DMA1,ENABLE);
    //复位 DMA 控制器
    DMA_DeInit(DMA1_Channel1);
    //初始化 DMA 控制器,设置 DMA 的源地址:外设基地址
    DMA_InitStruct.DMA_PeripheralBaseAddr = pAdrr;
    //设置 MDA 的目的地址:内存 RAM 基地址
    DMA_InitStruct.DMA_MemoryBaseAddr = mAdrr;
```

```
    //设置 DMA 传输方向:外设作为数据传输的来源
    DMA_InitStruct.DMA_DIR = DMA_DIR_PeripheralSRC;
    //设置外设地址增量方式:外设地址寄存器递增
    DMA_InitStruct.DMA_PeripheralInc = DMA_PeripheralInc_Disable;
    //设置内存地址增量方式:内存地址寄存器递增
    DMA_InitStruct.DMA_MemoryInc = DMA_MemoryInc_Enable;
    //设置 DMA 传送数据大小
    DMA_InitStruct.DMA_BufferSize = ilen;
    //设置 DMA 传送的数据宽度
    DMA_InitStruct.DMA_PeripheralDataSize = DMA_PeripheralDataSize_HalfWord;
    DMA_InitStruct.DMA_MemoryDataSize = DMA_MemoryDataSize_HalfWord;
    //设置 DMA 传输模式:工作在循环模式
    DMA_InitStruct.DMA_Mode = DMA_Mode_Circular;
    //设置 DMA 优先级:DMA 通道 x 拥有高优先级
    DMA_InitStruct.DMA_Priority = DMA_Priority_High;
    //禁止存储器到存储器的数据传输(使能外设到内存传输)
    DMA_InitStruct.DMA_M2M = DMA_M2M_Disable;
    //初始化 MDA
    DMA_Init(DMA1_Channel1,&DMA_InitStruct);

    //DMA 使能
    DMA_Cmd(DMA1_Channel1,ENABLE);
}
```

(4) 在 adc.c 文件中,添加使能 DMA 请求的单通道连续 ADC 转换初始化函数实现代码。初始化函数 ADC_RegularDMAEnableContinue_Init()的实现代码与查询方式单通道连续 ADC 转换初始化函数 ADC_QueryContinueChannel_Init()类似,仅多一条使能 DMA 请求功能代码,其他代码一样。具体代码如下:

```
//单通道连续转换 DMA 传输初始化函数
void ADC_RegularDMAEnableContinue_Init(ADC_TypeDef * ADCx)
{
    GPIO_InitTypeDef GPIO_InitStruct;
    ADC_InitTypeDef ADC_InitStruct;

    //使能 GPIOA、ADC 通道时钟
    if(ADCx == ADC1)
     RCC_APB2PeriphClockCmd(RCC_APB2Periph_GPIOA|RCC_APB2Periph_ADC1,ENABLE);
    else
     RCC_APB2PeriphClockCmd(RCC_APB2Periph_GPIOA|RCC_APB2Periph_ADC2,ENABLE);

    //配置 GPIO 模式为模拟输入模式
    GPIO_InitStruct.GPIO_Pin = GPIO_Pin_1;
    GPIO_InitStruct.GPIO_Mode = GPIO_Mode_AIN;
    GPIO_Init(GPIOA,&GPIO_InitStruct);

    //设置 ADC 分频因子为 6(72MHz/6 = 12MHz)使 ADC 时钟频率不超过最大值 14MHz
```

```
    RCC_ADCCLKConfig(RCC_PCLK2_Div6);
    //复位 ADC
    ADC_DeInit(ADCx);

    ADC_InitStruct.ADC_Mode = ADC_Mode_Independent;
    //模数转换工作在单通道模式
    ADC_InitStruct.ADC_ScanConvMode = DISABLE;
    //模数转换工作在连续转换模式
    ADC_InitStruct.ADC_ContinuousConvMode = ENABLE;
    ADC_InitStruct.ADC_ExternalTrigConv = ADC_ExternalTrigConv_None;
    ADC_InitStruct.ADC_DataAlign = ADC_DataAlign_Right;
    ADC_InitStruct.ADC_NbrOfChannel = 1;
    ADC_Init(ADCx,&ADC_InitStruct);

    //使能指定的 ADC,使 ADON 位置 1
    ADC_Cmd(ADCx, ENABLE);
    //使能 DMA 请求
    ADC_DMACmd(ADCx,ENABLE);

    //校准 ADC
    ADC_ResetCalibration(ADCx);
    while(ADC_GetResetCalibrationStatus(ADCx));
    ADC_StartCalibration(ADCx);
    while(ADC_GetCalibrationStatus(ADCx));
    //设置规则通道并触发转换
    ADC_RegularChannelConfig(ADCx, ADC_Channel_1, 1, ADC_SampleTime_239Cycles5 );
    ADC_SoftwareStartConvCmd(ADCx, ENABLE);
}
```

(5) 打开 main.c 文件,删除 main()函数中的代码,按照主程序流程添加实现代码。具体代码如下:

```
//主程序
int main(void)
{
    uint16_t tmp_Val = 0;
    float ftmp_Val = 0.0;
    //转换结果 DMA 保存数组
    uint16_t iDMA_ADCConvervalue[15] = {0,0,0,0,0,0,0,0,0,0,0,0,0,0,0};
    //初始化串口
    UART_Query_Init(9600);
    //初始化 DMA 控制器
    DMA_ADCResultSend_Init((uint32_t)(&(ADC1->DR)),(uint32_t)iDMA_ADCConvervalue,10);
    //初始化 ADC1
    ADC_RegularDMAEnablContinue_Init(ADC1);
    //初始化延迟
    delay_Init();
```

```
    while(1)
    {
        for(int i = 0;i < 15;i++)
        {
            tmp_Val = iDMA_ADCConvervalue[i];
            tmp_Val = tmp_Val&0xFFF;
            tmp_Val = (tmp_Val * 3300)/4095;
            ftmp_Val = ((float)tmp_Val)/1000.0;
             printf("iDMA_ADCConvervalue[%d] = 0x%4X, AIN1 通道: %0.3f\r\n", i, iDMA_
ADCConvervalue[i],ftmp_Val);
        }
        delay_ms(1000);
    }
}
```

(6) 编译工程项目生成可执行目标 HEX 文件，下载应用程序到实验开发板。程序运行后，可观察到串口调试助手接收到 AIN1 通道转换出来的电压值，如图 19.11 所示。可手动调整实验开发板上的可调电阻 R11，串口助手接收到的采集转换值也发生了改变，用万用表测量 J3-PA1 排针，其电压与接收窗口中显示的电压值一致。

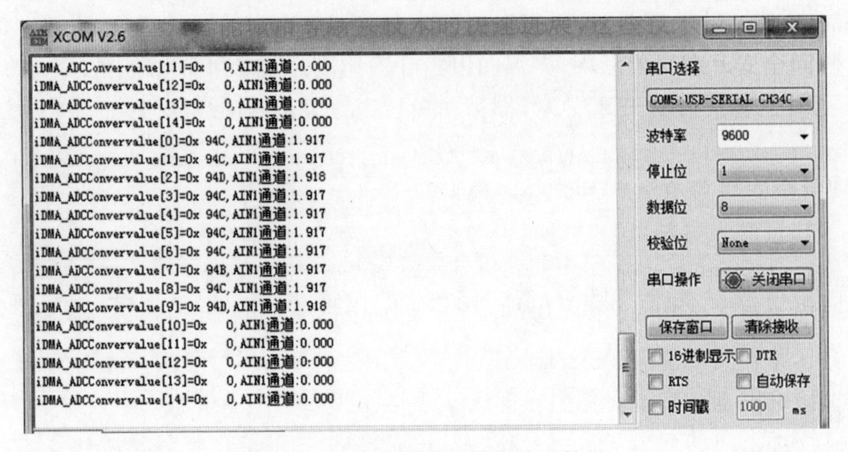

图 19.11　单通道连续转换输出结果

19.3.6 实验内容六

【实验内容】

采用多通道单次转换模式(扫描模式)实现对实验开发板上固定电压通道 AIN3、可调电压通道 AIN1、芯片内部温度传感器通道 AIN16、内部参考电压通道 AIN17 的采集，并将采集的模拟电压转换成对应的实际电压值，通过串口输出，在串口助手中进行实时显示。

【实验分析】

(1) 本次实验采用规则通道组进行多通道单次转换模式。由于规则通道组只有一个数据寄存器，各通道转换的结果均将存入同一个数据寄存器中，因此需要使能 DMA 请求，用 DMA 控制器实现转换结果的转存。

（2）DMA控制器实现外设ADC数据寄存器到内存存储单元的数据传输，因此在进行DAM传输之前需要对DMA控制器初始化。本实验内容是对ADC转换结果数据进行传输，与实验内容五中DMA的初始化设置一致，故可以直接使用实验内容五编写的初始化函数DMA_ADCResultSend_Init()，但需要注意每次DMA传输的数据长度应与ADC转换通道的个数一致。

（3）本次实验是对实验开发板上固定电压通道AIN3、可调电压通道AIN1、芯片内部温度传感器通道AIN16、内部参考电压通道AIN17等多个通道进行单次转换，在初始化ADC转换模式时，应设置为多通道单次转换模式（扫描模式），在触发ADC转换前将所有待转换的通道配置到规则通道组中，并确定各通道的转换顺序。因此初始化函数可以在实验内容五的ADC_RegularDMAEnablContinue_Init()函数基础上修改。

（4）由于采用多通道单次转换模式（扫描模式），因此待指定的通道转换结束后ADC立即停止了转换。如需要再次启动转换，必须重新触发ADC转换。

【实验步骤】

（1）将实验内容五创建的应用项目工程Template_DMA_RegularContinueADC复制到本次实验的某个存储位置，并修改项目工程文件夹名称为Template_DMA_RegularScanADC，进入项目文件user子目录，双击μVision5工程项目文件名Template.uvprojx，启动工程项目。

（2）打开adc.h文件，添加以多通道单次转换模式（扫描模式）进行ADC转换的初始化函数声明。具体代码如下：

```
//多通道单次转换 DMA 传输初始化函数
void ADC_RegularDMAEnablScan_Init(ADC_TypeDef * ADCx);
```

（3）打开adc.c文件，添加ADC_RegularDMAEnablScan_Init()函数的实现代码。该函数实现代码与单通道连续转换的初始函数ADC_RegularDMAEnablContinue_Init()类似，仅将ADC转换模式改为多通道单次转换模式（扫描模式），并将所有待转换的通道配置到规则通道组中即可。需要注意初始化设置待转换规则通道数量应与需要转换的数量一致。具体代码如下：

```
//多通道单次转换 DMA 传输初始化函数
void ADC_RegularDMAEnablScan_Init(ADC_TypeDef * ADCx)
{
    GPIO_InitTypeDef GPIO_InitStruct;
    ADC_InitTypeDef ADC_InitStruct;

    //使能 GPIOA、ADC 通道时钟
    if(ADCx == ADC1)
        RCC_APB2PeriphClockCmd(RCC_APB2Periph_GPIOA|RCC_APB2Periph_ADC1,ENABLE);
    else
        RCC_APB2PeriphClockCmd(RCC_APB2Periph_GPIOA|RCC_APB2Periph_ADC2,ENABLE);

    //配置 GPIO 模式为模拟输入模式
```

```
    GPIO_InitStruct.GPIO_Pin = GPIO_Pin_1|GPIO_Pin_3;
    GPIO_InitStruct.GPIO_Mode = GPIO_Mode_AIN;
    GPIO_Init(GPIOA,&GPIO_InitStruct);

    //设置 ADC 分频因子 6 ,72M/6 = 12MHz,ADC 最大时间不能超过 14M
    RCC_ADCCLKConfig(RCC_PCLK2_Div6);

    //复位 ADC
    ADC_DeInit(ADCx);

    //ADC 工作模式:ADC1 和 ADC2 工作在独立模式
    ADC_InitStruct.ADC_Mode = ADC_Mode_Independent;
    //模数转换工作在多通道模式
    ADC_InitStruct.ADC_ScanConvMode = ENABLE;
    //模数转换工作在单次转换模式
    ADC_InitStruct.ADC_ContinuousConvMode = DISABLE;
    //转换由软件而不是外部触发启动
    ADC_InitStruct.ADC_ExternalTrigConv = ADC_ExternalTrigConv_None;
    //ADC 数据右对齐
    ADC_InitStruct.ADC_DataAlign = ADC_DataAlign_Right;
    //顺序进行规则转换的 ADC 通道数目,与规则组中的通道数目一致
    ADC_InitStruct.ADC_NbrOfChannel = 8;
    //根据 ADC_InitStruct 中指定的参数初始化外设 ADCx 的寄存器
    ADC_Init(ADCx,&ADC_InitStruct);

    //使能指定的 ADC,使 ADON 位置 1
    ADC_Cmd(ADCx, ENABLE);
    //使能 DMA 请求
    ADC_DMACmd(ADCx,ENABLE);
    //使能内部通道
    ADC_TempSensorVrefintCmd(ENABLE);

    //校准 ADC
    ADC_ResetCalibration(ADCx);
    while(ADC_GetResetCalibrationStatus(ADCx));
    ADC_StartCalibration(ADCx);
    while(ADC_GetCalibrationStatus(ADCx));

    //设置指定 ADC 采样通道在规则组中的排序及采样时间
    //构成待转换规则通道组,构成 8 个待转换通道
    ADC_RegularChannelConfig(ADCx, ADC_Channel_1, 1, ADC_SampleTime_55Cycles5 );
    ADC_RegularChannelConfig(ADCx, ADC_Channel_3, 2, ADC_SampleTime_55Cycles5 );
    ADC_RegularChannelConfig(ADCx, ADC_Channel_16, 3, ADC_SampleTime_55Cycles5 );
    ADC_RegularChannelConfig(ADCx, ADC_Channel_17, 4, ADC_SampleTime_55Cycles5 );
    ADC_RegularChannelConfig(ADCx, ADC_Channel_3, 5, ADC_SampleTime_55Cycles5 );
    ADC_RegularChannelConfig(ADCx, ADC_Channel_3, 6, ADC_SampleTime_55Cycles5 );
    ADC_RegularChannelConfig(ADCx, ADC_Channel_16, 7, ADC_SampleTime_55Cycles5 );
    ADC_RegularChannelConfig(ADCx, ADC_Channel_16, 8, ADC_SampleTime_55Cycles5 );
    //使能指定的 ADC 的软件转换启动功能
    ADC_SoftwareStartConvCmd(ADCx, ENABLE);
}
```

(4) 打开 main.c 文件,删除 main()函数中 DMA 初始化代码、ADC 初始化代码,并修改数据转换计算及串口输出代码。具体代码如下:

```
//主程序
int main(void)
{
    uint16_t tmp_Val = 0;
    float ftmp_Val = 0.0;
    //转换结果 DMA 保存数组
    uint16_t iDMA_ADCConvervalue[15] = {0,0,0,0,0,0,0,0,0,0,0,0,0,0,0};
    //初始化串口
    UART_Query_Init(9600);
    //初始化 DMA 控制器,数据传输的长度与 ADC 待转换通道数一致
    DMA_ADCResultSend_Init((uint32_t)(&(ADC1->DR)),(uint32_t)iDMA_ADCConvervalue,8);
    //初始化 ADC1
    ADC_RegularDMAEnablScan_Init(ADC1);
    //初始化延迟
    delay_Init();
    while(1)
    {
        for(int i = 0;i < 8;i++)
        {
            tmp_Val = iDMA_ADCConvervalue[i];
            tmp_Val = tmp_Val&0xFFF;
            tmp_Val = (tmp_Val * 3300)/4095;
            ftmp_Val = ((float)tmp_Val)/1000.0;
            printf("规则通道第%d号:%0.3f\r\n",i+1,ftmp_Val);
        }
        printf("=========\r\n");
        delay_ms(1000);
    }
}
```

(5) 编译工程项目生成可执行目标 HEX 文件,下载应用程序到实验开发板。程序运行后,可观察到串口调试助手接收窗口接收到转换的 8 个通道的电压值,如图 19.12 所示。

图 19.12 多通道单次转换结果

(6) 根据 ADC 转换初始化设置情况,可调电压通道 AIN1 在规则组的第 1 序号,调整

可调电阻 R11,改变 AIN1 的值,并用万元表测量 J3-PA1 排针的电压为 1.79V,而串口接收窗口中显示的值仍为 2.032V,并未改变,说明 ADC 进行一次转换后已经停止转换。

(7) 按实验开发板上的 RESET 复位键,让单片机系统重启,此时看到串口接收窗口规则通道第 1 号的值变为 1.788V,再次说明 ADC 在多通道单次转换模式下,触发启动将指定通道转换结束后,ADC 就停止工作。

(8) 可以修改 DMA 初始化函数的第 3 个参数,将长度 8 改为 4,重新编译运行,可以看到 DMA 只转移了 4 个通道的数据。

(9) 将 DMA 初始化的长度改回 8,再将 ADC 初始化函数中指定待转换规则通道数目改为 4,即改为"ADC_InitStruct. ADC_NbrOfChannel=4;",重新编译运行,可以看到串口调试助手接收窗口只显示了前 4 个通道有数据,后面 4 个通道为 0。表明 ADC 转换完 4 个通道后,ADC 立即停止了工作。

19.3.7 实验内容七

【实验内容】

采用多通道连续转换模式实现对实验开发板上固定电压通道 AIN3、可调电压通道 AIN1、芯片内部温度传感器通道 AIN16、内部参考电压通道 AIN17 的采集,并将采集的模拟电压转换成对应的实际电压值,通过串口输出,在串口助手中进行实时显示。

【实验分析】

(1) 本次实验内容是在实验内容六的基础上,将 ADC 的转换模式改为多通道连续转换模式,其他不变。因此 DMA 的初始化函数仍然不需要修改,仅在调用时根据实际需要设置 DMA 传输的数据长度。实验时将数据传输长度设置为 10 个。

(2) 本次实验要求采用多通道连续转换模式,故需要重新编写 ADC 的初始化函数。该初始化函数与实验内容六的 ADC 初始化函数类似,仅需要修改 ADC 的转换模式即可。另外,将每次触发转换的规则通道数设置为 2(ADC_InitStruct. ADC_NbrOfChannel=2;),设置的规则通道组保持 8 个不变。

(3) 其他代码保持不变,可以观看实验会出现什么不一样的效果。

【实验步骤】

(1) 将实验内容六创建的应用项目工程 Template_DMA_RegularScanADC 复制到本次实验的某个存储位置,并修改项目工程文件夹名称为 Template_DMA_MultChannelContinueADC,进入项目文件的 user 子目录,双击 μVision5 工程项目文件名 Template. uvprojx 启动工程项目。

(2) 打开 adc. h 文件,添加以多通道连续转换模式进行 ADC 转换的初始化函数声明。具体代码如下:

```
//多通道连续转换 DMA 传输初始化函数
void ADC_RegularDMAEnablMultChannelContinue_Init(ADC_TypeDef * ADCx);
```

(3) 打开 adc. c 文件,添加 ADC_RegularDMAEnablMultChannelContinue_Init()函数的实现代码。实现代码与多通道单次转换初始函数 ADC_RegularDMAEnablScan_Init()类似,仅将 ADC 转换模式改为多通道连续转换模式,并将待转换的规则通道数改为 2,其他保持不变。具体代码如下：

```
//多通道连续转换 DMA 传输初始化函数
void ADC_RegularDMAEnablMultChannelContinue_Init(ADC_TypeDef * ADCx)
{
    //省略代码与 ADC_RegularDMAEnablScan_Init ()函数代码一致
    ………………………
    //模数转换工作在多通道模式
    ADC_InitStruct.ADC_ScanConvMode = ENABLE;
    //模数转换工作在连续转换模式
    ADC_InitStruct.ADC_ContinuousConvMode = ENABLE;
    //转换由软件而不是外部触发启动
    ADC_InitStruct.ADC_ExternalTrigConv = ADC_ExternalTrigConv_None;
    //ADC 数据右对齐
    ADC_InitStruct.ADC_DataAlign = ADC_DataAlign_Right;
    //顺序进行规则转换的 ADC 通道数目
    ADC_InitStruct.ADC_NbrOfChannel = 2;
    //根据 ADC_InitStruct 中指定的参数初始化外设 ADCx 的寄存器
    ADC_Init(ADCx,&ADC_InitStruct);
    ………………………
    //省略代码代码与 ADC_RegularDMAEnablScan_Init ()函数代码一致
}
```

(4) 打开 main.c 文件，修改 main()函数中 DMA 初始化代码、ADC 初始化代码，其他保持不变，具体代码修改如图 19.13 所示。

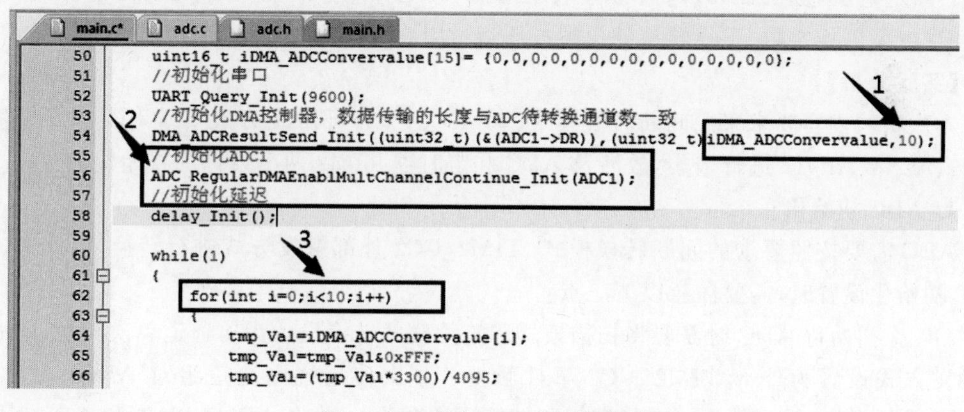

图 19.13　修改 main()函数代码

(5) 编译工程项目生成可执行目标 HEX 文件，下载应用程序到实验开发板。程序运行后可观察到串口调试助手接收窗口接收到通道 AIN1 和 AIN3 的电压值，如图 19.14 所示。原因是在初始化 ADC 配置时设置的待转换规则通道个数为 2 个，ADC 转换模式为多通道连续转换，故每次转换前 2 个通道，转换结束后重新开始新一轮转换(重复对前 2 个通道进行 ADC 转换)。

(6) 调整实验开发板 R11 的阻值，改变 AIN1 通道的电压值，万用表测得电压值为 2.5V，此时串口助手接收窗口显示的奇数通道号的值为 2.498V，与实际值一致，表明 ADC 在周

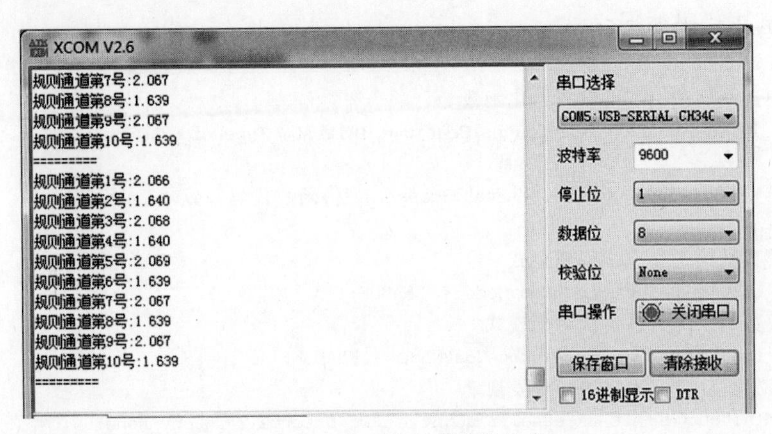

图 19.14　多通道连续转换结果

而复始地对 AIN1 和 AIN3 两个通道进行转换。

(7) 将初始化 ADC 配置时设置的待转换规则通道个数改为 8 个或 9 个，同时将 DMA 传输的长度也改为 8 个或 9 个，观察转换结果输出数据，以验证指定待转换通道个数等于或大于规则通道组中的通道个数的情况，具体实验结果不再给出，请读者自行实验验证。

19.3.8 实验内容八

【实验内容】

采用间断转换模式、TIM2_CC2 外部触发方式实现对实验开发板上可调电压通道 AIN1、固定电压通道 AIN3、内部参考电压通道 AIN17 进行采集，并将 TIM2_CC2 触发次数、每次触发转换次数、采集转换的模拟电压通过串口输出，在串口助手中进行实时显示。

【实验分析】

本次实验内容要求采用间断转换模式、TIM2_CC2 外部触发方式实现对实验开发板上 AIN1、AIN3、AIN17 进行采集，故涉及 ADC 和定时器 TIM2 两个硬件的初始化设置。

1. ADC 初始化

ADC 需要按照要求的间断转换模式、TIM2_CC2 外部触发方式进行转换，因此在进行 ADC 初始化设置时，需要注意以下三点：

(1) 在初始化 ADC 时需要将扫描模式和连续模式转换设置为单通道单次转换，同时需将触发方式设置为外部 TIM2_CC2 事件触发。本次使用规则通道组对 AIN1、AIN3 和 AIN17 进行转换，故初始化时需指定规则转换通道数为 3，并将 AIN1、AIN3 和 AIN17 分别排入规则组中。

(2) 由于要采集内部参考电压通道 AIN17，故需要使能内部通道。

(3) 由于要求采用 TIM2_CC2 事件触发间断转换模式进行转换，故初始化时需要使能外部触发，并设置间断转换时每次触发需要转换的通道个数，并使能间断转换模式。

2. TIM2 初始化

TIM2 主要用来产生 TIM_CC2 事件触发 ADC 启动转换，并在 TIM_CC2 事件中断中对触发次数进行计数统计。因此，在 TIM2 初始化时需要注意以下几点：

(1) 为产生 TIM2_CC2 事件，TIM2 需要工作在比较输出模式。

(2) 为方便实验，比较输出模式选择 PWM1 模式。时基单元定时计数脉冲频率设为10kHz，即计数时钟周期为 0.1ms，PWM 周期为 3s，PWM 高电平时间为 500ms。

(3) 由于实验板指示灯 LED1 连接的 PB3 引脚可重定义为 TIM2_CH2 输出通道，故可以使能比较输出功能，以驱动 LED1，用来指示触发转换的时刻。

(4) 由于要求对触发次数进行计数，因此使能 TIM2_CC2 事件中断请求，并对中断系统进行初始化。

(5) 在 TIM2 的中断服务程序中，对 TIM2_CC2 中断次数进行计数，同时对 ADC 转换次数清零，以便统计每次触发 ADC 转换的次数。因此需要设计两个全局变量来进行计数统计。

根据上述分析，本次实验要求的 TIM2_CC2 外部触发间断转换程序流程图如图 19.15 所示。

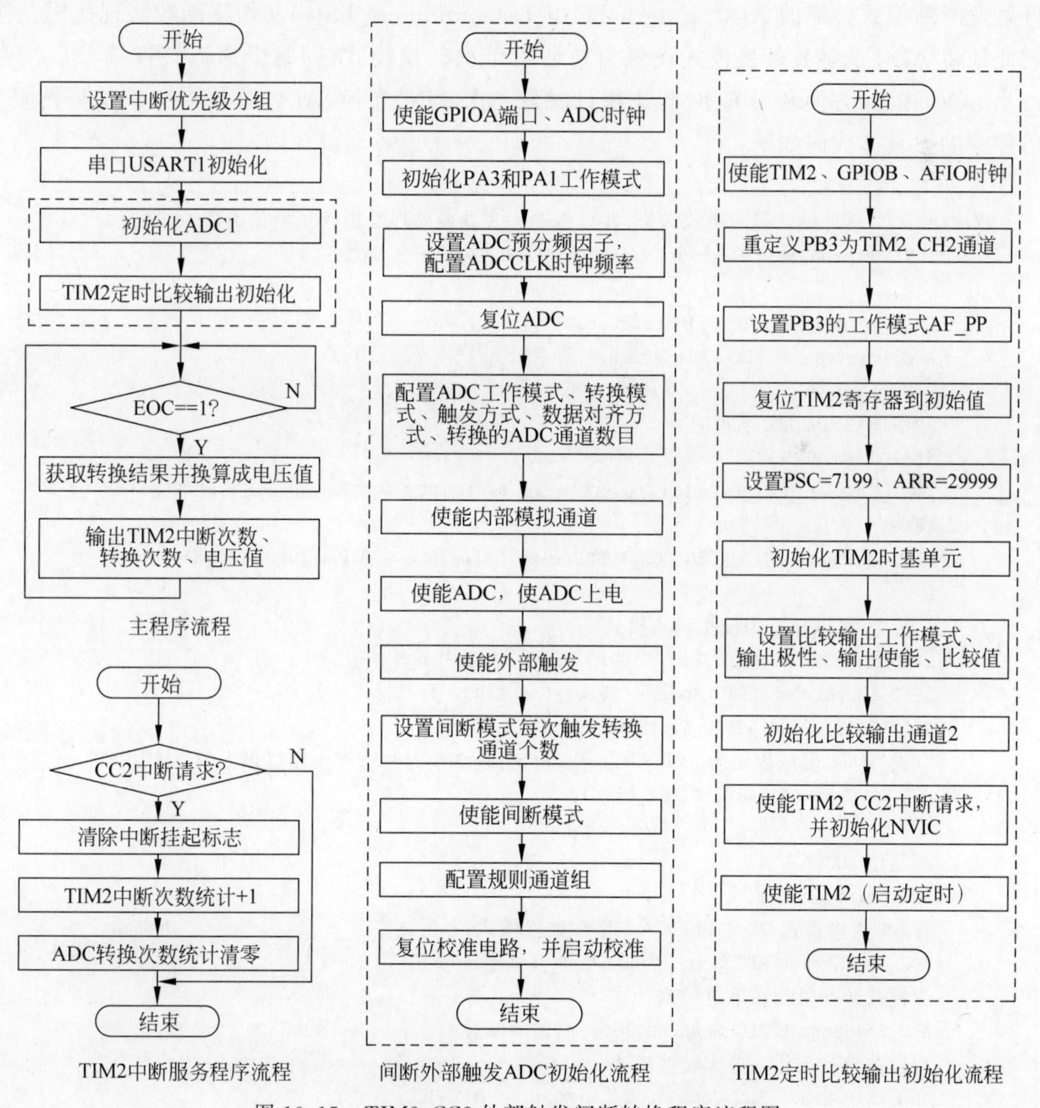

图 19.15 TIM2_CC2 外部触发间断转换程序流程图

【实验步骤】

(1) 将应用项目工程 Template_DMA_MultChannelContinueADC 复制到本次实验的某个存储位置,并修改项目工程文件夹名称为 Template_ExternalTrig_DiscontinuousADC01,进入项目文件的 user 子目录,双击 μVision5 工程项目文件名 Template. uvprojx 启动工程项目。

(2) 打开 adc. h 文件,添加多通道间断转换模式进行 ADC 转换的初始化函数声明。具体代码如下:

```
//TIM2_CC2 事件触发间断模式转换、并以查询方式获取转换结果的初始化函数
void ADC_ExternalTrig_Discontinuous_Init(ADC_TypeDef * ADCx);
```

(3) 打开 adc. c 文件,根据图 19.15 间断外部触发 ADC 初始化流程添加 TIM2_CC2 事件触发间断模式转换的 ADC_ExternalTrig_Discontinuous_Init()初始化函数实现代码。注意此处将 ADC 的触发转换模式设置为单通道单次转换模式,即每个通道转换结束后均会产生 EOC 标志,方便利用 EOC 标志统计触发一次 ADC 转换,ADC 总共转换了多少个通道后停止的。具体代码如下:

```
//TIM2_CC2 事件触发间断模式转换,并以查询方式获取转换结果的初始化函数
void ADC_ExternalTrig_Discontinuous_Init(ADC_TypeDef * ADCx)
{
    GPIO_InitTypeDef GPIO_InitStruct;
    ADC_InitTypeDef ADC_InitStruct;

    //使能 GPIOA、ADC 通道时钟
    if(ADCx == ADC1)
     RCC_APB2PeriphClockCmd(RCC_APB2Periph_GPIOA|RCC_APB2Periph_ADC1,ENABLE);
    else
     RCC_APB2PeriphClockCmd(RCC_APB2Periph_GPIOA|RCC_APB2Periph_ADC2,ENABLE);

    //配置 GPIO 模式为模拟输入模式
    GPIO_InitStruct.GPIO_Pin = GPIO_Pin_1|GPIO_Pin_3;
    GPIO_InitStruct.GPIO_Mode = GPIO_Mode_AIN;
    GPIO_Init(GPIOA,&GPIO_InitStruct);
    //设置 ADC 分频因子为 6(72MHz/6 = 12MHz),使 ADC 时间频率不超过最大值 14MHz
    RCC_ADCCLKConfig(RCC_PCLK2_Div6);

    //复位 ADC
    ADC_DeInit(ADCx);
    //ADC 工作模式:ADC1 和 ADC2 工作在独立模式
    ADC_InitStruct.ADC_Mode = ADC_Mode_Independent;
    //模数转换工作在单道模式
    ADC_InitStruct.ADC_ScanConvMode = DISABLE;
    //模数转换工作在单次转换模式
    ADC_InitStruct.ADC_ContinuousConvMode = DISABLE;
    //转换由软件而不是外部触发启动
```

```
        ADC_InitStruct.ADC_ExternalTrigConv = ADC_ExternalTrigConv_T2_CC2;
        //ADC 数据右对齐
        ADC_InitStruct.ADC_DataAlign = ADC_DataAlign_Right;
        //顺序进行规则转换的 ADC 通道数目
        ADC_InitStruct.ADC_NbrOfChannel = 3;
        //根据 ADC_InitStruct 中指定的参数初始化外设 ADCx 的寄存器
        ADC_Init(ADCx,&ADC_InitStruct);

        //使能指定的 ADC,使 ADON 位置 1
        ADC_Cmd(ADCx, ENABLE);
        //使能内部通道
        ADC_TempSensorVrefintCmd(ENABLE);

        //外部触发使能
        ADC_ExternalTrigConvCmd(ADC1,ENABLE);
        //间断模式设置
        //"1"指 TIM2_CC2 触发一次转换 1 个通道,可改为"2" 看看转换效果
        ADC_DiscModeChannelCountConfig(ADC1,1);
        //使能间断模式
        ADC_DiscModeCmd(ADC1,ENABLE);

        //设置指定 ADC 采样通道在规则组中的排序及采样时间
        ADC_RegularChannelConfig(ADCx, ADC_Channel_1, 1, ADC_SampleTime_55Cycles5 );
        ADC_RegularChannelConfig(ADCx, ADC_Channel_3, 2, ADC_SampleTime_55Cycles5 );
        ADC_RegularChannelConfig(ADCx, ADC_Channel_17, 3, ADC_SampleTime_55Cycles5 );

        //校准 ADC
        ADC_ResetCalibration(ADCx);
        while(ADC_GetResetCalibrationStatus(ADCx));
        ADC_StartCalibration(ADCx);
        while(ADC_GetCalibrationStatus(ADCx));
}
```

(4) 打开 timer.h 文件,添加 TIM2 中断方式定时比较输出初始化函数和 TIM2 中断服务程序函数的声明。具体代码如下:

```
//声明 TIM2 中断方式定时比较输出初始化函数
void TIM2_INT_CMP(uint16_t arr,uint16_t psc,uint16_t OCVal);
//TIM2 中断服务程序
void TIM2_IRQHandler(void);
```

(5) 打开 timer.c 文件,在#include "timer.h"语句下面添加全局变量定义:

```
//TIM2 中断次数统计
uint8_t TIM2_Int_Times = 0;
//ADC 转换次数统计
uint16_t ADC_ConverTimes = 0;
```

(6) 在 timer.c 文件底部，根据图 19.15 TIM2 定时比较输出初始化流程添加 TIM2 中断方式定时比较输出初始化函数 TIM2_INT_CMP()的实现代码。具体代码如下：

```
//声明中断方式定时比较初始化函数
void TIM2_INT_CMP(uint16_t arr,uint16_t psc,uint16_t OCVal)
{
    GPIO_InitTypeDef     GPIO_InitStruct;
    TIM_TimeBaseInitTypeDef     TIM_TimeBaseStruct;
    TIM_OCInitTypeDef     TIM_OCInitStruct;
    NVIC_InitTypeDef     NVIC_InitStruct;

    //使能 GPIOB、AFIO、TIM2 时钟
    RCC_APB2PeriphClockCmd(RCC_APB2Periph_AFIO|RCC_APB2Periph_GPIOB,ENABLE);
    RCC_APB1PeriphClockCmd(RCC_APB1Periph_TIM2, ENABLE);

    //失能 PB3 的 JTAG 功能,将 TIM2_CH2 引脚重映射到 PB3 上
    GPIO_PinRemapConfig(GPIO_Remap_SWJ_JTAGDisable,ENABLE);
    GPIO_PinRemapConfig(GPIO_PartialRemap1_TIM2,ENABLE);

    //初始化 PB3 为推挽复用输出
    GPIO_InitStruct.GPIO_Mode = GPIO_Mode_AF_PP;
    GPIO_InitStruct.GPIO_Pin = GPIO_Pin_3;
    GPIO_InitStruct.GPIO_Speed = GPIO_Speed_10MHz;
    GPIO_Init(GPIOB,&GPIO_InitStruct);

    //复位 TIM2 到初始状态
    TIM_DeInit(TIM2);
    //定时器 TIM2 初始化
    //设置在下一个更新事件发生时装入活动的自动重装载寄存器的周期值
    TIM_TimeBaseStruct.TIM_Period = arr;
    //设置 CNT 计数器的计数时钟预分频值
    TIM_TimeBaseStruct.TIM_Prescaler = psc;
    //设置 TIM 计数模式:向上计数模式
    TIM_TimeBaseStruct.TIM_CounterMode = TIM_CounterMode_Up;
    //设置输入滤波单元的采样时钟频率,时钟分割:TDTS = Tck_tim
    //主要作用于滤波通道上,对应定时作用的 Timer,无意义
    TIM_TimeBaseStruct.TIM_ClockDivision = TIM_CKD_DIV1;
    //重复计数次数
    TIM_TimeBaseStruct.TIM_RepetitionCounter = 0;
    //根据指定的参数初始化 TIMx 的时间基数单位
    TIM_TimeBaseInit(TIM2,&TIM_TimeBaseStruct);

    //初始化 TIM2 比较输出模式为 PWM1 模式
    TIM_OCInitStruct.TIM_OCMode = TIM_OCMode_PWM1;
    //输出极性:TIM 输出比较极性高
    TIM_OCInitStruct.TIM_OCPolarity = TIM_OCPolarity_Low;
    //比较输出禁止
    TIM_OCInitStruct.TIM_OutputState = TIM_OutputState_Enable;
    //设置待装入捕获比较寄存器的脉冲值,并初始化通道 2
```

```
    TIM_OCInitStruct.TIM_Pulse = OCVal;
    TIM_OC2Init(TIM2,&TIM_OCInitStruct);

    //使能捕获中断 TIM_IT_CC2
    TIM_ITConfig(TIM2,TIM_IT_CC2,ENABLE);
    //中断优先级 NVIC 设置:中断通道、抢占优先级、响应优先级、使能
    NVIC_InitStruct.NVIC_IRQChannel = TIM2_IRQn;
    NVIC_InitStruct.NVIC_IRQChannelPreemptionPriority = 1;
    NVIC_InitStruct.NVIC_IRQChannelSubPriority = 1;
    NVIC_InitStruct.NVIC_IRQChannelCmd = ENABLE;
    NVIC_Init(&NVIC_InitStruct);

    //使能 TIM3
    TIM_Cmd(TIM2,ENABLE);
}
```

(7) 在 timer.c 文件底部，根据图 19.15 TIM2 中断服务程序流程添加 TIM2 中断服务函数 TIM2_IRQHandler()的实现代码。具体代码如下：

```
//TIM2 中断服务程序
void TIM2_IRQHandler(void)
{
    if(TIM_GetITStatus(TIM2,TIM_IT_CC2) == SET)
    {
        TIM_ClearITPendingBit(TIM2,TIM_IT_CC2);
        //TIM2 中断次数统计
        TIM2_Int_Times ++;
        //此处触发 ADC 转换次数统计清零
        ADC_ConverTimes = 0;
    }
}
```

(8) 打开 main.h 文件，添加 TIM2 中断次数统计和 ADC 转换次数统计全局变量外部声明。具体代码如下：

```
//TIM2 中断次数统计
extern uint8_t TIM2_Int_Times;
//ADC 转换次数统计
extern uint16_t ADC_ConverTimes;
```

(9) 打开 main.c 文件，删除 main()函数中的代码，根据图 19.15 TIM2 主程序流程，编写 ADC 转换并串口输出功能程序代码。具体代码如下：

```
//主程序
int main(void)
{
```

```
    uint16_t tmp_Val = 0;
    float ftmp_Val = 0.0;
    //中断优先级分组
    NVIC_PriorityGroupConfig(NVIC_PriorityGroup_2);
    //初始化串口
    UART_Query_Init(9600);
    //初始化 ADC1
    ADC_ExternalTrig_Discontinuous_Init(ADC1);
    //TIM2 初始化,CK_CNT 为 10kHz,时钟周期为 0.1ms,PWM 波周期 3s
    TIM2_INT_CMP(29999,7199,5000);
    while(1)
    {
        while(ADC_GetFlagStatus(ADC1,ADC_FLAG_EOC) == RESET);
        tmp_Val = ADC_GetConversionValue(ADC1);
        tmp_Val = tmp_Val&0xFFF;
        tmp_Val = (tmp_Val * 3300)/4095;
        ftmp_Val = ((float)tmp_Val)/1000.0;
        ADC_ConverTimes++;
        printf("TIM2 中断次数：%d\r\n",TIM2_Int_Times);
        printf("ADC 转换次数：%d ADC 转换值：%0.3f\r\n",ADC_ConverTimes,ftmp_Val);
        printf("------------\r\n");
    }
}
```

(10) 编译工程项目生成可执行目标 HEX 文件，下载应用程序到实验开发板。程序运行后串口调试助手接收窗口接收到的中断次数、ADC 转换次数及 ADC 转换值如图 19.16 所示。由于当前设置 TIM2_CC2 触发一次转换 1 个通道，而规则通道组中有 3 个通道，因此触发 3 次，3 个通道转换完。在第 4 次触发时，又重新对序列中的第 1 个通道进行转换。图中转换结果显示与理论分析一致。

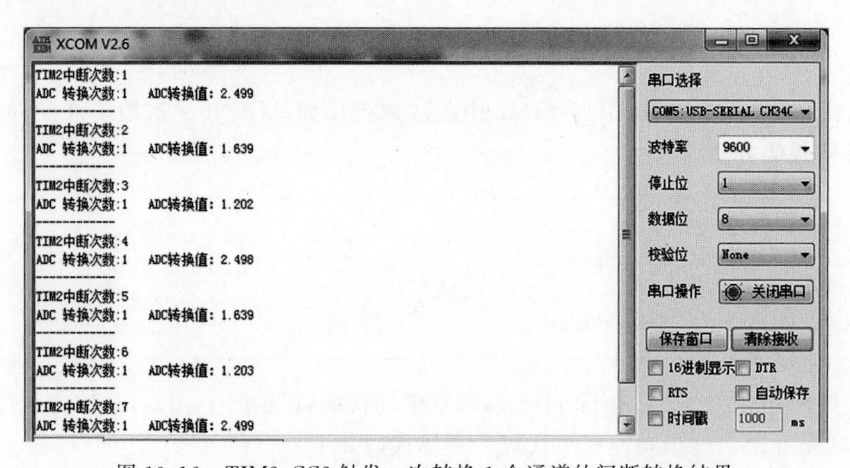

图 19.16 TIM2_CC2 触发一次转换 1 个通道的间断转换结果

(11)将 ADC 初始化函数 ADC_ExternalTrig_Discontinuous_Init()中 TIM2_CC2 触发一次转换通道个数改为 2 个，即修改为：

```
//"1"指 TIM2_CC2 触发一次转换 1 个通道.可改为"2" 看看转换效果
ADC_DiscModeChannelCountConfig(ADC1,2);
```

(12) 保存并编译工程项目,生成可执行目标 HEX 文件。下载应用程序到实验开发板。程序运行后,串口调试助手接收窗口接收到的中断次数、ADC 转换次数及 ADC 转换值如图 19.17 所示。由于当前设置 TIM2_CC2 触发一次转换 2 个通道,而规则通道组中有 3 个通道。因此,第 1 次触发时转换序列中 2 个通道(AIN1 和 AIN3 通道),转换结束后 ADC 停止转换;第 2 次触发时,规则通道组序列中只剩下一个未转换通道,所有仅转换 1 个通道(AIN17 通道),转换结束后 ADC 停止转换;第 3 次触发时又重新从规则通道组中第一个通道开始转换 2 个通道(AIN1 和 AIN3 通道),依次转换下去。

图 19.17　TIM2_CC2 触发一次转换 2 个通道的间断转换结果

(13) 在前述实验中将 ADC 转换模式设置为单通道单次转换模式,即每个通道转换结束后均会产生 EOC 标志。表明单通道单次转换模式下,每个通道转换结束后都会产生 EOC 标志。

(14) 将前述工程项目复制一份存在某个存储位置,并将项目工程文件夹名称修改为 Template_ExternalTrig_DiscontinuousADC02,打开工程项目进入 adc.c 文件,将 ADC 间断转换初始化函数 ADC_ExternalTrig_Discontinuous_Init()中的转换模式改为多通道单次转换模式,其他保持不变,如图 19.18 所示。

(15) 保存并编译工程项目,生成可执行目标 HEX 文件,并下载应用程序到实验开发板运行。此时串口调试助手接收窗口接收到的 TIM2 中断次数、ADC 转换次数及 ADC 转换值如图 19.19 所示。显示数据表明每次触发 ADC 启动转换,ADC 仅转换一个通道,触发 3 次才将序列中的 3 个通道转换完,并产生 EOC 标志。因此,多通道单次转换需要在规则通道组中所有通道转换完后才能产生 EOC 标志,主程序才能检测到 EOC 标志,并通过串口输出显示信息。

(16) 将 ADC 初始化函数 ADC_ExternalTrig_Discontinuous_Init()中 TIM2_CC2 触发一次转换通道个数改为 2 个,其他保持不变。修改部分代码为:

```
474     ADC_InitStruct.ADC_Mode = ADC_Mode_Independent;
475     //模数转换工作在多通道模式
476     ADC_InitStruct.ADC_ScanConvMode = ENABLE;
477     //模数转换工作在单次转换模式
478     ADC_InitStruct.ADC_ContinuousConvMode = DISABLE;
479     //转换由软件而不是外部触发启动
480     ADC_InitStruct.ADC_ExternalTrigConv = ADC_ExternalTrigConv_T2_CC2;
481     //ADC数据右对齐
482     ADC_InitStruct.ADC_DataAlign = ADC_DataAlign_Right;
483     //顺序进行规则转换的ADC通道数目
484     ADC_InitStruct.ADC_NbrOfChannel = 3;
485     //根据ADC_InitStruct中指定的参数初始化外设ADCx的寄存器
486     ADC_Init(ADCx,&ADC_InitStruct);
487
488     //使能指定的ADC,使ADON位置1
489     ADC_Cmd(ADCx, ENABLE);
490     //使能内部通道
491     ADC_TempSensorVrefintCmd(ENABLE);
492
493     //外部触发使能
494     ADC_ExternalTrigConvCmd(ADC1,ENABLE);
495     //间断模式设置
496     //"1"指TIM2_CC2触发一次转换1个通道，可改为"2" 看看转换效果
497     ADC_DiscModeChannelCountConfig(ADC1,1);
498     //使能间断模式
```

图 19.18　多通道单次转换模式下的间断转换

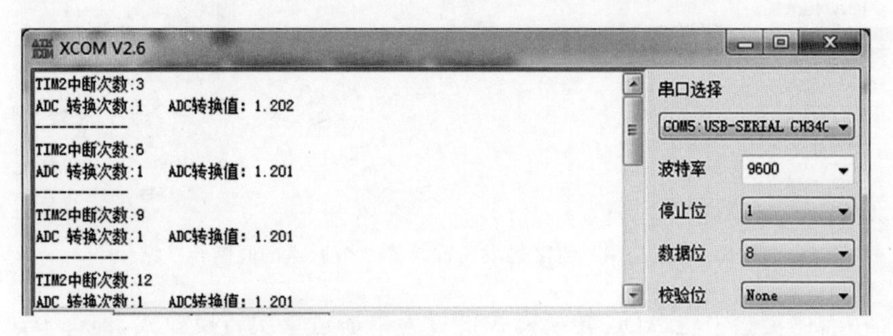

图 19.19　多通道单次转换 TIM2_CC2 触发一次转换 1 个通道结果

```
//"1"指 TIM2_CC2 触发一次转换 1 个通道.可改为"2" 看看转换效果
ADC_DiscModeChannelCountConfig(ADC1,2);
```

(17) 保存并编译工程项目,生成可执行目标 HEX 文件,并下载应用程序到实验开发板运行。此时串口调试助手接收窗口接收到的 TIM2 中断次数、ADC 转换次数及 ADC 转换值如图 19.20 所示。显示结果表明,第 1 触发 ADC 转换 2 个通道,第 2 次触发 ADC 转换 1 个通道,并产生了 EOC 标志,第 3 次触发 ADC 又从规则通道组序列的第 1 个通道开始转换 2 个通道。

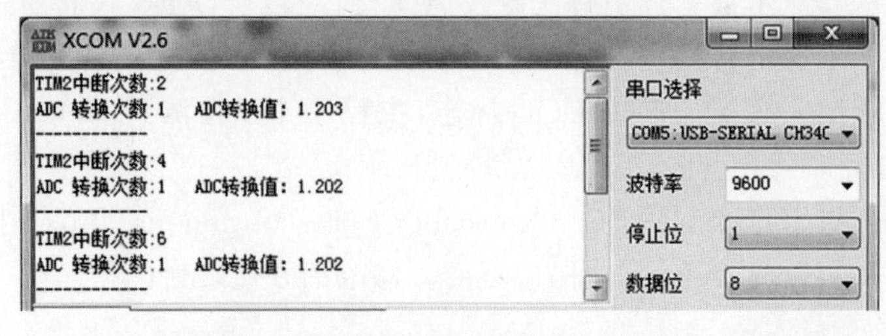

图 19.20　多通道单次转换 TIM2_CC2 触发一次转换 2 个通道结果

(18) 在间断模式下，将 ADC 的转换模式设置单通道连续、多通道连续模式，看看实验效果。可以发现 EOC 标志不能正常产生，具体原因留待读者自行分析，此处不再赘述。

19.4 本章小结

本章对 STM32 单片机片上 ADC 单元进行实验，以了解片上 ADC 成组转换概念，并掌握 ADC 转换模式特点及具体应用编程方法。通过本章安排的 8 个实验内容，充分展示了片上 ADC 模拟电压采集常用固件库函数的使用方法及应用程序编程步骤，检验了转换结束标志 EOC 的产生、转换结束中断请求的使能与应用、转换结束 DMA 请求的使能与应用等问题，进一步提升了对 ADC 转换原理的理解与实际应用编程能力。

参考文献

[1] 刘火良,杨森. STM32库开发实战指南:基于STM32F103[M]. 2版. 北京:机械工业出版社,2017.

[2] 冯新宇. ARM Cortex-M3 嵌入式系统原理及应用-STM32系列微处理器体系结构、编程与项目实战[M]. 北京:清华大学出版社,2020.

[3] 黄克亚. ARM Cortex-M3 嵌入式原理及应用——基于STM32F103微控制器[M]. 北京:清华大学出版社,2020.

[4] 张洋,刘军,严汉宇,等. 原子教你玩STM32(库函数版)[M]. 2版. 北京:北京航空航天大学出版社,2015.

[5] 张新民,刘军,段洪琳. ARM Cortex-M3 嵌入式开发及应用[M]. 北京:清华大学出版社,2017.

[6] 陈志旺,等. STM32嵌入式微控制器快速上手[M]. 2版. 北京:电子工业出版社,2014.

[7] 张淑清,胡永涛,张立国,等. 嵌入式单片机STM32原理及应用[M]. 北京:机械工业出版社,2019.

[8] 屈微,王志良. STM32单片机应用基础与项目实践(微课版)[M]. 北京:清华大学出版社,2019.

[9] ST公司. STM32F103x8/ STM32F103xB Datasheet[EB/OL]. http://www. st. com.

[10] ST公司. STM32 Reference Manual (RM0008)[EB/OL]. http://www. st. com.

[11] ST公司. 32位基于ARM微控制器STM32F101xx与STM32F103xx固件函数库[EB/OL]. http://www. st. com.

[12] 宋岩,译. Cortex-M3 权威指南[EB/OL]. http://www. armbbs. cn.

[13] Atmel公司. AT24C01C/02C Datasheet[EB/OL]. http://www. atmel. com.

图书资源支持

感谢您一直以来对清华大学出版社图书的支持和爱护。为了配合本书的使用，本书提供配套的资源，有需求的读者请扫描下方的“书圈”微信公众号二维码，在图书专区下载，也可以拨打电话或发送电子邮件咨询。

如果您在使用本书的过程中遇到了什么问题，或者有相关图书出版计划，也请您发邮件告诉我们，以便我们更好地为您服务。

我们的联系方式：

地　　址：北京市海淀区双清路学研大厦 A 座 714

邮　　编：100084

电　　话：010-83470236　010-83470237

资源下载：http://www.tup.com.cn

客服邮箱：tupjsj@vip.163.com

QQ：2301891038（请写明您的单位和姓名）

教学资源 · 教学样书 · 新书信息

人工智能科学与技术
人工智能|电子通信|自动控制

资料下载 · 样书申请

书圈

用微信扫一扫右边的二维码，即可关注清华大学出版社公众号。